Gewerbekunde der Holzbearbeitung. Von Oberinspektor Prof. J. Großmann. Bd. I: Das Holz als Rohstoff. 2., neub. u. erw. Aufl. Mit 91 Textabb. Kart. M. 2.60

„Ein Buch, das so frisch und sicher auf dem Boden gesunder Unmittelbarkeit und mitten im täglichen Gewerbeleben steht, muß jedem, der mit der Holzindustrie zu tun hat, vorzügliche Dienste umsomehr leisten, als in klarer fließender Sprache der schwierige Stoff umsichtig und erschöpfend behandelt wird." (Handwerkszeitung.)

Sachkunde für Holzarbeiterklassen. Teil I: Rohstoffkunde. Von Oberinspektor Prof. J. Großmann u. Fachhauptlehrer F. Steininger. Mit 57 Abb. Kart. M. —.80. Teil II: Verbindungslehre für Tischler. Von Prof. H. Groth. Mit 26 Textabb. u. 32 Tafeln. Kart. M. 1.—. Teil III: Werkzeuge und Maschinen. Von Oberinspektor Prof. J. Großmann und Fachhauptlehrer F. Steininger. Mit 222 Abb. Kart. M. 1.10. (Lehrmittel für gewerbl. Berufsschulen Heft 21/23.)

Natur und Werkstoff. Grundlehren der Physik, Chemie, Werk- und Betriebsstoffkunde. Für Fachschulen, insbesondere Eisenbahnschulen und für den Selbstunterricht. Von Reg.-Baumeister Prof. F. Titz. Mit 37 Abb. und 2 Skizzentafeln. Kart. M. 1.75

Dr. E. Bardeys arithmetische Aufgaben nebst Lehrbuch der Arithmetik für Metallindustrieschulen, vorzugsweise für Maschinenbauschulen (Werkmeisterschulen), die Unterstufe der höheren Maschinenbauschulen und verwandte technische Lehranstalten. Bearb. von Studienrat Prof. Dr. S. Jakobi und Maschinenbauschullehrer A. Schle. 7. Aufl. Mit 75 Abb. im Text und auf Tafeln. (Teubn. Unterrichtsb. f. maschinentechn. Lehranstalten Bd. 4.) Kart. M. 4.20

Sammlung technisch-algebraischer Aufgaben nebst kurzem Abrisse der Theorie. Von Oberstudienrat Prof. M. Girndt. 3., verb. u. verm. Aufl. Kart. M. 2.40

Lehr- und Aufgabenbuch der Physik für Maschinenbau- und Gewerbeschulen sowie für verwandte technische Lehranstalten und zum Selbstunterricht. Von Oberstudienrat Prof. Dr. G. Wiegner und Regierungsbaumeister Dipl.-Ing. Prof. P. Stephan. In 3 Teilen. Mit zahlreichen Fig. im Text und ausgeführten Musterbeispielen. (Teubners Unterrichtsbücher für maschinentechn. Lehranstalten Bd. 1, 2, 3.) I. Teil: Allgemeine Eigenschaften der Körper, Mechanik. 3., verb. Aufl. Kart. M. 4.20. II. Teil: Lehre von der Wärme. Lehre vom Licht (Optik). Wellenlehre. 2., verb. Aufl. M. 3.40. III. Teil: Elektrizität (einschl. Magnetismus). Einführung in die Elektrotechnik. 2. Aufl. M. 4.—

Bautechnische Physik. Von Prof. P. Himmel. 3. Aufl. von Prof. K. Strohmeyer. Mit 344 Fig. Kart M. 3.80

Statik. Von Gewerbeschulrat Reg.-Baumeister Direktor A. Schau. In 3 Teilen. Teil I: Grundgesetze, Anwendungen der statischen Gesetze auf Trägerordnungen, einfache Stabkonstruktionen und ebene Fachwerkträger. 3. Aufl. Mit 185 Abb. Kart. M. 2.20. Teil II: Festigkeitslehre. Zug- und Druckfestigkeit, Schubfestigkeit, Biegungsfestigkeit und Knickfestigkeit. 3. Aufl. Mit 209 Abb. im Text. Kart. M. 3.—. Teil IIIa: Für die Hochbauabteilungen. Mit 238 Abb. im Text. Kart. M. 2.20

Baustoffkunde. Ein Handbuch für die Baupraxis. Von Geh. Reg.- und Gewerbeschulrat K. Jessen und Oberstudienrat Prof. M. Girndt. 5. Aufl. Mit 122 Abb. im Text und auf 1 Tafel. Geb. M. 3.50

Die Konstruktion von Hochbauten. Ein Handbuch für den Bauachmann. Von Gewerbeschuldirektor Prof. O. Frick und Baugewerkschuldirektor Prof. K. Knöll. 2 Teile in einem Bande. 3. Aufl. Mit 526 Fig. im Text. Geb. M. 5.40

Hochbau in Holz. Von Geh Baurat Prof. H. Walbe. (Teubners technische Leitfäden.) [In Vorb. 1924.]

Der Umbau. Eine Anleitung zu Umbauten und Wiederherstellungen an Gebäuden aller Art. Von Architekt Prof. M. Gebhardt. Mit 38 Abb. im Text. Kart. M. 1.30

Bürgerliche Baukunde und Baupolizei. Leitfaden für die Hand des Bautechnikers. Von Studienrat C. Busse. Mit 217 Abb. im Text. Kart. M. 2.20

Springer Fachmedien Wiesbaden GmbH

GEWERBEKUNDE DER HOLZBEARBEITUNG

FÜR SCHULE UND PRAXIS

BAND II
DIE WERKZEUGE UND MASCHINEN DER HOLZBEARBEITUNG

VON

JOSEF GROSSMANN
STUDIENPROFESSOR U. OBERINSPEKTOR
DER STÄDTISCHEN LEHRWERKSTÄTTEN
FÜR HOLZBEARBEITUNG IN MÜNCHEN

ZWEITE NEUBEARBEITETE UND
ERWEITERTE AUFLAGE

MIT 358 TEXTABBILDUNGEN

Springer Fachmedien Wiesbaden GmbH 1924

ISBN 978-3-663-15396-2   ISBN 978-3-663-15967-4 (eBook)
DOI 10.1007/978-3-663-15967-4

ALLE RECHTE, EINSCHLIESSLICH DES ÜBERSETZUNGSRECHTS, VORBEHALTEN

DEM EHEMALIGEN LEITER DES GESAMTSCHULWESENS
UND ORGANISATOR DES GEWERBLICHEN SCHULWESENS
IN MÜNCHEN

HERRN UNIVERSITÄTSPROFESSOR
D<small>R. PHIL.</small> U. D<small>R. ING. H. C.</small>
GEORG KERSCHENSTEINER

IN VEREHRUNG UND DANKBARKEIT GEWIDMET
VOM VERFASSER

Zur Einführung.

Der Verfasser hat mich gebeten, seinem Buche, das er mir gewidmet hat, einige einleitende Worte vorauszusenden. Ich komme diesem Wunsche gerne nach, da ich das Verfahren, welches er bei seinen Belehrungen einschlägt, zwar nicht aus dem Buche, wohl aber aus den Abendvorträgen über Technologie des Holzes kenne, die der Verfasser seit vielen Jahren an unseren städtischen Gewerbeschulen für Gehilfen und Meister abhält.

Es braucht nicht erwähnt zu werden, daß neben einer gründlichen, aus der Erfahrung der Arbeit selbst herausgewachsenen Kenntnis des Materials eine möglichst tiefgehende Einsicht in die Beschaffenheit und Wirkungsweise der Werkzeuge und einfachen Maschinen, die zur Bearbeitung des Materials täglich gebraucht werden, für jeden gewerblichen und industriellen Arbeiter eine Notwendigkeit ist. Nun habe ich keineswegs die Anschauung, daß irgend jemand aus einem Buche sich Kenntnis der Eigenschaften des Materials oder wirkliche Einsicht in die rationelle Wirkungsweise der Werkzeuge verschaffen kann; aber ein gutes Buch kann die tausendfältige Erfahrung, die das praktische Leben bringt, in wirksamer Weise innerlich verknüpfen und ergänzen helfen und nicht selten erst verständlich und damit auch nützlich machen. Für diese Ergänzung und Verknüpfung ist ein Verständnis der Wirkungsart der Werkzeuge unter dem Gesichtspunkt physikalischer Gesetze von größter Bedeutung. Da das vorliegende Buch gerade auf die physikalischen Grundlagen der Werkzeuge und Maschinen eingeht und aus ihnen heraus den Gebrauch und die Art ihrer richtigen und falschen Anwendung und Wirkungsart in einfacher und gemeinverständlicher Weise zu erklären versucht, so glaube ich, daß die Belehrung in Buchform für alle jene, die praktisch bereits mit den Werkzeugen und Maschinen gearbeitet haben oder noch immer täglich arbeiten, von einem guten Erfolg sein kann.

Die Zeit der bloß mechanischen Anwendung der Arbeitswerkzeuge und der bloß empirisch gesättigten Erfahrungen im Gebrauch dieser Werkzeuge ist auch für den Handwerker vorüber, falls dieser in seinem Handwerk vorwärts kommen will. Je mehr er sich gewöhnt, von vornherein den Sinn seines Werkzeuges zu verstehen, der in der Hauptsache immer ein physikalischer ist, desto leichter wird es ihm fallen, neue Werkzeuge sinngemäß auszuprobieren und über ihren Wert und Unwert urteilen zu lernen, und desto weniger wird er Gefahr laufen, den täglich auftauchenden und oft recht fragwürdigen Neuerungen blindlings in die Hände zu laufen.

So und nur so, in Verbindung langjähriger Arbeitserfahrung mit den hier in Buchform gebotenen theoretischen Erörterungen und Erklärungen kann das Buch sehr nützlich wirken, was ich ihm aufrichtig wünsche.

München, den 1. Oktober 1913.

Dr. Georg Kerschensteiner.

Vorwort.

Der vorliegende Band II bildet die Fortsetzung des ersten Bandes der Gewerbekunde der Holzbearbeitung, der das Holz als Rohmaterial im allgemeinen, dabei aber auch die Zusammensetzung und Verwendung der verschiedenen Produkte des Holzes behandelt.

Das Werk verdankt seine Entstehung einer Anregung des Herrn Kgl. Schulrates, Stadtschuleninspektors Ignaz Schmid in München. Es obliegt mir die angenehme Pflicht, dem genannten Herrn für die Unterstützung, welche er mir bei der Anlage und Durchführung des Werkes zuteil werden ließ, ganz besonderen Dank zum Ausdrucke zu bringen. Wärmsten Dank möchte ich ferner denen aussprechen, die mir bei der Bearbeitung des umfangreichen Stoffes zur Seite standen: Herrn Sekretär der städt. Gewerbeschule an der Liebherrstraße in München Piehler, welcher die Niederschrift sowie die Korrekturen besorgte, Herrn städt. Gewerbehauptlehrer Schmid und den Herren städt. Gewerbelehrern Wildermuth, Poch, Rühl und Rudolph, welche die erforderlichen Originalzeichnungen ausführten, zu deren eigener Anfertigung mir die Zeit mangelte.

Der Verfasser.

Zur Einführung.

Gerne komme ich dem Wunsche des Verfassers nach, auch der zweiten Auflage seines Buches einige begleitende Worte mit auf den Weg zu geben. Zwar habe ich seit vier Jahren mein Amt als Leiter des Münchner Schulwesens niedergelegt; aber die Entwicklung des gewerblichen Fach- und Fortbildungsschulwesens unserer Stadt verfolge ich noch immer mit größter Aufmerksamkeit, vor allem die Teilnahme an den mannigfachen Gehilfen- und Meisterkursen. Denn diese freiwillige Teilnahme ist ein untrügliches Zeichen für die erziehliche Wirkung der vorausgehenden pflichtgemäßen Fortbildungsschulen.

Da zeigt sich, daß gerade den technologischen Kursen des Herrn Großmann trotz der von Grund aus veränderten wirtschaftlichen Lage noch immer das größte Interesse der Meister- und Gehilfenschaft entgegengebracht wird. Dies schreibe ich freilich nicht bloß der Tätigkeit der vorausgegangenen Fortbildungsschulen zu und nicht bloß dem Umstande, daß die Werkstätten und Arbeitsräume unserer Fortbildungsschulen es gestatten, die Wirkungsweisen vieler Maschinen und Werkzeuge an den verschiedenen Holzstoffen auch praktisch vorzuführen, sondern auch dem Umstande, daß der methodische Aufbau dieses Unterrichtes jene Erkenntnisse erzeugt, deren das holzverarbeitende Handwerk bedarf, um bei größter Sparsamkeit an Material, Zeit und Arbeitslöhnen den gewünschten Erfolg zu erzielen. Für solche Erkenntnis ist das Verständnis der Wirkungsart der Werkzeuge und Maschinen, vor allem auch der neueren und neuesten Maschinen, unter dem Gesichtspunkt physikalischer Gesetze von großem Werte.

Gerade darauf aber ist das vorliegende Buch eingestellt, und zwar in einer Vortragsweise, die auch dem nicht mathematischen Leser zugänglich ist. Inhalt und Form verdankt das Buch nicht bloß der langjährigen Arbeitserfahrung, die Herrn Großmann zur Verfügung steht, sondern vielleicht noch mehr der fast 25 jährigen Lehrerfahrung an den Münchner Fach- und Fortbildungsschulen.

So kann man hoffen und erwarten, daß auch die neue, wesentlich erweiterte zweite Auflage, die bis in die Werkzeug- und Motorenkunde der jüngsten Zeit hineinführt, eine neue Schar von Freunden gewinnt. Jedenfalls wünsche ich es dem Buche.

München, den 1. Juli 1923.

Dr. Georg Kerschensteiner.

Vorwort zur zweiten Auflage.

Seit dem Erscheinen der ersten Auflage dieses Werkes kurz vor dem Kriege ist infolge der völlig umgestürzten wirtschaftlichen Verhältnisse auch das Ringen des Handwerks um eine lebensfähige Existenz außerordentlich verschärft worden.

Mit Aussicht auf Erfolg kann der schwere und bittere Kampf heute nur noch mit dem besten Rüstzeug durchgefochten werden. Zu diesem gehören aber neben Geschäftstüchtigkeit, Fleiß, Geschick und Fertigkeiten unbestreitbar auch eingehendere Kenntnisse der Materialien und der zu ihrer Verarbeitung nötigen Hilfsmittel, den Werkzeugen und Maschinen.

Wenn ich in dem (kürzlich in verbesserter 2. Auflage im gleichen Verlage erschienenen) ersten Bande meiner „Gewerbekunde der Holzbearbeitung" den Angehörigen der holzverarbeitenden Gewerbe die Ergebnisse wissenschaftlicher Forschung und selbsterworbener Erfahrungen in bezug auf das immer wertvoller werdende Rohmaterial, das Holz, in Form und Umfang derart zu vermitteln suchte, daß auch der einfache Arbeiter daraus die für sein Fach notwendigen und wertvollen Hinweise und Aufklärungen über diesen Gegenstand gewinnen kann, so dient der vorliegende zweite Band im gleichen Sinne den Werkzeugen und Maschinen der Holzbearbeitung.

Selbst dem Gewerbe entstammend liegt es mir jedoch fern mir anzumaßen, den Fachmann in einem Buch den Gebrauch seiner Werkzeuge oder den Umgang mit Maschinen lehren zu wollen. Nur zu gut weiß ich daß dies nur an der Werkbank oder an der Maschine selbst geschehen kann. Indessen haben mir doch langjährige schulische Beobachtungen im Unterricht mit Lehrlingen, Gehilfen und Meistern gezeigt, daß viele sonst recht tüchtige Arbeitskräfte — besonders wenn sie die Vorteile einer guten Berufsschule entbehren mußten — oft recht schmerzlich empfundene Lücken nach der Richtung hin aufweisen, daß die Kenntnisse über die grundlegenden physikalischen Gesetze, die nun einmal für Auswahl, Wirkung, Behandlung und Instandhaltung der Werkzeuge ausschlaggebend, nur recht mangelhaft oder gar nicht vorhanden sind. Und hier kann ein geeignetes auf wissenschaftlichen und praktischen Erfahrungen beruhendes Buch sehr wohl helfend eingreifen.

In noch höherem Maße gilt dies von den Maschinen der Holzbearbeitung, deren Einführung heute — selbst in den kleinsten Betrieben — einerseits durch den Konkurrenzkampf und die außerordentliche Verteuerung der menschlichen Arbeitskraft bedingt, anderseits durch die fortschreitende Wasserkraftausnutzung zu elektrischer Energie immer leichter ermöglicht wird. Bei den heutigen großen Werten der Maschinen muß aber eine genauere Kenntnis und verständnisvolle Behandlung derselben erste Pflicht sein. Ist es doch eine bekannte Tatsache, daß die meisten Maschinen weniger durch eine intensive Ausnutzung als vielmehr durch eine unrichtige Pflege und Behandlung verdorben werden, wie auch die Leistungen derselben oft sehr weit hinter den gehegten Erwartungen zurückbleiben.

Diesem Abschnitt ist daher auch besondere Sorgfalt und Gründlichkeit gewidmet.

Neben wissenschaftlichen Studien und eigenen Erfahrungen als technischer Leiter großer maschinell eingerichteter Betriebe sind es noch die wertvollen Beobachtungen in den seit Jahren geführten technologischen Kursen der Werkzeug- und Maschinenkunde für Gehilfen und Meister, die mir zusammen den Stoff boten den ich mich bemühte in diesem Bande in einer Weise darzubieten, daß er auch dem ungelehrten Handwerker verständlich wird. Ich zweifle jedoch nicht, daß dieses Buch auch dem erfahrenen Praktiker manche Hinweise und Aufklärungen geben und von ihm wie auch von dem Lehrer des fachgewerblichen Unterrichtes als Hilfsbuch an Fach- und Fortbildungsschulen gern zur Hand genommen wird um so mehr, als auch ein besonderer Wert auf die Besprechung zeitsparender und neuzeitlicher Arbeitsverfahren gelegt wurde.

Meine ursprüngliche Absicht, dem Buche auch Angaben über die an sich so wichtigen Kosten der einzelnen Arbeiten, der Rohstoffe, der Kraftbetriebskosten wie auch Preise der Werkzeuge und Maschinen beizufügen, mußte leider unterbleiben. Bei der tiefen Erschütterung und der heute noch bestehenden Unsicherheit in unserer gesamten Volkswirtschaft wäre eine solche Arbeit insofern nutzlos, als niemand weiß, wie sich Löhne und Preise weiter gestalten werden.

Den verschiedenen Firmen, welche mich durch wertvolle Hinweise und Mitteilungen, sowie durch Überlassung von Abbildungen für diese Neuauflage in entgegenkommendster und selbstlosester Weise unterstützten, möchte ich auch an dieser Stelle bestens danken.

Meinem vielerfahrenen, erprobten Mitarbeiter in den Maschinenkursen der Gewerbeschule an der Liebherrstraße in München, sowie an denen des Polytechnischen Vereins in Bayern, Herrn Gewerbeoberlehrer Josef Schmid, sage ich gleichfalls auch an dieser Stelle für all seine uneigennützigen Bemühungen und Versuche, welche dieser meiner Arbeit zum Vorteil gereichten, den herzlichsten Dank.

So darf ich wohl hoffen, daß das Buch in seiner 2., sorgfältig nach dem heutigen Stand der Technik ergänzten Auflage den im harten Lebenskampf stehenden Praktikern wie auch den Gewerbelehrern wirklichen Nutzen bringen möchte.

München, im April 1924.

Josef Großmann.

Inhaltsverzeichnis.

	Seite
Einleitung	1
Allgemeiner Teil. Die Entstehung und Entwicklung der Werkzeuge	2
Erster Teil. Die Werkzeuge der Holzbearbeitung	7
A. Die passiven (untätigen) Werkzeuge	8
I. Werkzeuge und Geräte zum Abmessen, Anreißen, Anzeichnen und Einteilen	8

1. Maßstäbe. 2. Senkblei, Setzwage, Wasserwage, Richthölzer. 3. Winkelmaße. 4. Werkzeuge zum Anreißen. 5. Zirkel.

II. Werkzeuge und Geräte zum Einspannen, Festhalten und Anfassen	17

1. Die Hobelbank. 2. Stehknecht, Winkel- und Gehrungsschneid- und Stoßladen, Schraubstock, Feilkloben und Fugenleimapparate. 3. Schraubzwingen, Leimknechte, Schraubböcke. 4. Schnitzbank, Faßzug, Reifzieher. 5. Zangen, Schraubenzieher und Schraubenschlüssel.

III. Werkzeuge zum Draufschlagen	30
B. Die aktiven (tätigen, arbeitenden, formgebenden) Werkzeuge	31
I. Die Arbeitsvorgänge Spalten und Schneiden	31
II. Die Schneidwerkzeuge	37

1. Axt, Beil und Texel. 2. Messerartige und schabende Werkzeuge. 3. Stech- und Stemmwerkzeuge, Bildhauer- und Dreheisen. 4. Hobel. a) Hobel zur Herstellung ebener Flächen. b) Hobel zur Herstellung gekrümmter Flächen. c) Hobel zur Herstellung gerader und gekrümmter, jedoch seitlich begrenzter Flächen. d) Hobel zur Herstellung verschiedener Profilierungen. e) Hobel für Spezialzwecke. 5. Sägen. 6. Raspeln und Feilen. 7. Bohrer und Bohrgeräte, Schraubenschneidzeuge. a) Die Bohrer. b) Die Bohrgeräte. c) Die Schraubenschneidzeuge.

III. Das Schärfen der Schneidwerkzeuge	86
Zweiter Teil. Die Maschinen der Holzbearbeitung	90
A. Die Kraftmaschinen	92
I. Das Wasserrad und die Wasserturbine	93
II. Die Dampfmaschine	96
III. Die Verbrennungskraftmaschinen	101

1. Der Leuchtgas- und Sauggasmotor. 2. Der Benzin- und Benzolmotor. 3. Der Dieselmotor (Einspritzmaschine).

IV. Der Elektromotor	111
B. Die Zwischenmaschinen	114
I. Bewegte Teile	114

1. Die Wellen. 2. Die Kuppelungen. 3. Die Stellringe und Keile. 4. Die Zahnräder. 5. Der Riemenbetrieb, Riemen und Riemenscheiben.

II. Unbewegte Teile	120

Die Lager und Schmiervorrichtungen.

III. Die Anlage der Transmission	126
IV. Die elektrische Kraftübertragung	127
V. Kraftbedarf der gebräuchlichsten Holzbearbeitungsmaschinen	129
C. Die Arbeitsmaschinen	129
I. Die Sägemaschinen	132

1. Sägemaschinen mit hin- und hergehender Bewegung. 2. Sägemaschinen mit fortlaufender Bewegung.

II. Die Hobelmaschinen und die Furnierschneidmaschinen	157

1. Die Abrichtmaschinen. 2. Die Dicken- oder Dicktenhobelmaschinen (Walzenhobelmaschinen). 3. Die Furnierschneidmaschinen. 4. Die Zapfenhobelmaschinen. 5. Die Rundstabhobelmaschinen. 6. Die Kantenbestoßmaschine (Kantenhobelmaschine).

	Seite
III. Die Fräsmaschinen	174
IV. Die Bohrmaschinen	180
V. Die Stemmaschinen	182
VI. Die Holzdrehbänke	184
VII. Die Schärf- und Schränkmaschinen	192
VIII. Die Schleifmaschinen	195
IX. Die kombinierten oder Universal-Maschinen	198
X. Materialanforderungen an gute Sägen und andere Schneidwerkzeuge	199
Dritter Teil. Die Arbeitsvorgänge Biegen und Pressen und die dabei notwendigen Hilfsmittel	201
A. Das Biegen	201
B. Das Pressen	205
Vierter Teil	206
A. Die Spänetransport- und Entstaubungsanlagen	206
B. Die Anlage der Trocken- und Leimwärmeapparate sowie der Wärmeplatten	208
Anhang. Mustergültige Anlage und Einrichtung einer Schreinerwerkstätte mit Maschinenbetrieb	210
Benützte und einschlägige Literatur, Tabellenwerke, Kataloge und Fachzeitschriften	215
Alphabetisches Namen- und Sachregister	217

Einleitung.

Die Gewerbekunde oder Technologie befaßt sich mit der Besprechung, Anwendung und Bearbeitung der in den verschiedenen Gewerben verwendeten Rohstoffe, sowie mit den hierbei anzuwendenden Hilfsmitteln, Werkzeugen, Maschinen usw.

Sie verfolgt als Ziel die Unterweisung darüber, wie die rohen Naturstoffe in Gegenstände des Gebrauchs umgestaltet werden.

Bezweckt diese Umwandlung bloß eine Änderung der äußeren Form oder Gestalt des Rohstoffes, so sprechen wir von einer mechanischen Verarbeitung, handelt es sich dagegen um die Umänderung der inneren Zusammensetzung selbst, von einer Verarbeitung auf chemischem Wege.

Um die Formänderung durch Teilung des Stoffes oder durch Vereinigung einzelner Teile zu einem neuen Ganzen vornehmen zu können, bedarf man eines Hilfsmittels.

Dieses Hilfsmittel ist das Werkzeug.

Wird das Werkzeug direkt mit der Hand in Tätigkeit gesetzt, dann heißt es Handwerkszeug oder kurzweg Werkzeug. Treten jedoch menschliche Kraft und elementare Naturkräfte mehr oder weniger miteinander in Verbindung und setzen das Werkzeug mittels mechanischer Vorrichtung in Tätigkeit, dann erweitert sich das Werkzeug zur Werkzeugmaschine.

Eine scharfe Begrenzung dieser zwei Begriffe ist schwer, da wir bei der mechanischen Bearbeitung des Rohstoffes häufig Werkzeuge zu Hilfe nehmen, die den Übergang vom Handwerkszeug zur Werkzeugmaschine bilden.

Diese Hilfsmittel bezeichnen wir als zusammengesetzte Werkzeuge. Der Praktiker nennt sie gewöhnlich Apparate (z. B. Schränkapparat, Sägeschärfapparat, Gehrungsschneidapparat).

Bei den von Tag zu Tag sich mehrenden Erfindungen und Verbesserungen ist es unmöglich, eine abschließende Zusammenstellung sämtlicher Werkzeuge und Werkzeugmaschinen der Holzbearbeitung zu bieten. Es können deshalb in diesem Bande nur die unumgänglich notwendigen und wichtigen Werkzeuge und Werkzeugmaschinen und von den Neuerungen nur solche ausführlich behandelt werden, welche sich in der Praxis bewährt haben.

Ferner sollen die Vorgänge bei der mechanischen Bearbeitung des Holzes und die physikalischen Grundlagen für die Wirkung der hierbei in Verwendung kommenden Werkzeuge und Maschinen besprochen werden.

Allgemeiner Teil.
Die Entstehung und Entwicklung der Werkzeuge.

Die große Bedeutung der technischen Arbeit für die gesamte Kulturentwicklung des Menschen kann nur dann richtig verstanden und beurteilt werden, wenn auf die Anfänge der menschlichen Kultur zurückgegangen wird.

Diese Kulturanfänge setzten mit dem Zeitpunkte ein, in dem das **erste Werkzeug** geschaffen wurde.

In der vorgeschichtlichen Zeit des Menschengeschlechtes unterscheidet man nach dem Material, aus dem die Gebrauchsgegenstände gefertigt wurden, die drei großen Abschnitte der **Stein-, Bronze- und Eisenzeit**. Eine nach Jahreszahlen genaue Begrenzung dieser Zeitstufen ist nicht möglich, da ihre Dauer bei den einzelnen Urvölkern verschieden war, wie es ja heute noch Naturvölker gibt, die auf einer der unteren Stufen stehengeblieben sind; andererseits überschneiden sich ihre Grenzen in den einzelnen Ländern durchwegs in erheblichem Maße.

In jener nebelhaften Vergangenheit, in der der Mensch **ohne Werkzeuge** seinen Bedürfnissen genügen mußte, boten ihm Jagd und Fischerei die ursprünglichste Beschäftigung und Nahrungsquelle. Die Schnelligkeit der Beutetiere zwang den Menschen, auf Hilfsmittel zu ihrer Erlegung zu sinnen; insbesondere mußte er im Kampfe mit den von Natur aus besser bewaffneten Raubtieren nach solchen Hilfsmitteln suchen, die nicht nur eine wirksamere Verteidigung ermöglichten, sondern auch eine Fernwirkung erzielten. Diese Hilfsmittel, die zugleich als Waffen dienten, bestanden zwar nur aus roh zu Schneidkanten behauenen Steinstücken, denen der damalige Mensch die ungefähre Form unseres heutigen Messers, Keiles oder, wenn diese Steine an einem Holzast befestigt waren, der Axt zu geben wußte. Er lernte aber dabei auch schon verstehen, seine geringe Kraft beim Bearbeiten von schwer teilbaren starren Körpern, wie Holz, Knochen und Gesteinen, durch Anwendung solcher Hilfsmittel zu steigern und dadurch besser zur Geltung zu bringen.

Diese Hilfsmittel können als die **ersten ursprünglichen Werkzeuge** bezeichnet werden.

Nach den an vielen Stellen gemachten, sowohl aus unbearbeiteten wie bearbeiteten Knochen, Steinen und Geweihstücken bestehenden Funden unterscheidet man eine **ältere und eine jüngere Steinzeit** oder einen **paläolithischen und einen neolithischen Zeitabschnitt**.

In der älteren Steinzeit bediente sich der Mensch nur der mit roh zubehauenen Schneidkanten versehenen **Steinwerkzeuge**. Wann diese Zeit in Deutschland einsetzte, läßt sich nicht bestimmen, wenngleich sich zahlreiche Spuren dieser ältesten Entwicklungsstufe überall in Europa, vor allem in den in der Eiszeit (Diluvialzeit) bewohnten Höhlen Südfrankreichs finden. Dieser **älteren Steinzeit** folgt die **jüngere**, deren Anfänge ebenfalls in Dunkel gehüllt sind, während ihre Weiterentwicklung zeitlich einigermaßen, wenigstens für Deutschland, auf ungefähr 4000—2500 Jahre v. Chr. bestimmt werden kann.

Das Hauptwerkzeug bleibt auch in dieser Zeit das **Steingerät**, welches jedoch schon mit größerer Geschicklichkeit und in mannigfacheren Formen

Allgemeiner Teil. Die Entstehung und Entwicklung der Werkzeuge

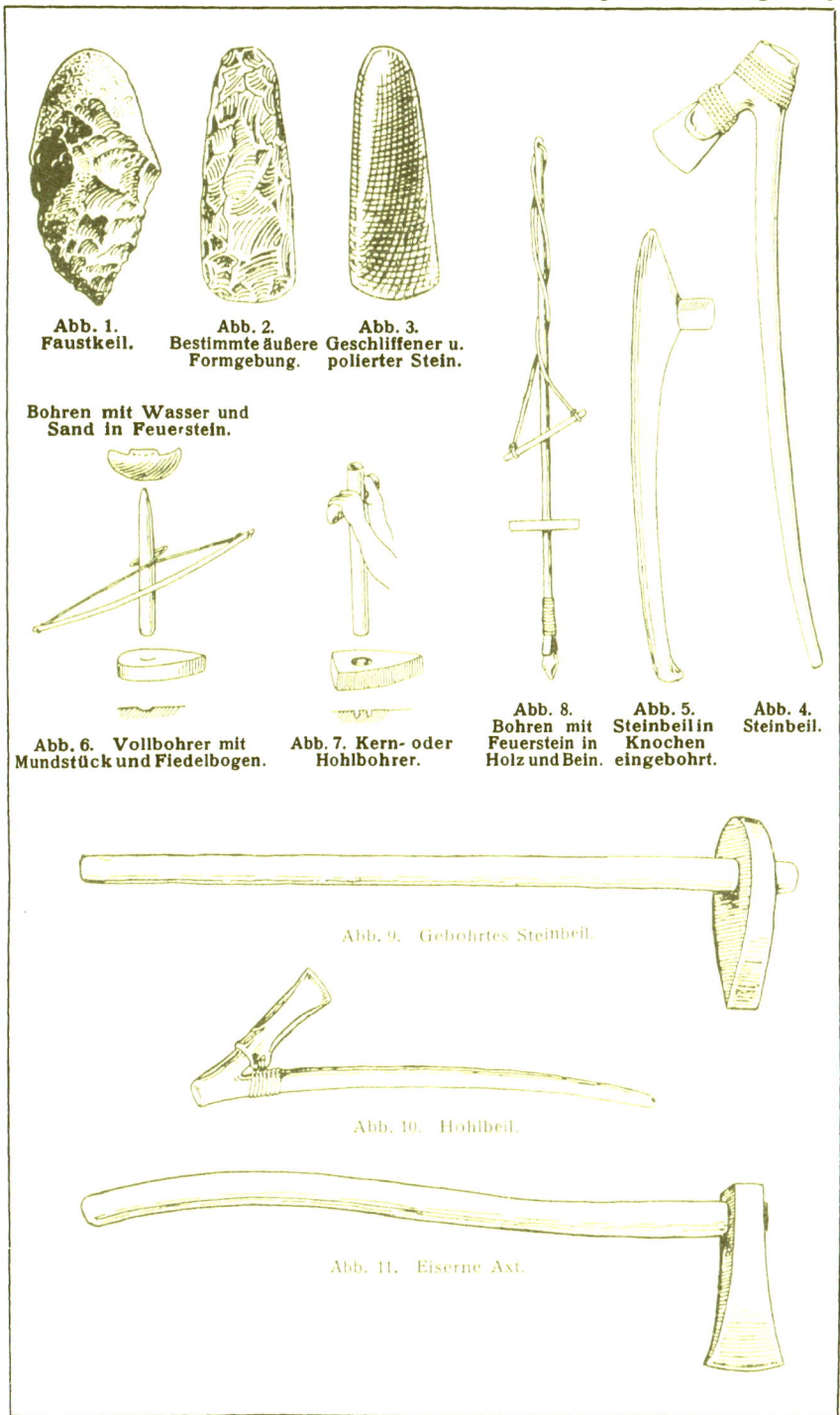

Abb. 1. Faustkeil.
Abb. 2. Bestimmte äußere Formgebung.
Abb. 3. Geschliffener u. polierter Stein.
Bohren mit Wasser und Sand in Feuerstein.
Abb. 6. Vollbohrer mit Mundstück und Fiedelbogen.
Abb. 7. Kern- oder Hohlbohrer.
Abb. 8. Bohren mit Feuerstein in Holz und Bein.
Abb. 5. Steinbeil in Knochen eingebohrt.
Abb. 4. Steinbeil.
Abb. 9. Gebohrtes Steinbeil.
Abb. 10. Hohlbeil.
Abb. 11. Eiserne Axt.

aus verschiedenen Gesteinsarten gehauen wurde. Nebst den in der älteren Steinzeit zumeist verwendeten **Feuersteinen** erscheinen jetzt vorwiegend **Serpentin, Diorit, Gabbro, Saussurit**. Ausnahmsweise wurde wohl auch der schöne grünlichgraue, etwas fettglänzende **Nephrit**, der **Chloromelanit** und der aus Hinterindien (Birma) kommende **Sadeit** verwendet, deren schöner Materalglanz sicherlich den Menschen veranlaßte, diese Steine zu glätten und zu polieren.

Aus diesem Grunde wird die **jüngere Steinzeit** auch als die Zeit der **geglätteten Steine** bezeichnet.

Da das Handwerkszeug jetzt schon mannigfachere Gestalt annimmt, unterscheiden sich die einzelnen Geräte wie Axt, Beil, Messer, Säge, Schaber, Bohrer ziemlich scharf voneinander.

In dieser Zeit entstanden auch die den Menschen als Wohnstätten dienenden sog. „**Pfahlbauten**", welche oft ganze Ortschaften bilden. Solche **Pfahldörfer** finden sich allerwärts, namentlich in bayrischen, österreichischen und schweizerischen Seen und Mooren und verraten in ihren völlig wieder aufgedeckten Fundamenten durch ihre unterschiedliche Bauweise schon eine höhere Kulturentwicklung des damaligen Menschen. Bei dem Mangel an anderen Erzeugnissen können diese Pfahlbauten als die **älteste eigentliche Hochbaukunst** bezeichnet werden.

Im Menschen war von jeher der Trieb vorhanden, die Gebrauchsgegenstände verschiedenartig zu benutzen. Dieser **Gebrauchswechsel**[1]) ist der große Lehrmeister gewesen, welcher die Entwicklung aller unserer heutigen Werkzeuge aus den wenigen Grundformen der älteren Steinzeit als **Axt, Keil** und **Messer** herbeiführte.

Dieser Gebrauchswechsel, welcher teils absichtlich teils zufällig und spielend, wohl auch im Drange der Not erfolgt ist; mußte dazu führen, daß für bestimmte Zwecke gewisse Formen von Werkzeugen am besten geeignet sind; sofern diese Formen noch nicht in entsprechender Art vorhanden waren, mußten sie neu ersonnen und hergestellt werden.

So entstand aus der ältesten Urform der **Steinaxt**, welche nichts anderes als ein an einem Aststück befestigter scharfkantiger Stein war, die **gebohrte Steinaxt**. Das Bohren des Loches geschah zweifellos mittels Sand unter Zuhilfenahme eines Röhrenknochens oder dgl. und war sicher das Ergebnis einer wochenlangen Arbeit; ebenso dürften auch die Schneidkanten der Steinaxt durch Reiben an einem Sandstein geschliffen worden sein. Aus der Steinaxt ergab sich die jetzige Form der Axt, aus welcher sich dann im Laufe der Zeit nach den verschiedensten Verwendungszwecken die heute im Gebrauch befindlichen Beile, Äxte, Breitbeil, Texel u. a. entwickelten (Abb. 1 bis 13).

Aus dem **Steinkeil** lassen sich alle heute vorhandenen meißelartigen Werkzeuge wie: Stemmeisen, Lochbeitel, Hohleisen, die verschiedenen Bildhauer- und Dreheisen ableiten (Abb. 14 bis 19).

Das **Steinmesser**, die Urform unseres gewöhnlichen Messers, ist unbedingt als die Grundform unserer zahlreichen Messerformen bis hinauf zum Rasiermesser zu bezeichnen. Sie wurden bald ziehend bald drückend bald schlagend sowie in jeder Richtung und Lage angewandt, wodurch wieder

---

[1] Von Dr. Ernst **Hartig** zuerst erwähnt.

Allgemeiner Teil. Die Entstehung und Entwicklung der Werkzeuge

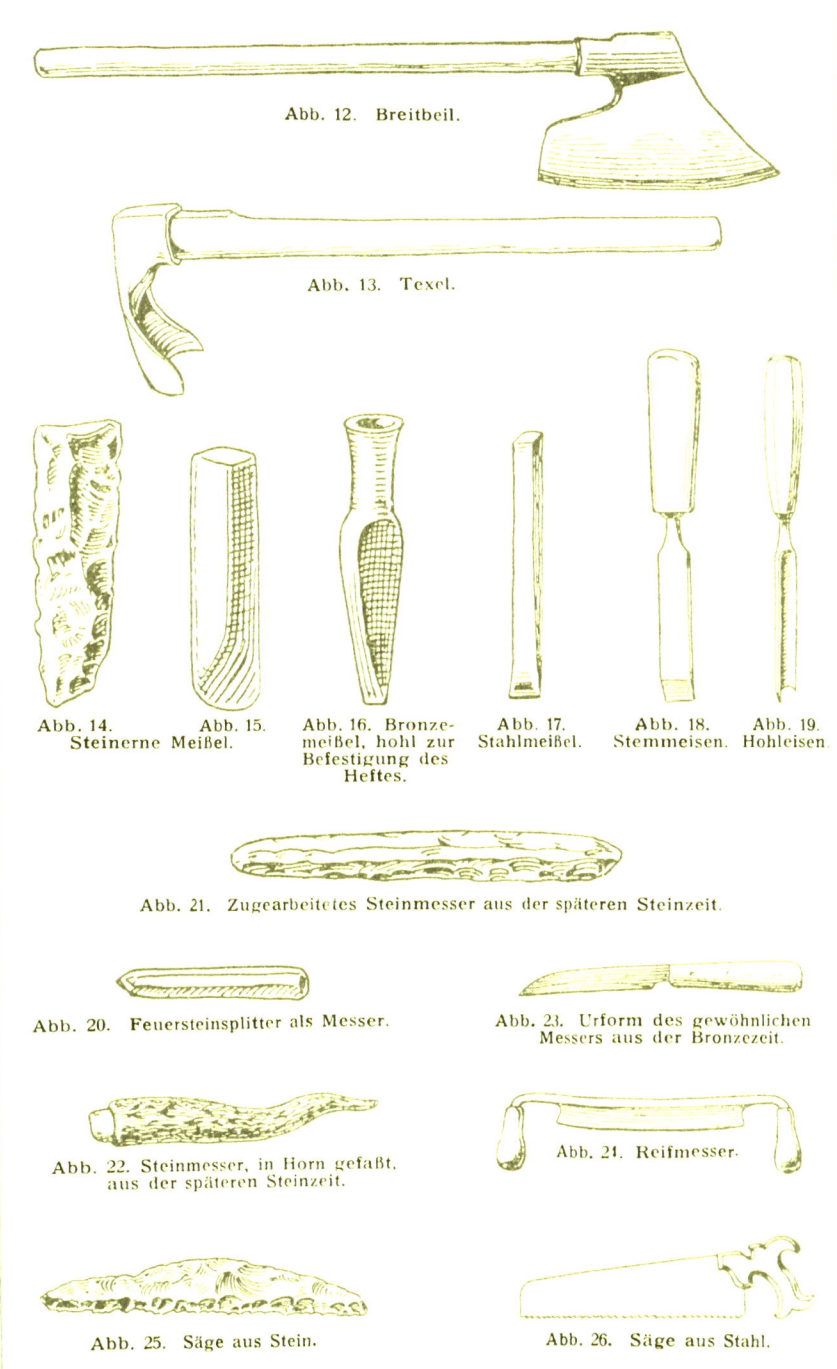

Abb. 12. Breitbeil.

Abb. 13. Texel.

Abb. 14. Steinerne Meißel.

Abb. 15.

Abb. 16. Bronzemeißel, hohl zur Befestigung des Heftes.

Abb. 17. Stahlmeißel.

Abb. 18. Stemmeisen.

Abb. 19. Hohleisen.

Abb. 21. Zugearbeitetes Steinmesser aus der späteren Steinzeit.

Abb. 20. Feuersteinsplitter als Messer.

Abb. 23. Urform des gewöhnlichen Messers aus der Bronzezeit.

Abb. 22. Steinmesser, in Horn gefaßt, aus der späteren Steinzeit.

Abb. 24. Reifmesser.

Abb. 25. Säge aus Stein.

Abb. 26. Säge aus Stahl.

das Reifmesser, das Wiegemesser, der Küferschaber, der Hobel entstand, ja sogar die Grundform der Säge sich entwickelte.

Unser Hobel ist trotz seiner abweichenden Gestalt nichts anderes als ein in einem Holz- oder Eisenstück befestigtes, zur Bewegungsrichtung quergestelltes Messer.

Die Entstehung der Säge kann man aus einem schartigen Messer ableiten und ist es keineswegs schwer, in der Lochsäge und dem Fuchsschwanz die Grundform, das Messer, wieder zu erkennen. Andere Erklärungen gehen dahin, daß die Säge aus dem Rückgrat eines Fisches, dem verlängerten Stoßzahn des Sägefisches, der Kinnlade einer Schlange hervorgegangen sei oder daß diese mindestens als Vorbilder gedient haben; doch scheint die Annahme der Entstehung aus einem schartigen Messer mehr für sich zu haben (Abb. 20 bis 26).

In die Funde der meisten Pfahlbauten mischen sich unter die Steinwerkzeuge auch Bronzegeräte; sie künden ein anderes Zeitalter, die „Bronzezeit", an.

Noch in vorgeschichtlicher Zeit lernte der Mensch die Metalle erkennen und bearbeiten. Kupfer, Gold und Silber, die im reinen Zustande in der Natur vorkommen, verwendete er zur Anfertigung von Schmucksachen. Zu Waffen und Werkzeugen mußten ihm diese Metalle wegen ihrer geringen Widerstandsfähigkeit weniger geeignet erscheinen.

Der Mensch lernte Kupfer mit Zinn verbinden, wodurch die „Bronze" entstand. Bald erkannte er die Brauchbarkeit und Vorzüge dieser Legierung, und damit beginnt die Epoche der Bronzezeit, welche im mittleren und nördlichen Europa etwa den Zeitraum von 1500 bis 400 Jahre v. Chr. eingenommen haben mag.

Die Übergänge von der Stein- zu der Bronzezeit sind schwer zu verfolgen; doch ist das abgeschlossene Bild der Kultur dieser Zeit nach dem Siegeszuge der Bronze, der auf den verschiedensten Wegen über Land und Meer vom westlichen Asien nach Europa erfolgte, gut zu übersehen.

Wenn auch die Bronze eine große Umwälzung auf dem Gebiete der Werkzeugtechnik insofern mit sich brachte, als eine Fülle neuer Zierformen nun im Entstehen begriffen ist, findet man doch die eigentlichen Handwerkzeuge seltener aus Bronze; die Steinwerkzeuge blieben vielmehr noch sehr lange nebenher in Geltung.

Als es dem Menschen gelang, das metallische Eisen aus Erzen zu gewinnen und zu verarbeiten, wurde die Bronzekultur schnell verdrängt und wich der jahrtausendelang benutzte Stein dem rasch nachrückenden Eisen. Wenngleich eine Umgestaltung der Werkzeuge in dieser Zeitperiode, der Eisenzeit (in Deutschland ungefähr 500 v. Chr. bis 100 n. Chr.), eintrat, wurden Verbesserungen von weittragender Bedeutung nicht erzielt.

Die weitere Ausbildung der Werkzeuge im Laufe der folgenden Jahrhunderte beschränkte sich lediglich auf die Herstellung besserer Formen, welche verschiedenen, besonderen Verwendungszwecken angepaßt waren.

Erst das 19. Jahrhundert brachte durch zielbewußte Anwendung der im Laufe der Zeit entdeckten Naturgesetze und Verwertung der Erfahrungen auf dem Gebiete der Technik einen ungeahnten gewaltigen Fortschritt in der Werkzeugentwicklung. Bahnbrechende Erfindungen wurden gemacht und Verbesserungen geschaffen, so daß heute die verschiedensten feindurchdachten Spezialwerkzeuge der Menschenhand unersetzliche Dienste leisten.

Eine lange Zeit, vielleicht von Jahrtausenden, hat sich der Mensch mit den einfachsten Vorrichtungen beholfen, bis er zur Erzeugung nutzbarer Arbeit Naturkräfte wie Wind und Wasser heranziehen lernte; auch tierische Kräfte wurden zu Hilfe genommen. Im ganzen und großen blieb jedoch die menschliche Energie die Hauptbetriebskraft, die sich auf die verschiedenen Werkzeuge übertrug, bis endlich in der zweiten Hälfte des 18. Jahrhunderts unter Beihilfe der Wissenschaft der Riesenfortschritt gemacht wurde, der auf der Anwendung des Dampfes beruht. Nun setzte immer schärfer das Streben ein, Menschenkraft zu sparen und mit größerer Kraftentfaltung zu arbeiten, als bei Anwendung von Menschen- und Tierkraft möglich ist. Wind, Wasser, Dampf, Gas, heiße Luft, Elektrizität wurden in den Dienst des Menschen gezwungen. Durch die Anwendung dieser Naturkräfte auf die gewerblichen Hilfsmittel konnte sich das Werkzeug zur Maschine vervollkommnen.

Die Maschine hat das Werkzeug aber noch lange nicht beseitigt oder entbehrlich gemacht, weil es bisher nicht gelang, für alle Zwecke, denen das Werkzeug entspricht, geeignete Maschinen herzustellen.

Erster Teil.
Die Werkzeuge der Holzbearbeitung.

„Gut Werkzeug halbe Arbeit!"

Dieses altbekannte Sprichwort sollte das Ideal eines jeden Arbeiters sein.

Wie es unmöglich ist, mit einem stumpfen Bleistift feine Linien zu ziehen, so kann es auch dem besten Arbeiter nie gelingen, mit einem schlechten Werkzeug saubere Arbeit zu liefern. Aber nicht allein die Schärfe des wirksamen Teiles, sondern auch der technisch richtige Zustand des ganzen Werkzeuges ist Voraussetzung für gute Arbeitsleistung.

Durch die Anwendung unzulänglicher oder schlechter oder auch technisch unrichtig beschaffener Werkzeuge geht eine Menge menschlicher Arbeitskraft verloren, die Leistungen des Arbeiters und infolgedessen auch des Geschäftes nehmen ab.

Als erster Grundsatz in der Holzbearbeitung muß gelten, daß eine rasche, schöne und saubere Arbeit nur mit einem guten, scharf schneidenden und technisch richtigen Werkzeug zu erzielen ist.

Es ist deshalb Pflicht eines jeden Arbeiters, sein Werkzeug stets in gutem, brauchbarem Zustande zu erhalten.

Das wird aber nur dann möglich sein, wenn er über das Wesen, die Zusammensetzung und Bauart desselben genügend unterrichtet ist und wenn ihm die physikalischen Gesetze bekannt sind, auf denen die Wirkung der Werkzeuge beruht und die für ihre Herstellung jeweils bestimmend waren.

Derjenige Arbeiter, der sein Handwerkszeug genau kennt, wird es auch verstehen, dasselbe technisch richtig und mit Vorteil zu handhaben.

Nach Art ihrer Wirkung werden die Werkzeuge in **aktive** (tätige, arbeitende, formgebende) und in **passive** (untätige) eingeteilt.

A. Die passiven (untätigen) Werkzeuge.

Die untätigen Werkzeuge bezwecken nicht direkt eine Formänderung, unterstützen und erleichtern sie jedoch.

Zu ihnen zählen alle Mittel zum **Abmessen, Anreißen, Anzeichnen** und **Einteilen**, ebenso zum **Einspannen, Festhalten** und **Anfassen**.

I. Werkzeuge und Geräte zum Abmessen, Anreißen, Anzeichnen und Einteilen.

Die erste Arbeit des Holzarbeiters besteht darin, die Größen und Formen des herzustellenden Gegenstandes durch Messungen zu bestimmen und durch Vorzeichnen, Einteilen und Anzeichnen die Linien und Punkte anzugeben, wo die wirkliche Bearbeitung des Rohstoffes einzusetzen und weiter zu erfolgen hat.

Diese Meßarbeiten erfordern größte Sorgfalt; flüchtiges Messen macht ein genaues Arbeiten unmöglich und das Werkstück unter Umständen sogar wertlos.

1. Maßstäbe. Um die Länge einer Strecke genau bestimmen zu können, braucht man einen **Maßstab**, d. i. eine Längeneinheit, welche in den einzelnen Ländern gesetzlich festgelegt ist. In Deutschland ist durch Reichsgesetz als Maßeinheit für technische Längen-, Flächen- und Raummessungen das **Meter (m)** eingeführt, welches in 10 Dezimeter (dm) oder 100 Zentimeter (cm) oder 1000 Millimeter (mm) eingeteilt ist. Ein Meter ist ungefähr der 40000000 Teil des Erdumfanges über die Pole gemessen. Das aus Platin und Iridium (90:10) hergestellte Urmeter befindet sich im Staatsarchiv zu Paris. Nach diesem ist das deutsche Urmeter (1868) hergestellt, welches in Charlottenburg aufbewahrt wird.

Zum Abmessen einer geraden Linie benutzt man gewöhnlich einen als **Meterstab** allgemein bekannten Hartholzstab von 1 m Länge mit eingepreßten Teilmaßen.

Um den Meterstab bequem in der Tasche tragen zu können, wird derselbe aus einzelnen Teilen zusammengesetzt, die durch Gelenke (Scharniere) miteinander verbunden sind. Er heißt **zusammenlegbarer** oder **Gelenkmaßstab**. Zu seiner Herstellung findet dünnes Holz, Stahlband, Messing, Fischbein u. dgl. Verwendung.

Größere Längenausdehnungen werden mit dem **Bandmaß** (Meßband, Rollmaß) gemessen, das aus einem starken Leinen- oder Stahlband von 10 m, 20 m oder 25 m Länge mit Metermaßeinteilung besteht und in einer handlichen runden Hülse aus Metall oder Leder aufgerollt werden kann.

Ein besonderes Maß verwendet der Modellschreiner bei Herstellung der Gußmodelle. Es ist der **Schwindmaßstab**. Das Gußmaterial zieht sich beim Erkalten zusammen; es schwindet. Soll das Gußstück die vorgeschriebenen Abmessungen erhalten, so müssen alle Formmaße des Modelles im Verhältnis des Schwindens des gegossenen Gegenstands vergrößert werden.

Da das Schwindmaß sich nicht nur bei den verschiedenen Metallen ändert, sondern sogar bei ein und demselben Metall ungleich ist, braucht der Modellschreiner Schwindmaßstäbe für Rot- und für Schwarzguß.

A. Die passiven (untätigen) Werkzeuge

So beträgt das Schwindmaß für:

Gußeisen . . . . $1/96 = 0,0104$ mm
Rotguß und Bronze . . . . . . , . $1/134 = 0,0750$ mm
Stahlguß . . . . $1/50 = 0,0200$ mm
auf jeden Millimeter.

Der Schwindmaßstab für Gußeisen muß daher eine Länge von $1000 + \frac{1000}{96}$ = rund 1010 mm haben.

Will der Holzarbeiter den Durchmesser stehender Bäume oder Blöcke bestimmen, so braucht er das **Baummaß** (Gabelmaß, Meßkluppe) (Abb. 27). Es besteht aus einer Schiene mit metrischer Einteilung, an deren einem Ende ein längerer Schenkel im Winkel von 90° befestigt ist, während ein zweiter Schenkel sich auf der Maßschiene geradlinig verschieben läßt. Früher wurde das Baummaß aus Holz gefertigt; heute wird das mit eiserner Schienenführung in Messingkapseln bevorzugt.

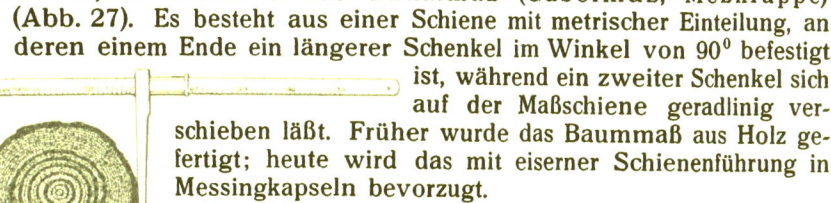

Abb. 27. Baummaß.

Zum Messen beliebiger Dicken, zum Ablesen kleiner Längen und zur Bestimmung von lichten Weiten dienen die **Schublehren**. Es sind dies vorzügliche Werkzeuge von kleinerer Form, den Meßkluppen ähnlich, mit Maßeinteilung nach Millimeter und englischen Zoll.

In England und Amerika ist heute noch das **Zollmaß** im Gebrauch. Der Holzarbeiter muß daher notwendig wissen, daß ein englischer Zoll dem deutschen Maß von 25,4 mm entspricht.

Im Holz- und Werkzeughandel wird in Deutschland leider noch vielfach das alte Zollmaß verwendet. Für den Handel ist das mit um so größeren Nachteilen verbunden, als dieses Zollmaß in den einzelnen Ländern recht verschieden groß ist.

So ist z. B. 1 bayrischer Zoll . . . . = 24,26 mm
1 preußischer oder rheinländischer Zoll = 26,15 mm
1 sächsischer Zoll . . . . = 23,6 mm
1 württembergischer Zoll . . . . = 28,65 mm
1 österreichischer (Wiener) Zoll . . = 26.34 mm.

Der alte bayrische Fuß ('), eingeteilt in 12 Zoll ("), der Zoll in 12 Linien ("') hat eine Länge von 0,2918 m. Diese Einteilung nennt man das **Duodezimalmaß**. Im Bretterhandel sind heute noch die bayrischen Fuß- und Zollmaße fast mehr als das Metermaß gebräuchlich.

Für den **Auslands-Holzhandel** ist es wohl vorteilhafter, sich den ausländischen Zollmaßen anzupassen, als starr an dem metrischen Maßsystem festzuhalten. Für den **Inlands-Holzhandel** wäre jedoch die einheitliche Durchführung des metrischen Maßes unter allen Umständen anzustreben.

2. Senkblei, Setzwage, Wasserwage, Richthölzer. Bei der Aufstellung (Montierung) von Türpfosten, Fensterstöcken, Treppen, Dachstühlen, Maschinen u. dgl. muß eine genaue **senkrechte** (lotrechte, vertikale) oder eine genaue **wagerechte** (horizontale) Richtung gesucht werden. Hierzu dienen zwei Werkzeuge, die auf dem Gesetz der Schwere beruhen: Das **Senkblei** und die **Setzwage**.

Erster Teil. Die Werkzeuge der Holzbearbeitung

Das Senkblei (Lot, Senkel, Bleilot) ist das einfachste Werkzeug zur Bestimmung der Vertikalrichtung; es besteht aus einer dünnen Schnur, an deren einem Ende eine Bleikugel oder ein nach unten zugespitztes Metallstück befestigt ist. Beim Gebrauche folgt die Schwere des Metallstückkes der Anziehungskraft der Erde, der Schwerkraft, wodurch die Schnur straff gespannt wird und so eine gerade senkrechte Linie bildet. Läuft die Kante oder Mittellinie des aufzustellenden Gegenstandes mit der Senkschnur parallel, so ist die genaue Vertikalrichtung erreicht.

Aus der vertikalen Richtung des Senkbleies kann man auch sofort die horizontale finden.

Hält man das Senkblei über die Oberfläche des ruhenden Wassers, so zeigt sich, daß die Flüssigkeit eine horizontale Ebene bildet, die zum Lot im rechten Winkel (Winkel von 90⁰) steht.

Auf dieser physikalischen Erscheinung beruht die Setzwage (Schrotwage) (Abb. 28 u. 29). Sie besteht aus einem gleichschenkeligen Dreieck und einem Senkblei. Die Mitte der Grundlinie (Basis) des Dreiecks ist durch eine lotrechte Linie markiert und zeigt einen halbkreisförmigen Ausschnitt, in dem sich die Kugel des Senkbleies frei bewegen kann.

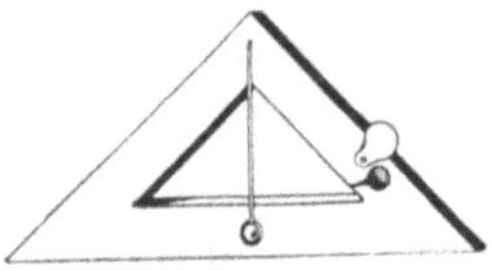

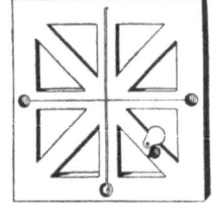

Beim Gebrauche stellt man die Grundlinie der Setzwage auf die zu prüfende Fläche; liegt die Schnur in der Mitte der Grundlinie an, so entsteht ein rechter Winkel, die betreffende Fläche ist wagerecht; weicht die Schnur dagegen von der Markierungslinie ab, so ist die Fläche schief.

Abb. 28. Gewöhnliche Setzwage.

Abb. 29. Setzwage zum Lot- und Wagrechtmessen (verbesserte Form).

Die Physik lehrt, daß die Luft in einem fast ganz mit Wasser gefüllten Gefäße stets die höchste Stelle einnimmt.

Die praktische Anwendung dieses Lehrsatzes finden wir bei der Wasserwage oder Libelle (Abb. 30), die zur Richtigstellung wagrechter Flächen dient und in neuerer Zeit die alte Setzwage immer mehr verdrängt.

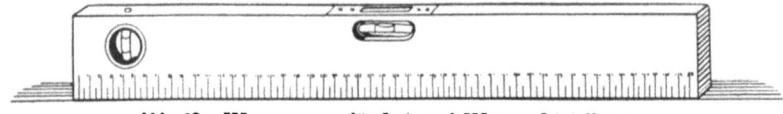

Abb. 30. Wasserwage für Lot- und Wagrechtstellung.

Die Wasserwage besteht aus einer in Holz oder Metall gefaßten Glasröhre, die schwach kreisförmig nach oben gebogen ist und deren Mitte ein Strich genau bezeichnet. Diese Röhre ist fast vollständig mit Wasser gefüllt; den leeren Raum nimmt die Luft ein. Die erzielte wagrechte Richtung zeigt die Wasserwage in der Weise an, daß die Luft in Form einer langen ovalen Blase den obersten Teil der Glasröhre ausfüllt und durch den in der Mitte eingeritzten Strich in zwei gleiche Hälften geteilt wird, deren Enden wieder durch Striche scharf begrenzt sind.

Mit besonders konstruierten Wasserwagen kann die Lot- und Wagrechtstellung zugleich bestimmt werden; in ihrer physikalischen Wirkung sind diese Instrumente den einfachen Wasserwagen gleich.

Die Herstellung einer genauen ebenen Fläche bezeichnet der Holzarbeiter mit dem Ausdruck „Abrichten". Eine Fläche ist dann genau abgerichtet, also eben, wenn sich auf ihr nach allen Richtungen gerade Linien ergeben. Die praktische Prüfung dieser Bedingung erfolgt durch Aufsetzen des Richtscheites auf die Fläche. Dieses stellt ein gerades Lineal mit abgeschrägten Schmalkanten dar.

Um schmale ebene, aber längere Flächen auf ihre Richtigkeit zu prüfen, benutzt der Holzarbeiter zwei Lineale aus Hartholz von 70 bis 80 cm Länge, 6—8 cm Breite und 10—12 mm Dicke, welche **Richthölzer** (Abrichthölzer, Richtscheite) genannt werden. Sie müssen genau rechtwinkelig und gleich breit sein, was sich durch wechselweises Aufeinanderlegen ihrer Längskanten leicht prüfen läßt. Beim Untersuchen der Fläche auf ihre horizontale Richtung stellt man die Richthölzer getrennt in verschiedenen Entfernungen auf die Fläche. Ist diese eben, so müssen sich die Oberkanten der beiden Lineale vollständig decken; trifft dies nicht zu, so ist die Fläche windschief.

3. Winkelmaße. Nicht minder wichtig als die Längenmessung ist die **Winkelmessung**.

Ein Winkel entsteht, wenn zwei Linien von einem Punkte nach verschiedenen Richtungen auseinandergehen. Die Größe des Winkels hängt nicht von der Länge dieser Linien (Schenkel) ab, sondern wird durch die Größe der Neigung welche die Schenkel gegeneinander haben, bestimmt.

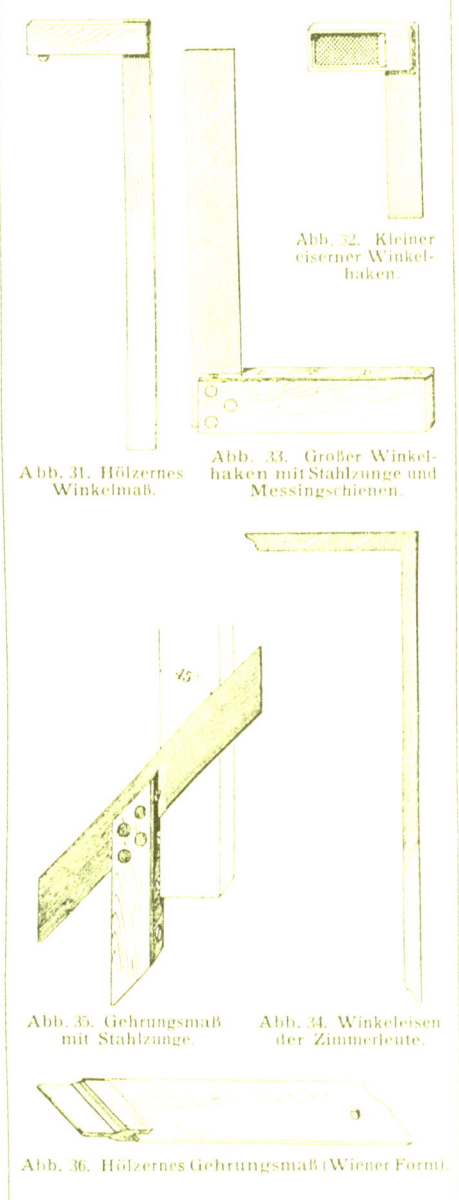

Abb. 32. Kleiner eiserner Winkelhaken.

Abb. 31. Hölzernes Winkelmaß.

Abb. 33. Großer Winkelhaken mit Stahlzunge und Messingschienen.

Abb. 35. Gehrungsmaß mit Stahlzunge.

Abb. 34. Winkeleisen der Zimmerleute.

Abb. 36. Hölzernes Gehrungsmaß (Wiener Form).

Als Maßeinheit für Winkelmessungen dient der 360. Teil eines Kreises, welcher Grad (^{0}) genannt wird. Je nach der Zahl der Grade, unterscheidet man den **rechten Winkel** (90^0), den **spitzen** (= kleiner als 90^0) und den **stumpfen, gestreckten** oder **erhabenen Winkel** (= größer als 90^0).

Zum Messen von Winkeln braucht man die **Winkelmaße**.

Der Holzarbeiter hat am häufigsten Winkel von 90^0 und 45^0 zu messen.

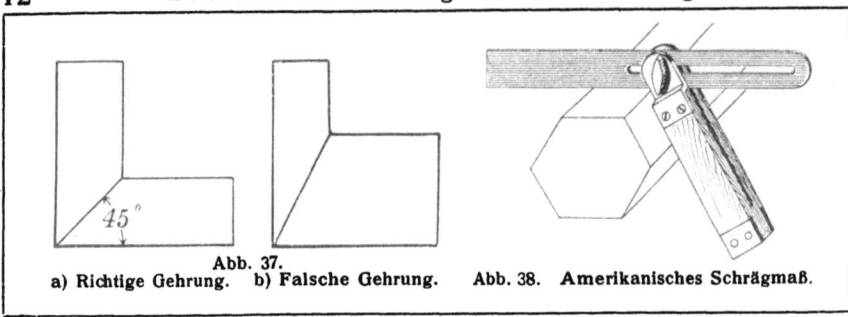

Abb. 37.
a) Richtige Gehrung.   b) Falsche Gehrung.   Abb. 38. Amerikanisches Schrägmaß.

Hierzu benutzt er feststehende Winkelmaße; zur Messung aller anderen Winkel dienen ihm verstellbare Maße.

Das gewöhnliche Winkelmaß wird **Winkelhaken** oder kurzweg **Winkel** (Abb. 31 mit 33) genannt. Es dient zum Prüfen und Vorzeichnen von $90°$ oder rechten Winkeln und besteht aus zwei ungleich langen Schenkeln von verschiedener Stärke. Der kürzere oder stärkere Schenkel heißt **Kopf** oder **Anschlag**, der längere und schwächere **Blatt** oder **Zunge**.

Die Zimmerleute benutzen eiserne oder stählerne Winkelmaße ohne Anschlag, die **Winkeleisen** (Abb. 34), deren Zunge gegen das Ende ganz schwach zuläuft und so federnd wirkt.

Zum Anzeichnen des halben rechten Winkels (Winkel von $45°$) dient das **Gehrungsmaß** (Abb. 35 und 36), welches in verschiedenen Formen hergestellt wird.

Den $45°$ Winkel nennt der Holzarbeiter schlechtweg **Gehrung**. In der Praxis spricht man häufig von „falscher Gehrung" (Abb. 37). Man versteht darunter das Zusammenstoßen zweier verschieden breiter Brettenden unter irgendeinem Winkel, so daß die Abschrägung unter ganz ungleichen Winkeln vor sich geht, also die Schnittlinie nicht im Winkel von $45°$ liegt.

Winkelhaken und Gehrungsmaß werden meist aus Weißbuchenholz hergestellt. In bezug auf Genauigkeit und Widerstand gegen Abnutzung sind jedoch jene Maße, bei denen die Zunge aus Stahlblech und die Innenseite des Kopfes mit Stahl- oder Messingblech belegt ist, sowie die ganz aus Eisen und Stahl gefertigten kleinen Winkel den hölzernen vorzuziehen.

Zum Abnehmen und Übertragen beliebiger Winkel dient das **Schrägmaß (Schmiege, Stellwinkel)**, dessen beide Schenkel gelenkartig so miteinander verbunden sind, daß ein Schenkel um seine Achse drehbar ist.

Sehr zweckmäßig sind die neueren **amerikanischen Schrägmaße (Universalschmiegen)** (Abb. 38), deren Stahlzunge mittels einer Flügelschraube auf verschiedene Längen eingestellt werden kann.

4. Werkzeuge zum Anreißen. Soll eine Linie genau parallel zu einer Kante des Arbeitsstückes gezogen werden, so bedient man sich so beschaffener Maßwerkzeuge, welche die zu ziehende Linie in das Holz eindrücken oder einreißen.

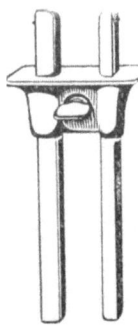

Abb. 39.
Eisernes Patent-Streichmaß.

Die meist verwendete Art dieser Werkzeuge ist das **Streichmaß (Streichmodel)** (Abb. 39 und 40). Dasselbe besteht aus dem Anschlag oder Kopf (aus Holz oder Metall) und aus

A. Die passiven (untätigen) Werkzeuge

zwei zueinander parallellaufenden schwachen quadratischen Stäbchen (Riegel), die an einem Ende mit einem mäßig vorstehenden, stählernen, messerartigen Stift versehen sind. Die Riegel können im Anschlag verschoben und durch Keile oder Klemmschrauben auf die entsprechende Entfernung eingestellt werden.

Bei manchen Arbeiten, z. B. beim Vorreißen von Zapfen und Zapfenlöchern, zeigt sich das Bedürfnis, zwei parallele Linien gleichzeitig im beliebigen Abstande zu ziehen.

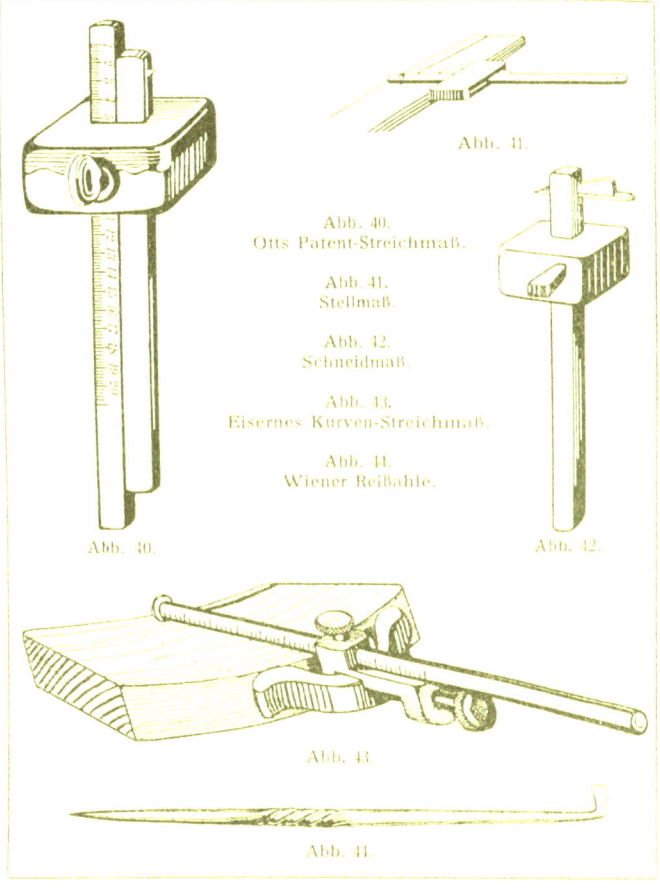

Abb. 40. Otts Patent-Streichmaß.
Abb. 41. Stellmaß.
Abb. 42. Schneidmaß.
Abb. 43. Eisernes Kurven-Streichmaß.
Abb. 44. Wiener Reißahle.

Hier kommen vorzügliche Neuerungen zu Hilfe: das eiserne Patent-Streichmaß und das amerikanische Präzisions-Streichmaß, auch Zapfen-Streichmaß genannt. Bei letzterem Werkzeug sind an einem Riegel zwei Reißstifte angebracht, von denen der eine feststehend, der andere mittels einer Schiene durch eine Schraube verstellbar ist. Das Ziehen von zwei Rissen zu gleicher Zeit erfordert jedoch besondere Übung und Geschicklichkeit.

Bei Entfernungen über 15 cm läßt sich mit dem Streichmaß nicht mehr genau arbeiten. Hier leistet das Stellmaß (Stellmodel) (Abb. 41) Ersatz, welches gewöhnlich aus einer langen Leiste mit Maßeinteilung besteht, auf welcher sich ein Anschlag (Schieber) auf das jeweils notwendige Maß feststellen läßt.

Zum Schneiden von parallelen Streifen (Adern) aus Furnieren oder Dickten benutzt man ein Streichmaß, das statt des Reißstiftes ein kleines Messerchen trägt und als Schneidmaß (Abb. 42) bezeichnet wird. In neuerer Zeit wurde ein sehr zweckmäßiges Werkzeug geschaffen, das Stanley-Universal-Schneidmaß, welches zwei auswechselbare Messerchen, die sowohl für Rechts- als auch für Linksführung benutzt werden können, besitzt.

14 Erster Teil. Die Werkzeuge der Holzbearbeitung

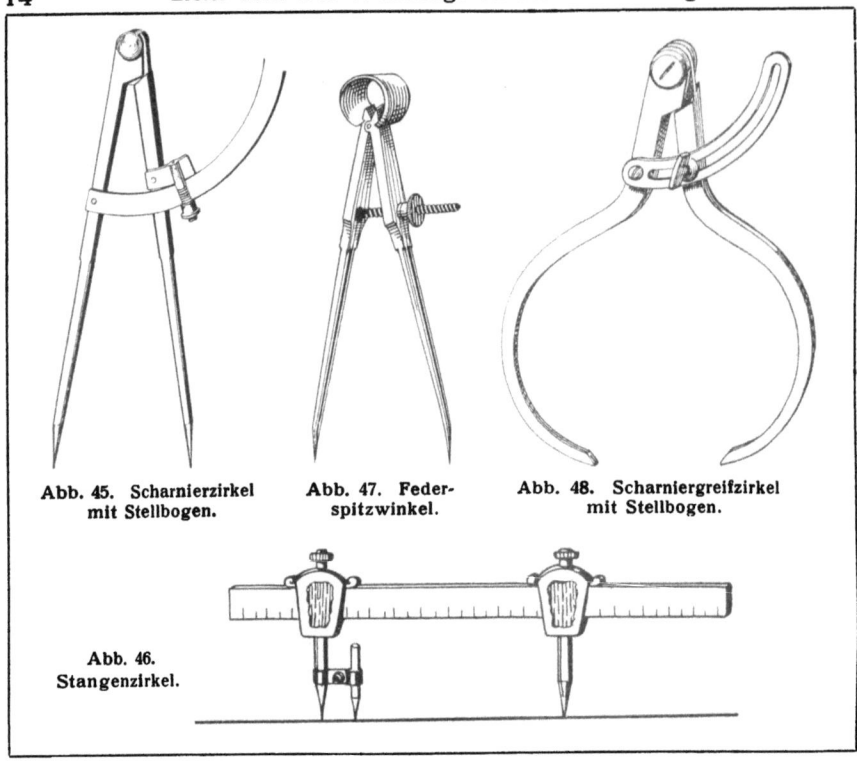

Abb. 45. Scharnierzirkel mit Stellbogen.

Abb. 47. Federspitzwinkel.

Abb. 48. Scharniergreifzirkel mit Stellbogen.

Abb. 46. Stangenzirkel.

Mit allen bis jetzt benannten Streichmaßen lassen sich nur immer geradlaufende parallele Linien bzw. Risse ziehen. Für den Holzarbeiter tritt jedoch sehr häufig die Notwendigkeit ein, parallellaufend zu einer beliebig gekrümmten (hohlen) Kante einen Riß ziehen zu müssen. Dies läßt sich durch eine besonders vorteilhafte Neuerung, das sog. eiserne Kurven-Streichmaß (Abb. 43), erreichen, welches mit Hilfe einer einfachen Stellschraube für jede beliebige größere oder kleinere, konkave (hohle) oder konvexe (gewölbte) Form eingestellt werden kann.

Zum Anreißen verschiedener Winkel auf Flächen dient ein Stahlstäbchen mit scharfer Spitze, die Reißnadel (Reißahle, Spitzbohrer). Vorzügliche Dienste leistet dieses Werkzeug beim Ziehen von Linien über Querholz. Durch die Querholzrisse werden die Holzfasern etwas durchschnitten, wodurch ein sicherer Ansatz für die weitere Bearbeitung gewonnen wird. Die sog. Wiener Reißahle (Abb. 44) trägt an der Seite noch ein kleines Messerchen, welches als Vorschneider dient.

Sollen rohe Baumstämme vierkantig behauen werden, so reißt der Zimmermann vorerst die Richtungslinien an. Hierzu verwendet er den sog. Schnurschlag, bestehend aus einer langen, mittelstarken Schnur, welche auf einer Haspel (Schnurhaspel) aufgerollt werden kann, und aus einem Fäßchen (Rötelfaß), welches eine rote flüssige Farbe enthält. Das Anreißen oder Anschlagen geschieht durch ein einfaches Anschnellen der gespannten und mit der Flüssigkeit getränkten Schnur. Für längere, oft gekrümmte Baumstämme gibt es kaum ein praktischeres Mittel zum Anreißen von

Linien. Das Bezimmern der Stämme ist jedoch heutzutage eine viel zu teure Arbeit, die nur mehr auf dem Lande ausgeführt wird.

5. Zirkel. Bei vielen Arbeiten ist das Anlegen des Maßstabes nicht möglich, das Übertragen von Maßen mit dem Maßstab aber umständlich und oft mit Ungenauigkeiten verbunden. Hier kommt der Zirkel zu Hilfe.

In den Werkstätten wird am häufigsten der aus Metall hergestellte Spitz- oder Scharnierzirkel (Abb. 45) verwendet, dessen beide Schenkel unten spitz auslaufen und am Scheitel durch ein Scharnier verbunden sind.

Die Wagner und Böttcher benutzen meist einen großen Scharnierzirkel (Bogenzirkel) aus Holz mit eingesetzten Stahlspitzen. An einem Schenkel dieses Zirkels ist ein Bogen befestigt, an dem der andere Schenkel durch eine Klemmschraube auf ein bestimmtes Maß für längere Zeit festgehalten werden kann.

Bei größeren Ausmaßen kann der Spitzzirkel mit Vorteil nicht mehr verwendet werden, da die Zirkelspitzen unter einem zu spitzen Winkel auf die Fläche einwirken, was ein genaues und sauberes Arbeiten ausschließt. Zur genauen Einteilung größerer Entfernungen verwendet man deshalb den Stangenzirkel (Abb. 46). Derselbe besteht aus einer hölzernen, zuweilen auch mit metrischer Einteilung versehenen Stange, auf der die beiden Zirkelspitzen verschiebbar sind und durch eine Schraube festgehalten werden können.

Zur Einteilung von Linien eignet sich besonders der Federspitzzirkel (Abb. 47). Seine beiden Schenkel, welche am Kopfe mit einer bogenförmigen Feder verbunden sind, können durch eine Schraube zwar nicht auf allzu große Entfernungen, aber auf das genaueste Maß leicht eingestellt werden. Er leistet deshalb bei feineren Arbeiten vorzügliche Dienste.

Zur Bestimmung des Durchmessers von zylindrischen Körpern und von Höhlungen sowie zum Messen von Dicken gedrehter Gegenstände braucht der Holzarbeiter Maßwerkzeuge, welche über die der Messung im Wege stehenden Hindernisse hinweghelfen.

Zu diesen Werkzeugen zählen die Greifzirkel (Taster, Dickzirkel). Sie unterscheiden sich von dem Scharnier- und Federspitzzirkel nur dadurch, daß ihre Schenkel stark einwärts gekrümmt und die Zirkelspitzen stumpf sind. Man spricht deshalb von Scharniergreifzirkel (Abb. 48) und von Federgreifzirkel (Abb. 49). Letzterer wird insbesondere verwendet, wenn mehrere Drehkörper von gleichem Maße herzustellen sind.

Um den Durchmesser von Höhlungen festzustellen, benutzt man den Lochzirkel (Hohlzirkel, Lochtaster) (Abb. 50 und 51), dessen stumpfe Zirkelspitzen nach außen gebogen sind.

Zum Messen von Höhlungen, die sich nach innen erweitern, läßt sich der einfache Lochzirkel nicht mehr gebrauchen. Für diese Meßarbeit dient ein Greifzirkel, dessen Schenkel über den Zirkelkopf hinausragen und am Ende ihrer Verlängerung mit einer Maßteilung verbunden sind. Die beiden Schenkel sind um ihre Achse soweit drehbar, daß sich die Zirkelspitzen kreuzen und so einen Lochzirkel mit Maßeinteilung (Abb. 52) bilden. Bei der Messung eines solchen innen erweiterten Hohlraumes wird der Zirkel in diesen eingeführt und das Innenmaß durch einen Zeiger an der Maßteilung angegeben. Nach Herausnehmen des nun verstellenden Zirkels bringt man den Zeiger wieder auf die bei der Messung eingenommene Stelle, wodurch dann das Hohlmaß gefunden ist.

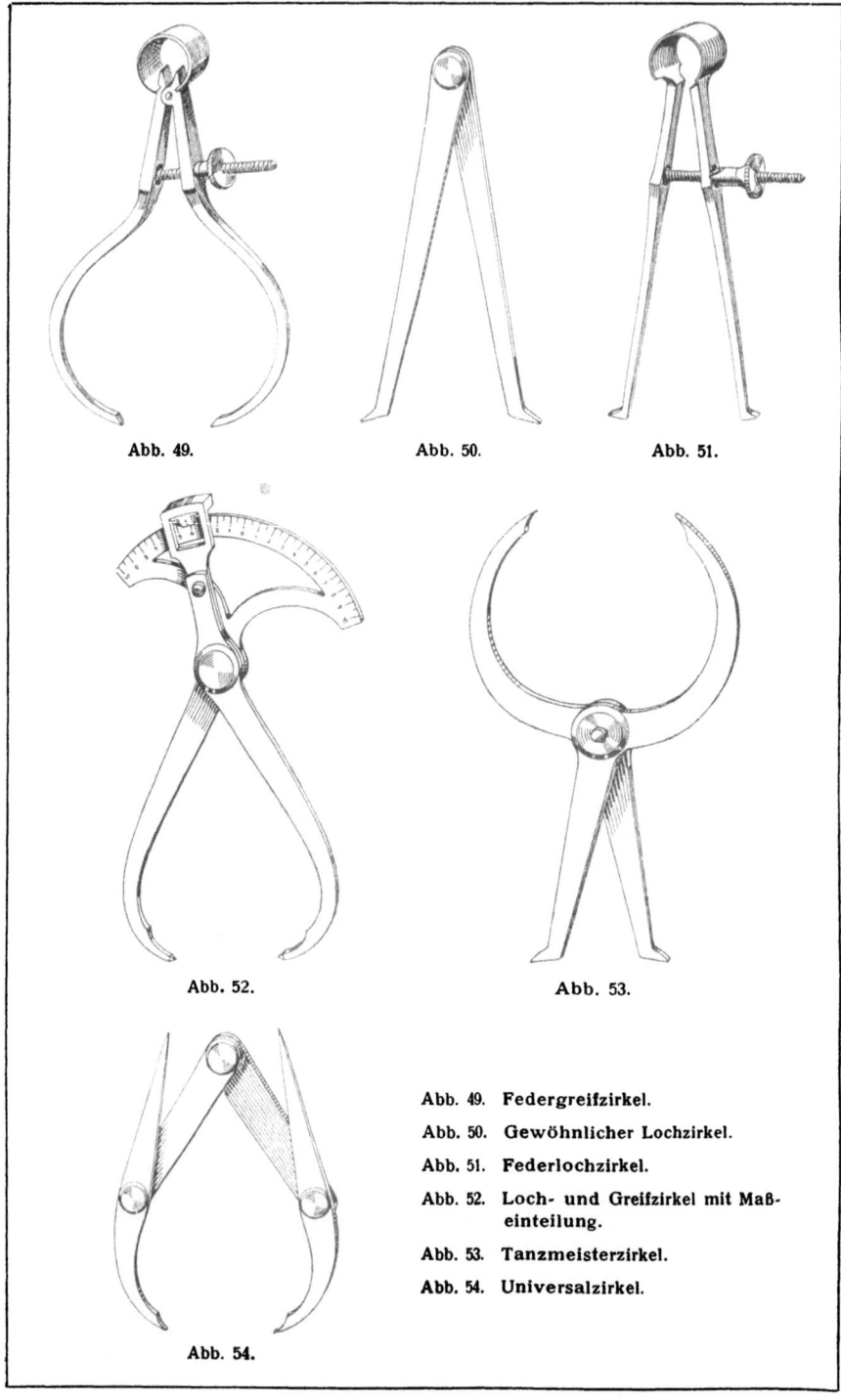

Abb. 49.
Abb. 50.
Abb. 51.
Abb. 52.
Abb. 53.
Abb. 54.

Abb. 49. Federgreifzirkel.
Abb. 50. Gewöhnlicher Lochzirkel.
Abb. 51. Federlochzirkel.
Abb. 52. Loch- und Greifzirkel mit Maßeinteilung.
Abb. 53. Tanzmeisterzirkel.
Abb. 54. Universalzirkel.

A. Die passiven (untätigen) Werkzeuge

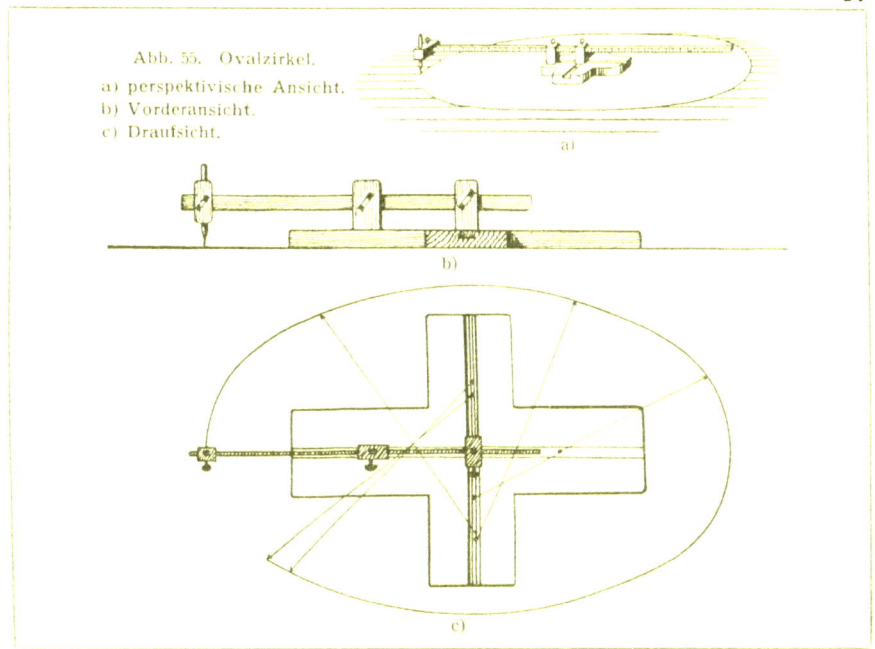

Abb. 55. Ovalzirkel.
a) perspektivische Ansicht.
b) Vorderansicht.
c) Draufsicht.

Für die gleiche Meßarbeit dient ein Werkzeug, das Loch- und Greifzirkel vereinigt und wegen seiner eigenartigen Form als „Tanzmeister" (Abb. 53) bezeichnet wird.

Durch die Vereinigung von Spitz-, Greif- und Hohlzirkel zu einem Werkzeug entsteht der Universalzirkel (Abb. 54).

Zum Zeichnen von nicht allzu großen Ellipsen eignet sich vorzüglich der Ovalzirkel (Abb. 55a und b). Dieser besteht aus einer hölzernen Platte mit zwei sich rechtwinkelig kreuzenden Nuten. In diesen laufen zwei Gleitstücke, welche mit einem Lineal durch Flügelmuttern an jeder beliebigen Stelle leicht verbunden werden können. An einem Ende des Lineals ist zum Vorzeichnen der Ellipse eine Reißnadel befestigt.

Zum Ziehen von Linien bedient man sich schließlich noch des Bleistiftes. Zu Arbeiten aber, die eine große Genauigkeit verlangen, ist er ungeeignet und wird deshalb von tüchtigen Arbeitern hierzu niemals verwendet.

II. Werkzeuge und Geräte zum Einspannen, Festhalten und Anfassen.

Bei einer Reihe von Arbeiten wie Sägen, Hobeln, Bohren, Feilen, Leimen usw. muß das Werkstück in einer bestimmten, unverrückbaren Lage längere Zeit festgehalten werden. Die Hand als Kraftquelle reicht hier in den wenigsten Fällen aus. Der Mensch nimmt deshalb physikalische Kräfte zu Hilfe, indem er Werkzeuge verwendet, deren Wirkung auf den Gesetzen der schiefen Ebene und des Hebels beruht.

Das wichtigste und für den Schreiner unentbehrlichste Gerät zum Einspannen und Festhalten ist

1. die Hobelbank (Abb. 56 und 57). Dieselbe besteht aus einem transportabeln, stark gebauten, hölzernen Werktisch, dessen Platte mit den zum

Befestigen (Einspannen) der Arbeitsstücke nötigen Vorrichtungen auf einem Gestell ruht.

Die Länge der Hobelbank beträgt gewöhnlich 1,7 m, für die Höhe, die im allgemeinen 84—90 cm ist, sollte die Größe des Arbeiters maßgebend und eher etwas zu hoch als zu tief sein.

Um die Plattenhöhe der Hobelbank den Größenverhältnissen eines Arbeiters jederzeit anpassen zu können, werden der Höhe nach verstellbare Hobelbänke in 2 verschiedenen Systemen gebaut. Besonders gut bewährt sich das sog. Spindel-Keil-System, bei welchem jeder Arbeiter mit einigen Kurbeldrehungen die Hobelbank rasch höher oder tiefer stellen kann.

Das Gestell besteht aus 4 Füßen, die je zu zweien durch Querriegel miteinander verbunden sind und „Ständer" genannt werden. Beide Ständer werden durch 2 starke Längsriegel mittels anziehbarer Keile oder Mutterschrauben zusammengehalten.

Die Platte ist aus hartem Holz (gewöhnlich gedämpfte Rotbuche, seltener Weißbuche oder Ulme), 80—100 mm stark, genau abgerichtet und abnehmbar. Auf ihrer Oberfläche ist rückwärts eine Vertiefung, die Beilade.

Den wichtigsten Teil der Platte bilden die beiden Zangen; sie dienen zum eigentlichen Einspannen des Arbeitsstückes.

Die Ausübung des beim Festspannen nötigen Druckes erfolgt durch eine hölzerne oder eiserne Schraube. Die um einen Zylinder herumgehende schräg ansteigende Linie, die Schraubenlinie, zeigt sich in der abgewickelten Zylinderfläche als gerade Linie, welche mit der Basis des Zylinders einen geneigten Winkel bildet. Daraus folgt, daß die Schraube eine um einen Zylinder gewundene schiefe Ebene ist; die schiefe Ebene bildet das Gewinde. Das Verhältnis der Länge zur Höhe der Schraubenlinie heißt Steigung, eine einmalige Windung der Schraubenlinie um den Zylinder Schraubengang und der senkrechte Abstand zweier Schraubengänge Höhe des Schraubenganges oder Ganghöhe (Abb. 58a). Die Steigung wird in der Weise gemessen, daß man mehrere Schraubengänge mit der Schublehre oder durch Übertragung mittels eines Zirkels auf einen Maßstab mißt und durch die Zahl der Gänge teilt. Messen z. B. 10 Gänge 64 mm, so ergibt das für einen Gang 64:10 = 6,4 mm Steigung.

Die Schraube gleitet bei ihrer Bewegung auf einer gleichgeneigten schiefen Ebene mit vertieften Schraubengängen, der Schraubenmutter.

Schraubenmutter und Schraubenspindel bilden einen vollständigen Schraubensatz, bei welchem die Schraubengänge genau ineinander passen müssen.

Bei unseren gewöhnlichen Holzschrauben fehlt scheinbar die Schraubenmutter; durch Einschrauben der Schraube in das Holz bildet sich diese jedoch von selbst.

Bildet die Form des in die Schraubenspindel eingeschnittenen Schraubenganges ein Rechteck, so heißt die Schraube flachgängig; bildet diese Form mehr oder weniger ein Dreieck mit scharfen oder abgerundeten Kanten, heißt die Schraube scharfgängig.

Die hölzernen Schraubenspindeln müssen wegen Ausspringens des Gewindes beim Einschneiden nicht nur eine größere Ganghöhe, sondern auch stets eine mehr oder weniger scharfgängige Form besitzen (Abb. 58b). Da mit hölzernen Schraubenspindeln trotz Aufwendung größerer Kraft nicht

A. Die passiven (untätigen) Werkzeuge

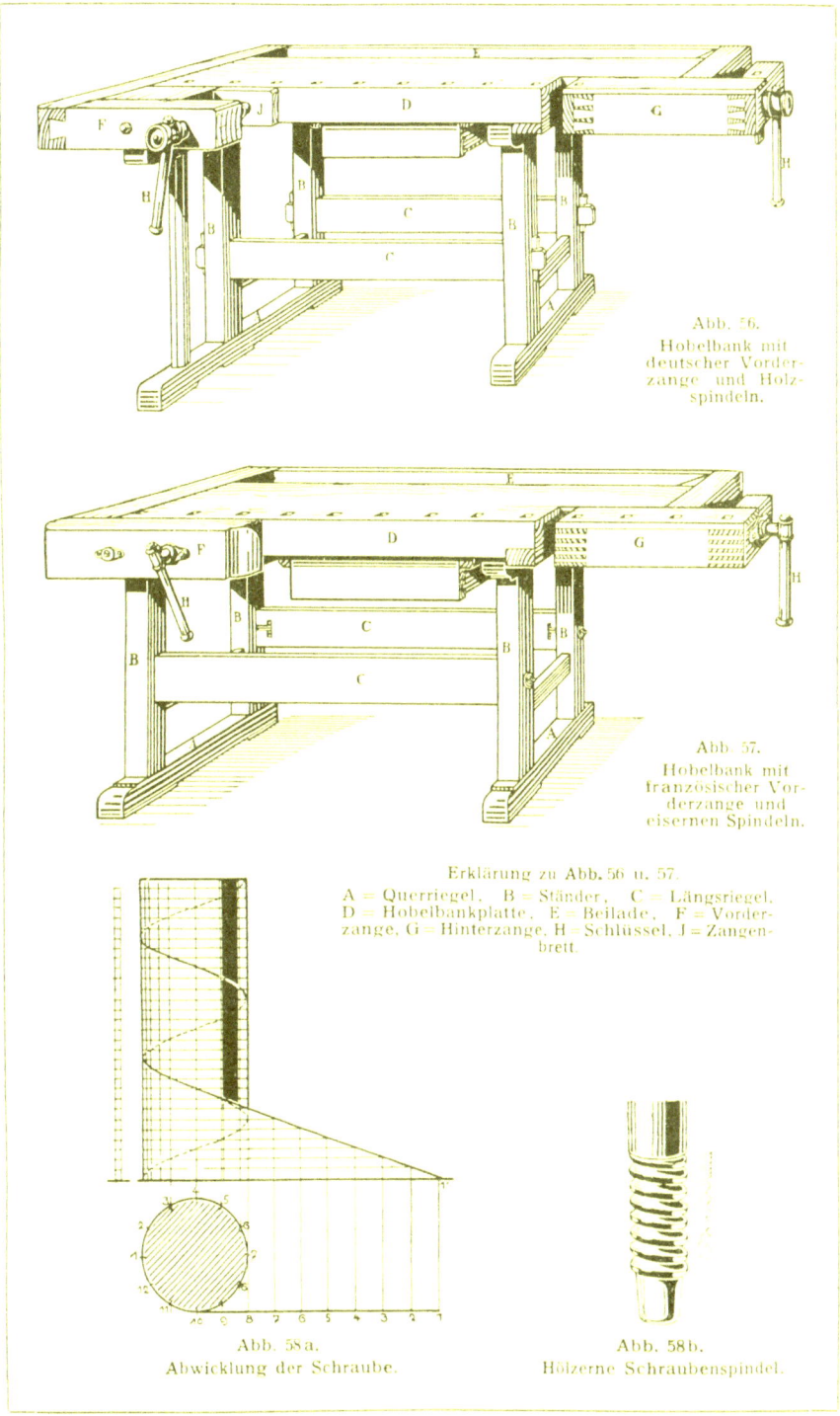

Abb. 56.
Hobelbank mit deutscher Vorderzange und Holzspindeln.

Abb. 57.
Hobelbank mit französischer Vorderzange und eisernen Spindeln.

Erklärung zu Abb. 56 u. 57.
A = Querriegel, B = Ständer, C = Längsriegel, D = Hobelbankplatte, E = Beilade, F = Vorderzange, G = Hinterzange, H = Schlüssel, J = Zangenbrett.

Abb. 58a.
Abwicklung der Schraube.

Abb. 58b.
Hölzerne Schraubenspindel.

der Druck ausgeübt werden kann, den eine eiserne Spindel schon bei geringerer Kraft ermöglicht, werden die Schrauben und Muttern der Hobelbankzangen in neuerer Zeit meistens aus Eisen gefertigt, zumal bei Holzspindeln schon das geringste Anquellen bei Witterungswechsel eine schwerere Fortbewegung verursacht.

Die Schrauben der beiden Zangen werden durch Schlüssel bewegt, welche durch die Schraubenköpfe gehen und als ungleicharmige Hebel wirken.

Nach Anordnung an der Platte unterscheidet man die Vorderzange und die Hinterzange.

Die Vorderzange ist an der linken äußeren Ecke der Platte angebracht. Sie wird durch ein starkes Holzstück gebildet, welches bei den deutschen Hobelbänken durch einen langen eisernen Schraubenbolzen und ein Zwischenstück an der Platte befestigt ist. In dem Holzstück ist das Muttergewinde eingebettet. Die Schraube selbst übt ihren Druck nicht direkt auf das Arbeitsstück, sondern auf ein senkrechtes Brettchen aus hartem Holz, das sog. Zangenbrett, aus.

Bei der neueren französischen Vorderzange (Abb. 59) fehlt das Zwischenstück und das Zangenbrett. Der die Mutterschraube führende Holzklotz läuft in seiner ganzen Länge parallel der Hobelbankplatte. Wenn die Schraube aus Eisen ist, wird die parallele Führung bei dieser Zange durch eiserne Bolzen bewerkstelligt. Die französische Vorderzange bietet gegenüber der alten deutschen große Vorteile.

Eine kompliziertere Bauart zeigt die Hinterzange (Abb. 60), welche an der vorderen rechten Ecke der Platte angeordnet ist. Die Mutterschraube sitzt bei dieser Zange in einem starken Holzstück, das an der Hirnkante der Platte befestigt ist. Die Schraubenspindel umschließt ein kastenartiger Schieber, der sich beim Drehen der Schraube hin- und herbewegt. Das äußere Ende dieses Kastens bildet gleichzeitig das Lager für den Hals der Schraube. In den Schraubenhals ist eine Nut eingedreht, in welche von unten ein Keil aus hartem Holz mit halbrundem Einschnitt eingreift, um das Heraustreten der Schraube beim Aufschrauben zu verhindern. Die ganze kastenartige Konstruktion dieser Zange wird Führung oder Schlitten genannt.

In der Hinterzange und in der Hobelbankplatte befinden sich nahe an der Vorderkante und parallel mit dieser laufend vierkantige, oben rechteckig erweiterte Löcher. Diese dienen zur Aufnahme der Bankhaken (Bankeisen) (Abb. 61), zwischen denen das Arbeitsstück eingespannt wird. Um den Bankhaken in jeder beliebigen Höhe einstellen zu können, ist unten seitwärts eine Feder angenietet.

Sehr häufig befindet sich in der Hobelbankplatte rechts neben der Vorderzange ein sog. Hobelbankkeil, ein einfaches, rechteckiges Holzstück, das von unten höher geschlagen wird. Der Hobelbankkeil dient zum Anstemmen der Arbeitsstücke. Diese Bankkeile bieten besonders dann große Vorteile, wenn es sich um das Bearbeiten von Holzstücken handelt, die wegen ihrer geringen Stärke oder unregelmäßigen Form in die Bankhaken nicht eingespannt werden können.

Um beim Aushobeln größerer Holzmengen, wie es im Kleinbetriebe nicht selten noch vorkommt, das zeitraubende oftmalige Ein- oder Ausspannen der Arbeitsstücke zu verhindern, benutzt man den Spitzbank-

A. Die passiven (untätigen) Werkzeuge

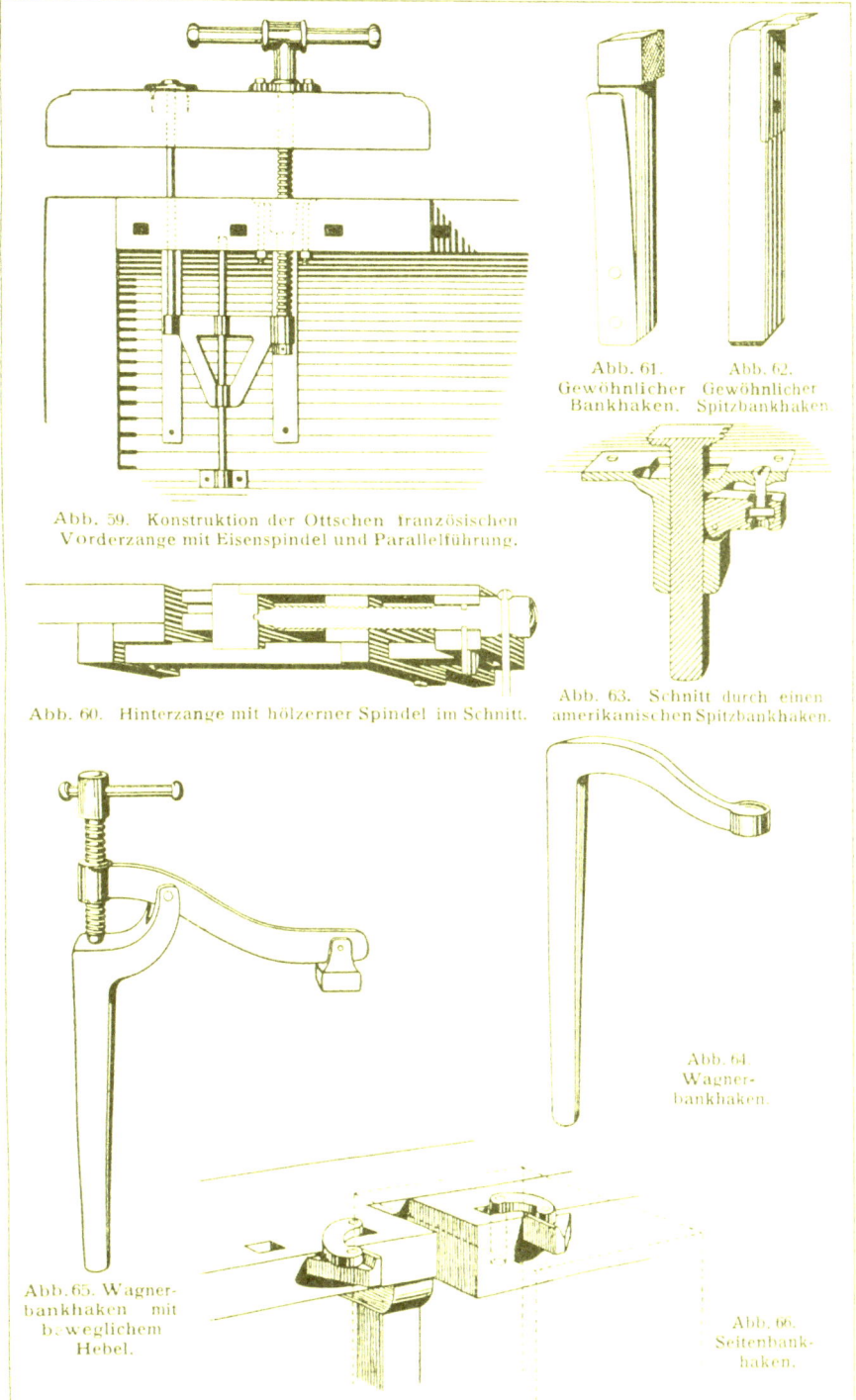

Abb. 59. Konstruktion der Ottschen französischen Vorderzange mit Eisenspindel und Parallelführung.

Abb. 60. Hinterzange mit hölzerner Spindel im Schnitt.

Abb. 61. Gewöhnlicher Bankhaken.

Abb. 62. Gewöhnlicher Spitzbankhaken.

Abb. 63. Schnitt durch einen amerikanischen Spitzbankhaken.

Abb. 64. Wagnerbankhaken.

Abb. 65. Wagnerbankhaken mit beweglichem Hebel.

Abb. 66. Seitenbankhaken.

haken (Abb. 62). Er besteht gewöhnlich aus einem einfachen Holzstück, an das ein rechtwinkelig gebogenes Flacheisen mit nach vorne gehender schmaler, scharfer Schneide angeschraubt ist. Größere Vorteile bieten die verschiedenen amerikanischen Spitzbankhaken (Abb. 63), welche an die Platte angeschraubt oder in diese versenkt werden können. Die Wagner und Zimmerleute benutzen häufig eigene Formen von Bankhaken (Abb. 64 und 65). Diese bestehen aus winkelartig gebogenen Eisenstücken, welche in ein rundes, etwas schief gehendes Loch der Hobelbank gesteckt werden und durch einen einfachen Schlag auf den Kopf oder bei den neueren Konstruktionen durch Anziehen einer Schraube das Arbeitsstück festhalten. Um fertige Arbeitsstücke schnell und sicher vor der Hobelbank einspannen zu können, bedient man sich der Seitenbankhaken (Abb. 66). Der runde Zapfen dieser Haken wird in ein Bankhakenloch gesteckt, wobei sich bei der Drehung des Zapfens der bewegliche rechtwinkelige Anschlag vor die Bankplatte legt.

Die Hobelbänke kommen in verschiedenen Formen vor. Der Bau-, Möbel- und Modellschreiner benutzt Hobelbänke mit Vorder- und Hinterzange, der Wagenbauer meist solche mit Hinterzange allein, der Bildhauer wiederum kleinere Bänke mit oft verschiedenen Zangenkonstruktionen.

2. Stehknecht, Winkel- und Gehrungsschneid- und Stoßladen, Schraubstock, Feilkloben und Fugenleimapparate.

Zuweilen bedarf man bei Benutzung der Hobelbank verschiedener ergänzender Geräte.

Sollen z. B. lange Bretter hochkantig stehend bearbeitet werden, so wird das eine Brettende in die Vorderzange der Hobelbank gespannt, während das andere Ende eine Unterstützung durch den Bank- oder Stehknecht (Abb. 67) erhält. Letzterer ist ein bis 90 cm hohes, vierkantiges Holzstück, welches an einer Seite verzahnt und mit einem verschiebbaren Holzklotz versehen ist.

Andere Nebengeräte der Hobelbank sind die verschiedenen Winkel- und Gehrungsstoßladen, deren man sich bedient, wenn Kanten unter ganz bestimmten Winkeln durch Hobeln erzeugt werden sollen. Außer den ganz einfachen, aus festem Holze gefertigten Stoßladen (Abb. 68) werden auch solche benutzt, bei welchen das Arbeitsstück mittels Schrauben eingespannt werden kann. In einer solchen Stoßlade zum Schrauben (Abb. 69) ist ein rechter Winkel, eine Gehrung und ein Achteck enthalten und können diese abwechselnd verwendet werden, wodurch nicht nur eine sehr genaue Arbeit erreicht, sondern auch das leichte Abspringen von Fasern vermieden wird.

Besondere und eigentlich zu den Gehrungsstoßladen gehörige Geräte sind die Gehrungsschneidladen. Diese Vorrichtungen, welche meist in die Hobelbank eingespannt oder an diese angeschraubt werden, dienen zum Anschneiden von Gehrungen unter ganz bestimmten Winkeln. Diese angeschnittenen Gehrungen werden, um ein möglichst genaues Zusammenpassen zu erzielen, auf der Stoßlade noch nachgehobelt.

Die einfachen, älteren Gehrungsschneidladen (Abb. 70) ermöglichen nur ein Zusammenschneiden unter einem Gehrungswinkel von rechts und links. Die neueren Konstruktionen (Abb. 71) gestatten dagegen ein genaues Zusammenschneiden unter jedem Winkel sowohl von rechts wie von links.

A. Die passiven (untätigen) Werkzeuge

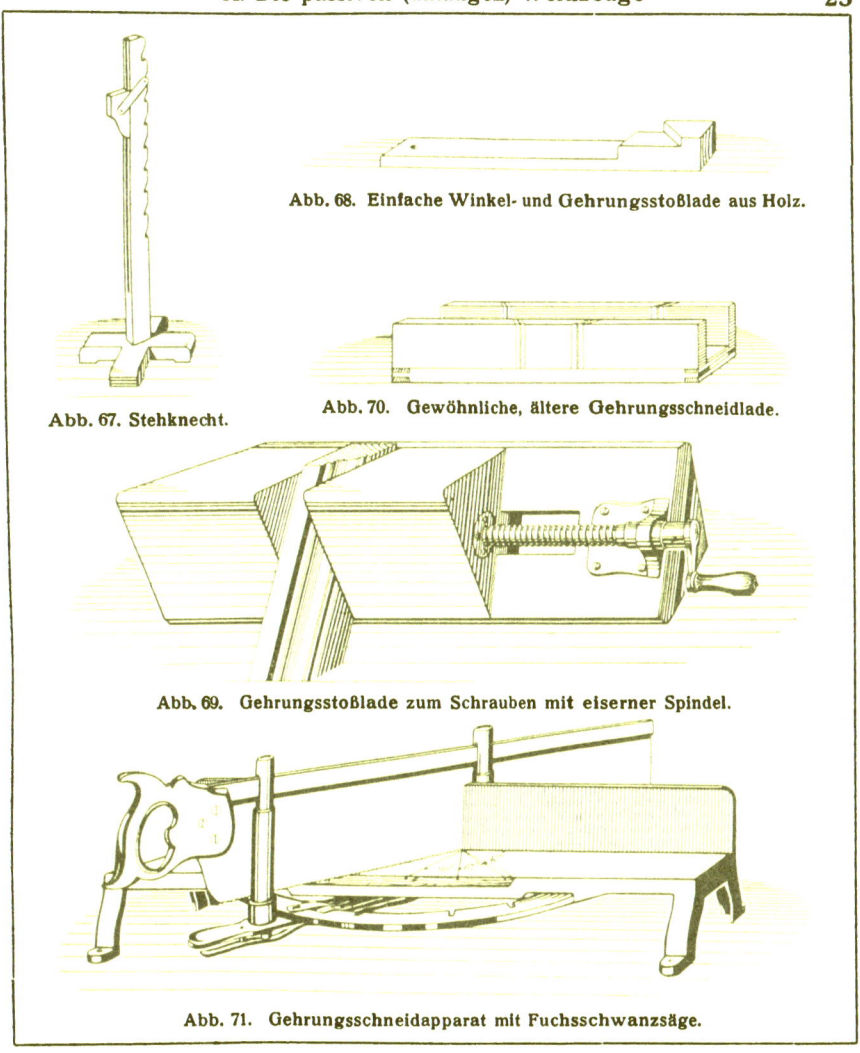

Abb. 68. Einfache Winkel- und Gehrungsstoßlade aus Holz.

Abb. 67. Stehknecht.

Abb. 70. Gewöhnliche, ältere Gehrungsschneidlade.

Abb. 69. Gehrungsstoßlade zum Schrauben mit eiserner Spindel.

Abb. 71. Gehrungsschneidapparat mit Fuchsschwanzsäge.

Früher wurden von Bauschreinern und Zimmerleuten zum Zusammenfügen der Fußbodenbretter die Fügeböcke (Abb. 72) vielfach benutzt. Heutzutage sind dieselben für größere Betriebe so ziemlich bedeutungslos, da das Behobeln der langen und starken Fußbodenbretter meist mit Maschinen vorgenommen wird.

Unter einer Fuge oder dem Fügen versteht der Schreiner das vollkommen gerade Abrichten der langen schmalen Kanten von Brettern oder Pfosten, die aufeinandergesetzt genau zusammenpassen müssen. Werden solche Bretter auch noch unlöslich durch Leim verbunden, so bezeichnet man eine solche Fuge als Leimfuge.

Zum Zusammenpressen der Leimfugen werden unterschiedliche Apparate benutzt wie Keilzwingen, Fugenleimzwingen u. dgl. Für Massenverleimungen dienen die Fugenleimapparate (Abb. 73).

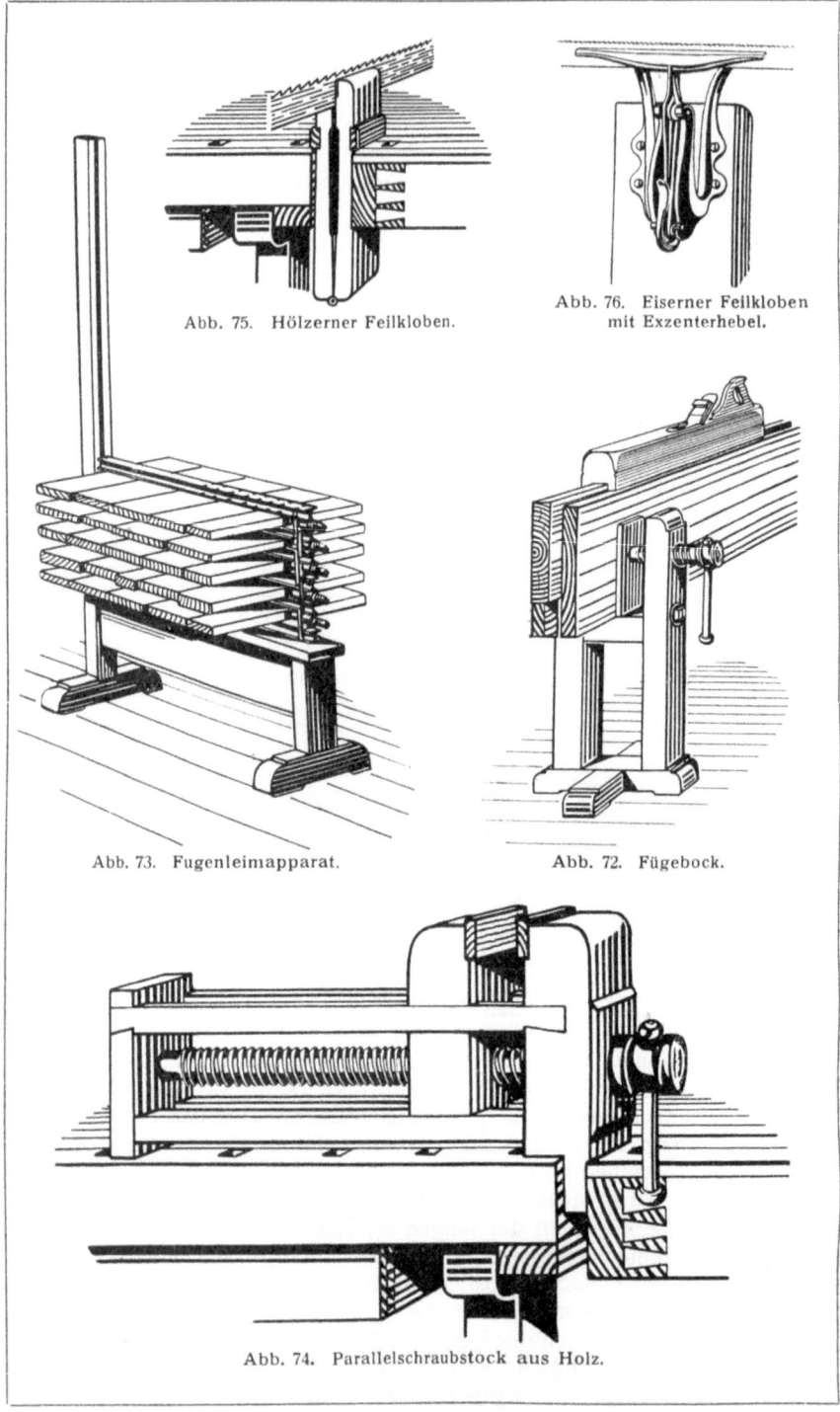

Abb. 75. Hölzerner Feilkloben.

Abb. 76. Eiserner Feilkloben mit Exzenterhebel.

Abb. 73. Fugenleimapparat.

Abb. 72. Fügebock.

Abb. 74. Parallelschraubstock aus Holz.

In der Möbel- und Modellschreinerei ergibt sich bei vielen Arbeiten die Notwendigkeit, das Werkstück über der Hobelbankplatte einzuspannen.

Hierzu dient eine Art Schraubstock, meistens der Parallelschraubstock aus Holz (Abb. 74), welcher beim Gebrauch in einer der beiden Hobelbankzangen befestigt wird. Die Backen eines solchen Schraubstockes sind, da der Abnutzung stark ausgesetzt, auswechselbar und aus besonders harten Hölzern angefertigt.

Während der Schraubstock den Druck auf das Arbeitsstück direkt ausübt, also auch ohne Hobelbank benutzt werden könnte, dient der Feilkloben (Abb. 75) nur als Vermittler des Druckes. Dieses Gerät wird in einer Zange der Hobelbank bis zu seinen Ansätzen eingelassen. Der Druck selbst erfolgt durch das Anziehen der Hobelbankzangen. Die beiden Teile eines Feilklobens sind am unteren Ende scharnierartig verbunden; seine Backen bestehen aus hartem Holze oder aus Eisen und sind nicht selten mit Leder oder Filz belegt. Man verwendet den Feilkloben zum Einspannen kleinster Arbeitsstücke, vornehmlich aber zum Einspannen der Sägeblätter während des Schärfens. Für größere Arbeitsstücke ist der Feilkloben ungeeignet.

Eine sehr gute, vorzüglich bewährte Neuerung, welche in keiner Holzbearbeitungswerkstätte fehlen sollte, ist der eiserne Feilkloben mit Exzenterhebel (Abb. 76). Er dient hauptsächlich nur zum Einspannen der Sägeblätter beim Schärfen, während die Feilkluppe für Kreissägen (Abb. 77) beim Schärfen der Kreissägeblätter Verwendung findet.

3. Schraubzwingen, Leimknechte, Schraubböcke. Beim Zusammenleimen müssen die Holzteile so lange in unverrückbarer Lage festgehalten werden, bis der Leim vollständig erhärtet ist. Dieses Festhalten besorgen die Schraubzwingen (Leimzwingen) (Abb. 78). Die Schraubzwinge besteht aus drei miteinander im rechten Winkel verbundenen Holzstücken, von denen eines das Muttergewinde zur Aufnahme der hölzernen Schraubzwingenspindel führt. Die zueinander parallellaufenden Holzteile bilden die Arme der Schraubzwinge; das Verbindungsstück der beiden Arme wird als Steg bezeichnet. Sind die Arme der Schraubzwinge kürzer als der Steg, so nennt man eine solche Vorrichtung Stutzen (Abb. 79). Ist diese Vorrichtung nur mit einem festen Arm, der das Muttergewinde enthält, versehen, während der andere Arm längs des Steges verstellbar ist, so spricht man von einem Schraubknecht oder Leimknecht (Abb. 80).

Sehr gute Dienste leisten die neueren Schraubzwingen, Schraubknechte und Türenspanner (Abb. 81, 82 und 83), welche ganz aus Eisen sind und durch ihre Schiebvorrichtungen und kurzen Schrauben ein rasches und zeitsparendes Arbeiten ermöglichen. Hierher ge-

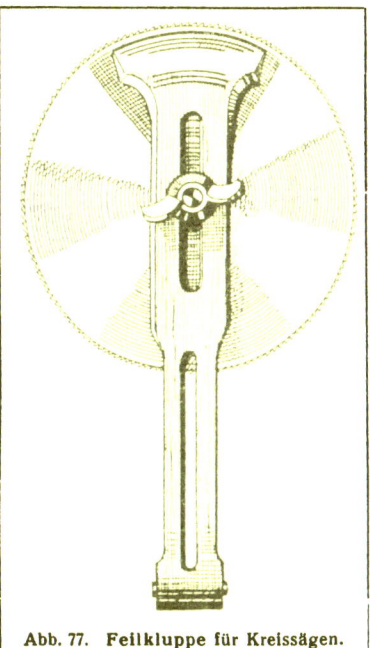

Abb. 77. Feilkluppe für Kreissägen.

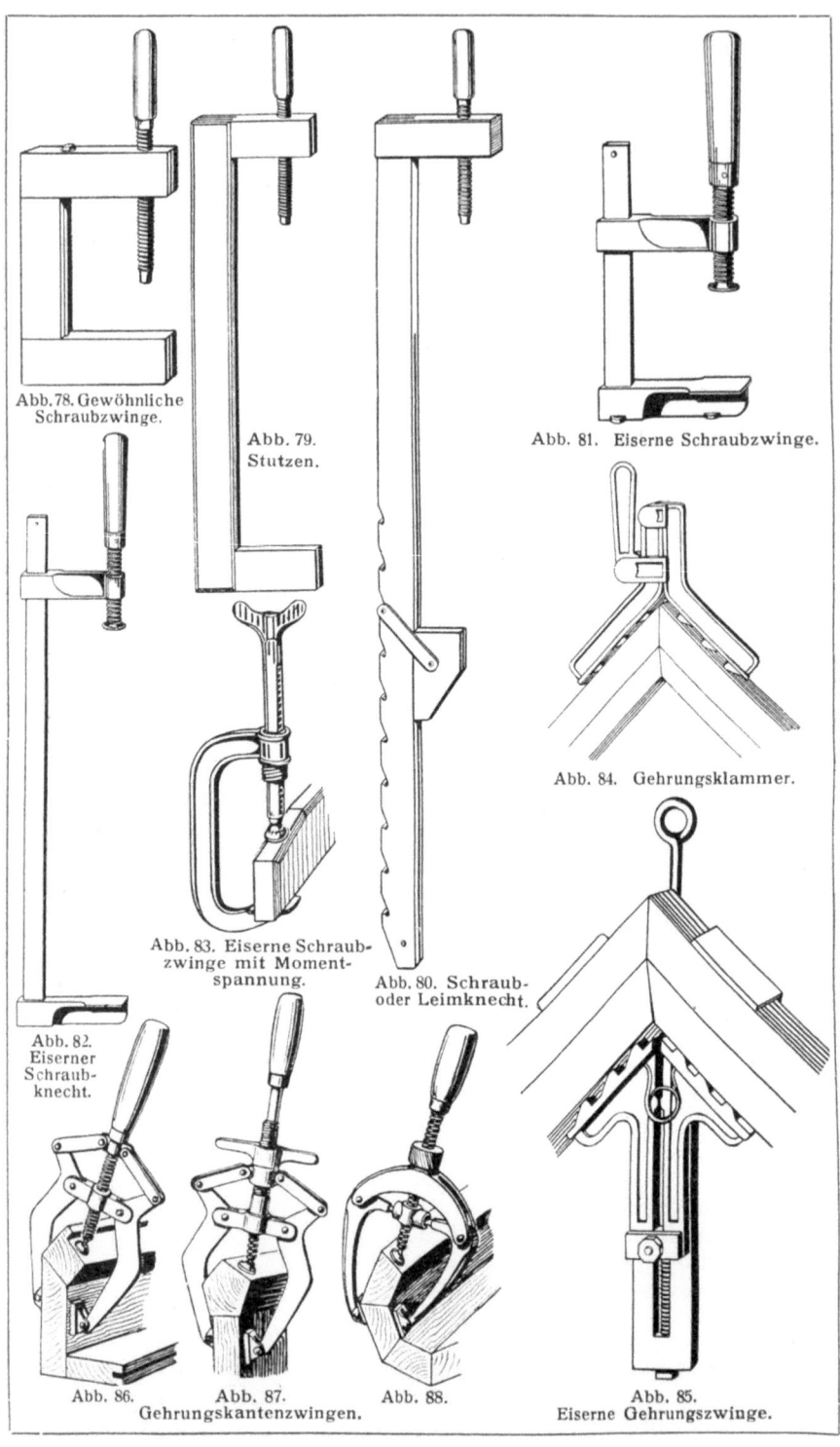

Abb. 78. Gewöhnliche Schraubzwinge.
Abb. 79. Stutzen.
Abb. 81. Eiserne Schraubzwinge.
Abb. 83. Eiserne Schraubzwinge mit Momentspannung.
Abb. 80. Schraub- oder Leimknecht.
Abb. 84. Gehrungsklammer.
Abb. 82. Eiserner Schraubknecht.
Abb. 86. Abb. 87. Abb. 88. Gehrungskantenzwingen.
Abb. 85. Eiserne Gehrungszwinge.

hören auch die eisernen Gehrungs-
zwingen (Abb. 84 und 85), die durch
eine Hebelwirkung wie auch durch
Schrauben in Tätigkeit gesetzt werden, sowie die neueren, verschiedenartigen Konstruktionen von Patent-
Leimklammern und Leimzwingen, Kantenzwingen usw. (Abb.
86, 87, 88 und 89). Diese finden vorteilhafte Verwendung sowohl beim
Zusammenpassen von Gehrungen,
z. B. bei Bilderrahmen, als auch

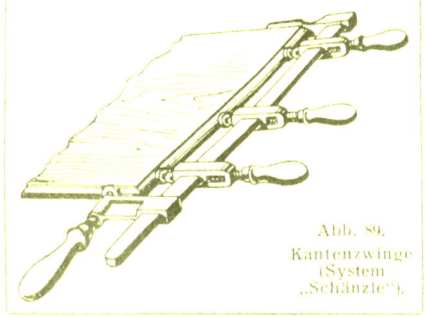

Abb. 89.
Kantenzwinge
(System
„Schänzle").

beim Anleimen von Leisten und Gesimsen an größeren Flächen od. dgl.

Zum Einspannen kleinerer Stücke, besonders zum Zusammenhalten ge-
leimter Gehrungen, bedient man sich häufig der Spannringe, welche federnd
wirken und in verschiedenen Formen aus Stahl, starkem Draht od. dgl. hergestellt werden.

Auf dem Prinzip der eisernen Schraubzwingen beruhen auch die sog.
Sergeanten, welche beim Anleimen polierter Leisten (Profilleisten) usw.,
allerdings nur für schwächeren Druck, Verwendung finden können. Die
Feststellung derselben wird durch einen einfachen Druck auf den beweglichen Arm, welcher wieder durch die federnde Wirkung des Steges festgehalten wird, bewerkstelligt.

Der Schraubbock und die Furnierpresse sind die größten und stärk-
sten Vorrichtungen zum Einspannen. Diese Geräte dienen zum Pressen
frisch aufgeleimter Furniere oder größerer Holzflächen.

Der Schraubbock (Abb. 90) besteht aus einem aus 4 starken Holz-
riegeln zusammengesetzten, rechtwinkeligen Rahmen, in dessen einem Längsriegel 3—5 starke Holzschrauben mit vierkantigen Köpfen laufen. In neuerer
Zeit werden diese Schrauben zumeist aus Eisen gefertigt.

In größeren Möbelschreinereien und Fabriken finden statt der einfachen
hölzernen Schraubböcke große eiserne Furnierpressen (Abb. 91) Aufstellung. Ihre Wir-
kung beruht auf der
Schraube oder auf
dem hydraulischen
Druck. Das Arbeits-
stück findet in diesen
Pressen zwischen
schmiedeeisernen
Platten und erwärm-
ten Zinkzulagen
Aufnahme.

**4. Schnitzbank,
Faßzug, Reifzieher.**
Zum Festhalten der
Arbeitsstücke dient
dem Weißbinder
(Böttcher) und Küfer,
vielfach auch noch

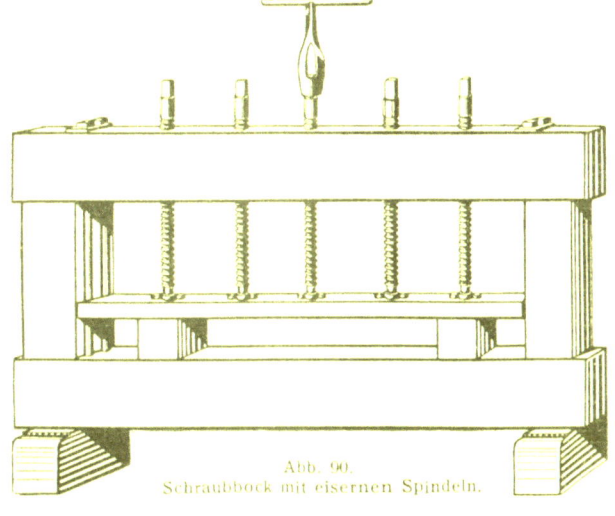

Abb. 90.
Schraubbock mit eisernen Spindeln.

dem Wagner und Stellmacher, die **Schnitzbank** (Hanselbank, Schneidbank)(Abb.92). Sie besteht aus einer Bank, auf welcher der Arbeiter reitet, und aus einem Holzstück, das durch die Bank geht und um einen Bolzen schwingt. Durch einen Druck, den der Arbeiter mit seinem Fuße auf das unter der Bank befindliche Trittbrett ausführt, neigt sich der obere Teil des Holzstückes dem Arbeiter zu, wodurch das Arbeitsstück eingepreßt wird.

Ein äußerst wichtiges Gerät für den Küfer oder Faßbinder ist der **Faßzug** (Abb. 93). Sind die Dauben eines Fasses durch Wärme und Feuchtigkeit einigermaßen biegsam gemacht, dann wird der erforderliche große Kraftaufwand mit Hilfe des Faßzuges erreicht. Die Anwendung des Faßzuges wird durch die Abbildung 93 leicht verständlich.

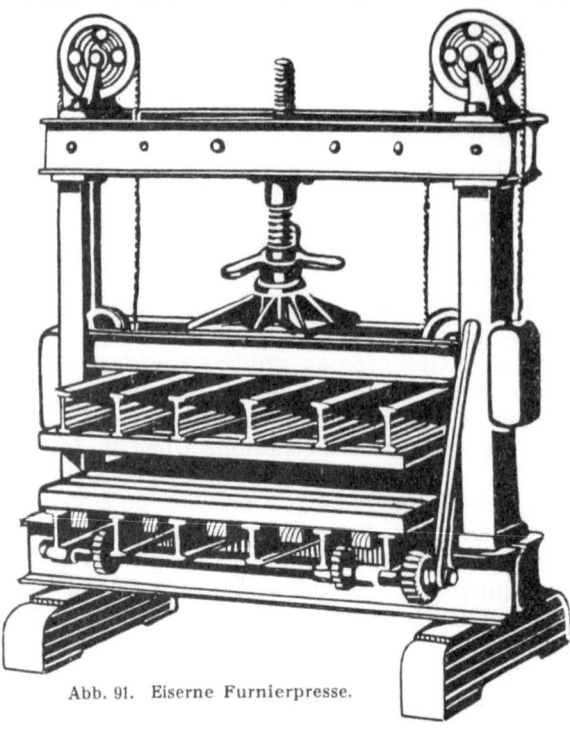

Abb. 91. Eiserne Furnierpresse.

Ein gleich wichtiges Gerät für den Küfer ist der **Reifzieher** oder die **Reifzange** (Abb. 94). Dieses Hilfsmittel braucht er nach dem Biegen der Dauben zum Aufziehen der Kopfreifen auf den Gefäßmantel.

Der **Bodenauszieher** (Auszügel) (Abb. 95) sowie der **Deckelheber** dienen zum Herausnehmen eines bereits eingesetzten Faßbodens. Diese Arbeit hat namentlich dann zu geschehen, wenn die Dauben verschilft werden.

5. Zangen, Schraubenzieher und Schraubenschlüssel. Nur in Ausnahmefällen bedarf der Holzarbeiter zum Festhalten von Arbeitsstücken der Zangen. Zur Lösung einer Verbindung durch Nägel dient die **gewöhnliche Beißzange** (Nagelzange)(Abb. 96). Hier tritt die Anwendung des zweiarmigen Hebels, des Doppelhebels, klar zutage.

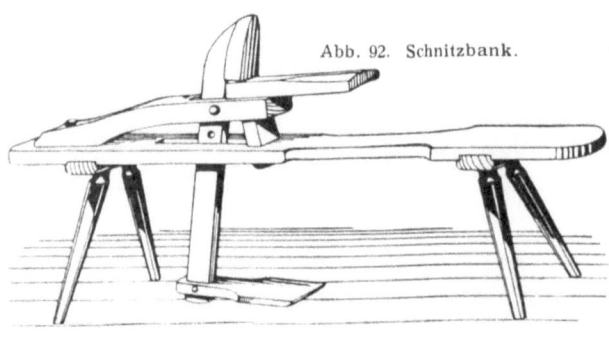

Abb. 92. Schnitzbank.

Als weitere Zangenform ist die **Zwickzange** (Abb. 97) zu nennen, welche zum Abzwicken von

Draht, Nägeln u. dgl. dient, niemals aber zum Herausziehen von Nägeln verwendet werden sollte.

Zu erwähnen sind noch die **Flach- und die Spitzzange** (Abb. 98 u. 99).

Der **Schraubenzieher** (Abb. 100) wird gebraucht zum Befestigen oder zur Lockerung von Schrauben.

Der **Schraubenschlüssel** besteht aus einem einfachen Eisenstab, der an einem Ende so geformt ist, daß der Kopf der Mutterschraube leicht gefaßt werden kann. Sind die Backen, welche den Schraubenkopf fassen, verstellbar, so spricht man von einem **französischen Schlüssel** oder auch kurzweg **Franzosen** (Abb. 101).

In neuerer Zeit werden **selbsttätige Schraubenzieher** konstruiert, welche durch einfachen Druck, also ohne den Schraubenzieher selbst zu drehen, je nach der Einstellung die Schraube einziehen oder lösen. Diese Schraubenzieher arbeiten außerordentlich rasch; sie bewähren sich für nicht zu starke Schrauben, besonders aber beim Einschrauben oder Lösen größerer Mengen gleicher Schrauben ganz vorzüglich.

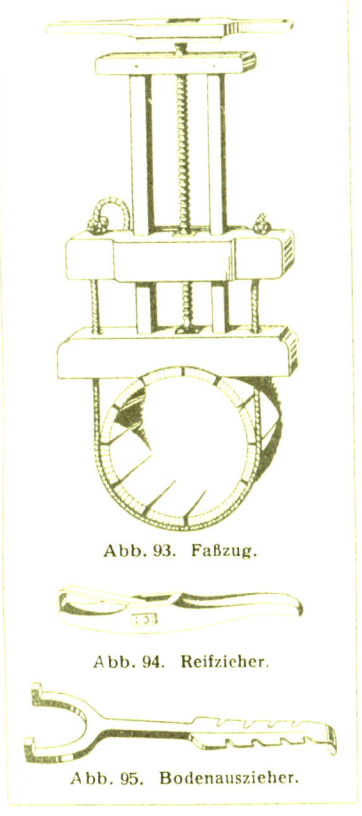

Abb. 93. Faßzug.

Abb. 94. Reifzieher.

Abb. 95. Bodenauszieher.

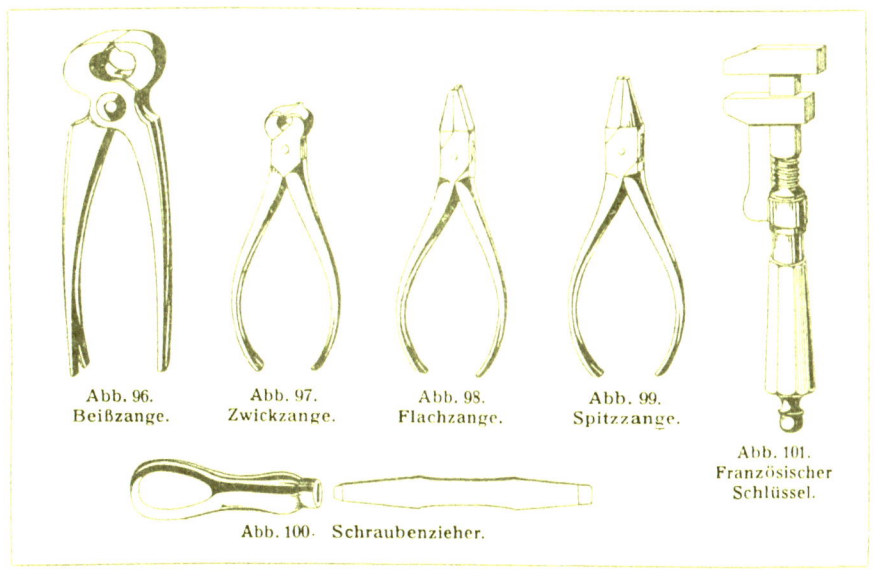

Abb. 96. Beißzange.

Abb. 97. Zwickzange.

Abb. 98. Flachzange.

Abb. 99. Spitzzange.

Abb. 100. Schraubenzieher.

Abb. 101. Französischer Schlüssel.

III. Werkzeuge zum Draufschlagen.

Diese Werkzeuge beruhen auf dem **Beharrungs-** oder **Trägheitsgesetz**, indem sie, einmal bewegt, mit unveränderter Richtung und Geschwindigkeit in ihrer Bewegung beharren.

Die wichtigsten hierher gehörigen Werkzeuge sind die **Hämmer**. Der Hammer besteht in der Hauptsache aus einem prismatischen Eisen- oder Stahlstück, in dessen Längsmitte sich ein Loch befindet, in welchem ein aus zähem Holze — gewöhnlich Eschen-, Hickory- oder Weißbuchenholz — gefertigter Stiel befestigt ist.

Die gewöhnliche Form des Schreiner- oder Bankhammers (Abb. 102) zeigt an der einen Seite eine glatte, polierte, meist quadratische Bahn, Breitbahn genannt, während auf der entgegengesetzten Seite die Bahn rechtwinklig zum Stiel schmal halbrund zuläuft; diese Bahn heißt Finne oder Schmalbahn. Der kleine Stiftenhammer besitzt die Form des Bankhammers.

Anders geformt ist der Hammer mit Klaue (Klauenhammer, Abb. 103). Während seine Breitbahn den vorerwähnten Hämmern gleicht, besitzt seine Schmalbahn einen gabelförmigen Einschnitt, eine Klaue, welche zum Ausziehen von Nägeln dient.

Der Latthammer, Zimmermannshammer (Abb. 104), hat eine glatte Breitbahn und eine klauenartige Schmalbahn; an letzterer läuft der eine Teil in eine scharfe Spitze aus, welche zum Einhauen in die Sparren, Balken usw. beim Weglegen desselben dient.

Der Furnieraufreibhammer (Abb. 105) besitzt eine glatte Breitbahn und eine sehr lange zum Aufreiben der Furniere dienende Finne.

Unterschiedliche Formen zeigen die verschiedenen Binderhämmer, Küfersetzhämmer u. dgl. (Abb. 106 u. 107), welche entweder zwei Breitbahnen haben und ganz aus Stahl sind oder eine hohle Schmalbahn besitzen, während an der gegenüberliegenden Seite eine Hülse vorhanden ist, in die ein Holzstück zum Draufschlagen gesteckt wird.

Die Holzhefte der Stemmwerkzeuge der Holzarbeiter springen sehr leicht auseinander, wenn auf dieselben mit eisernen Hämmern geschlagen wird. Um dies zu vermeiden, verwendet man hölzerne Schlegel, welche aus harten Holzarten, wie Weißbuche, sog. australisches Hartholz (Eukalyptus-

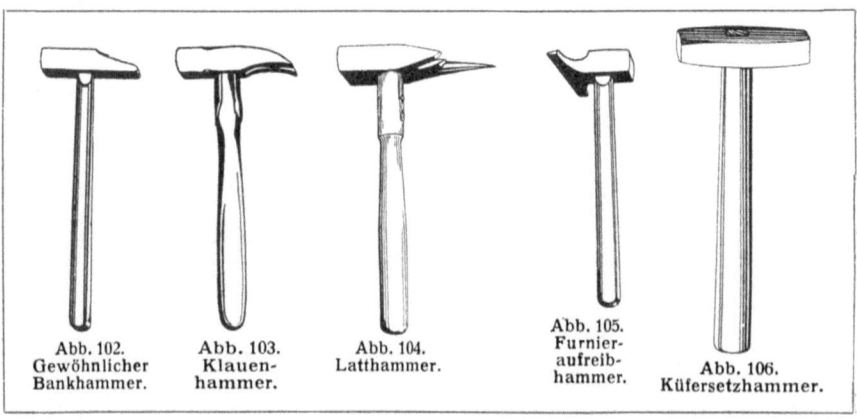

Abb. 102. Gewöhnlicher Bankhammer.
Abb. 103. Klauenhammer.
Abb. 104. Latthammer.
Abb. 105. Furnieraufreibhammer.
Abb. 106. Küfersetzhammer.

B. Die aktiven (tätigen, arbeitenden, formgebenden) Werkzeuge

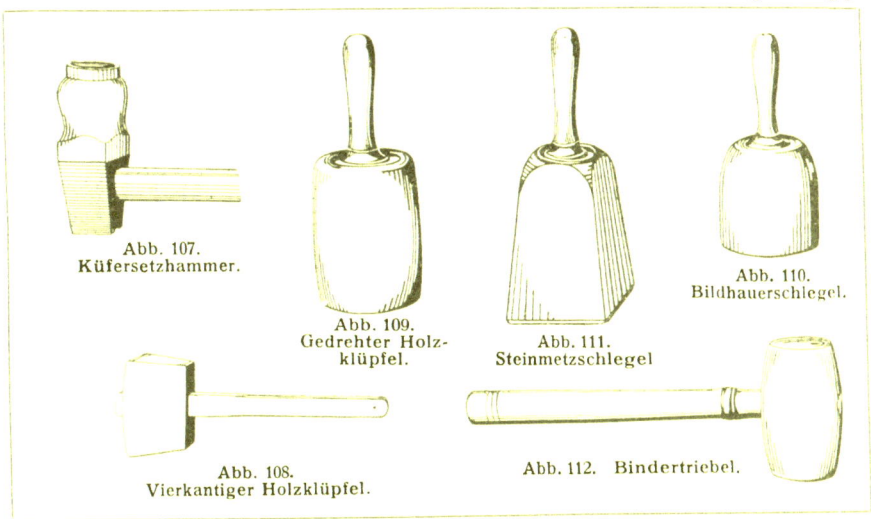

Abb. 107. Küfersetzhammer.
Abb. 108. Vierkantiger Holzklüpfel.
Abb. 109. Gedrehter Holzklüpfel.
Abb. 110. Bildhauerschlegel.
Abb. 111. Steinmetzschlegel.
Abb. 112. Bindertriebel.

arten) o. dgl. angefertigt sind. Die Schlegel sind entweder vierkantig oder gedreht geformt. Je nach Verwendung in den einzelnen Gewerben der Holzbearbeitung unterscheidet man **Schreiner-, Bildhauer- und Steinmetzklüpfel, Bindertriebel, Kellerschlegel** u. a. (Abb. 108 bis 112).

B. Die aktiven (tätigen, arbeitenden, formgebenden) Werkzeuge.

I. Die Arbeitsvorgänge: Spalten und Schneiden.

Während die passiven Werkzeuge die Formveränderung des Arbeitsstückes nur vorbereiten, wird mit den aktiven Werkzeugen seine Umgestaltung unmittelbar vorgenommen.

Die aktiven Werkzeuge lassen sich in die große Gruppe „Schneidwerkzeuge" zusammenfassen.

Bevor wir in ihre Besprechung eintreten, müssen wir uns mit den Arbeitsvorgängen selbst bekannt machen, bei denen sie in Verwendung kommen.

In den Gewerben der Metallbearbeitung kann durch eine Reihe von Verarbeitungsmethoden wie Schmieden, Schneiden, Ziehen, Treiben, Pressen, Schweißen, Gießen usw. eine Formgebung des Materials erfolgen. Für die technische Verarbeitung des Holzes kommen dagegen nur 4 bestimmt voneinander getrennte Arbeitsvorgänge in Betracht, nämlich das **Spalten, das Schneiden, das Biegen** und das **Pressen**. Der Aufbau und die Eigenschaften des Holzes lehren uns, daß einige Holzarten für alle, andere dagegen nur für bestimmte Formungsmethoden verwendet werden können. Während z. B. Ebenholz und Pockholz sich nur für das Schneiden eignen, sind diese Hölzer für das Spalten, Biegen und Pressen ganz unbrauchbar.

Die älteste, einfachste, rascheste und auch billigste Verarbeitungsmethode des Holzes ist das **Spalten**. Es besteht darin, daß ein fremder Körper, ein Werkzeug, in die zusammengehörigen Teilchen — Fasern — eines Holzstückes eindringt und diese trennt, auseinanderbiegt. Bei fortgesetzter

Wirkung des Werkzeuges findet dann eine vollständige Trennung des betreffenden Holzstückes statt.

Dieser Arbeitsvorgang läßt sich jedoch nur in der Längsrichtung der Holzfasern sowie bei gerade gewachsenem Holze durchführen; Maserwuchs, starke Astbildung sowie Querholz kann wohl mit einem Spaltwerkzeug durch starke Schlagwirkung geknickt und gebrochen, aber niemals gespalten werden.

Eine weitere Beschränkung dieser Arbeitsmethode besteht darin, daß sich der Lauf der Spaltfuge unserem Willen entzieht; wir können zwar ganz genau den Anfang derselben bestimmen, ihr Ende aber nur nach dem Laufe der Fasern mutmaßen.

Die Spaltwerkzeuge besitzen die Form eines Keiles. Hieraus folgt, daß ihre Wirkung auf den Keilgesetzen beruht und somit die menschliche Kraft durch eine physikalische Kraft unterstützt wird.

Der Keil (Abb. 113) bildet im Querschnitt ein spitz zulaufendes gleichschenkliges Dreieck. Die scharfe Kante nennt man Schneide (Keilspitze, Schärfe), die gegenüberliegende Fläche Rücken und die beiden zuschärfenden Seitenflächen Wangen. Letztere bilden in ihrer Seitenansicht in der Regel Rechtecke. Ein solcher Keil heißt gleichschenkliger Keil; er wirkt nach beiden Seiten, weshalb er auch doppelseitig wirkender Keil genannt wird.

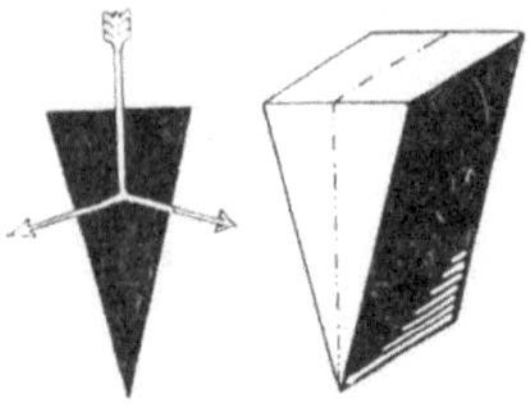

Legt man lotrecht auf die Schneide des beschriebenen Keiles eine Schnittlinie, so ersieht man aus dem

Abb. 113. Keil.

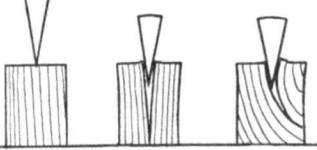

Abb. 114. Doppelseitig wirkender Keil.

Querschnitt, daß der beiderseitig wirkende Keil aus zwei schiefen Ebenen besteht, welche getrennt zwei rechtwinklige oder einfache Keile bilden.

Da der Keil eine bewegliche schiefe Ebene ist, muß bei Anwendung keilförmiger Werkzeuge um so mehr Kraft aufgewendet werden, je kürzer die Seitenkanten im Verhältnis zur Breite des Keilrückens sind. Hieraus ergibt sich für den doppelseitigen Keil folgende Kraftzerlegung: Wird auf den Rücken eine Kraft (ein Druck) ausgeübt, so zerteilt sich diese gleichmäßig auf die beiden Seitenflächen (Wangen) und wirkt rechtwinkelig auf dieselben.

Nach den Keilgesetzen dringt die Schneide in das Holz um so leichter ein, je schärfer, je spitzer ihr Winkel ist.

Beim Spalten dient die Keilspitze (Schneide) jedoch nur zur Erleichterung des Eindringens in das Holz, nach dem Eindringen besitzt dieselbe aber keine Bedeutung mehr. Das Auseinanderbiegen, also die Trennung der Holzfasern, wird dann durch die beiden Seitenflächen des Keiles (Wangen) bewirkt; die Spaltfuge läuft also immer der Keilschneide mehr oder weniger voraus (Abb. 114).

Eine richtige Zuschärfung der Spaltwerkzeuge ist deshalb keineswegs unbedingt notwendig. Infolge der großen Reibungswiderstände, welche das Werkzeug beim Eindringen in das Holz stets zu überwinden hat, wird durch eine zu spitze Schneide der Arbeitsprozeß vielmehr erschwert. Er-

B. Die aktiven (tätigen, arbeitenden, formgebenden) Werkzeuge

folgt nämlich bei Anwendung eines besonders schlanken Spaltwerkzeuges die Trennung des Holzes nicht auf den ersten Schlag, so wird das Werkzeug in der Spalte eingeklemmt und ist schwer daraus zu entfernen; bei plumper Form und stumpfer Zuschärfung des Werkzeuges kann dieser Nachteil weniger eintreten. Aus diesem Grunde sind die Spaltwerkzeuge unserer Holzarbeiter meist ziemlich stumpf und so geformt, daß gewöhnlich schon durch die erste Schlagwirkung die Holzfasern getrennt werden.

Ein gutes Spaltwerkzeug muß immer einen beiderseitig wirkenden (doppelseitigen) Keil darstellen. Ist die Keilwirkung an einem Spaltwerkzeug nur einseitig (— rechtwinkeliger Keil — schiefe Ebene), so wird das Werkzeug stets das Bestreben haben, bei dem geringsten ungleichmäßigen Faserlauf mit seiner Schneide (Keilspitze) nicht der vorausgehenden Spaltfuge zu folgen, sondern in andere Holzfasern einzudringen (Abb. 115). Durch diesen Übelstand wird jedoch die Arbeitsleistung bedeutend erschwert. Solche Werkzeuge eignen sich deshalb weniger zum Spalten, sondern mehr zum Schneiden. Sie besitzen dann stets richtige Zuschärfungen und finden meistens da Verwendung, wo es sich um ein Spalten und Schneiden zugleich handelt.

Abb. 115. Einseitig wirkender Keil.

Das Spalten ist hauptsächlich eine Vorarbeit. Außerdem wird diese Arbeitsmethode bei Erzeugung verschiedener Halbfabrikate wie Faßdauben, Radspeichen, Hammer- und Axtstiele, Resonanzhölzer usw. angewendet.

Als Spaltwerkzeuge gelten unsere Messer und messerartigen Werkzeuge, welche, meist für schwächere Arbeiten verwendet, durch einen einfachen Druck der Hand in Tätigkeit gesetzt werden, ferner unsere Beile und Äxte, deren Wirkung stets auf einer stärkeren Schlagwirkung beruht.

Da jedoch alle diese Werkzeuge, mit Ausnahme der gewöhnlichen Holzhackerbeile, nicht nur zum Spalten allein, sondern auch zum Schneiden benutzt werden, sollen sie nach Besprechung des zweiten Arbeitsvorganges, dem „Schneiden", Erwähnung finden.

Diese Verarbeitungsmethode findet in der Holzbearbeitung die häufigste Anwendung, da sich hierzu alle Holzarten eignen und eine saubere Herstellung der Holzfläche nur durch das Schneiden erzielt werden kann.

Die Holzfaser wird beim Schneiden entweder nach einer genau vorher bestimmten Richtung getrennt (Sägen), oder es werden nur Späne abgelöst, deren Form, Größe und Stärke unserem Willen unterworfen ist (Hobeln, Schnitzen, Drehen, Stemmen und dgl.). Die Schneidwerkzeuge sind zwar in ihrer äußeren Gestalt verschieden, besitzen aber immer die Keilform mit geschärfter Schneide.

Im Gegensatz zu den Spaltwerkzeugen dürfen bei den Schneidwerkzeugen nicht die beiden Wangen des Keiles den wirksamen Teil bilden, sondern es hat die Schneide des Werkzeuges in Tätigkeit zu treten. Diese muß deshalb immer eine gewisse Schärfe besitzen.

Der Winkel, unter dem die Zuschärfung eines Werkzeuges erfolgt, heißt Zuschärfungswinkel (Abb. 116).

Nach den Gesetzen der schiefen Ebene wäre anzunehmen, daß ein kleiner Zuschärfungswinkel besonders günstige Arbeitsleistungen ermöglicht. Diese Annahme stößt jedoch in der Praxis auf Schwierigkeiten. Der Widerstand, den das Holz dem Eindringen des Werkzeuges entgegensetzt, ist so groß, daß ihn die feinere Schneide des Werkzeuges nicht zu

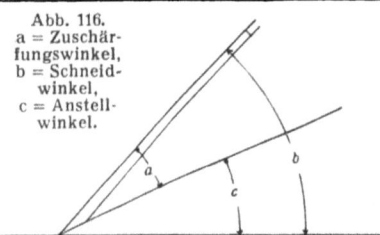

Abb. 116.
a = Zuschärfungswinkel,
b = Schneidwinkel,
c = Anstellwinkel.

überwinden vermag; das Werkzeug „**springt aus**", wird schartig. Ist der Zuschärfungswinkel aber zu groß, so wird, wie beim Spalten, das Eindringen des Werkzeuges in das Holz, also die Arbeit erschwert. Es hätte sich deshalb der Zuschärfungswinkel stets nach der Härte des Holzes zu richten; er müßte um so größer sein, je härter das zu bearbeitende Holz ist. Da jedoch unsere gewöhnlichen Werkzeuge zur Bearbeitung von Hart- und Weichholz verwendet werden müssen, wählt man einen Mittelweg; es beträgt der Zuschärfungswinkel bei unserem Stemm- und Hobeleisen 18—20 bzw. 24—30°.

Neben dem Zuschärfungswinkel ist der Schneidwinkel (Abb. 116) von größter Wichtigkeit. Dieser bestimmt die Stellung des Werkzeuges, unter welcher er das Holz anzugreifen hat. Auch hier wäre nach der Theorie zu folgern, daß das Werkzeug in das Holz um so leichter eindringt, je kleiner der Schneidwinkel ist. Aber auch diese Schlußfolgerung erweist sich in der Praxis als unrichtig. Bei den unterschiedlichen Härtegraden und Wuchsverhältnissen des Holzes sowie bei den verschiedenen Bearbeitungsrichtungen, denen es unterworfen werden kann, ist eine rationelle Bearbeitung durch ein allgemeines Gesetz des Schneidwinkels, oder gar durch die Wahl eines Mittelweges ausgeschlossen. Es schwanken daher die Schneidwinkel bei unseren Hobeln zwischen 30° und 80°. Allerdings geht, je mehr sich der Schneidwinkel einem rechten Winkel nähert, dann das Schneiden in ein Schaben über. (Zahnhobel mit 80°.)

Beim Schneiden wird aber noch ein dritter Winkel in Betracht gezogen, Es ist dies jener Winkel, welcher von der Zuschärfung des Werkzeuges und dem Werkstück begrenzt ist. Dieser Winkel heißt Anstellwinkel (Abb. 116). Er bewegt sich bei unseren Hobeln je nach dem Schneidwinkel zwischen 10° und 56°. Würde man den Anstellwinkel gleich Null machen, so müßte die untere Fläche der Zuschärfung des Werkzeuges, die sog. Fase, auf dem Holze auflaufen. In diesem Falle würden die Schneidkante des Eisens und die Bearbeitungsfläche zwei parallele Ebenen bilden. Da sich parallele Ebenen in ihrer beliebigen Verlängerung an keinem Punkt schneiden, wäre durch die Nullstellung des Werkzeuges jeder Angriffspunkt genommen. Um diese Nullstellung zu vermeiden, aber dennoch den möglichst kleinsten Anstellwinkel zu erreichen, ist bei einigen amerikanischen Hobeln, vor allem dem amerikanischen Hirnholzhobel, die Fase des Eisens nach oben gerichtet (Abb. 117).

Zuschärfungs- und Anstellwinkel ergeben zusammen den Schneidwinkel.

Beim Schneiden verdient neben den beschriebenen drei Winkeln die Richtung ganz besondere Beachtung, nach welcher das Werkzeug die Fasern des Holzes angreift. Man kann folgende Bearbeitungsrichtungen unterscheiden:

a) **Die Bearbeitung von Längsholz in der Richtung des Faserlaufes** (Abb. 117). Nach dieser Richtung ist die Bearbeitung des Holzes mit allen scharf schneidenden und technisch richtig vorgerichteten Werkzeugen am leichtesten und raschesten möglich. Hier ist ein Mittelweg in bezug auf den Schneidwinkel bei unseren Hobeln für hartes wie weiches Holz möglich; er beträgt gewöhnlich 45—48°.

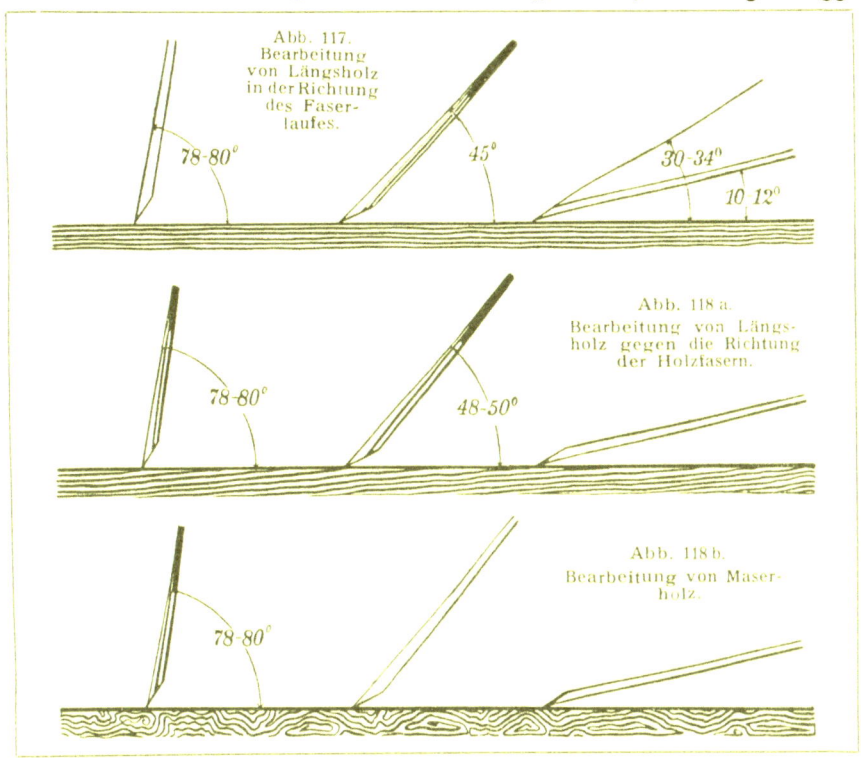

Abb. 117. Bearbeitung von Längsholz in der Richtung des Faserlaufes.

Abb. 118 a. Bearbeitung von Längsholz gegen die Richtung der Holzfasern.

Abb. 118 b. Bearbeitung von Maserholz.

b) **Die Bearbeitung von Längsholz gegen die Richtung der Holzfasern, sowie von Maserholz** (Abb. 118 a und b). Diese Bearbeitungsrichtung ist schon mit Schwierigkeiten verbunden. Bei der Trennung des Holzes mittelst der Säge, sowie bei Anwendung einiger Bohrer, also bei der Erzeugung rauher Flächen, ist der Widerstand nach dieser Richtung nicht bemerkbar. Ganz anders aber bei der Herstellung sauberer glatter Flächen. Bei dieser Arbeit finden die messerartigen Werkzeuge sowie Stecheisen und dgl. keine oder nur eine sehr schwierige Verwendung. Es kommen hier vor allem Hobel und Feilen, sowie einige schabende Werkzeuge in Betracht. Aber auch diese Werkzeuge bedürfen, besonders wenn es sich um die Bearbeitung von recht astreichem Holze oder von Maserwuchs und dgl. handelt, guter Schärfen und besonderer Vorrichtungen. Das Werkzeug stößt bei solcher Bearbeitung fast immer auf Faseranfänge im Holze, wodurch es das Bestreben zeigt, von der ihm angewiesenen Richtung abzuweichen und dem Laufe der Fasern zu folgen; dadurch werden Spaltungen — Einreißen der Werkzeuge —, eingeleitet. Die Schneidwinkel unserer Hobel dürfen deshalb bei dieser Bearbeitungsrichtung niemals klein sein, sondern müssen mehr der schabenden Richtung zuneigen; die Größe des Schneidwinkels beträgt beim Putzhobel gewöhnlich 48—50⁰, beim Zahnhobel, der auch hier zur Verwendung kommt, 80⁰.

c) **Die Bearbeitung von Querholz, in der Richtung quer über die Fasern** — zwergen genannt. Diese Bearbeitung ist sehr schwierig und ganz besonders dann, wenn es sich um die Herstellung sauberer

36 Erster Teil. Die Werkzeuge der Holzbearbeitung

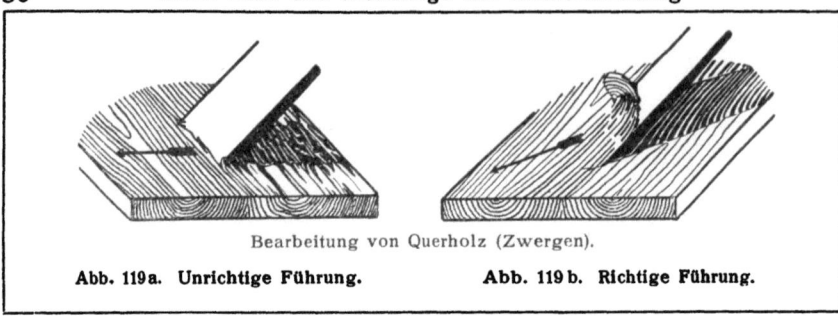

Bearbeitung von Querholz (Zwergen).
Abb. 119a. Unrichtige Führung.   Abb. 119b. Richtige Führung.

Flächen handelt, deren Erzeugung mit den gewöhnlichen Werkzeugen meist unmöglich ist. Der Aufbau des Holzes lehrt uns, daß nicht nur die einzelnen Holzarten, sondern selbst ein Jahresring einer bestimmten Holzart verschiedene Härtegrade (Früh- und Spätholz) besitzt. Führen wir ein schneidendes Werkzeug quer zum Faserlauf (Abb. 119), so wird dieses die härteren Teile (Spät- oder Herbstholz) angreifen, das weichere Frühholz (Frühjahrsholz) aber einfach mitreißen. Es müssen deshalb unsere Werkzeuge möglichst normal zum Faserlauf oder, wo das nicht möglich, zum mindesten schief dazu geführt werden. Für die Bearbeitung von Querholz (Abb. 119) dienen daher speziell geschaffene Hobel, bei denen eine schiefe Führung unnötig, dafür aber das Eisen in der Führung (Hobelkasten usw.) schief eingespannt wird.

d) **Die Bearbeitung von Hirnholz, Richtung normal auf die Holzfasern** (Abb. 120). Diese Bearbeitungsrichtung ist nicht nur die schwierigste, sondern auch die ungünstigste. Nur sehr scharfe und eigens vorgerichtete Werkzeuge ermöglichen eine saubere Hirnholzfläche, aber auch mit ihnen erzielt man bei den meisten Holzarten recht selten einen zusammenhängenden Span beim Hobeln.

Da es sich hier um die Bearbeitung lauter gleicher, lotrechter Holzfasern handelt — im Gegensatz zu der Bearbeitung von Längsholz gegen die Holzfasern — ergibt sich die Notwendigkeit, dem Werkzeug einen möglichst kleinen Schneidwinkel zu geben. Als Beispiel sei hier der besonders bewährte **amerikanische Hirnholzhobel** erwähnt, dessen Anstellwinkel ungefähr $10°$ beträgt und der somit einen Schneidwinkel von $30—34°$ besitzt.

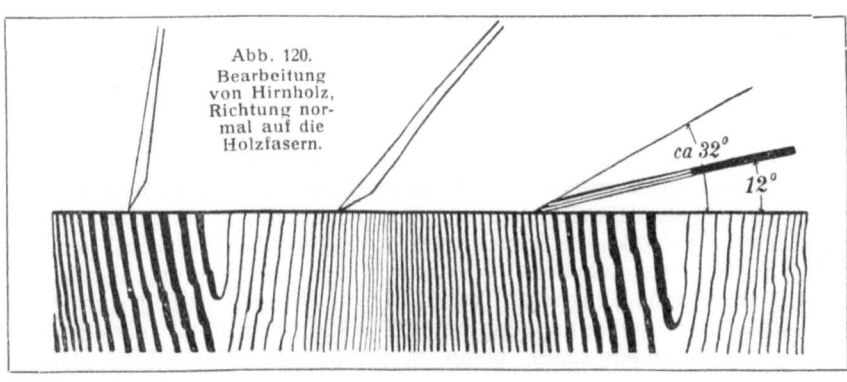

Abb. 120. Bearbeitung von Hirnholz, Richtung normal auf die Holzfasern.

Unter das Schneiden kann, wie Exner in seinem Werk[1]) anführt, in spez. Fällen auch das Schleifen gezählt werden. Insofern nämlich die schneidende Wirkung durch die Verwendung vieler scharfer Körner, wie sie z. B. bei Anwendung von Glas- und Flintsteinpapier, Bimsenstein u. dgl. vorkommt, hervorgerufen wird, kann auch das „Schleifen" als eine Art Schneiden angesehen werden.

II. Die Schneidwerkzeuge.

Fast alle Schneidwerkzeuge wie Messer, Meißel, Beile usw. sind nichts anderes als Keile.

1. Axt, Beil und Texel. Unter diesem Gesamtnamen sind in der Holzbearbeitung Werkzeuge zu verstehen, welche wie ein gewöhnlicher Hammer an einem Holzstiel befestigt sind und deren Eindringen in das Holz die Folge einer Schlagwirkung ist.

Wegen der Unsicherheit in der Handhabung ist die Zahl dieser Werkzeuge beschränkt; die erhöhte Kraft jedoch, mit der sie gegen das Holz geführt werden können, und die dadurch erlangte raschere Arbeitsleistung machen sie für viele spezelle Zwecke sehr vorteilhaft verwendbar.

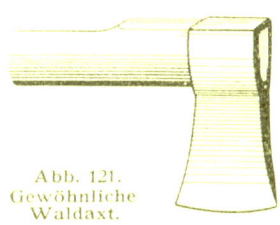

Abb. 121. Gewöhnliche Waldaxt.

Abb. 122 Zimmermannsaxt.

Der eigentliche Körper (Blatt) dieser Werkzeuge wird meist aus Schmiedeeisen, die Schneide hingegen aus Stahl hergestellt. Letztere wird entweder durch ein aufgeschweißtes Stahlstück gebildet, oder es wird ein solches keilförmig zwischen den beiden schmiedeeisernen Körperseiten eingeschweißt. Ganz stählerne Körper gebraucht man selten, weil sie durch die Erschütterungen der Schläge mehr dem Zerspringen ausgesetzt sind, zudem sich ihr Preis wesentlich erhöht.

Der Schneide gegenüber liegt die Platte, auch Nacken genannt; diese wird meist verstählt und besitzt dann gewöhnlich die Form einer Nagelbahn, zuweilen auch eine Klaue. Die in dem Körper vorhandene Durchlochung, als Ohr oder Haube bezeichnet, dient zur Aufnahme des hölzernen Stieles.

Axt und Beil (auch Hacke genannt) werden häufig mit einander verwechselt. Bei beiden liegt die Schneide parallel zum Stiel. Die Axt besitzt mit einer einzigen Ausnahme (Stoß- oder Stichaxt) zweiseitige Zuschärfung; die Schneide derselben ist im Verhältnis zur Länge des Körpers schmal, der Holzstiel hingegen lang. Beim Beil ist die Zuschärfung meist einseitig und zwar gewöhnlich an der rechten Seite. Die Schneide des Beiles ist im Verhältnis zur Größe des Körpers lang, der Holzstiel aber kurz und vielfach nach außen gekrümmt, damit die Hände, welche den Stiel umfassen, beim Arbeiten an das Holzstück nicht anstoßen.

Die gewöhnliche Axt (Abb. 121 und 122), das wichtigste Werkzeug des Holzhackers, dient zum Fällen der Bäume und zum Spalten des Holzes.

---

1) Werkzeuge und Maschinen der Holzbearbeitung von Dr. W. F. Exner.

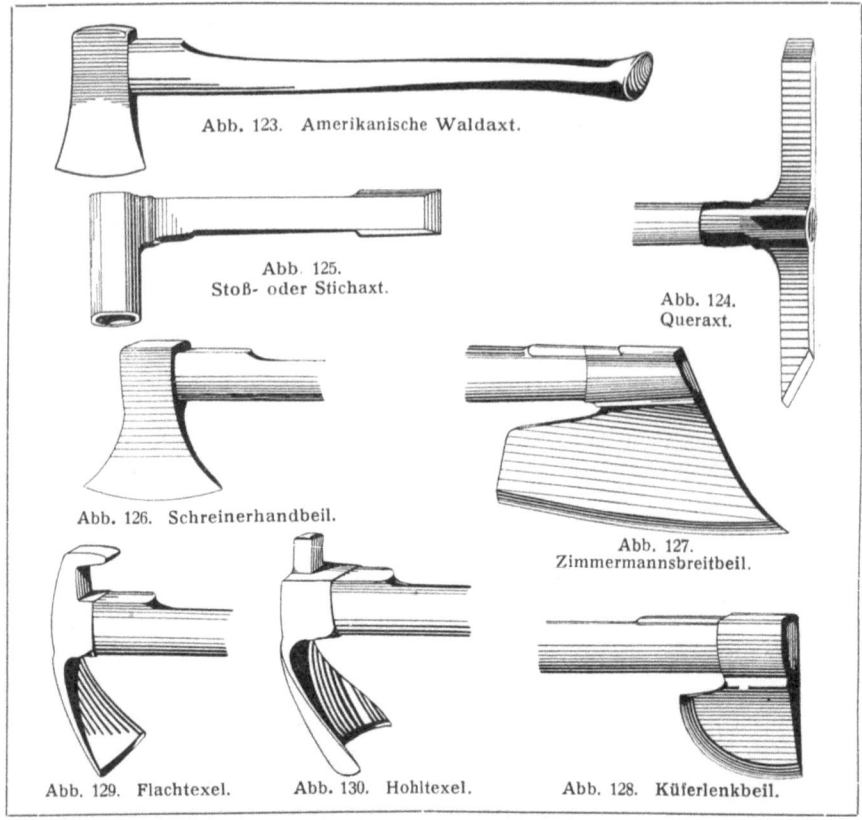

Abb. 123. Amerikanische Waldaxt.
Abb. 125. Stoß- oder Stichaxt.
Abb. 124. Queraxt.
Abb. 126. Schreinerhandbeil.
Abb. 127. Zimmermannsbreitbeil.
Abb. 129. Flachtexel.
Abb. 130. Hohltexel.
Abb. 128. Küferlenkbeil.

Im Gewerbe wird sie nur noch vom Zimmermann und Schiffbauer zu gröberen Arbeiten benutzt. (Zimmeraxt, Bundaxt.)

Wie schon erwähnt, besitzen die Äxte meist zweiseitige Zuschärfung; diese werden entweder durch beiderseitig angeschliffene **Facetten, Fasen** (Abschrägungen) oder aber durch Anschleifen von **schwach konvex verlaufenden Flächen** gebildet.

In beiden Fällen wird auf die Schaffung eines möglichst kleinen Zuschärfungswinkels behufs leichteren Eindringens des Werkzeuges in das Holz, gleichzeitig aber auch auf größeren Wangendruck hingearbeitet, um das Einklemmen der Werkzeuge im Holz wiederum zu verhindern.

Eine eigenartige Form sowohl im Körper wie im Stiel besitzt **die amerikanische Waldaxt** (Abb. 123). Der Schwerpunkt des ganzen Werkzeuges liegt möglichst nahe der Schneide. Dadurch wird nicht nur eine leichtere, sondern auch erhöhte Arbeitsleistung erzielt.

Eine eigentlich aus zwei verschiedenen Werkzeugen zusammengesetzte Axt ist die **Queraxt (Zwerchaxt) (Abb. 124).** Die beiden Körper samt den Schneiden dieser Axt stehen zu beiden Seiten des Holzstieles rechtwinkelig über denselben hinaus. Die eine Schneide steht parallel zum Stiel und hat zweiseitige Zuschärfung, während die andere vielseitig von außen zugeschärft, rechtwinklig zum Stiel steht. Die Queraxt dient den

B. Die aktiven (tätigen, arbeitenden, formgebenden) Werkzeuge 39

Floßbauern, Eisenbahnbauarbeitern, Schiffbauern und teilweise auch den Zimmerleuten zum Einhauen von Löchern in das Holz.

Die **Stoß-** oder **Stichaxt** (Abb. 125) gehört eigentlich nicht unter die Hieb- und Spalt-, sondern unter die Stechwerkzeuge, da sie niemals geschwungen, sondern nur gestoßen wird. Ihre Zuschärfung ist stets einseitig, fasenartig; doch ist die Schneide an beiden Seiten des Körpers auf ungefähr 100 mm Länge noch fortlaufend. Sie wird meist von Zimmerleuten zum Ausputzen von Zapfenlöchern, Glätten von Zapfen und dgl. verwendet.

Unterschiedliche Formen besitzen die **Handbeile**, die den Bedürfnissen der verschiedensten Gewerbe angepaßt sind. Die Zuschärfung der Beile erfolgt rechts einseitig und zwar stets mit kurzer, scharf zulaufender, niemals konvex verlaufender Fase.

Man unterscheidet hier das **Schreiner-** und **Wagnerhandbeil**, auch **Schreiner-** oder **Wagnerstockhacke** genannt (Abb. 126), das **Zimmermannbreitbeil** (Abb. 127), das **Küferlenkbeil** (**Binderspanhacke, Segerz**) (Abb. 128), das **Böttcherhandbeil**, die vielen in den einzelnen Gegenden verschiedenen Formen der **Waldhacke**, die **Oberländer Handhacke** für Zimmerleute und dgl. mehr.

Die **Klieb-** oder **Mieselhacke** dient, wie schon der Name sagt, zum Klieben oder Spalten des Binderholzes. Die Schneide dieser Hacke ist gerade, sehr lang und stets zweiseitig mit kurzer Fase zugeschliffen; sie dient also sowohl als Spalt- wie Schneidwerkzeug.

Die **Dächsel**[1]), (**Texel, Dexel, Krummhaue**) und zwar sowohl der **Flachdächsel** (**Flachtexel**) (Abb. 129), wie der **Hohldächsel** (**Hohltexel**) (Abb. 130) sind stets einseitig zugeschärfte Werkzeuge, deren Schneide rechtwinklig zum Stiel steht. Sie dienen zur Herstellung ebener und ausgehöhlter Flächen (Dachrinnen, Faßdauben usw.) an horizontal liegenden, seltener lotrechtstehenden Arbeitsstücken.

2. Messerartige und schabende Werkzeuge. Die meisten der in diese Gruppe gehörigen Werkzeuge unterscheiden sich von dem gewöhnlichen Tischmesser nur durch stärkeren Bau und größere Zuschärfungswinkel. Sie werden meistens durch einfachen Druck oder Zug der Hände, seltener durch Schlag zur Wirkung gebracht.

Die dem gewöhnlichen Messer am nächsten stehenden Werkzeuge sind:

Das **Binder-** oder **Böttchermesser**

Abb. 131. Binderschnitzer.

(**Binderschnitzer**) (Abb. 131), dessen Zuschärfung stets beiderseitig schwach konvex verlaufend ist; die eigentliche Klinge läuft vierkantig in eine Spitze, die „Angel" genannt, aus, die in einem Holzheft befestigt ist.

Der gewöhnliche **Schreinerschnitzer** (Abb. 132 a und b). Die Klinge ist ganz gleich dem Bindermesser, nur besitzt er einen etwas langen Stiel (Heft), welcher beim Arbeiten auf die Schultern gelegt werden kann, wodurch der Druck auf die Schneide sich vergrößert.

Das **Bindmesser** (Abb. 133) ist ein starkes, breites, einseitig mit Fase zugeschliffenes Werkzeug, welches durch Hieb oder Schlag zur Wirkung gelangt.

Zum An- und Ausarbeiten verschiedener Formen an Holzstücken bedienen sich die Wagner, Binder, Böttcher und andere Holzarbeiter langer,

---

1) Auch „Dachsbeil", vgl. den Ausdruck „dachsbeinig".

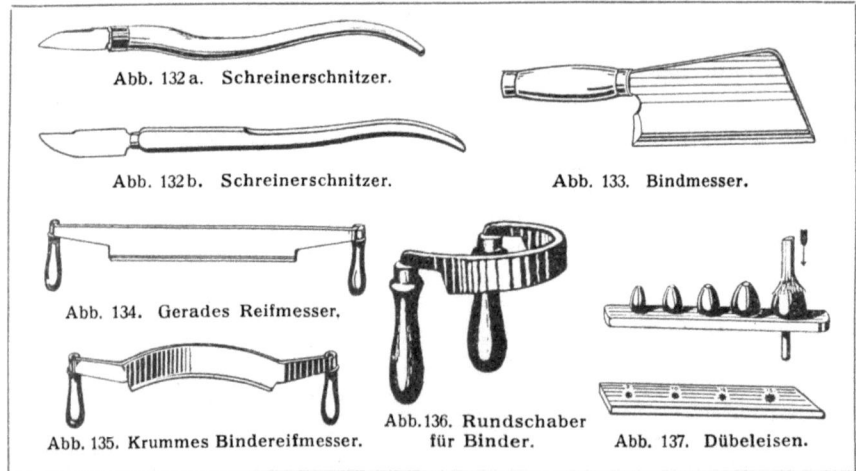

Abb. 132a. Schreinerschnitzer.
Abb. 132b. Schreinerschnitzer.
Abb. 133. Bindmesser.
Abb. 134. Gerades Reifmesser.
Abb. 135. Krummes Bindereifmesser.
Abb. 136. Rundschaber für Binder.
Abb. 137. Dübeleisen.

stets einseitig mittels Fase zugeschliffener Messer, deren Klinge an beiden Enden in zumeist rechtwinkelige Angeln abgebogen ist. Diese Angeln sind in Holzheften befestigt. Die Wirkung dieser Werkzeuge erfolgt stets durch einen Zug mittels beider Hände gegen die Brust des Arbeiters.

Hierher gehören die **Zugmesser, Reifmesser** (Ziehmesser, Schnittmesser). Ihre Klingen sind dem jeweiligen Gebrauch entsprechend entweder gerade oder auch mehr oder weniger gebogen. Man unterscheidet das **gerade Reifmesser** (Abb. 134), das **krumme Binderreifmesser** (Abb. 135), das **verkehrt krumme Binderreifmesser**, das **Ausgarbmesser**, die **Rundschaber** (Abb. 136) u. a.

Auch das in der Wagnerei zum Anarbeiten verschieden profilierter Stäbe und dgl. vielfach verwendete **Stöckelmesser** gehört in diese Gruppe. Die **Einsätze (Stöckel)** bilden kurze Stahlstäbe mit einseitiger Schneide von unterschiedlichen Formen.

Zu den wichtigsten schabenden Werkzeugen der Holzbearbeitung zählen die **Ziehklingen**. Diese Hilfsmittel bestehen aus einem Stück federhartem Stahlblech von unterschiedlicher Form. Eine eigentliche Schneide ist an diesen Werkzeugen nicht wahrzunehmen. Die Schärfe wird vielmehr durch Anschleifen und nachheriges Anstreichen eines kleinen Grades an den Längskanten der Ziehklinge gebildet. Das Anstreichen des Grades geschieht mit Hilfe einer runden oder ovalen glasharten Stahlklinge des Ziehklingenstahles. Die Ziehklinge, das feinste Schneidwerkzeug des Holzarbeiters, wird vornehmlich benützt, um die letzten Spuren von Unebenheiten, welche andere Schneidwerkzeuge auf einer Holzfläche zurücklassen, noch zu beseitigen.

Zu den schabenden Werkzeugen kann auch noch das **Dübeleisen** (auch **Dobel-, Düppel-** oder **Dübellocheisen**) (Abb. 137) der Schreiner Wagner und Binder gezählt werden. Unter einem **Dübel** versteht man in der Holzbearbeitung ein kurzes, teils kreisrundes, teils rechteckiges Holzstückchen, das beim Zusammenbau von Objekten als eigentliches Hilfsmittel der Holzverbindungen die vielseitigste Anwendung findet. Diese Dübel müssen genau in die mittels Bohrer oder Stemmeisen hergestellten Löcher passen. Da das Zuhobeln der kreisrunden Dübel in genauen unterschiedlichen Größen zu umständlich ist, pflegt man die vierkantig hergerichteten Dübelhölzer einfach durch eines der runden Löcher des Dübeleisens zu schlagen. Die Schneide in diesen Löchern löst das überschüssige Holz ab und es entstehen so die kreisrunden Formen des Dübels. Die neueren Formen der Dübeleisen sind an ihren Schneiden gezahnt; derartig gezahnte Holzdübel halten unbedingt besser als die glatten.

3. Stech- und Stemmwerkzeuge, Bildhauer- und Dreheisen. Die bei der Bearbeitung des Holzes verwendeten meißelartigen Werkzeuge tragen die allgemeine Bezeichnung Stech- und Stemmwerkzeuge.

Zu den Stechwerkzeugen (Stechzeug) zählen alle schwächeren und leichteren Werkzeuge, die nur durch den Druck oder höchstens durch den Stoß der Hand zur Wirkung kommen.

Unter Stemmwerkzeugen (Stemmzeug) sind alle stärker gebauten Meißel zu verstehen, welche durch einen Schlag auf ihr Holzheft in Tätigkeit treten.

Alle diese Werkzeuge bestehen aus einer fast durchwegs stählernen Klinge, deren eines Ende in eine schmale, scharfe, meist einseitig durch Fase angeschliffene Schneide übergeht, während das andere Ende in eine spitz zulaufende Angel ausläuft, welche in einem handlichen Holzhefte befestigt wird. Zwischen Klinge und Angel befindet sich ein eiserner Ansatz, die Krone, welche das tiefere Eindringen der Klinge in das Holzheft verhindert.

Besitzt ein solches Werkzeug eine einseitige Zuschärfung mittelst Fase, so wird diese Zuschärfung als „englischer Schliff" bezeichnet, während eine zweiseitige, dann aber meist konvex verlaufende Zuschärfung „deutscher Schliff" benannt wird. Bei den Stemmwerkzeugen ist der englische Schliff dem älteren deutschen entschieden vorzuziehen.

Die verschieden geformten Hefte dieser Werkzeuge werden vornehmlich aus Weißbuchenholz angefertigt.

Das wichtigste Stemmwerkzeug ist der Lochbeitel, auch kurzweg Beitel- oder Beuteleisen (Abb. 138) genannt. Er ist ein in Klinge und Angel stark gebautes Werkzeug, das in Breiten von 5—25 mm verwendet wird und stets nur durch einen Schlag auf das Holzheft zur Wirkung gelangt. Von besonderer Bedeutung ist hier die richtige Befestigung der Angel des Lochbeitels in dem Holzheft (Abb. 139); bei unrichtiger Befestigung würde ein fortwährendes Zerspringen der Holzhefte eintreten. Die Breiten unter 5 mm gehören, weil sie für eine Schlagwirkung nicht mehr geeignet sind, unter die Stechbeitel. Die Lochbeitel erhalten heute fast durchgehends engl. Schliff und beträgt der Zuschärfungswinkel 25—30°.

Die Stemmeisen (Abb. 140) unterscheiden sich vom Lochbeitel nur durch eine geringere Dicke der Klinge. Von diesen Werkzeugen besitzt jeder Arbeiter gewöhnlich einen ganzen Satz von je 6 oder 12 Stück in den Breiten von 3—25 mm. Die Zuschärfung erfolgt an diesen Eisen stets durch englischen Schliff.

Die Zimmerleute haben meist nur ein Stemmeisen, welches sehr stark in der Klinge gebaut ist und fast durchwegs deutschen Schliff hat. Statt Krone und Angel ist ein konisch zulaufender röhrenartiger Fortsatz vorhanden, in welchem ein Holzheft eingetrieben wird. Nach diesem Fortsatz wird das Werkzeug als Rohrmeißel bezeichnet.

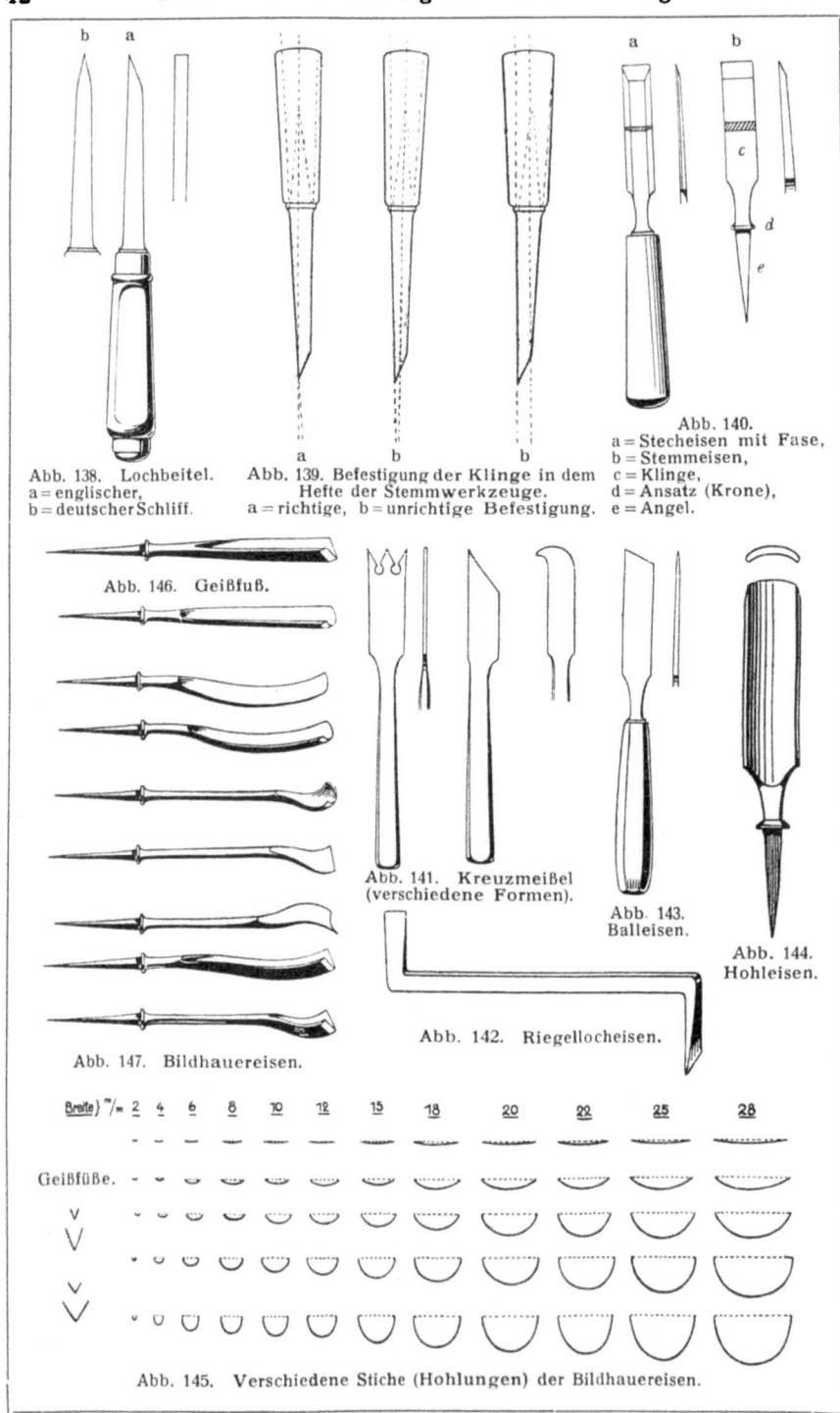

Abb. 138. Lochbeitel.
a = englischer,
b = deutscher Schliff.

Abb. 139. Befestigung der Klinge in dem Hefte der Stemmwerkzeuge.
a = richtige, b = unrichtige Befestigung.

Abb. 140.
a = Stecheisen mit Fase,
b = Stemmeisen,
c = Klinge,
d = Ansatz (Krone),
e = Angel.

Abb. 146. Geißfuß.

Abb. 141. Kreuzmeißel (verschiedene Formen).

Abb. 143. Balleisen.

Abb. 144. Hohleisen.

Abb. 147. Bildhauereisen.

Abb. 142. Riegellocheisen.

Abb. 145. Verschiedene Stiche (Hohlungen) der Bildhauereisen.

Der Kreuzmeißel, auch Fischbandeisen, Einlaßeisen genannt, ist ein durchaus stählerner Meisel mit starkem Schaft ohne Holzheft. Er dient zum Einlassen (Einstemmen) der Lappen bei Fischbändern an Fenstern, Türen usw. Eine eigentümliche Form besitzt das Riegellocheisen (Einlaßeisen für Schubladenschlösser) (Abb. 142), das zum Einlassen des Schloßriegels eines Schubladenschlosses dient.

Die Stecheisen oder Stechbeitel sind in ihren Formen ganz gleich den Stemmeisen, in der Klinge jedoch noch schwächer gebaut als diese. Nicht selten besitzen die Stecheisen von der Schneide rechtwinkelig an beiden Seiten der Klinge fortlaufende Fasen. Ihr Zuschärfungswinkel beträgt 18—25°.

Ist die Schneide eines solchen Werkzeuges nicht rechtwinkelig, sondern unter einem Winkel von 70—75° zulaufend gegen die Mittellinie, so wird ein solches Eisen als Balleisen (Abb. 143) bezeichnet. Diese sind sowohl mit englischem wie deutschem Schliff im Gebrauch.

Stellt der Querschnitt eines solchen Eisens nicht ein Rechteck, sondern einen Kreisabschnitt dar, dann heißt es „Hohleisen" (Abb. 144). Die Hohleisen zählen zu den wichtigsten Bildhauerwerkzeugen und kommen immer in ganzen Sätzen von verschiedenen Stichen (Hohlungen) und Breiten vor (Abb. 145).

Weicht die Schneide eines solchen Werkzeuges von der geraden oder runden Form ab und erscheint sie als ein Dreieck mit dem Scheitelwinkel 45—90°, so wird es als Geißfuß (Abb. 146) bezeichnet.

Zu den Bildhauereisen gehören auch noch die vielen gebogenen, gekröpften und aufgeworfenen (Abb. 147), sowie die verkehrt gekröpften, überworfenen Hohleisen, Flacheisen und Geißfüße.

Den Stech- oder Bildhauereisen fast gleich sind die Dreh- oder Drechslerwerkzeuge. Während jedoch die ersteren stets durch eine Führung der Hand gegen das ruhende Arbeitsstück zur Wirkung gelangen, sind die Drehwerkzeuge (Drehstähle) bei ihrer Anwendung zumeist in fester Lage, das Werkstück dagegen in fortlaufender (rotierender) Bewegung.

Bei den Drehwerkzeugen endet die der Schneide entgegengesetzte Seite in eine spitze Angel; der Klinge fehlt im Gegensatz zu den Stechwerkzeugen die Krone oder der Ansatz. Letzterer kann entbehrt werden, weil diese Werkzeuge niemals durch einen Schlag oder ungleich stoßweisen Druck, sondern stets durch ziemlich gleichmäßigen schwachen Druck zur Wirkung kommen. Das Holzheft, in welchem die Angel befestigt wird, hat bei den Drehwerkzeugen stets kreisrunden Querschnitt.

Obwohl die Formen der Drehwerkzeuge sehr zahlreich sind, kann man sie doch in die zwei Gruppen, Drehmeißel und Drehröhren, vereinigen.

Die Drehmeißel (Schlichtmeißel, Balleisen) (Abb. 148). Die Klinge (der Stahl) dieser Werkzeuge besitzt stets rechteckigen Querschnitt mit geradliniger oder nur schwach gekrümmter Schneidkante. Diese ist ähnlich dem Balleisen und besitzt immer beiderseitige Zuschärfungen. Der Zuschärfungswinkel beträgt 15—25°. Auch hier unterscheidet man deutsche und englische Form. Bei den Drehmeißeln englischer Form ist die Klinge gleich breit, während sich diese bei der deutschen Form vorn zu beiden Seiten der Schneide verbreitert, wodurch feinere, schärfere Spitzen entstehen, die zu vielen Arbeiten vorzüglich geeignet sind. Aber trotzdem

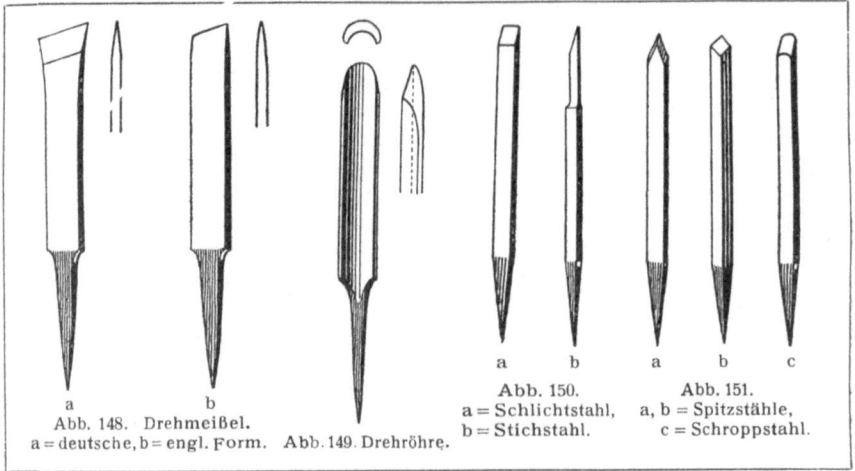

Abb. 148. Drehmeißel. a = deutsche, b = engl. Form. Abb. 149. Drehröhre. Abb. 150. a = Schlichtstahl, b = Stichstahl. Abb. 151. a, b = Spitzstähle, c = Schroppstahl.

ist diese Form fast vollständig verdrängt und nur noch in einigen Betrieben der Spielwarenfabrikation in Verwendung.

Die Drehmeißel dienen zum Fertigdrehen verschiedener geradliniger, konischer und konvexer Formen und besitzen Breiten von 5—50 mm.

Die Drehröhren (Hohlmeißel, Schrotmeißel) (Abb. 149). Bei diesen Werkzeugen hat der Stahl (die Klinge) eine röhrenartige Form mit halbkreisförmigem Querschnitt ähnlich dem Hohleisen. Die Zuschärfung ist hier stets nur einseitig. Die Schneidkante der Drehröhren tritt mit einer Krümmung nach der Mitte zu stark hervor und erhält hierdurch eine beinahe halbelliptische Form.

Bei den Drehröhren deutscher Form werden die Schneiden von innen, bei der englischen Form von außen und zwar stets durch Fase angeschliffen. Auch hier ist die alte deutsche, von innen mittels Fase angeschliffene Form wegen des schwierigen Anschleifens nur noch selten im Gebrauch.

Die Drehröhren kommen in verschiedenen Breiten von 5—25 mm vor.

Obwohl der geschickte Drechsler für gewöhnliche Hölzer und Arbeiten kaum ein anderes Werkzeug als Drehröhre und Drehmeißel verwendet, benötigt er doch für gewisse Hölzer, Materialien und Formen noch andere Drehwerkzeuge.

Ein solches Werkzeug ist der Schlichtstahl (Flachstahl, Falzeisen) (Abb. 150). Er dient zum Ausdrehen breiter Nuten und Fälze bei sehr harten Holzarten. Seine Zuschärfung ist stets einseitig und rechtwinklig; seine größte Breite beträgt 12 mm. Er wirkt, da er stets radial gegen das Arbeitsstück gehalten wird, nur schabend.

Zum Eindrehen tiefer, schmälerer Nuten dient der bis 3 mm breite Stichstahl.

Der Spitzstahl (Abb. 151) kommt in drei- und vierkantiger Schneidform zur Verwendung.

Besonders harte Hölzer sowie andere Materialien, wie Bein, Knochen, Perlmutter usw. können mit der Drehröhre nicht mehr bearbeitet werden; in solchen Fällen findet dann der Schroppstahl Verwendung.

B. Die aktiven (tätigen, arbeitenden, formgebenden) Werkzeuge 45

Zum Ausdrehen von Höhlungen in einem Körper dienen die **Ausdrehstähle, Ausdrehhaken** und **Grundstähle** (Abb. 152). Diese kommen in gerader und runder Form, stark und leicht gebogen, sowie mit geraden, eckigen und runden Schneiden zur Anwendung. Ihre Wirkung ist stets eine schabende.

Zum Ausdrehen von Schraubengewinden und der hierzu gehörigen Muttern dienen wiederum die **Schraubenstähle** (Abb. 153) (**Mutterstähle, Schraubengewindstähle**), welche den verschiedenen Schraubengängen angepaßt sind.

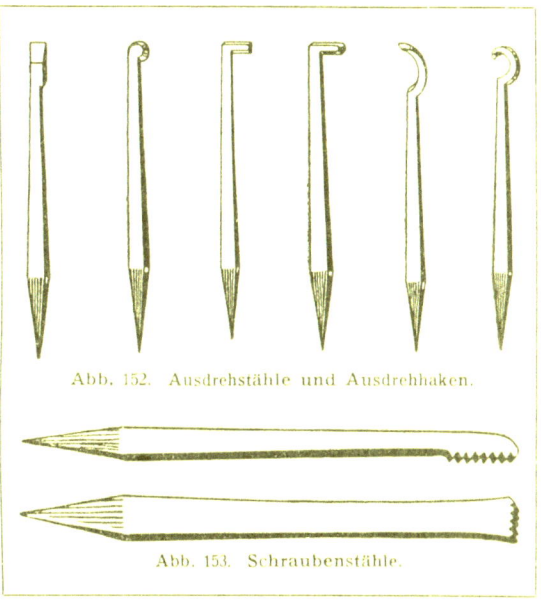

Abb. 152. Ausdrehstähle und Ausdrehhaken.

Abb. 153. Schraubenstähle.

4. Hobel. Mit keinem bis jetzt benannten schneidenden Werkzeug ist es selbst dem geschicktesten Arbeiter möglich, eine vollkommen ebene oder gleichmäßig gerundete oder auch nur halbwegs größere saubere Fläche herzustellen. Der Grund hierfür liegt darin, daß es unmöglich ist, ein messerartiges Werkzeug sicher, unverrückbar und unter stets gleichbleibenden Schneidwinkeln eine längere Strecke gegen das Holz zu führen. Durch den unterschiedlichen Widerstand, den das Werkzeug bei seinem Angriff im Holze findet, wird der Schneidwinkel fortgesetzt verändert, wodurch Unebenheiten und Spaltungen eingeleitet werden. Nur wenn das Messer gezwungen wird, in der ihm vorgezeichneten Lage und Bahn sich stets gleichmäßig zu bewegen, kann seine Schneide eine dieser Bewegungsrichtung und der Gestalt des Messers entsprechende, vorher genau bestimmte Form erzeugen. Dies wird erreicht, wenn das Messer in einer entsprechenden Vorrichtung befestigt und ihm so eine unverrückbare gleiche Lage zur Arbeitsfläche gesichert wird.

Da man die Wegnahme von Spänen in dieser Form mit dem Ausdruck „**Hobeln**" bezeichnet, wird das Messer selbst als **Hobelmesser** (**Hobeleisen**) und die dasselbe festhaltende Vorrichtung als **Hobelkasten** benannt. Das ganze aus diesen beiden Teilen zusammengesetzte Werkzeug heißt „**Hobel**".

Der Hobelkasten hat nicht nur allein eine sichere Stütze für das unter bestimmten Schneidwinkeln eingestellte Hobeleisen zu bilden, er ist vielmehr auch ein Mittel zur beliebigen Regelung der abzunehmenden Spanstärken. Letzteres wird durch die Verstellbarkeit des Hobeleisens im Hobelkasten erreicht.

Die Befestigung des Hobeleisens im Hobelkasten erfolgt meist. durch einen **Holzkeil**, bei den amerikanischen und einigen anderen deutschen Hobeln durch **Schraube** oder auch durch **Schraube und Bügel**.

Das Hobeleisen selbst ist bei den amerikanischen sowie auch bei unseren Fassonhobeln ganz aus Stahl hergestellt; bei den gewöhnlichen Hobeln besteht jedoch das Hobeleisen aus gutem zähen Schmiedeisen, an welches an der vorderen Seite der Schneide ein keilförmiges schwaches Werkzeugstahl-Plättchen aufgeschweißt ist.

Die Zuschärfung des Hobeleisens erfolgt stets einseitig durch Fase und zwar beträgt der Zuschärfungswinkel für die Bearbeitung unserer gewöhnlichen Holzarten 18—30°; immerhin können bei der Bearbeitung spezieller Hölzer Fälle eintreten, in denen der günstigste Zuschärfungswinkel 24° betragen sollte.

Jedes Nachschärfen des Hobeleisens darf stets nur von der Fase aus, niemals an der flachen sog. Spiegelseite des Hobeleisens erfolgen.

Der Hobelkasten wird gewöhnlich aus Weißbuchen- oder Apfelbaumholz, bei einigen sog. amerikanischen Hobeln aber ganz aus Eisen hergestellt. Die untere, auf dem Werkstück auflaufende Fläche des Hobelkastens heißt Sohle. Ungefähr in der Mitte der Sohle läuft quer über diese ein kleiner rechteckiger Einschnitt, welcher Maul genannt wird. Dieser erweitert sich bei unseren gewöhnlichen Hobeln nach oben besonders stark in das eigentliche Spanloch, welches beiderseitig durch die beiden Wangen oder Backen begrenzt ist; bei einigen Hobelarten (Gesimshobel usw.) fehlen jedoch diese Backen; es läuft hier das Maul quer durch die ganze Hobelsohle und zerlegt diese gleichsam in zwei Teile.

Eine weitere neben dem Spanloch befindliche Vertiefung, welche zur Aufnahme des Hobeleisens und Hobelkeiles dient, heißt das Keilloch.

Die eisernen Hobelkästen haben gegenüber den hölzernen entschiedene Vorzüge. Ein großer Nachteil der hölzernen Hobelkästen besteht nämlich in der durch den ungleich starken Druck der Hände bedingten ungleichen Abnutzung der Hobelsohle, wodurch diese uneben und deshalb für feinere Arbeiten ungeeignet wird. Das Nachrichten der Hobelsohle wäre allerdings für den geübteren Praktiker keine allzu große Arbeit. Hierdurch entsteht aber ein unbeabsichtigtes Größerwerden des Hobelmaules, welches durch die starke Erweiterung des Spanloches nach oben eintritt. Dieser Übelstand fällt nun bei den eisernen Hobelkästen weg; um aber auch bei den hölzernen diesen Mangel zu beheben, setzt man bei den feineren Hobeln (Doppel- und Putzhobel) nahe der Spanlochkante ein besonders hartes Holzstück ein oder belegt die ganze Sohle mit einer Platte aus Hartholz oder Eisen. Die beste Abhilfe dieses Übelstandes bei den neueren Hobelkonstruktionen wird auch durch die Verstellbarkeit des Spanloches (Maules) erzielt.

Die eisernen Hobelkästen oder Hobelsohlen sind zur Bearbeitung harzreicher Hölzer ungeeignet. Dieser Nachteil kann trotz fleißigen Ölens nicht behoben werden, da das Harz sich an den eisernen Sohlen besonders fest ansetzt.

Die zahlreichen Hobelarten zeigen in den einzelnen Gewerben mannigfache Abweichungen in der Form.

In bezug auf ihre Anwendung kann man die Hobel, wie folgt, gruppieren:

a) **Hobel zur Herstellung ebener Flächen.** Soll ein Hobel zur Herstellung ebener Flächen dienen, so muß auch dessen Sohle eine vollkommen ebene Fläche darstellen. Um ein rationelles Arbeiten zu ermöglichen, sind sowohl zur Wegnahme grober als auch zur Loslösung der feinsten Späne besondere (spezielle) Hobel nötig.

Da man die Wegnahme von groben Spänen mit dem Ausdruck „Schroppen" bezeichnet, wird der diese Arbeit leistende Hobel Schropphobel (Schrobhobel, Schrupphobel, Schrubhobel) genannt.

Die Hauptaufgabe dieses Hobels besteht darin, einem Arbeitsstück möglichst rasch in groben Umrissen die gewünschten Formen und Dimensionen zu geben. Dies wird am leichtesten dadurch erreicht, daß man den Hobel ziemlich schmal macht, das 25—35 mm breite Eisen selbst aber mit gewölbter Schneide versieht. Der Hobelkasten ist bei diesen Hobeln stets aus Holz, das Hobelmaul entsprechend groß, um das Eindringen gröberer Späne zu erleichtern.

Der Zimmermann heißt diesen Hobel Schroppzwiemandl, der Böttcher Rauhhobel, Schürfhobel auch Rauhzwiemandl. Die Bezeichnung „Zwiemandl" hat ihren Grund darin, daß die größeren Hobelformen bei Zimmerleuten und Böttchern von zwei Mann geführt werden, weshalb zwei quer gegen die Hobelrichtung liegende, beiderseitig vorstehende Handgriffe angeordnet sind.

Die meisten Böttcherhobel sind leicht an ihren beiderseits ausgebauchten Formen zu erkennen; auch werden ihre Kästen fast durchweg aus Apfelbaumholz hergestellt. Soll an einem Arbeitsstück ein zwar noch grober, aber doch feinerer Span als ihn der Schropphobel liefert, losgelöst werden, so benützt man den Schlichthobel. Auch bei diesem Hobel ist die Sohle eben, das Eisen 48—50 mm breit und nur ganz schwach gewölbt, das Maul verhältnismäßig noch weit. Zimmerleute und Böttcher nennen diese Hobel Schlichtzwiemandl, der Böttcher wohl auch Glatthobel, Absäuberhobel.

Zur Herstellung ganz sauberer und ebener Flächen ist aber auch der Schlichthobel noch nicht geeignet. Der sich loslösende Span kann bei diesem Werkzeug in seiner ganzen Länge am Hobeleisen hinaufgleiten, wodurch Spaltungen im Holz eintreten müssen, die auch durch die Schaffung eines engen und feinen Maules nicht ganz vermieden werden (Abb. 154a und b). Um diese Spaltungen aber möglichst zu umgehen, wird dem losgelösten Span ein Widerstand entgegengesetzt, so daß er nach seinem Ablösen sofort abgeknickt wird, also abbricht.

Dieser Widerstand besteht in der Auflage eines zweiten Eisens, der Klappe oder dem Deckel (Abb. 155), auf das eigentliche Hobeleisen. Der Widerstand wird um so erfolgreicher sein, je näher er an der Schneide des Eisens liegt. Andererseits ist aber eine zu feine Stellung nicht für alle Holzarten brauchbar, wie auch wieder durch das öftere Nachschärfen des Hobeleisens dieses immer kleiner wird. Die Hobeleisenklappe ist deshalb verstellbar, um einen zweckdienlichen Ausgleich zu schaffen.

Das mit einer solchen Klappe versehene Hobeleisen wird Doppeleisen und der mit einem solchen Eisen versehene Hobel — eigentlich mit Unrecht — Doppelhobel (Abb. 156) genannt (beim Böttcher und Zimmermann Doppelzwiemandl).

Die Wirkung der Hobeleisenklappe äußert sich in einem raschen, fast rechtwinkligen Abbiegen des Hobelspans sofort nach seinem Loslösen, wodurch dieser geknickt und eine Spaltung vermieden wird (Abb. 157a).

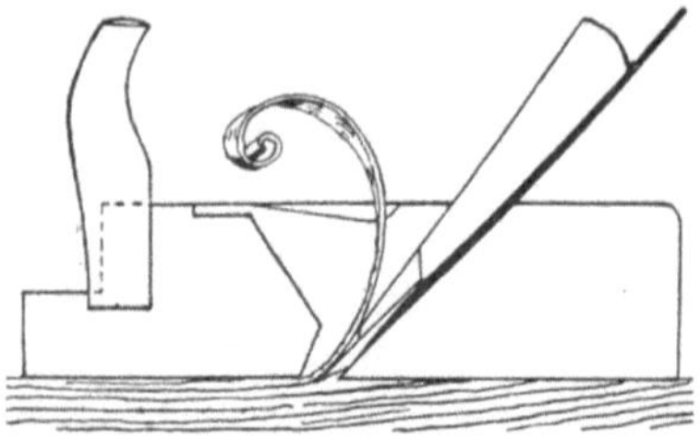

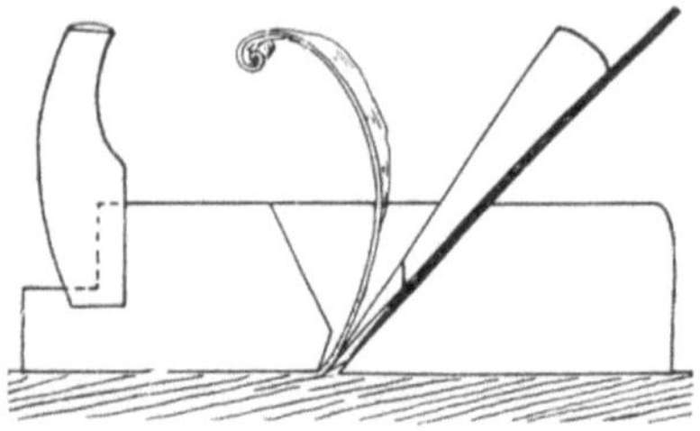

Abb. 154a. Weites Maul.   Schlichthobel im Schnitt.   Abb. 154b. Enges Maul.

Abb. 155. Zurichten der Hobeleisenklappe.

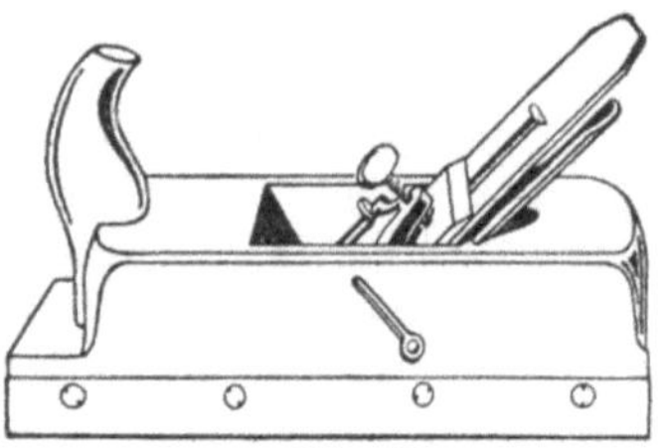

Abb. 156. Doppelhobel mit Schraubenbefestigung.

Abb. 157a. Doppelhobel mit Doppeleisen im Schnitt.

Abb. 157b. Putzhobel mit Doppeleisen im Schnitt; Schneidwinkel 50°.

Der Doppelhobel unterscheidet sich vom Schlichthobel nur durch das doppelte Hobeleisen, dessen Schneide jedoch nicht gewölbt, sondern möglichst gerade angeschliffen sein muß.

Der Schneidwinkel beträgt beim Doppelhobel gewöhnlich 45—48°. Zum Sauberputzen besonders schlecht gewachsener Hölzer wird ein Doppelhobel von kürzerer Form, der Putzhobel (Abb. 157b), verwendet. Der Schneidwinkel beträgt bei diesem Hobel bis 50° und muß die Spanlochkante — das Maul — besonders eng an die Schneide des Hobeleisens anschließen.

Der Doppelhobel dient auch zur Bearbeitung von Querholz. Hierbei wird, wie schon auf Seite 36 erwähnt, das Hobeleisen schräg im Hobelkasten befestigt, wodurch der Doppelhobel mit schrägem Eisen entsteht.

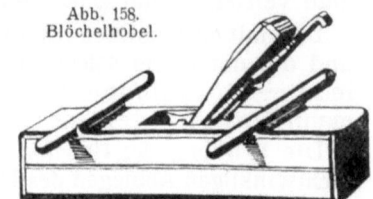

Abb. 158. Blöchelhobel.

Einen besonders großen Doppelhobel nennt der Böttcher Blöchelhobel (Abb. 158).

Der Doppelhobel zählt zu den wichtig-

B. Die aktiven (tätigen, arbeitenden, formgebenden) Werkzeuge

sten und meist verwendeten Hobeln. Hieraus erklärt sich auch, daß er in den verschiedensten Konstruktionen im Handel ist und vielseitige Versuche zu seiner Verbesserung immer noch gemacht werden.

So besteht der Hobelkasten entweder ganz aus Holz oder aus Eisen, die Sohle wird mit einer Hartholz- oder Eisenplatte belegt, das Spanloch verstellbar gemacht, eine bequemere Handhabung des Hobels, eine leichtere Einstellbarkeit und Verstellbarkeit des Hobeleisens wird zu erzielen versucht.

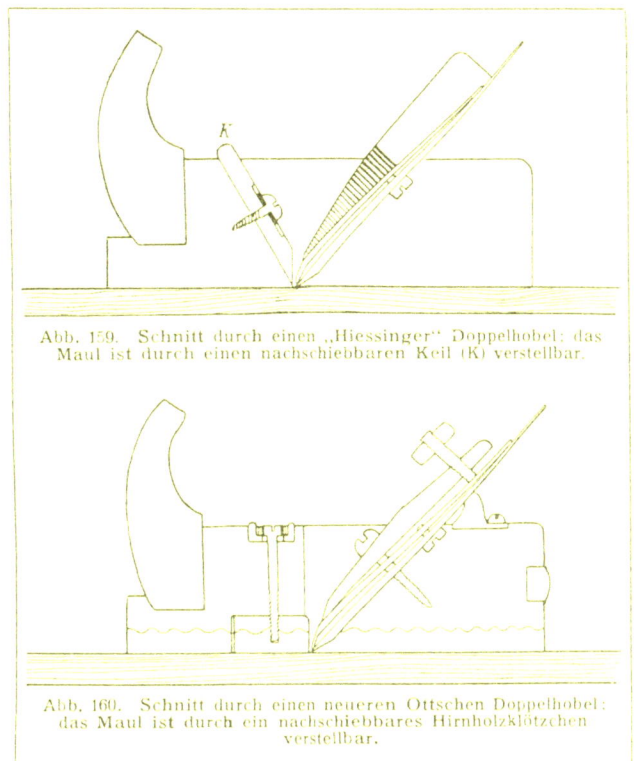

Abb. 159. Schnitt durch einen „Hiessinger" Doppelhobel; das Maul ist durch einen nachschiebbaren Keil (K) verstellbar.

Abb. 160. Schnitt durch einen neueren Ottschen Doppelhobel; das Maul ist durch ein nachschiebbares Hirnholzklötzchen verstellbar.

Von den verschiedenen neueren deutschen Konstruktionen ist besonders der „Hießinger Hobel" (Abb. 159) erwähnenswert. Dieser ist für alle Hobelgattungen mit Doppeleisen wie Rauhbänke, Doppelhobel und Putzhobel gleich gut geeignet. Das Hobelmaul wird hier durch einen nachschiebbaren Keil stets in der gewünschten Weite erhalten.

Gleich vorzüglich bewährt sich auch die neuere „Ott'sche" Konstruktion (Abb. 160), bei welcher das Hobelmaul durch ein nachschiebbares Hirnholzklötzchen verstellt werden kann.

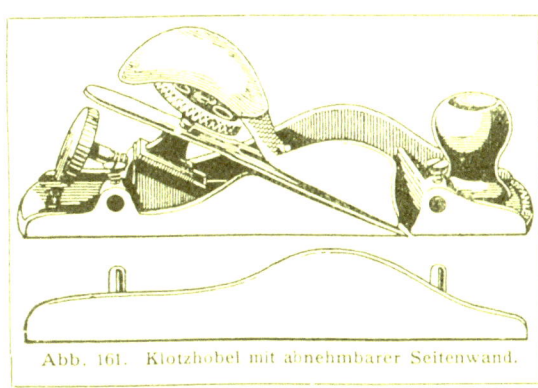

Abb. 161. Klotzhobel mit abnehmbarer Seitenwand.

In letzterer Beziehung haben vor allem die Amerikaner einige Hobelarten auf den Markt gebracht, die sehr hoch gestellte Anforderungen erfüllen.

Die amerikanischen Hobel besitzen für gröbere Arbeiten nicht die Leistungsfähigkeit, wie sie unseren gewöhnlichen Hobeln eigen ist; für feinere und genaue Spezialarbeiten leisten jedoch einige amerikanische Hobel, z. B. der

Großmann, Gewerbekunde II. 2. Aufl.

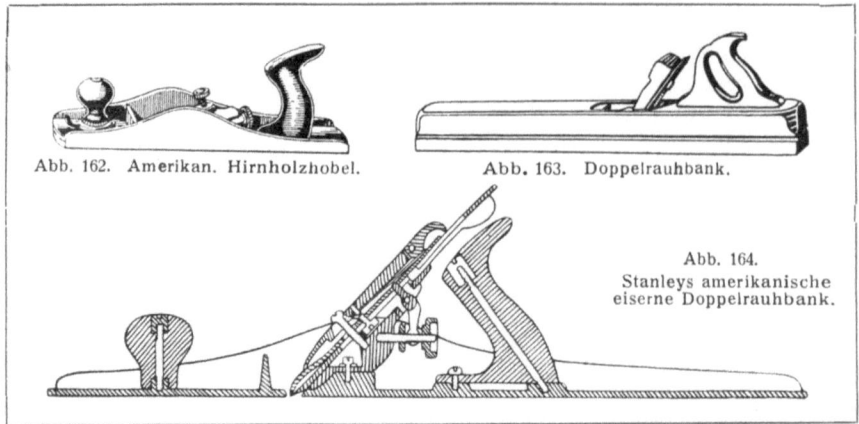

Abb. 162. Amerikan. Hirnholzhobel.

Abb. 163. Doppelrauhbank.

Abb. 164. Stanleys amerikanische eiserne Doppelrauhbank.

Stanley-Doppelhobel, der amerikanische Stanley-Sims- und Klotzhobel mit schrägem Eisen (Abb. 161) (für Querholz), sowie der amerikanische Hirnholzhobel (Abb. 162) ganz vorzügliche Dienste. Allerdings erfordert ihre Instandhaltung und Herrichtung genaue Kenntnis und Einhaltung der Gesetze der schiefen Ebene (Keilwirkung, Zuschärfungs-, Schneid- und Anstellwinkel). Unkenntnis dieser physikalischen Gesetze oder Nichtbeachtung derselben macht ihre Leistungsfähigkeit illusorisch.

Abb. 165. Große Fugbank der Böttcher.

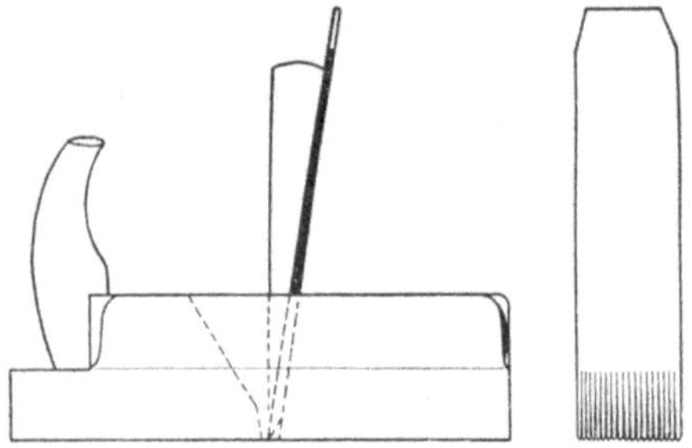

Abb. 166. Zahnhobel.

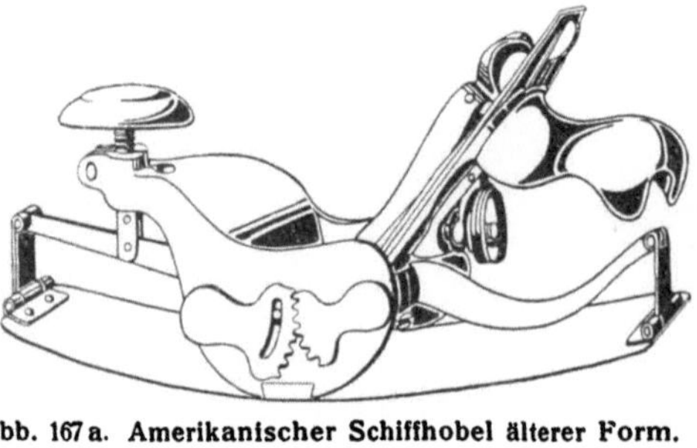

Abb. 167a. Amerikanischer Schiffhobel älterer Form.

Die Hobeleisen dieser amerikanischen Werkzeuge haben einen Zuschärfungswinkel von 25^0. Der Schneidwinkel beträgt beim Doppelhobel 44^0, beim Sims- oder Klotzhobel 47^0 und beim Hirnholzhobel 37^0. Da nun aber in den beiden letzten Fällen der Zuschärfungswinkel im Vergleich zu dem Schneidwinkel sehr groß ist, müßte, wenn die gewöhnliche Einstellung des Hobeleisens mit nach abwärts gerichteter Fase eingehalten wird, ein Teil dieser Fase auf dem Holze auflaufen; die Schneide des Eisens würde demnach, wie schon auf Seite 34 erklärt, gar nicht zur Wirkung kommen. Aus diesem Grunde

B. Die aktiven (tätigen, arbeitenden, formgebenden) Werkzeuge 51

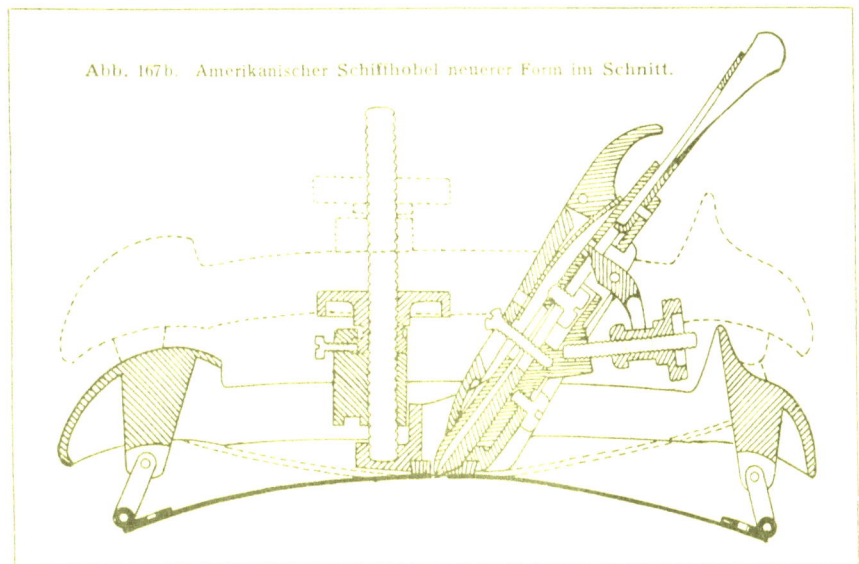

Abb. 167b. Amerikanischer Schiffhobel neuerer Form im Schnitt.

wird bei den beiden letzteren Hobeln das Eisen verkehrt, also mit nach oben gerichteter Fase im Hobelkasten befestigt; der Anstellwinkel beträgt daher beim Sims- oder Klotzhobel 22^0, beim Hirnholzhobel 12^0.

Zur Herstellung längerer und genau ebener Flächen ist aber auch der Doppelhobel nicht geeignet, da dessen kurzer Hobelkasten sich etwa vorhandener Vertiefungen oder Erhöhungen in der Holzfläche anpassen würde. Ein solcher längerer Hobel wird, wenn er nur ein einfaches Schlichteisen besitzt, kurzweg Rauhbankhobel, wenn er ein Doppeleisen führt, Doppelrauhbank (Abb. 163) genannt. Für harte, weniger für weiche Holzarten leistet die eiserne Stanley-Doppelrauhbank (Abb. 164) wegen ihres leichten Ganges vorzügliche Dienste.

Der Zimmermann bezeichnet die Rauhbank auch als Fughobel, der Böttcher und Schäffler als Abrichthobel. Hierher gehört auch die Fug- oder Stoßbank (Abb. 165) der Böttcher oder Küfer; sie ist ein bis 3 m langer Hobel, welcher jedoch seiner Größe wegen nicht in Bewegung gesetzt wird, sondern feststeht; die Arbeitsstücke (Faßdauben usw.) werden auf ihm bestoßen.

In diese Gruppe der Hobel gehört auch noch der Zahnhobel (Abb. 166). Er ist dem Putzhobel in Form und Größe ähnlich; sein Eisen hat aber einen Schneidwinkel von 80^0. Schon aus der Stellung des Eisens ist ersichtlich, daß es sich bei der Wirkung dieses Hobels nicht um ein Schneiden, sondern nur mehr um ein Schaben handeln kann. Um dieses Schaben zu erleichtern, wird die Schneide des Eisens noch mit feinen spitzen Zähnchen versehen. Der Zahnhobel dient vornehmlich zum Aufrauhen der Holzflächen beim Leimen, da rauhere Flächen eine Bindung des Leimes besser begünstigen. Er dient aber auch zum Hobeln stark verwachsener Hölzer (Maserholz usw.). Die sich bildenden kleinen Rinnen werden durch Abziehen mit der Ziehkliege entfernt.

b) **Hobel zur Herstellung gekrümmter Flächen.** Soll eine Fläche bearbeitet werden, die entweder eine konkave (hohle) oder eine konvexe

4*

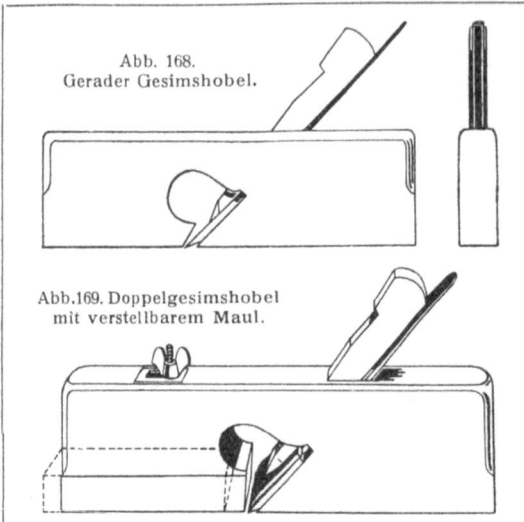

Abb. 168. Gerader Gesimshobel.

Abb. 169. Doppelgesimshobel mit verstellbarem Maul.

(gewölbte) Form besitzt, so muß die Sohle des Hobelkastens dieser Form angepaßt sein.

Zur Bearbeitung von konkaven Formen dient der **Schiffhobel**, dessen Bezeichnung von der Form des Schiffrumpfes abgeleitet wird. Dem jeweiligen Zweck entsprechend werden auch hier sowohl **Schlicht-** wie **Doppelschiffhobel** verwendet. Da jedoch, wie schon erwähnt, die Krümmung der Hobelsohle der zu bearbeitenden gekrümmten Fläche angepaßt sein muß oder zum mindesten nicht viel größer als diese sein darf, so müßte eigentlich für jede Krümmung ein eigener Hobel hergestellt werden.

Um dies zu vermeiden, wird die Hobelsohle verstellbar gemacht. In dem verstellbaren eisernen amerikanischen Schiffhobel, von dem bereits zwei Konstruktionen (Abb. 167a und b) vorhanden sind, besitzen wir einen vorzüglichen Schiffhobel. Die Sohle dieses Hobels besteht aus einer elastischen Stahlplatte, welcher mittelst einer Schraube jede benötigte konkave oder konvexe Form gegeben werden kann.

Auch die Böttcher besitzen derartige Hobel, welche als **Garbhobel** bezeichnet werden.

Beim **Stemm-** oder **Kopfhobel** der Böttcher hat die Sohle eine ebene oder nur unmerklich gewölbte Form; hingegen ist sein Hobelkasten nach der Seite gebogen gestaltet.

c) **Hobel zur Herstellung gerader und gekrümmter, jedoch seitlich begrenzter Flächen.** Zur Herstellung einer Fläche, welche seitlich durch eine aufwärtsstehende Kante begrenzt ist, mithin eine geradflächige Vertiefung darstellt, kann der gewöhnliche Hobel nicht benutzt werden, weil die Wangen des Hobelkastens das Eindringen des Eisens in die scharfen Ecken hindern. Diesen Zwecken kann also nur ein Hobel dienen, dem die beiden Wangen fehlen; die Breite des Hobeleisens muß hier mindestens gleich der ganzen Breite der Sohle sein, oder vielmehr diese noch um eine Spanstärke überragen.

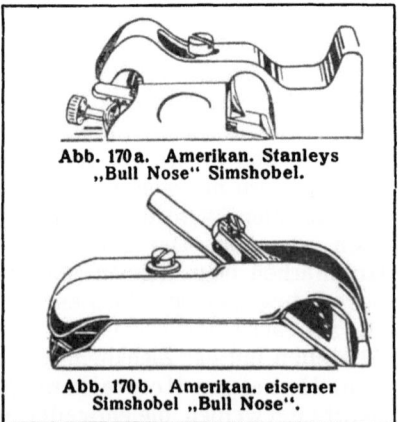

Abb. 170a. Amerikan. Stanleys „Bull Nose" Simshobel.

Abb. 170b. Amerikan. eiserner Simshobel „Bull Nose".

Da die oben erwähnten Vertiefungen vielfach bei der Herstellung von Gesimsteilen und dgl. vorkommen, wird der sie erzeugende Hobel Gesimshobel oder kurzweg **Simshobel** (Abb. 168) genannt. Die Vertiefung selbst heißt **Falz**.

Der Gesimshobel wird in Breiten von 8—30 mm hergestellt. Soll ein Gesimshobel zur Bearbeitung von Querholz Verwendung finden, wird das Eisen im Hobelkasten **schräg** befestigt (**schräger Gesimshobel**). Für besonders feine Arbeiten erhält der Gesimshobel ein **Doppeleisen**. Gewöhnlich wird aber dann

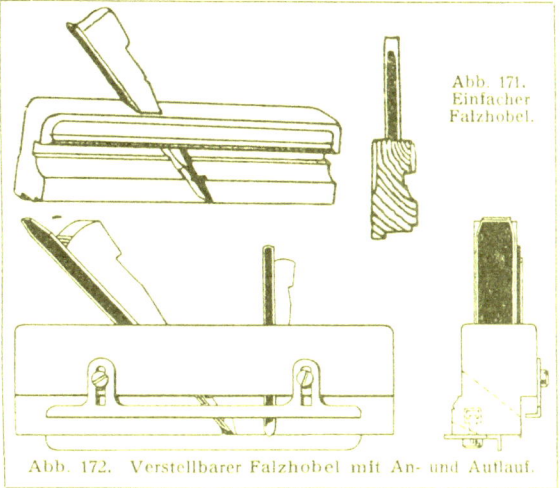

Abb. 171. Einfacher Falzhobel.

Abb. 172. Verstellbarer Falzhobel mit An- und Auflauf.

das Maul, also der ganze vordere Teil der Hobelsohle, verstellbar gemacht, wodurch der sog. **Doppelgesimshobel mit verstellbarem Maul** (Abb. 169) entsteht. Besonderen Wert besitzen auch die verschiedenen Konstruktionen der eisernen amerikanischen Gesimshobel (Abb. 170a und b).

Fehlt an einem Hobel nur eine, die rechte Wange, während die bleibende über die Sohle sogar noch etwas hervorragt und hier gleichsam eine Führung, einen Anschlag bildet, so bezeichnet man diesen Hobel als **Falzhobel**.

Ein Falz läßt sich daher sowohl mit einem Falzhobel wie auch mit einem Gesimshobel herstellen.

Ist ein solcher Hobel an der Sohle mit einem feststehenden Anschlag versehen, wird er als **einfacher Falzhobel** (Abb. 171) bezeichnet.

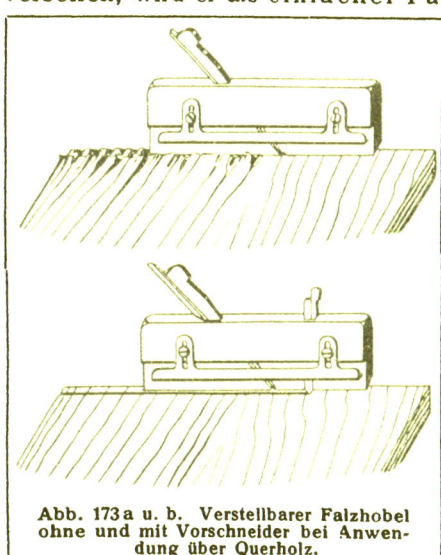

Abb. 173a u. b. Verstellbarer Falzhobel ohne und mit Vorschneider bei Anwendung über Querholz.

Um jedoch in der Verwendung des Falzhobels bei breiteren und schmäleren Fälzen durch den Anschlag nicht behindert zu sein, wird dieser an dem Hobelkasten verstellbar gemacht und dadurch der **verstellbare Falzhobel** (Abb. 172) gebildet.

Diesen verstellbaren Anschlag nennt man „**Anlauf**". Bei der Herstellung eines Falzes ist aber nicht nur die Breite, sondern auch dessen Tiefe zu berücksichtigen. Deshalb wird an der Seite der fehlenden Wange noch eine zweite verstellbare Führung angebracht, welche das Hobeleisen nur bis zu einer bestimmten Tiefe in das Holz eindringen läßt.

Diese zweite Führung wird als „**Auflauf**" bezeichnet.

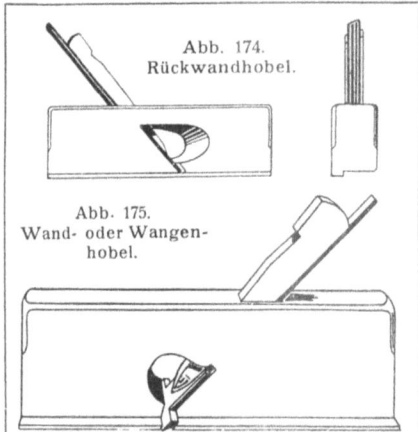

Abb. 174. Rückwandhobel.

Abb. 175. Wand- oder Wangenhobel.

Auch der Falzhobel kann zur Bearbeitung von Querholz Verwendung finden, wenn sein Eisen, wie schon erwähnt, schräg im Hobelkasten befestigt wird. In diesem Falle muß jedoch vor dem Hobeleisen ein kleines Messerchen, der „Vorschneider", angebracht sein. Dieser durchschneidet vor dem Angreifen des eigentlichen Hobeleisens die Querholzfasern und erzeugt so eine scharf begrenzte, reine Kante (Abb. 173a und b).

Ein besonders breiter Falz wird auch als „Platte" bezeichnet, gleichgültig, ob dessen Grundfläche horizontal oder etwas schräg geneigt ist. Der Hobel, welcher zur Erzeugung solcher Platten dient, heißt Plattbankhobel.

Der Plattbankhobel dient sowohl zur Bearbeitung von Längs- wie Querholz (z. B. bei Herstellung abgeplatteter Türfüllungen). Sein Eisen ist deshalb stets schräg zur Achse gestellt, der Hobel stets mit Vorschneider und meistens auch mit zwei Stellwänden (Anlauf und Auflauf) versehen.

Zur Erzeugung von Platten, welche nicht scharfwinkelig begrenzt sind, sondern in eine Hohlkehle auslaufen, dient der Rückwandhobel (Abb. 174).

Dieser ist dem einfachen Falzhobel ganz gleich, hat jedoch keine scharfkantige, sondern eine abgerundete Ecke. Er dient wie die Plattbank zur Bearbeitung von Längs- wie Querholz, besitzt also stets ein schräg gestelltes Eisen. Den Vorschneider darf dagegen dieser Hobel schon mit Rücksicht auf die Hohlkehle nicht führen.

Ein eigentümlich geformter Hobel ist der Wand- oder Wangenhobel (Abb. 175). Dieser dient zum Behobeln der lotrechten Kanten an beiderseits begrenzten Vertiefungen, den sog. Nuten; er muß stets liegend, also mit senkrecht stehender Sohle verwendet werden. Der Kasten dieses Hobels ist an der Sohle bedeutend breiter als an seinem oberen Teile; dementsprechend ist auch das Hobeleisen geformt. Sehr häufig wird diese verbreiterte Sohle durch eine Eisenschiene gebildet.

Auch von den Gesims- und Falzhobeln sind zahlreiche, teils vorzügliche teils weniger gute Konstruktionen, auf dem Markt erschienen.

Weniger praktisch ist der Stanley- verstellbare Falzhobel (eigentlich ein Gesimshobel), welcher in Längen von 140—190 mm und in Breiten von 20—32 mm zu haben ist.

Der kleine eiserne Seitenhobel, auch Kanten-Nuthobel (Abb. 176) genannt, welcher den gleichen Zwecken wie der Wangenhobel dient, ist hingegen ein vorzüglich verwendbares Werkzeug.

In die Gruppe der Falz- und Gesimshobel gehören u. a. auch die allerdings seit Verwendung der Maschinen nur wenig mehr gebrauch-

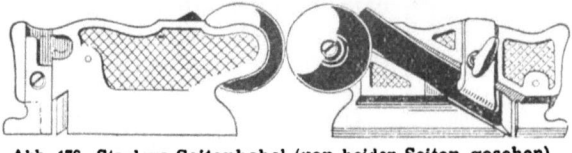

Abb. 176. Stanleys Seitenhobel (von beiden Seiten gesehen).

B. Die aktiven (tätigen, arbeitenden, formgebenden) Werkzeuge

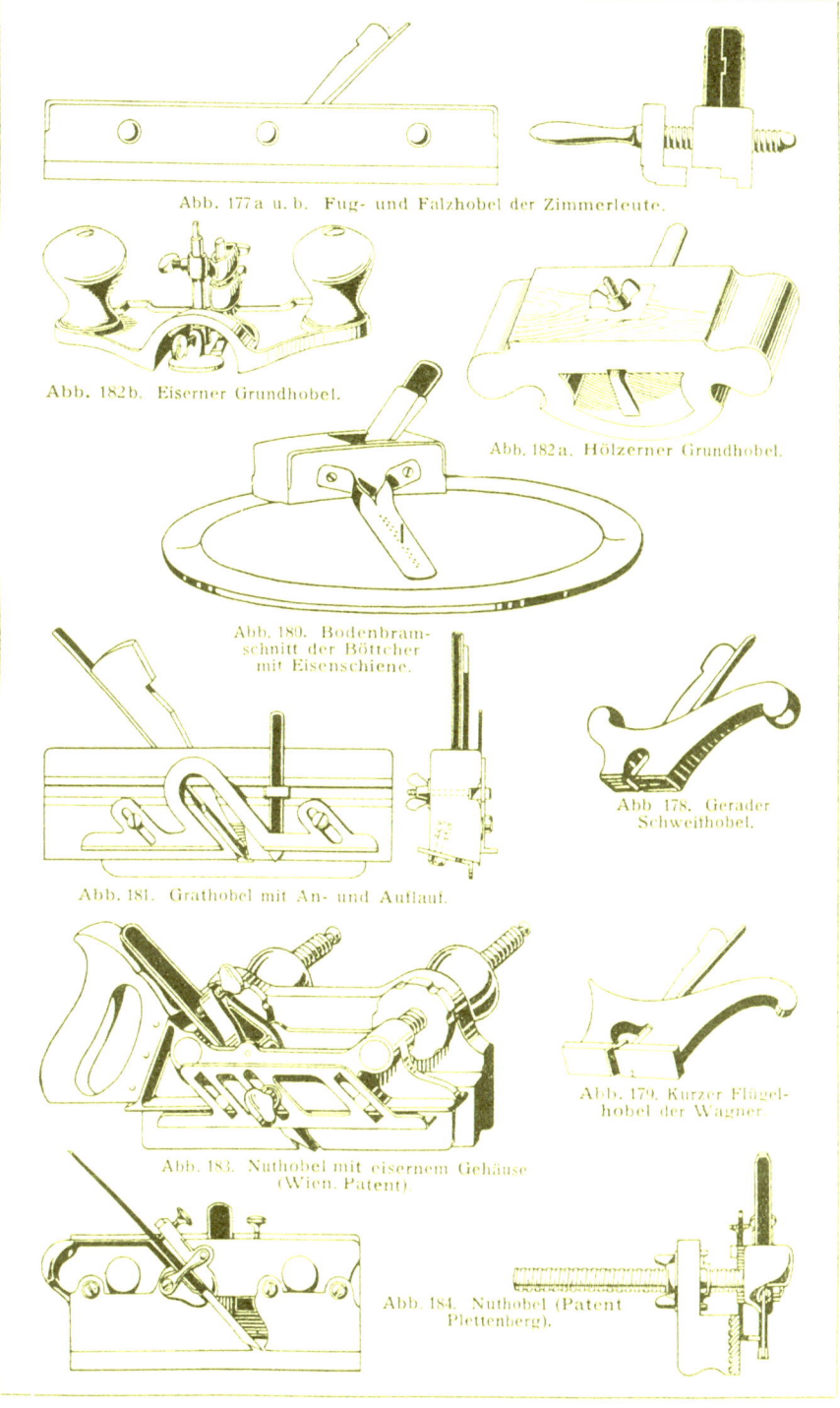

Abb. 177a u. b. Fug- und Falzhobel der Zimmerleute.

Abb. 182b. Eiserner Grundhobel.

Abb. 182a. Hölzerner Grundhobel.

Abb. 180. Bodenbramschnitt der Böttcher mit Eisenschiene.

Abb. 178. Gerader Schweifhobel.

Abb. 181. Grathobel mit An- und Auflauf.

Abb. 179. Kurzer Flügelhobel der Wagner.

Abb. 183. Nuthobel mit eisernem Gehäuse (Wien. Patent).

Abb. 184. Nuthobel (Patent Plettenberg).

ten Fug- und Falzhobel (Abb. 177a und b) der Zimmerleute, deren Anlauf-Einstellung auf umständliche Weise mittelst dreier Holzspindeln erfolgt, ferner der **gerade Schweif-** (Abb. 178) sowie der kurze **Flügel-** und **Wangenhobel** (Abb. 179) der Wagner und der **krumme Bodenbramschnitt** (Abb. 180) der Böttcher.

Ein Falz, der nicht rechtwinkelig, sondern spitzwinkelig zusammenstößt, heißt „**Grat**". Zu seiner Herstellung dient der Grathobel (Abb. 181), dessen Sohle nach dem jeweiligen Winkel — gewöhnlich 75—80° — abgeschrägt ist. Der Hobelkasten ist in Form und Größe ganz dem mit Stellwänden und Vorschneider versehenen Falzhobel ähnlich.

Wird an eine Gratleiste der Grat an beiden Seiten angehobelt, so entsteht eine Form, welche in der Praxis als „**Schwalbenschwanz**" bezeichnet wird. Zur Herstellung eines Grates sowie zur Ausarbeitung der Vertiefungen, in welche die Gratleiste eingeschoben wird, läßt sich ein Gesimshobel nicht gebrauchen. Das Einschneiden dieser Vertiefungen erfolgt vielmehr mit besonderen Werkzeugen, die später noch besprochen werden. Zum Aushobeln des Grundes dieser Vertiefungen dient der Grundhobel (Abb. 182a und b), der in seiner Form von einem gewöhnlichen Hobel bedeutend abweicht.

Wie schon erwähnt, wird eine Vertiefung, welche beiderseitig begrenzt ist, als Nut (Nute) bezeichnet. Zur Herstellung von Nuten wird ein spezieller Hobel, der Nuthobel (Abb. 183), verwendet, dessen Sohle durch eine lotrecht stehende schwache Eisenschiene, die sog. **Zunge**, gebildet wird.

Die schmale Sohle ist dadurch bedingt, weil die Zunge in die oft nur 3—4 mm breiten Nuten mit hineintreten muß. Der Nuthobel unterscheidet sich von anderen Hobeln noch dadurch, daß zu ihm mehrere Hobeleisen in unterschiedlichen Breiten von 3—14 mm gehören, die alle im gleichen Hobelkasten verwendet werden können.

Auch der Nuthobel wird mit verstellbarem An- und Auflauf versehen und sind von ihm schon eine Menge der unterschiedlichsten Konstruktionen im Handel (Abb. 184).

In die Nut einer Holzverbindung wird ein zweiter Teil, die „**Feder**", eingepaßt, welche ein beiderseitig ausgefalztes Stück darstellt. Obwohl eine Feder mit jedem Gesims- und Falzhobel hergestellt werden kann, wird jedoch, um ein rascheres Arbeiten zu ermöglichen, ihre Herstellung nicht selten mit einem eigenen Hobel, dem Federhobel, vorgenommen. Die Federhobel müssen jedoch in solchen Fällen genau zu den Stärken der Nuthobeleisen passen. Eine Verbindung von Nut und Feder wird in der Praxis auch „**Spundung**" und hiernach ein Hobel, welcher eine Verbindung von Nut- und Federhobel in einem Stück darstellt, Spundhobel genannt.

Die Spundhobel sind häufig bei Zimmerleuten in Verwendung. Zur Herstellung gekrümmter, seitlich begrenzter Flächen (Fälze) lassen sich die Gesims-, Falz- und Nuthobel dann verwenden, wenn ihre Hobelsohle eine der Form des Arbeitsstückes entgegengesetzte Gestalt erhält.

Wir haben hierfür den **Schiffgesims-** (Abb. 185) und Falzhobel der Schreiner, den **krummen Schweif-** (Abb. 186) und Flügelhobel der Wagner, den **Froschspatzen** und **Bodenspatzenhobel** der Böttcher und dgl. mehr. Eigentümliche Formen besitzen die Schiffnuthobel

B. Die aktiven (tätigen, arbeitenden, formgebenden) Werkzeuge

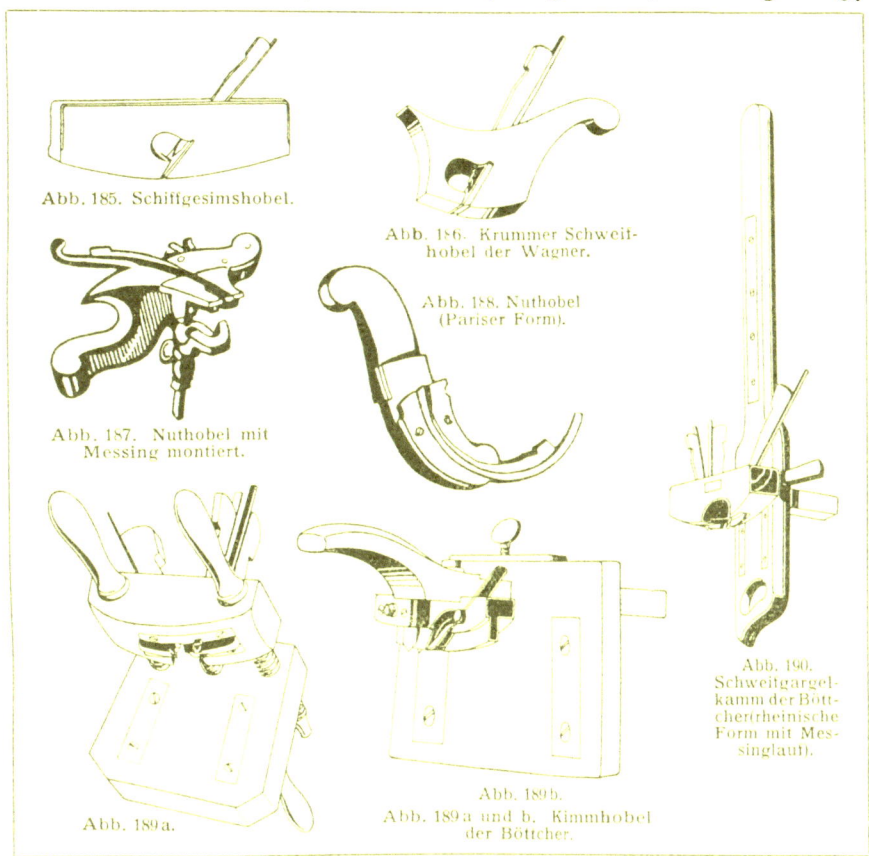

Abb. 185. Schiffgesimshobel.
Abb. 186. Krummer Schweifhobel der Wagner.
Abb. 187. Nuthobel mit Messing montiert.
Abb. 188. Nuthobel (Pariser Form).
Abb. 189a.
Abb. 189b.
Abb. 189 a und b. Kimmhobel der Böttcher.
Abb. 190. Schweifgargelkamm der Böttcher (rheinische Form mit Messinglauf).

(Abb. 187 und 188) der Wagner. Die Schiffnuthobel der Böttcher werden **Kimm- oder Gargelhobel** (Abb. 189a und b) genannt; von diesen gibt es wieder verschiedene Kombinationen und Neuerungen, wie den **gewöhnlichen Faustgargel** und den **Schweifgargelkamm**, auch **Schweif- oder Schwanzkimmhobel** genannt (Abb. 190).

d) **Hobel zur Herstellung verschiedener Profilierungen.** Auch zur Herstellung verschiedener, gerad- und krummlinig verlaufender Gliederungen kann der Hobel Verwendung finden. Zu diesem Zwecke muß aber nicht nur die Hobelsohle allein das genaue, jedoch entgegengesetzte Profil zeigen, das durch Hobeln hergestellt werden soll, auch das Hobeleisen muß diese Form besitzen.

Da das Ausarbeiten der unterschiedlichen Gliederungsformen mit dem Gesamtnamen „**Kehlen**" bezeichnet wird, heißen die diesen Zwecken dienenden Hobel **Kehlhobel**, auch **Profil- oder Fassonhobel**.

Die einfachsten Formen stellen die **Hohlkehlhobel** (Abb. 191a und b) dar, welche in unterschiedlichen Breiten vorkommen. Ihre Eisen- und Hobelsohlen haben eine den Hohlungen entgegengesetzte, also konvexe Form.

Eisen und Sohle des zur Herstellung von Rundungen dienenden **Rundstabhobels** (Abb. 192) besitzen dagegen eine konkave Form. S-förmige Profilierungen werden mit dem **Karnieshobel** (Abb. 193) hergestellt.

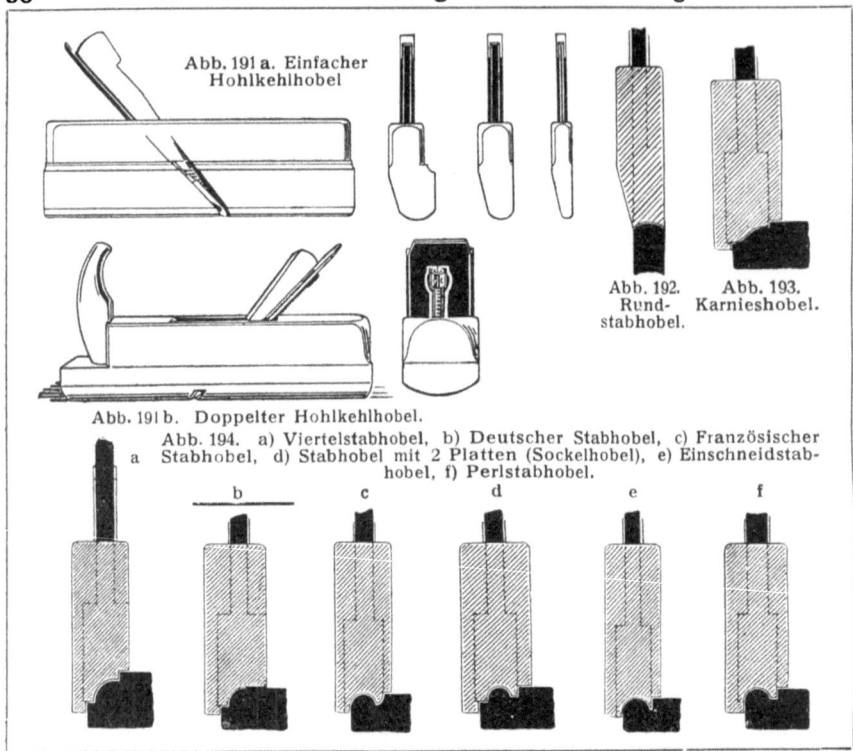

Abb. 191 a. Einfacher Hohlkehlhobel

Abb. 192. Rundstabhobel.

Abb. 193. Karnieshobel.

Abb. 191 b. Doppelter Hohlkehlhobel.

Abb. 194. a) Viertelstabhobel, b) Deutscher Stabhobel, c) Französischer Stabhobel, d) Stabhobel mit 2 Platten (Sockelhobel), e) Einschneidstabhobel, f) Perlstabhobel.

Jeder einzelne Kehlhobel kann nur ein bestimmtes Profil erzeugen. Demzufolge müssen für die verschiedenen Profile auch verschiedene Hobel vorhanden sein.

Von bestimmten Profilen unterscheidet man den deutschen Stab, den Viertelstab, Einschneidstab, Perlstab, französ. Stab (Abb. 194 a bis f) und dgl.

Die eigentlichen Fassonhobel sind verschiedenartig geformt und ist ihre Zahl sehr groß; von den Werkzeugfabriken werden nach jeder eingesandten Profilzeichnung spezielle Hobel angefertigt.

Das Nachschärfen der Fassonhobeleisen erfordert außerordentliche Sorgfalt. Man hat deshalb schon Eisen hergestellt, die in ihrer halben Länge ein Profileisen darstellen, welches durch Anschleifen einer schrägen Fase jenes Profil ergibt, das gehobelt werden soll. Selbstverständlich muß auch hier die angeschliffene Fase stets den gleichen Zuschärfungswinkel behalten.

Auch die Böttcher benützen verschiedene Profilhobel, wie den Streifhobel, den Geschirrhobel, den Stielgeschirrhobel (Abb. 195); der Wagner benützt einen mit Messing montierten Stabhobel mit auswechselbarem Eisen.

Der Hobel kann außerdem auch zur Herstellung krummer profilierter Flächen, wenn diese keinen zu kleinen Durchmesser haben, dienen. Die Schreiner und Wagner verwenden hier den Schiffhohlkehl- und Schiffrundstabhobel, die Böttcher den Froschkarnies, den Froschbramschnitt und Kranzhobel. Profilhobel für spezielle Zwecke sind der Kitt-

B. Die aktiven (tätigen, arbeitenden, formgebenden) Werkzeuge 59

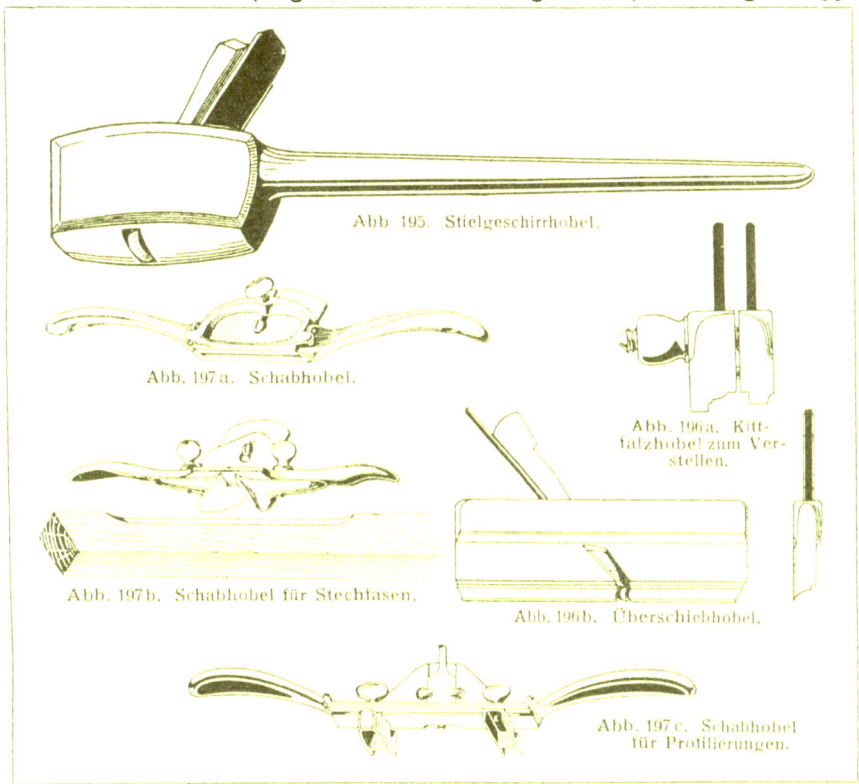

Abb. 195. Stielgeschirrhobel.
Abb. 197a. Schabhobel.
Abb. 196a. Kittfalzhobel zum Verstellen.
Abb. 197b. Schabhobel für Stechlasen.
Abb. 196b. Überschiebhobel.
Abb. 197c. Schabhobel für Profilierungen.

falzhobel zum Verstellen mit Überschiebhobel (Abb. 196 a und b), der Fenstereinschlagstückhobel und der Schlagleistenhobel. Alle drei Hobel finden bei der Herstellung von Fenstern in kleineren Werkstätten ohne Maschinenbetrieb Verwendung.

Gekrümmte Profile werden nicht selten mit einem Schabhobel (Abb. 197 a, b und c) hergestellt.

Bei diesen vielen verschiedenartigen Hobeln darf es nicht wundernehmen, daß man bereits versucht hat einen Hobel zu konstruieren, welcher die wichtigsten Hobel in einem Stück vereinigt. So entstand Stanleys verstellbarer Universalhobel (Abb. 198), ein amerikanisches Fabrikat. Sims-, Nut-, Falz-, Spund- und Kehlhobel sind hier in einem Hobel vereinigt, welchem bei der einfacheren Form 24, bei der reicheren Form 52 auswechselbare Eisen beigegeben sind.

Wenn auch dieser Hobel wegen seiner komplizierten Form fast unheimlich ausschaut, ist er doch bei genauer Kenntnis seiner Eigenart für verschiedene Verwendungszwecke vorzüglich geeignet. Allerdings darf dieser Hobel nur einem ordnungsliebenden, tüchtigen Arbeiter in die Hand gegeben werden, denn das Abhandenkommen eines einzigen der vielen daran befindlichen Schräubchen, Schienen, Führungen und dgl. machen den teuren Hobel für viele Zwecke dann vollständig wertlos.

Mit dem neuesten Stanleys-„Taubenschwanz"-Nut- und Kehlhobel (Abb. 199) kann jede Gratverbindung, bei der die Breite des Schwalben-

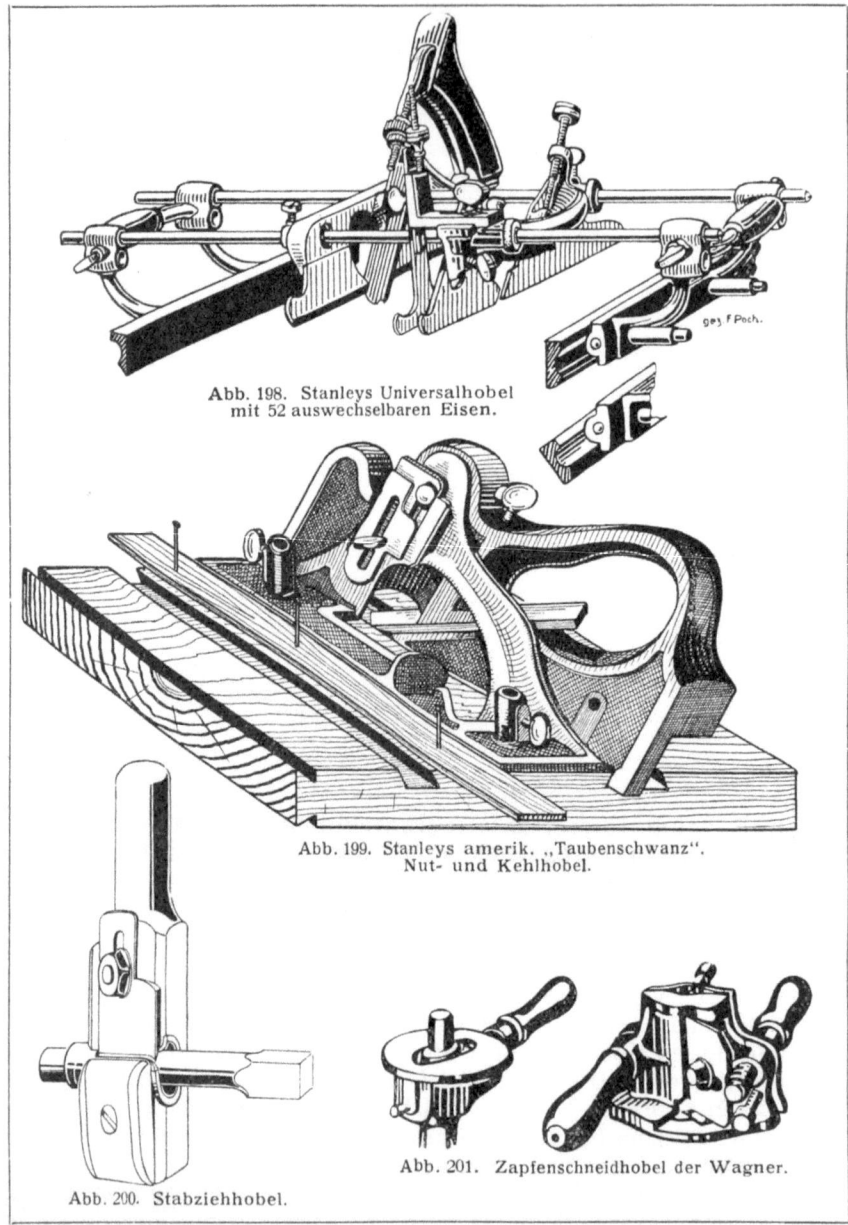

Abb. 198. Stanleys Universalhobel mit 52 auswechselbaren Eisen.

Abb. 199. Stanleys amerik. „Taubenschwanz". Nut- und Kehlhobel.

Abb. 200. Stabziehhobel.

Abb. 201. Zapfenschneidhobel der Wagner.

schwanzes über $1/4$ engl." und die Tiefe des Grates nicht mehr als $3/4$ engl." beträgt, hergestellt werden.

e) **Hobel für Spezialzwecke.** In diese Gruppe gehören nebst vielen anderen der Schachtelspanhobel, der Stabzieh- (Abb. 200) und Säulenhobel, der auch vielfach in der Stockfabrikation Verwendung findet, der Zapfenschneidhobel (Abb. 201) der Wagner, sowie der amerikanische Stanley-Furnier-, Schab- und Zahnhobel.

B. Die aktiven (tätigen, arbeitenden, formgebenden) Werkzeuge 61

5. Sägen. Die meisten geradgewachsenen Hölzer können in ihrer Längsrichtung mittels der Axt oder des Beiles, schwächere Stücke selbst mit dem Messer gespalten, also zerteilt werden. Die Teilungsmöglichkeit versagt aber vollständig, wenn es sich um ein Zerteilen in der Querrichtung des Holzes oder um Längsholz handelt, welches infolge Astbildungen, wimmerigen Wuchses und dgl. einen geraden Faserlauf nicht mehr besitzt. Solches Holz läßt sich mit einem Werkzeug, beispielsweise einem Hobel, nur bearbeiten, wenn man diesen in seiner Angriffsweise dem Holze anpaßt.

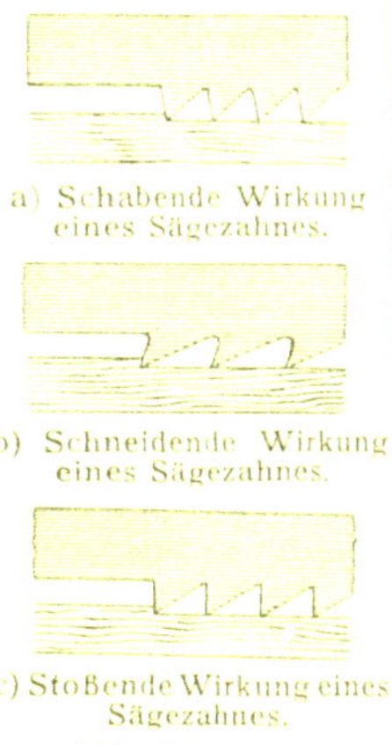

Es ist also nicht unmöglich, mit einem schmalen Gesimshobel auch in der Querrichtung des Holzes ein Zerteilen zum mindesten von schwächeren Stücken vorzunehmen. Dies wäre aber eine sehr zeitraubende Arbeit. Eine bedeutende Arbeitserleichterung wird nun dadurch erzielt, daß man mehrere solche schmale Hobeleisen (Meißel) hintereinander anordnet und unmittelbar aufeinander wirken läßt.

a) Schabende Wirkung eines Sägezahnes.
b) Schneidende Wirkung eines Sägezahnes.
c) Stoßende Wirkung eines Sägezahnes.
Abb. 202 a, b, c.

Ein Werkzeug, welches eine Reihe solcher hintereinander stehender schmaler Hobeleisen (Meißel, die alle an einer Stahlschiene befestigt sind) enthält, wird als Säge bezeichnet.

Unter einer Säge versteht man ein mit Zähnen versehenes Stahlblatt, das, durch eine beliebige Kraft in Bewegung versetzt, mit diesen Zähnen in den Holzkörper eindringt und ihn in zwei Teile zerlegt.

Die beiden Flächen, welche hierbei entstehen, werden als Schnittflächen bezeichnet.

Das stetige tiefere Eindringen der Säge in den Holzkörper erfolgt in der Weise, daß durch die Zähne der Säge je nach ihrer Stellung, also den Schneidwinkeln, kleine Stückchen vom Holzkörper entweder losgeschabt (Abb. 202 a) oder geschnitten (Abb. 202 b) oder losgestoßen (Abb. 202 c) werden; die kleinen abgetrennten Holzstückchen sind die bekannten Sägespäne, welche beim Loslösen von den Zahnlücken aufgenommen und ausgeschieden werden.

Das Sägeblatt hat bei unseren gewöhnlichen Sägen die Gestalt einer ebenen Platte; in einigen Fällen besitzt es aber auch die Form eines Hohlzylinders, eines Fasses oder eines Kugelsegmentes.

Die Sägezähne bilden bei den plattenförmigen Sägen mit ihren vordersten Teilen, den Zahnspitzen, eine Gerade, eine Kurve oder einen Kreis; bei den übrigen Sägen bilden die Zähne zwar auch einen Kreis, liegen aber nicht in der Kreisebene, sondern am Rande des Zylinders, Fasses oder Kugelsegmentes.

Die Grundform der Sägezähne gleicht, wenn man die Zähne durch die Zahngrundlinie begrenzt, in allen Fällen einem Dreieck; deshalb werden diese Zähne auch als Dreieckszähne bezeichnet. Die Form des Dreieckes, ob rechtwinkelig (Abb. 203 a), spitzwinkelig (Abb. 203 b), stumpfwinkelig oder gleichschenkelig, ist bestimmend für den Schneidwinkel (Zahnspitzenwinkel), mithin auch für die Wirkung einer Säge. Stellt die Zahnfläche ein spitzwinkeliges Dreieck dar, wird der Zahn zurück-

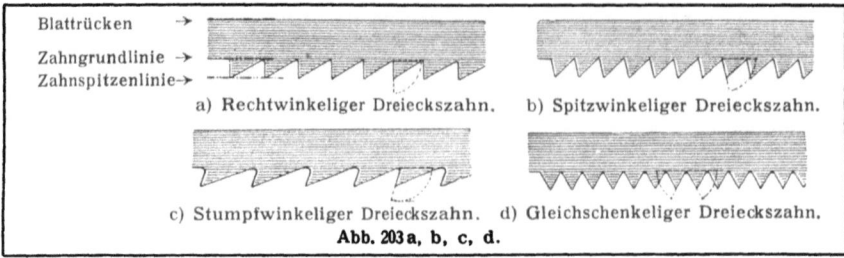

Abb. 203 a, b, c, d.

springend genannt; überhängend (Abb. 203 c) heißt der Zahn, wenn seine Fläche ein stumpfwinkeliges Dreieck bildet. Beim **gleichschenkeligen** (Abb. 203 d) Dreieckszahn erfolgt der Angriff des Zahnes sowohl bei der Vorwärtsbewegung der Säge — **dem Stoß** —, als auch bei deren Rückwärtsbewegung — **dem Zug** — mit beiderseitig gleicher Wirkung. Eine mit solchen Zähnen ausgestattete Säge wird als **doppelseitig wirkend** bezeichnet.

Entsprechend dem Schneidwinkel wird die Wirkung dieses Zahnes nur eine **schabende** sein. Man kann deshalb diese Zahnform, da sie den ungünstigsten Schneidwinkel bietet — ganz ähnlich den Hobeln — nur dort verwenden, wo ein eigentliches Schneiden nicht angängig oder nicht vorteilhaft erscheint.

Aber auch hier ist, wie wir später noch sehen werden, betreffs des Schliffwinkels (Zuschärfungswinkels) eine eigene Form zu berücksichtigen.

Ganz andere Wirkung besitzen die übrigen Arten der Dreieckszähne. Schon aus der Form eines solchen Zahnes, dessen eine Seite, die **Brust**, kürzer ist und steiler steht, während die zweite Seite, der **Rücken**, länger und liegender ist, ergibt sich, daß die Wirkung nicht nach beiden Seiten gleichmäßig sein kann. Hier wirkt die Brust des Zahnes bei der **Vorwärtsbewegung, dem Stoß**[1]), während der Zahnrücken, welcher nach der Zahnseite liegt, in seiner Wirkung einem Leergang gleichkommt, oder zum mindesten nur eine unbedeutende Wirkung äußert. Solche Zähne werden als **einseitig wirkend** bezeichnet.

Von den einseitig wirkenden Sägen bietet der **überhängende Zahn** den **günstigsten** Schneidwinkel, mithin auch die größte Leistung, weil die Wirkung des Zahnes dem Schneidwinkel entsprechend eine **schneidende** sein muß. Gleich dieser größten Leistung beansprucht diese Zahnform aber auch die **größte Kraft**. Man wird sie deshalb bei Handsägen nicht finden; für Maschinensägen, vornehmlich Bandsägen, hingegen ist sie die vorteilhafteste und meist verwendete Zahnform.

Auch der **rechtwinkelige Dreieckszahn** erzielt im Verhältnis zu Kraft und Leistung für harte Holzarten noch nicht die richtigen Erfolge. Da aber in unseren Werkstätten von den Holzarbeitern gewöhnlich mit ein und derselben Handsäge sowohl hartes wie weiches Holz, Längs- und Querholz geschnitten wird, muß eine Zahnform gewählt werden, welche

---

1) Nicht immer liegt die Brustseite des Zahnes nach der Stoßrichtung; die Japaner arbeiten entgegengesetzt der bei uns üblichen Stellung. Bei ihnen liegt die Brust der Sägezähne nach der Zugrichtung; sie arbeiten dann auf Zug. Auch wir haben eine Säge, die **Gratsäge**, mit welcher auf Zug gearbeitet wird.

zwar den ungünstigsten Schneidwinkel bietet, im Durchschnitt aber für alle Verwendungsarten noch die besten Erfolge zuläßt; es ist dies der **zurückspringende Dreieckszahn**.
Bei allen diesen Zahnformen beträgt der Zuschärfungswinkel (Schliffwinkel) gewöhnlich 90⁰ (Abb. 204 a). Einen ganz anderen Schliffwinkel muß

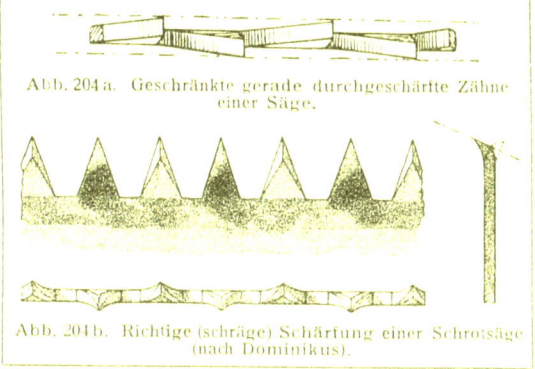

Abb. 204 a. Geschränkte gerade durchgeschärfte Zähne einer Säge.

Abb. 204 b. Richtige (schräge) Schärfung einer Schrotsäge (nach Dominikus).

jedoch der gleichschenkelige Zahn erhalten. Wegen seiner schabenden Wirkung und der dadurch bedingten geringen Leistung ist diese Zahnform für Längsholz ungeeignet; sie kann deshalb nur für Querholz und da auch nur für weiches Holz vorteilhafte Verwendung finden. Wie schon bei der Anwendung der Hobel für Querholz hervorgehoben wurde, muß, um die Holzfasern loszuschneiden und nicht loszureißen, vor das eigentliche Hobeleisen ein kleines Messerchen, der Vorschneider, gesetzt werden.

Einem solchen Vorschneider kommen die Zähne der Säge dann gleich, wenn der Schliffwinkel derselben nicht rechtwinkelig, sondern **schräg** (Abb. 204 b) unter einem Winkel von 65—80⁰ läuft. Da aber eine solche Vorschneideform an beiden Seiten der Schnittflächen wirken muß, erfolgt die Zuschärfung in der Weise, daß der Zahn 1, 3, 5, 7 usw. nach der rechten, der Zahn 2, 4, 6, 8 usw. nach der linken Seite zu schräg geschärft ist. Eine solche Zuschärfung findet auch hin und wieder bei den zurückspringenden Dreieckszähnen Anwendung.

Eine auf diese Weise zugeschärfte Säge schneidet besser und rascher als jede andere. Je dicker das Sägeblatt, desto notwendiger wird eine solche Zuschärfung; es ist unklug, diese Art der Zuschärfung mit Rücksicht auf den größeren Zeitaufwand zu unterlassen.

Trotz der noch so guten und richtigen Zuschärfung eines Sägeblattes ist jedoch ein Sägeschnitt immer noch schwer auszuführen, wenn nicht die Reibung aufgehoben wird, die zwischen den Seitenflächen der Säge und den beiden Schnittflächen des Arbeitsstückes entsteht, und die oft bis zum vollständigen Festklemmen der Säge führen kann. Diese Reibung vermeidet man durch Verbreiterung des Sägeschnittes, wodurch das Sägeblatt in dem von den Zähnen erzeugten Schnitte frei gleiten kann. Die Vergrößerung des Sägeschnittes wird durch ein seitliches, mäßiges Herausbiegen der Zahnspitzen abwechselnd nach links und rechts erreicht.

Dieser Vorgang wird mit dem Ausdruck „**Schränken**" (Abb. 205 a, b, c) bezeichnet. Der Schrank einer Säge hat sich auch nach der zu sägenden Holzart zu richten; er muß bei **nassem und weichem Holze** breiter sein als bei **hartem und trockenem**. Niemals darf er jedoch größer gemacht werden als die doppelte Stärke des Sägeblattes. Ferner ist zu berücksichtigen, daß bei allen schräg geschärften Sägezähnen der Schrank des Zahnes sich stets an jener Seite befinden muß, an welcher die scharfe Spitze des Schliffwinkels (Abb. 205 d) liegt. Das Schränken

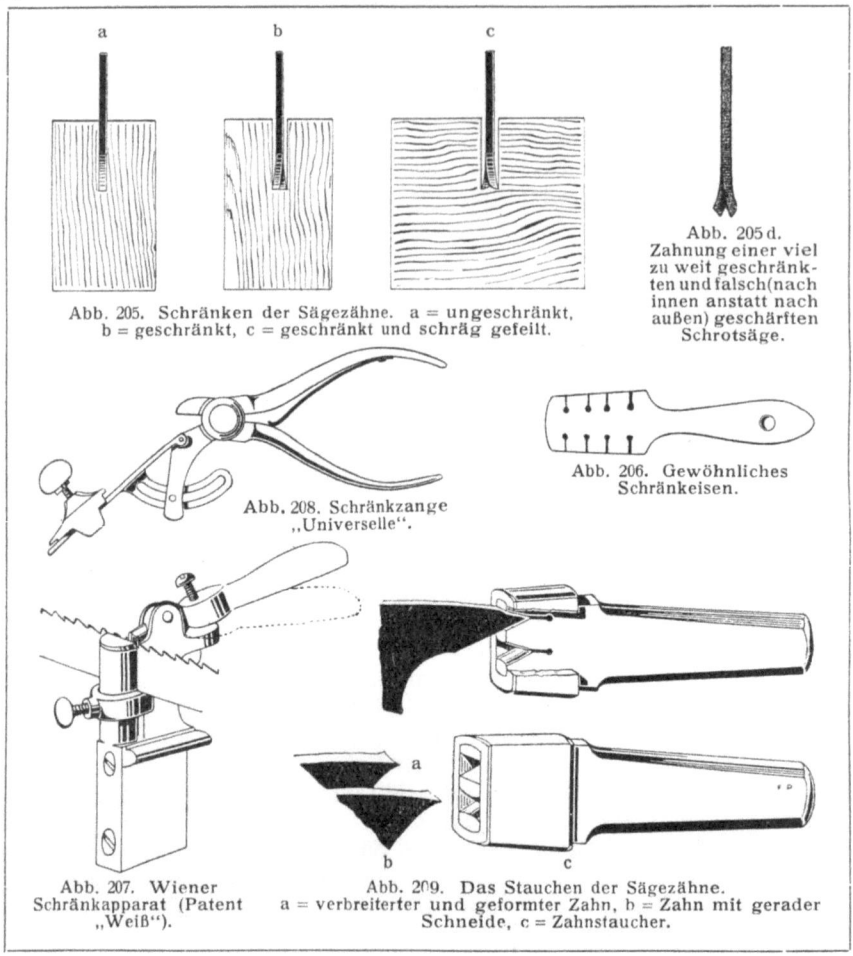

Abb. 205. Schränken der Sägezähne. a = ungeschränkt, b = geschränkt, c = geschränkt und schräg gefeilt.

Abb. 205 d. Zahnung einer viel zu weit geschränkten und falsch (nach innen anstatt nach außen) geschärften Schrotsäge.

Abb. 208. Schränkzange „Universelle".

Abb. 206. Gewöhnliches Schränkeisen.

Abb. 207. Wiener Schränkapparat (Patent „Weiß").

Abb. 209. Das Stauchen der Sägezähne. a = verbreiterter und geformter Zahn, b = Zahn mit gerader Schneide, c = Zahnstaucher.

selbst, das auf verschiedene Weise und mit unterschiedlichen Werkzeugen geschieht, erfordert Geschick und Genauigkeit.

Viele Schreiner verwenden zum Schränken den Schraubenzieher oder auch das gewöhnliche Schränkeisen (Abb. 206) mit verschiedenen den Stärken der Sägeblätter entsprechenden Einschnitten.

Von den vielen im Handel befindlichen, teilweise unpraktischen Schränkapparaten, dürfte der Wiener Schränkapparat (Abb. 207) Patent Weiß als eines der besten Fabrikate zu bezeichnen sein. Derselbe ermöglicht selbst für den Ungeübten ein gleichmäßiges Schränken von rechts nach links; auch ein Herausbrechen der Zähne kann bei Benützung desselben bei einiger Vorsicht ganz verhindert werden. Von den vielen vorkommenden Schränkzangen sind die unter den Namen „Universelle" (Abb. 208), „Lesser", „Allem Voran" sowie für starke Sägeblätter auch als „Gloria" angebotenen noch gut verwendbar, wenn auch weniger handlich.

Das Schärfen der Sägeblätter erfolgt mit Hilfe der sog. Sägefeilen.

Größere Maschinensägen werden zumeist mittels **Schmirgelscheiben** geschärft. Auch gibt es schon Maschinen, welche Maschinensägeblätter gleichzeitig schränken und schärfen. Eine genauere Beschreibung derselben erfolgt bei den Maschinen.

An Stelle des Schränkens tritt hin und wieder auch das **Stauchen** (Abb. 209a, b und c) der Sägezähne. Es ist dies eine durch Stoß und Schlag erfolgte seitliche Verbreiterung der Zahnspitzen. Gestauchte Sägen eignen sich vornehmlich zum Schneiden von weichem Längsholz.

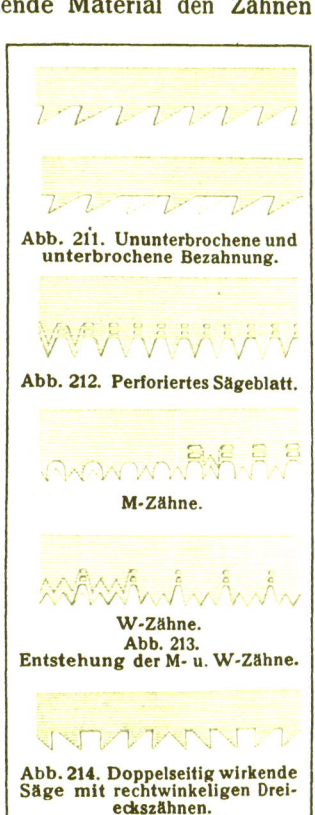

Abb. 210. Verschiedene Formen von Wolfszähnen.

Die Leistung einer Säge wird auch durch die Zahl der Sägezähne bestimmt. Diese Zahl läßt sich nicht immer willkürlich vergrößern, da vor allem auf das Gewicht der Säge sowie auf die beim Schneiden entstehenden Sägespäne Rücksicht genommen werden muß. Es ist deshalb auch noch die Entfernung der Zahnspitzen von einander, die sogenannte **Teilung**, für die Leistung einer Säge maßgebend.

Je geringeren Widerstand das zu verarbeitende Material den Zähnen entgegensetzt, also je weicher das Holz ist, desto größer muß man die Sägezähne wählen, desto größer muß aber auch die Teilung sein. Letzteres ist aus dem Grunde notwendig, weil die losgelösten Sägespäne ein größeres Volumen besitzen als in festem Zustande. Dieses Volumen erhöht sich bei nassem Holze noch mehr. Es wird deshalb, selbst bei einer großen Zahnlücke, immer noch ein Festklemmen der Sägespäne eintreten; dies muß in jenen Zahnformen am ehesten geschehen, welche die spitzesten Lückenwinkel aufweisen, also bei den überhängenden Dreieckszähnen. Man rundet deshalb die Ecken an den Zahngrundlinien etwas aus oder erweitert die Teilung in der Weise, daß man an der Grundlinie einen geraden oder bogenförmigen Ausschnitt anbringt. In dieser Vertiefung des Sägeblattes können die Sägespäne bis zum Heraustreten des Sägeblattes aus dem Sägeschnitt ungehindert liegen bleiben.

Zähne mit einer bogenförmigen Lückenerweiterung heißen **Wolfszähne** (Abb. 210); diese sind beim Schneiden von nassem und weichem Holze, also für größere Gatter- und Kreissägen, unerläßlich. Eine solche Bezahnung, bei der die Zähne in ihrer Grundlinie nicht aneinander stoßen, nennt man eine **unterbrochene Bezahnung** (Abb. 211), zum Unterschied von der ununterbrochenen Bezahnung unserer gewöhnlichen Handsägen.

Eine besondere Art bilden die durchlochten (hinterlochten oder perforierten) Sägeblätter (Abb. 212). Der Vorteil derselben liegt in der stets gleichbleibenden Form der Zähne nach oftmaligem Nachschärfen; auch laufen solche Sägeblätter vor allem bei Kreissägen nicht so leicht warm. Dadurch wird das sog. Verbrennen der Blätter vermieden.

Wie schon früher erwähnt, besitzt der bei den doppelseitig wirkenden Sägen übliche gleichschenkelige Dreieckszahn den ungünstigsten Schneidwinkel, erzeugt mithin die geringste Leistung. Bricht man jedoch an einer solchen Säge immer nach je zwei Zähnen einen Zahn heraus und vertieft die dadurch entstehende Lücke oder feilt immer von zwei nebeneinanderliegenden Zähnen die Hälfte eines Zahnes weg und vertieft auch diesen Teil, so erhält man zwar doppelseitig wirkende Zähne, aber mit den günstigen rechtwinkeligen Schneidkanten, zum mindesten aber die zurückspringende Form, jedoch mit kräftigerer Angriffskante. Solche Zähne werden häufig als Stockzähne oder wegen ihrer Buchstabenform M- oder W-Zähne genannt (Abb. 213).

Eine andere Anordnung der doppelseitig wirkenden Zähne ist die, daß man zwar das ganze Sägeblatt mit gleichen Zähnen, gewöhnlich von rechtwinkeliger oder etwas überhängender Form, versieht, die Zähne aber von der Mitte des Sägeblattes ab einander entgegenstellt, so daß die eine Hälfte der Säge nach rechts, die andere nach links schneidet (Abb. 214).

Eine interessante und eigentümliche Art von Sägezähnen sind die eingesetzten Zähne (Abb. 215 a, b), die nicht selten bei großen Kreissägen zur Anwendung kommen. Bei einem Kreissägeblatt müssen Durchmesser und Dicke des Sägeblattes stets im richtigen Verhältnis stehen. Durch das oftmalige Schärfen des Sägeblattes wird dessen Durchmesser verringert, die Blattdicke bleibt aber die gleiche. Der kleinere Durchmesser läßt zum Schneiden nur kleinere Holzdimensionen zu. Der größere Kraftverbrauch und der Schnittverlust beim stärkeren Sägeblatt stehen aber mit kleineren Schnittdimensionen nicht mehr im richtigen Verhältnis. Um daher bei großen Kreissägen einem der Stärke des Blattes entsprechenden, stets gleichen Durchmesser zu erhalten, wird das Blatt selbst mit eingesetzten oder auswechselbaren Zähnen versehen. Derartige Kreissägen bewähren sich für gewisse Arbeiten sehr gut.

Zum Schneiden verschiedener Gesteinsarten, wie Marmor usw., werden an Stelle der Sägezähne besonders harte Stahlspitzen, ja selbst Diamantspitzen eingesetzt. Eine solche Säge wird dann als Diamantsäge bezeichnet.

Die Diamantsägen sind keineswegs eine Erfindung der Neuzeit. Schon vor drei Jahrtausenden haben die ägyptischen Pharaonen ihre Riesengranit- und Porphyrquadern mit Diamant- oder Saphirsägen haarscharf zersägt.

Auch gibt es Sägen, bei denen das Sägeblatt nicht aus einem Stück besteht, sondern

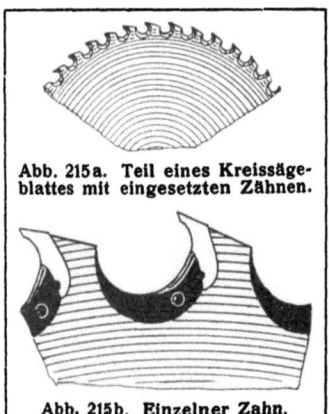

Abb. 215a. Teil eines Kreissägeblattes mit eingesetzten Zähnen.

Abb. 215b. Einzelner Zahn.

aus einzelnen Gliedern zusammengesetzt ist, von denen jedes zwei bis drei Sägezähne hat. Eine solche Säge heißt **Kettensäge**.

Je dünner das Sägeblatt ist, desto geringeren Kraftaufwand beansprucht die Säge bei ihrer Handhabung. Man wird deshalb ein Sägeblatt stets so dünn wählen, als es seine Verwendungsart nur irgendwie zuläßt.

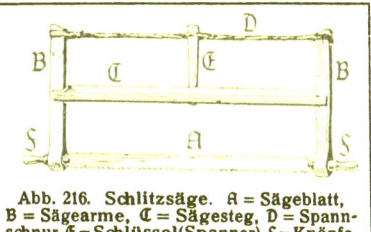

Abb. 216. Schlitzsäge. A = Sägeblatt, B = Sägearme, C = Sägesteg, D = Spannschnur, E = Schlüssel (Spanner), S = Knöpfe.

Für gewisse Zwecke ist auch die Länge eines Sägeblattes von Bedeutung. Mit der zunehmenden Länge verliert aber ein Sägeblatt seine notwendige Steifheit. Um diese zu erhalten, wird das Sägeblatt in einem rahmenartigen Gestell, dem **Sägegestell**, eingespannt.

Wir haben also zwischen **gespannten** und **ungespannten Handsägen** zu unterscheiden.

Bei den gespannten Sägen bildet mit einer einzigen Ausnahme, der **gewöhnlichen Waldsäge**, die Zahnspitzenlinie stets eine Gerade. Das Sägeblatt der gespannten Sägen besitzt an jedem Ende eine Angel, welche auswechselbar gemacht werden kann. Beide Angeln stecken in gedrehten hölzernen Griffen oder **Knöpfen**.

Diese Knöpfe sind an den beiden **Sägearmen** (Hörnern) verstellbar befestigt. In ihrer Mitte verbindet die Arme der sog. **Steg**. Am oberen Ende der Arme ist eine stärkere Schnur, die **Spannschnur**, angebracht, welche mittels eines Holzstückes, des **Schlüssels**, gedreht werden kann, wodurch eine Spannung des Sägeblattes bewirkt wird.

Zu den gespannten Handsägen gehören:

Die Örter- oder Faustsäge und die Schlitzsäge (große, breite Säge). Diese größten Handspannsägen der Holzarbeiter sind stets auf Stoß gefeilt, besitzen also rechtwinkelige oder zurückspringende Zahnformen.

Die Örter- oder Faustsäge dient zum Zurichten und Zerteilen des Rohholzes; sie hat ein mittelbreites, großgezahntes und weitgeschränktes Sägeblatt. Das Schränken erfolgt nicht selten in der Weise, daß der 1., 5., 9. usw. Zahn nach rechts, der 3., 7., 11. usw. Zahn nach links geschränkt wird, während der 2., 4., 6., 8., 10. usw. Zahn ohne Schrank ist.

Die Schlitzsäge (Abb. 216), welche zu genaueren Arbeiten, wie Schlitzen der Zapfenverbindungen und dgl. verwendet wird, besitzt ein breiteres Sägeblatt; die Bezahnung, welche meist eine zurückspringende Form hat, ist kleiner, die Schränkung regelmäßig und weniger weit als bei der Örtersäge.

Die Absetzsäge (kleine, halbbreite Säge). Diese dient zum Abschneiden (Absetzen) von Zapfen, Abschneiden von Gehrungen usw. und wird daher meist zum Schneiden von Querholz, seltener von Längsholz verwendet. Sie ist kürzer und im Blatt schmäler als die Schlitzsäge. Ihrer hauptsächlichsten Verwendung (Schneiden von Querholz) entsprechend ist für sie der rechtwinkelige Dreieckszahn, welcher ziemlich klein und weniger weit geschränkt ist, die günstigste Zahnform.

Die Schweifsäge (Aushängschweifsäge, verstellbare Aushängschweifsäge). Die Schweifsäge wird zum Ausschneiden krummliniger

Schnitte, den sog. Schweifungen — so benannt nach der Form des Pferdeschweifes — verwendet; sie muß für diese Arbeitsvornahmen ein ganz schmales Blatt besitzen. In ihrer Größe ist sie meist der Absetzsäge gleich. Größe und Form der Zähne müssen den jeweiligen Verwendungszwecken angepaßt werden. Für weiche Holzarten, besonders für solche, die unterschiedliche Härte im einzelnen Jahresring besitzen (Tanne und Fichte), muß der kleinere Zahn der Absetzsäge, aber von zurückspringender Form gewählt werden, da jede andere Form zu viel reißen würde, so daß schwächere Verzierungen einfach abbrechen. Für härtere Holzarten wird unter Umständen wieder ein etwas größerer Zahn von rechtwinkeliger Form der vorteilhaftere sein. Zum Sägen von Verzierungen, welche nach außen begrenzt sind, muß das Sägeblatt ausgehängt, d. h. aus einer Angel genommen werden können. Diese Einrichtung finden wir bei der **Aushängschweifsäge**. Je schmäler ein Sägeblatt, desto leichter wird es aber auch reißen oder brechen. In unseren gewöhnlichen Schweifsägegestellen ist ein solch kürzeres Sägeblatt nicht mehr zu gebrauchen, wohl aber in der **verstellbaren Plettenbergschen Schweifsäge** (Abb. 217).

Von eigentümlicher Form ist die **gewöhnliche Zinkensäge** (Abb. 218).

Eine zum Zerteilen größerer Holzstücke, Schneiden von Furnieren und dgl. früher viel benutzte Säge, welche jetzt nur noch in kleineren Werkstätten auf dem Lande angetroffen wird, ist die **Klob- oder Furniersäge**, zu deren Bedienung zwei Mann notwendig sind.

Auch die durch einen einfachen, halbkreisförmigen Bügel gespannte **Bauch- oder Bügelsäge**, gewöhnlich **Waldsäge** genannt, wird heute immer mehr durch die ungespannte Sägeform verdrängt. Sie dient hauptsächlich zum Sägen von nassem Querholz, weshalb sie den schräggefeilten gleichschenkeligen Dreieckszahn mit ziemlich weitem Schrank und großer Zahnlücke, also eine unterbrochene Bezahnung besitzt.

Zu den gespannten Sägen zählt auch die allseits bekannte **Laubsäge** (Abb. 219), deren Gestell aus Holz oder Eisen, mit und ohne Schnurspannung gefertigt wird. Größeren Vorteil besitzt unstreitig das Holzgestell.

Der zur Herstellung größerer Einlagearbeiten zumeist in Verwendung stehende **Laubsägebogen** ist ein aus drei Teilen zusammengeschlitzter tiefer **Holzbogen ohne Steg**. Die Spannung der Sägeblättchen erfolgt hier durch die Federkraft der geschlitzten Längsarme.

Zu erwähnen wäre noch die **Adern-Nutsäge**, die mehr einem Hobel gleicht und bei Anfertigung geradliniger eingelegter Arbeiten und dgl. gute Dienste leistet.

Ungespannte Handsägen sind:

Die **Bauch-, Baum- oder Bundsäge**, auch einfach **Waldsäge** (Abb. 220) genannt. Diese Säge dient gleich der gespannten Bauchsäge vornehmlich zum Sägen von nassem Querholz. Sie muß deshalb stets einen beiderseitig wirkenden Zahn mit großer Zahnlücke und größerem Schrank erhalten. Als Zahnformen kommen daher bei dieser Säge sowohl der gleichschenkelige Dreieckszahn als auch die verschiedenen M- und W-Zähne in Betracht. Um rationelle Leistungen zu erzielen, sind für die verschiedenen Holzarten unterschiedliche Zahnformen zu wählen. So eignet sich z. B. für weiches, nasses Querholz der gleichschenkelige Dreieckszahn sehr gut, während er bei trockenem, härterem Querholz schwer gehen,

B. Die aktiven (tätigen, arbeitenden, formgebenden) Werkzeuge 69

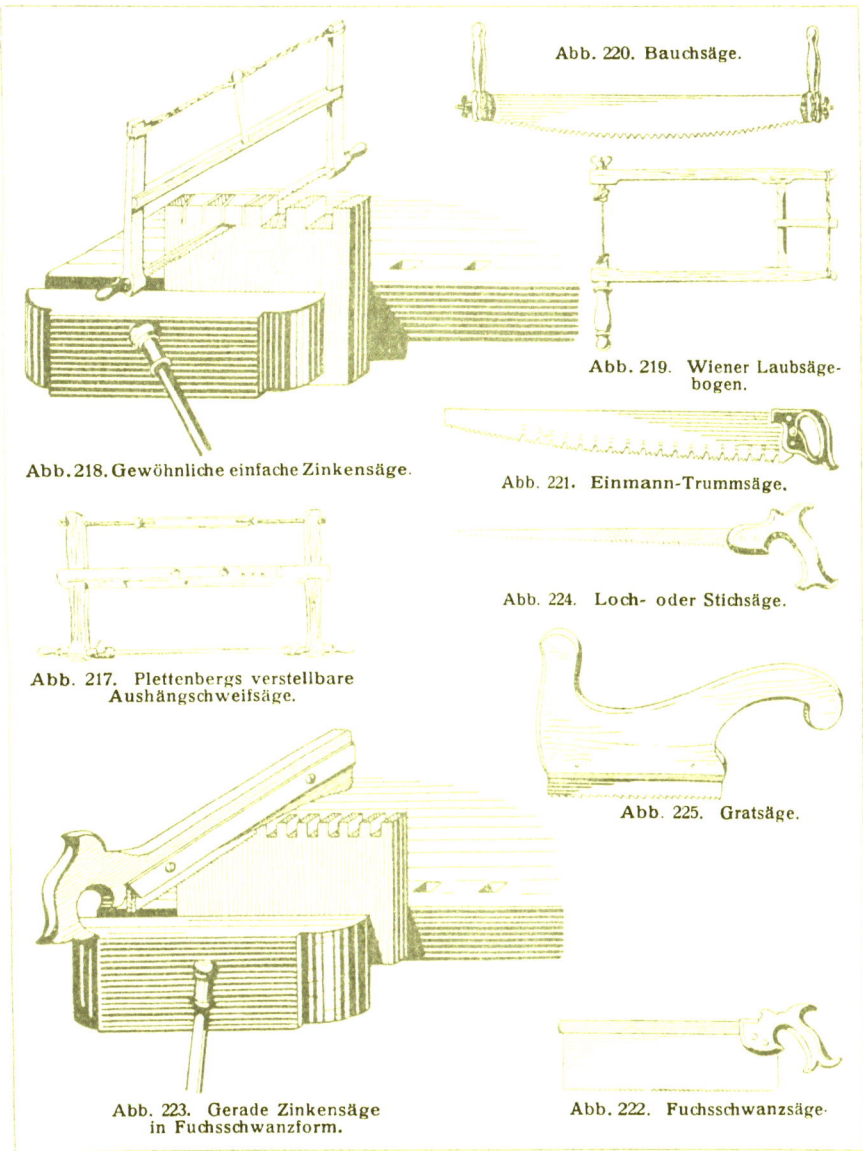

Abb. 220. Bauchsäge.
Abb. 219. Wiener Laubsägebogen.
Abb. 218. Gewöhnliche einfache Zinkensäge.
Abb. 221. Einmann-Trummsäge.
Abb. 224. Loch- oder Stichsäge.
Abb. 217. Plettenbergs verstellbare Aushängschweifsäge.
Abb. 225. Gratsäge.
Abb. 223. Gerade Zinkensäge in Fuchsschwanzform.
Abb. 222. Fuchsschwanzsäge.

ja selbst ganz unbrauchbar werden kann; hier arbeitet die W-Zahnform leichter.

Die Einmann-Trummsäge (Abb. 221) wird zu den gleichen Zwecken verwendet wie die Waldsäge. Sie muß aber, da sie nur von einer Person bedient wird, größere Steifheit besitzen, die durch ein etwas stärkeres Sägeblatt erreicht wird. Diese Säge, besonders die Marke „Dominikus Remscheid", arbeitet ganz vorzüglich.

Der Fuchsschwanz, die Stichsäge und die Gratsäge. Als Fuchsschwanz (Abb. 222) bezeichnet man eine Säge ohne Gestell mit breiterem, möglichst steifem Sägeblatt, das höchstens am Rücken noch eine weitere Versteifung durch eine schmale Eisenschiene erhält. Die Bezahnung ist stets die des rechtwinkeligen Dreieckszahnes mit kleiner Teilung und sehr geringem Schrank. Ein **Fuchsschwanz** größerer Art findet häufig bei den bereits besprochenen **Gehrungsschneidapparaten** vorteilhafteste Verwendung.

Mit der patent. **Zinkensäge in Fuchsschwanzform** (Abb. 223) können verschieden starke gerade Zinkungen sehr rasch und sauber hergestellt werden. In dem Fuchsschwanzgestell dieser Säge werden je nach der verlangten Stärke der Zinkung beliebig starke Sägeblätter wie auch eine Führungsschiene eingespannt. Zwischen Führungsschiene und Säge werden der Sägestärke entsprechende Zwischenlagen eingelegt; durch diese kann auch gleichzeitig die gewünschte Tiefe eingestellt werden. Die Führungsschiene ragt rückwärts in geschweifter Form etwas über die Zahnspitzenlinie hinaus und dient zum Ansetzen bei der letztgeschnittenem Zinke. Hierdurch werden alle Zinken und Zinkenausschnitte gleich breit und tief.

Während der Fuchsschwanz zum Schneiden von geraden Linien an Stellen Verwendung findet, denen mit einer anderen Säge nicht beizukommen ist, dient die **Loch- oder Stichsäge** (Abb. 224) zur Erzeugung krummliniger Sägeschnitte an solchen schwer zugänglichen Stellen. Die Lochsäge besitzt ein schmales, aber ziemlich dickes Sägeblatt von ungleicher Breite, welches an einem bequem faßbaren Handgriff befestigt ist. Der Zahn ist rechtwinkelig geformt, nicht selten beiderseitig schräg gefeilt, aber ohne Schrank. Dieser ist entbehrlich, weil das Sägeblatt an der Seite der Bezahnung stärker ist als an seinem Rücken.

Zur Herstellung der Querholzeinschnitte für die Grat- oder Schwalbenschwanzleisten wird die **Gratsäge** (Abb. 225) verwendet. Um die Tiefe der Einschnitte zu begrenzen, wird dieselbe nicht selten mit beiderseitig verstellbaren Anlaufbacken versehen. Das Sägeblatt ist schmal und in einem Holzgriff unverrückbar befestigt. Der rechtwinkelige Zahn dieser Säge steht im Gegensatz zu unseren gewöhnlichen Sägen mit der Brust nach der Zugseite. Die Gratsäge arbeitet also auf Zug.

6. Raspeln und Feilen. Die Säge ist zur Erzeugung tiefer, schmaler Einschnitte ein vorzügliches Werkzeug; sie ist aber zur Ausbildung unebener, größerer Flächen unbrauchbar, da ihre Zähne, welche sehr schmale, kleine Meißel darstellen, nur hintereinander wirken.

Erfolgt jedoch die Anordnung dieser kleinen Meißel oder Zähnchen auf der Fläche einer schmalen Stahlklinge nicht nur hintereinander sondern auch nebeneinander in der Weise, daß sich zwischen denselben kleine Lücken (Zahnlücken) bilden, so entsteht die **Raspel**.

Werden kleine Meißel nicht von der Stärke eines Sägeblattzahnes, sondern etwa von der Breite eines Gesimshobeleisens in größerer Menge auf der Flachseite einer schmalen Stahlklinge nur hintereinander angeordnet, dann haben wir eine **Feile**.

Raspel und Feile sind unentbehrliche Werkzeuge; sie eignen sich vorzüglich zur Bearbeitung von Holzteilen, die infolge ihrer Lage oder unregelmäßigen Formen mit glattschneidenden Werkzeugen wie Hobel, Messer, Stemmeisen und dgl. nicht bearbeitet werden können. Die unterschiedlichen Formen der Raspeln und Feilen sind aus gutem, gehärtetem Stahl und besitzen verschiedene Querschnitte.

B. Die aktiven (tätigen, arbeitenden, formgebenden) Werkzeuge

Bei den Raspeln zeigt die Oberfläche eine Menge kleiner, vorstehender Zähnchen (Abb. 226a, b), bei den Feilen dagegen parallele oder auch parallel sich schräg kreuzende Einschnitte (Abb. 227). Diese Zähnchen und Einschnitte werden mittels eines Meißels vom Feilenhauer in das Stahlstück eingehauen, weshalb sie als **Hieb (Raspel- oder Feilenhieb)** bezeichnet werden. Je nach der Menge der Zähnchen oder Einschnitte pro Quadratzentimeter auf der Stahlfläche unterscheidet man im allgemeinen **groben, mittleren und feinen Hieb**; für gewisse Spezialwerkzeuge werden noch **Zwischenhiebe** eingeschaltet.

Der **mittlere Hieb** führt im Handel gewöhnlich die Bezeichnung B = **Bastardhieb**, der feinere Hieb S = **Schlichthieb**; dagegen bedeutet z. B. $\frac{1}{2}$ S-**Doppelschlicht, Feinschlicht**, einen feineren Schlichthieb. Trotzdem geben aber alle diese Bezeichnungen noch keinen allgemeinen festen Begriff für die Feinheit des Hiebes einer Raspel oder Feile, da hierfür auch die Größe (Länge) dieser Werkzeuge maßgebend ist.

Abb. 226a und b. Raspelhiebe.

Grund- u. Oberhieb.

Grundhieb.

Abb. 227. Feilenhieb.

Als Grundbedingung für den Raspelhieb hat zu gelten, daß die Zähnchen keineswegs nur hinter- und nebeneinander gestellt werden dürfen, sondern eigentlich als die Durchschnittspunkte zweier unter verschiedenen Winkeln sich kreuzender Reihen von Parallellinien anzusehen sind.

Auch der Feilenhieb erfolgt nur höchst selten rechtwinkelig zur Mittellinie der Feile, sondern gleichfalls unter verschieden schrägen Winkeln. Hierdurch wird nicht nur eine größere Sicherheit in der Führung der Feile erzielt, sondern auch eine größere Kraftentwicklung des Arbeiters.

Zeigt die Feile nur schräg parallellaufende Einschnitte nach einer Richtung, dann wird sie als **einhiebig** bezeichnet. Der Winkel, unter dem diese Einschnitte laufen, beträgt gewöhnlich 65—70°.

Wird jedoch unter einem Winkel von 52—56° gegen die Achse der Feile auf den bereits vorhandenen **Grund-** oder **Unterhieb** ein zweiter, diesem entgegengesetzter Hieb, der sog. **Ober-** oder **Kreuzhieb**, eingehauen, so entsteht eine **zweihiebige** Feile.

Durch diesen Oberhieb werden die nur hintereinander stehenden längeren Meißel in lauter kleinere, hinter- und nebeneinander stehende Meißel mit dazwischen liegenden Lücken zerlegt. Hin und wieder sind auch Feilen mit **gewelltem Hieb** in Verwendung. Bei diesen sind Ober- und Unterhieb nicht gradlinig, sondern durch ein wellenförmiges Schlageisen erzeugt. Zum Putzen besonders harter Holzarten wie auch zum Feilen von weichen Metallen als Kupfer, Messing und dgl. eignen sie sich sehr gut. Bei ihrer Verwendung wird die Entstehung von Riefen auf der gefeilten Fläche vermieden.

Erster Teil. Die Werkzeuge der Holzbearbeitung

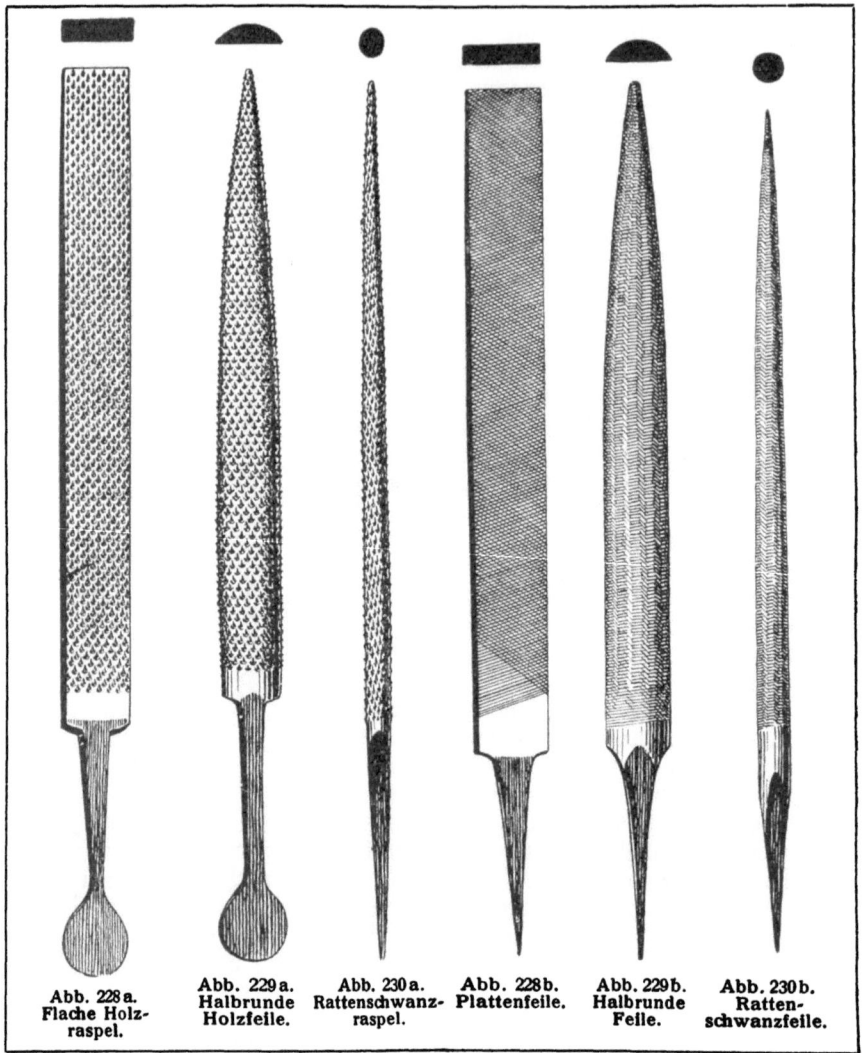

Abb. 228a. Flache Holzraspel. — Abb. 229a. Halbrunde Holzfeile. — Abb. 230a. Rattenschwanzraspel. — Abb. 228b. Plattenfeile. — Abb. 229b. Halbrunde Feile. — Abb. 230b. Rattenschwanzfeile.

Da bei einer Raspel die rundlichen, scharfkantigen Erhöhungen, die Raspelzähnchen, nur durch das unter einem spitzen Winkel erfolgte Einhauen kleiner Grübchen in die eigentliche Stahlklinge entstehen, kann die Wirkung einer Raspel nur eine kratzende sein. Mit einer Raspel können also niemals glatte, saubere Flächen hergestellt werden.

Anders jedoch bei der Feile, bei welcher durch den Hieb hintereinander stehende kleine, schneidende Hobeleisen (Meißel) erzeugt werden. Die Feile dient deshalb auch zum Glattbearbeiten (Glätten) von Flächen und Kanten.

Der eigentliche Körper (Klinge) der Feile läuft zumeist an einem Ende in eine spitze Angel aus, die in einem gedrehten Holzheft befestigt wird; einige Feilen, wie z. B. die Mühlsägefeilen, haben an jedem Ende der Klinge eine Angel. Bei manchen Raspeln wird die Angel flach ge-

B. Die aktiven (tätigen, arbeitenden, formgebenden) Werkzeuge 73

schmiedet, so daß sie in dieser Form als eigentlicher **Handgriff** (**Heft**) dient (siehe Abb. 228a u. 229a).

Je weicher das Holz, desto gröber muß der Hieb einer Raspel oder Feile sein, da die durch die Zähnchen losgelösten Späne sich im feineren Hieb festsetzen und dadurch das Werkzeug verstopfen. Man kann deshalb weiche, nasse oder harzreiche Holzarten nur mit groben Raspeln und Feilen bearbeiten. Für den Holzarbeiter sind aus der großen Zahl der Raspeln und Feilen nur folgende von Wichtigkeit:

Die flache Holzraspel (Abb. 228a). Ihr Querschnitt ist flach rechteckig. Die beiden Schmalseiten sind entweder glatt oder es ist eine derselben mit Feilenhieb versehen; nicht selten wird an der einen Breitseite der Raspelhieb, an der anderen ein Feilenhieb angebracht.

Die halbrunde Holzraspel (Abb. 229a). Sie besitzt einen kreissegmentförmigen Querschnitt. Die Klinge läuft an einem Ende beiderseitig gegen die Achse spitz zu. Der Raspelhieb ist sowohl auf der flachen wie auf der halbrunden Seite.

Die runde Raspel (**Rattenschwanz**) (Abb. 230a) mit kreisförmigem Querschnitt und spitz zulaufender Klinge an einem Ende.

Die Riffelraspeln und Feilen- (gebogene und gekröpfte Raspeln und Feilen (Abb. 231). Sie dienen hauptsächlich zur Ausarbeitung von Vertiefungen unterschiedlicher Formen, denen mit gewöhnlichen Raspeln und Feilen nicht beizukommen

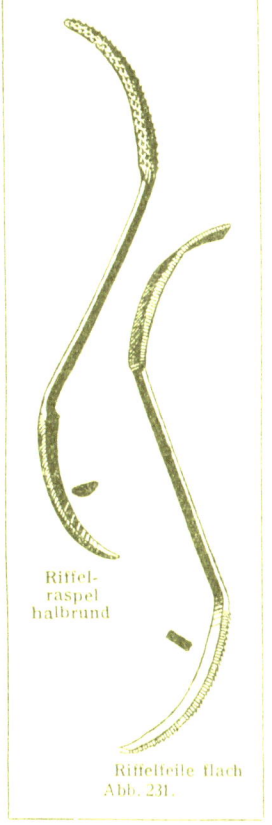

Riffel-
raspel
halbrund

Riffelfeile flach
Abb. 231.

ist. Sie sind in allen Querschnittsformen der gewöhnlichen Raspeln und Feilen sowie in verschiedenartig gebogenen und gekröpften Formen im Gebrauch; häufig sind auch Raspel und Feile in einem Stück vereinigt.

Die flache Feile (**Plattenfeile**) (Abb. 228b), gleicht im Querschnitt der flachen Holzraspel. In den meisten Fällen wird eine Schmalseite glatt belassen, wodurch sich die Feile dann als **Ansatzfeile** eignet.

Auch die **halbrunden** (Abb. 229b) und **runden** (**Rattenschwanz**) **Feilen** (Abb. 230 b) gleichen in ihren Formen und Querschnitten den Holzraspeln.

In den meisten Fällen schärft der Holzarbeiter seine Sägen selbst; ebenso muß er die verschiedenen Fassonhobeleisen beim Nachschärfen selbst ausfeilen.

Hierzu benötigt er Feilen von verschiedenartigen Querschnitten, aber mit dem für hartes Material, wie den Werkzeugstahl, geeigneten feineren Hieb.

Für diese Zwecke kommen in Betracht:

Die gewöhnliche dreikantige Sägefeile (Abb. 232 a) mit dreieckigem Querschnitt; ihre Klinge läuft in eine Spitze aus. In einigen Gegenden wird eine derartige Feile als **Tappersägefeile** bezeichnet. Sind die einzelnen Kanten nach ihren Längen parallellaufend, an den

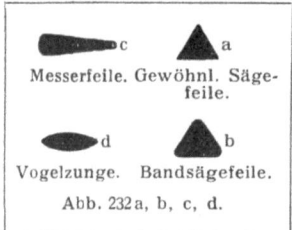

Messerfeile. Gewöhnl. Sägefeile.
Vogelzunge. Bandsägefeile.
Abb. 232a, b, c, d.

scharfen Kanten aber etwas abgerundet, so entsteht die **Bandsägefeile** (Abb. 232b); sie wird zum Schärfen der Bandsägeblätter verwendet.

Die **Zirkularsäge-(Kreissäge-) und Mühlsägefeilen (Brettsägefeilen)** sind teils halbrund, teils zylinderisch, zum Teil besitzen sie flache oder abgerundete Kanten.

Der Querschnitt der **Messerfeile** (Abb. 232c) ist keilförmig. Die **Vogelzungenfeile** (Abb. 232d) zeigt zwei mit den Flachseiten zusammengelegte halbrunde Feilen.

Verwendung finden hier noch die **gleichkantigen vierkantigen** und die **flachspitzen** Feilen.

Besondere Bedeutung besitzt die **Reinigung** der durch Leim, Harz oder dgl. **verstopften Hiebe der Raspeln und Feilen**. Bei den heutigen hohen Arbeitslöhnen und Materialpreisen ist die richtige sachgemäße Instandhaltung dieser Werkzeuge zur Erhöhung des Arbeitsquantums eine unbedingte Notwendigkeit.

Das zumeist angewendete Reinigungsmittel ist die allbekannte **Stahldrahtbürste (Kratzbürste)**. Bei ihrer öfteren Anwendung werden die scharfen Hiebe der Holzfeilen jedoch unbedingt in Mitleidenschaft gezogen, wie sie zum Reinigen der Holzraspeln überhaupt ungeeignet ist.

Vielfach wird die Kratzbürste bzw. die Feile mit **Benzol** oder **Spiritus** befeuchtet und dann die Reinigung wie gewöhnlich vorgenommen. Durch deren Einwirkung werden schon nach einigen Strichen mit der Kratzbürste eine Menge Unreinigkeiten aus den Hieben der Feile leichter entfernt; doch werden hierbei die scharfen Hiebe der Feile bei öfterer Verwendung gern beschädigt. Das einfachste und unschädlichste Mittel zur gründlichen Reinigung der durch Leim oder dgl. verstopften Hiebe ist das Eintauchen der Feilen oder Raspeln für **einige Augenblicke in kochendes Wasser**. Die anhaftenden, aber nunmehr gelösten Unreinigkeiten werden dann mit einer **kleinen (gewöhnlichen) stumpfen Nagelbürste** leicht ausgebürstet.

Das vielfach angewendete Mittel, die Feilen oder Raspeln **mit Spiritus zu übergießen** und diesen dann **anzuzünden**, wodurch die Unreinigkeiten abgebrannt werden, ist verwerflich. Hierdurch leiden die Zähnchen der Raspeln, bzw. Hiebe der Feilen, unbedingt Schaden.

Bei den Sägefeilen empfiehlt es sich, dieselben vor ihrer jeweiligen Benutzung öfters mit **Kreide oder Holzkohle** zu bestreichen. Dadurch wird ein Verstopfen der ganz feinen Hiebe von vornherein verhindert.

7. Bohrer und Bohrgeräte, Schraubenschneidzeuge. a) Die Bohrer.
Die Bohrer zeigen nicht nur sehr verschiedenartige Konstruktionen und Formen, sondern weichen auch in ihren Angriffsweisen bedeutend von einander ab. Trotzdem gelangen sie alle nur durch **kreisende (drehende) Bewegungen** bei gleichzeitiger **Vorwärtsbewegung** zur Wirkung.

Diese Drehbewegungen erfolgen entweder durch den Bohrer selbst, dann befindet sich das Arbeitsstück in fester Lage (Handbohrer), oder es dreht sich das Werkstück, während der Bohrer feststeht oder nur die Vorschubbewegung ausführt (Bohren auf der Drehbank). Bei einigen Bohrmaschinen

B. Die aktiven (tätigen, arbeitenden, formgebenden) Werkzeuge 75

wird das Arbeitsstück dem drehenden Bohrer zugeführt, und es können hier, wie bei der Langlochbohrmaschine, gleichzeitig seitliche Bewegungen des Bohrers und Arbeitsstückes stattfinden. Die Angriffsweise des Bohrers erfolgt bei der Drehung und Vorwärtsbewegung durch seine Schneiden. Diese zerteilen die wegzunehmenden Holzteile in kleine Späne und erzeugen eine kreisförmige Höhlung, das sog. Bohrloch. Der Bohrer ist somit ein schneidendes Werkzeug, das um seine Längsachse gedreht wird und gleichzeitig in der Richtung derselben vordringt.

Die Güte eines Bohrers besteht darin, daß er das wegzunehmende Holz nicht abquetscht, abdrückt oder wegreißt, sondern rein abschneidet. Er muß ferner für die abgelösten Späne im Bohrloch Raum lassen oder, noch besser, diese Späne selbsttätig auswerfen.

Das Vordringen aller Bohrer erfolgt zumeist lotrecht ihrer Längsachse; deshalb endigen die meisten Bohrer in eine scharfe Spitze, die beim Bohren die Führung übernimmt; bei neueren Konstruktionen fehlt diese Spitze.

Die Wirkungen des Angriffes auf das Material beruhen bei den Bohrern auf den Gesetzen der schiefen Ebene und des Keiles, die drehenden Bewegungen auf dem Prinzip des ein- und zweiarmigen Hebels.

Vergleicht man die Schneide eines Bohrers mit der Schneide eines Meißels (Hobeleisens usw.), so findet man, daß auch beim Bohrer stets der Zuschärfungswinkel, in einigen Fällen auch der Schneid- und Anstellwinkel, für die richtige Angriffsweise bestimmend ist. Bei den Holzbohrern wird der Zuschärfungswinkel gleich dem der Meißel und Hobeleisen ziemlich klein und zwischen 28—48° angenommen. Der Schneid- und der Anstellwinkel sind bei den einzelnen Bohrern sehr verschieden; in einigen Fällen läßt sich streng genommen von dem Vorhandensein solcher überhaupt nicht sprechen. Auch hinsichtlich der Schneide zeigen die Bohrer große Verschiedenheiten.

Als einfachstes und wahrscheinlich auch als ältestes Bohrgerät kann der Hohlbohrer bezeichnet werden. In seiner ursprünglichen Form, in welcher er der Drehröhre der Drechsler, deren Längskanten von innen aus messerartig zugeschärft sind, ähnlich sah, kommt er heute nicht mehr zur Verwendung. Eine Ausnahme macht der Ballbohrer (Spund- oder Zapfenbohrer, auch Ballreißer) (Abb. 233), ein konisch zulaufender Hohlbohrer, welcher von den Böttchern zur Erweiterung der Spundlöcher vielfach benutzt wird.

Auch die Wagner gebrauchen zum Ausbohren der Radnaben einen derartigen Hohlbohrer, welcher hier Radbohrer (Abb. 234) heißt. Statt der unten offenen Schneide besitzt dieser einen geneigt vorstehenden Zahn. Dieser Bohrer wird selten zum Ansetzen eines Loches, sondern meist zur Vergrößerung eines solchen benutzt.

Die Drechsler besitzen den Löffelbohrer (Abb. 235). Dieser ist dem alten Hohlbohrer ganz ähnlich; seine schneidenden Längskanten laufen jedoch nach unten beiderseitig löffelartig in eine Spitze zu. Er eignet sich sehr gut zum Bohren auf Hirnholz, also in der Längsrichtung der Holzfasern, jedoch nur bei Anwendung auf der Drehbank, wo seine schwache, schabende Angriffsweise durch die größere Drehgeschwindigkeit ausgeglichen wird. Das Nachschärfen der Löffelbohrer geschieht von innen nach außen. Hierzu dient ein aus einer abgestumpften Sägefeile zugeschliffener Schaber.

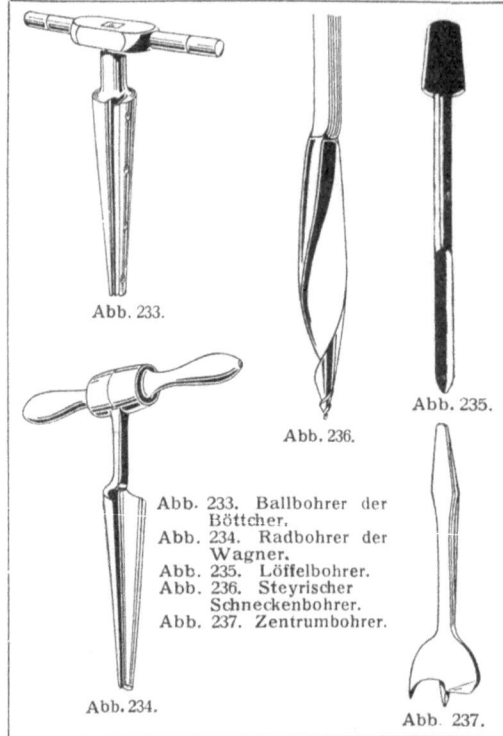

Abb. 233. Ballbohrer der Böttcher.
Abb. 234. Radbohrer der Wagner.
Abb. 235. Löffelbohrer.
Abb. 236. Steyrischer Schneckenbohrer.
Abb. 237. Zentrumbohrer.

Windet (dreht) man einen Löffelbohrer mit schlanker Spitze in der Weise, daß seine beiden schneidenden Längskanten Schraubenlinien beschreiben, die von der Spitze gegen den Schaft sich schneckenartig erweitern, so entsteht der Schneckenbohrer (Abb. 236). Dieser leistet für Handarbeit vorzügliche Dienste. Die Schneidkanten eines solchen Bohrers erhalten durch ihre schneckenartige Steigung gegen die Bewegungsrichtung einen sehr günstigen Schneidwinkel. Dadurch tritt bei diesem Bohrer schon durch die einfache Drehung ein selbsttätiges Vorwärtsdringen in das Holz ein.

Von den Schneckenbohrern sind heute verschiedene Formen im Handel; doch besitzt die ursprüngliche Form, der sog. steyrische Schneckenbohrer, wegen ihrer Zweckmäßigkeit heute immer noch die größte Verbreitung.

Die Schneckenbohrer sind in Stärken von etwa 3—40 mm in Gebrauch. Größere Schneckenbohrer, etwa von 50 mm an, heißen Brunnenbohrer; diese dienen zum Ausbohren der Brunnenröhren (Brunnendeicheln). Beim Bohren größerer Tiefen zeigen diese Bohrer jedoch den Nachteil, daß sie beim tieferen Eindringen in das Holz die Späne nicht mehr selbsttätig auswerfen. Die Späne sammeln sich in den schneckenartigen Rinnen des Bohrers sowie im Bohrloch selbst, so daß der Bohrer schon nach kurzer Zeit nur mehr sehr schwer, schließlich gar nicht mehr gedreht werden kann. Um eine Sprengung des Holzes zu vermeiden, muß deshalb ein solcher Bohrer von Zeit zu Zeit zurückgenommen und von Spänen gereinigt werden.

Obwohl die Schneckenbohrer sowohl zum Bohren von Längs- wie Querholz verwendet werden können, erzeugen sie doch im Querholz niemals reine Löcher. Um dies zu erreichen, muß der Bohrer, gleich den Hobeln für Querholz, einen Vorschneider erhalten, welcher die Zusammengehörigkeit der loszulösenden Querholzfasern mit den verbleibenden durch einen scharfen Schnitt aufhebt.

Einen solchen Vorschneider besitzt der Zentrumbohrer (Abb. 237). Dieser wird so benannt, weil der Vorschneider um eine meist dreikantige konisch verlaufende Spitze — das Zentrum — läuft. Dem Vorschneider gegenüber liegt die eigentliche Schneide oder Schaufel des Bohrers, welche die vom Vorschneider losgelösten Späne am Grunde des Bohrloches abhebt.

Die Zentrumbohrer eignen sich deshalb zum Bohren von Querholz und für geringe Tiefen ganz vorzüglich. Weniger brauchbar sind sie jedoch für Hirn- (Längs-)Holz, in welchem sie sich sehr leicht verlaufen. Dieses Verlaufen beruht sowohl in der einseitigen Schneidwirkung des Zentrumbohrers selbst wie auch in der einseitigen Hebelwirkung, welche zwischen der Schneide (Schaufel) des Zentrumbohrers und seiner Zentrierspitze besteht. Beim Bohren tritt die größere Kraft auf die Seite der Schneide, wodurch die Zentrierspitze von ihrer lotrechten Richtung abweichen muß.

Für einen gutgehenden Zentrumbohrer ist Grundbedingung, daß die Spitze des Vorschneiders niemals in gleicher Höhe mit der Spitze der Schaufel steht, sondern immer etwas länger als diese ist. Die Holzfasern werden erst nach ihrer Loslösung durch den Vorschneider von der Schaufel abgehoben.

Bei der Schaufel des Zentrumbohrers kann sowohl von einem Zuschärfungsals auch von einem Schneid- und Anstellwinkel gesprochen werden. Besonders verrichtet der außerordentlich günstige Anstellwinkel von $18-22°$ sehr exakte Arbeit.

Die Zentrumbohrer sind für Bohrungen von 4—50 mm Durchmesser im Gebrauch. Im Handel sind sie jedoch im allgemeinen nur in Größen von 2 zu 2 mm zu haben. Die Zentrumbohrer des Handels befinden sich zumeist in ungeschärftem Zustande. Die Zuschärfung muß der Arbeiter selbst durch sorgfältiges Zufeilen vornehmen.

Um verschiedene Bohrgrößen mit einem Bohrer herstellen zu können, wurden verstellbare Zentrumbohrer geschaffen.

Die besten Konstruktionen dieser Art, die amerikanischen Clarks Patentbohrer (Abb. 238), sind in zwei Größen im Handel. Die erste Größe erzeugt Bohrungen im Durchmesser von $1/2-1\frac{1}{2}$ engl. Zoll = 13—38 mm; die zweite Größe Löcher von $7/8-3$ engl. Zoll = 23—75 mm im Durchmesser. So vorzüglich diese Bohrer auch arbeiten, haben sie doch den Nachteil, daß ihre einzelnen Teile außerordentlich hart (glashart) sind, weshalb sie bei größerer Kraftentwicklung oder beim geringsten ungleichen Druck brechen. Es empfiehlt sich deshalb, bei ihrer Verwendung stets einige Reserveteile (Schrauben, Backen, Vorschneider usw.) bereit zu halten.

Diese Bohrer gleichen in Angriffsweise und Wirkung den gewöhnlichen Zentrumbohrern. Für größere Löcher besitzen sie jedoch mehrere Schneiden, bei denen Vor- und Nachschneider nebeneinander gestellt sind. An Stelle der dem einfachen Zentrumbohrer eigenen dreikantigen Zentrierspitze endigen diese Bohrer in einem feinen, scharfgängigen, konisch verlaufenden Gewindegang, der ein selbsttätiges Vorwärtsdringen des Bohrers ermöglicht. Auch diese Bohrer sind mit Vorteil nur für Querholz verwendbar. Die Zentrumbohrer sind deshalb trotz ihrer Vorteile noch keine vollkommenen Werkzeuge.

Hieraus erklärt sich auch das Bestreben der Werkzeugkonstrukteure einen Bohrer zu schaffen, der die Vorteile des Zentrumbohrers (reinen scharfen Schnitt) mit den Vorzügen des Schneckenbohrers (für Längs- und Querholz geeignet) in einem Werkzeug vereinigt. Bei tiefen Löchern muß der Bohrer durch selbsttätiges Herausbefördern der losgelösten Bohrspäne auch eine Verstopfung oder eine Sprengung der Holzwände verhindern.

Solche Bohrer sind die verschiedenen Konstruktionen der gewundenen Bohrer, Schlangenbohrer, auch Schraubenbohrer oder amerika-

Erster Teil. Die Werkzeuge der Holzbearbeitung

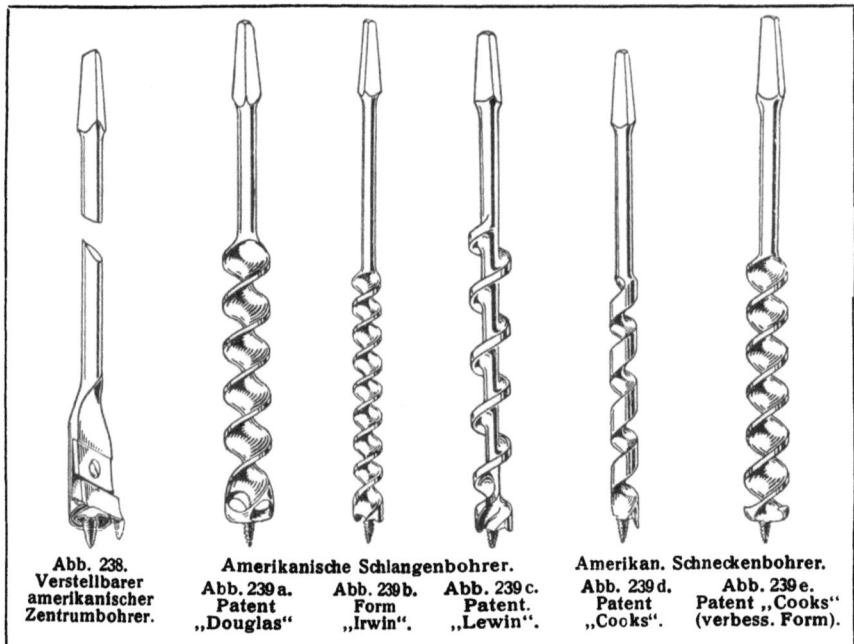

Abb. 238. Verstellbarer amerikanischer Zentrumbohrer.

Amerikanische Schlangenbohrer.
Abb. 239a. Patent „Douglas"
Abb. 239b. Form „Irwin".
Abb. 239c. Patent „Lewin".

Amerikan. Schneckenbohrer.
Abb. 239d. Patent „Cooks".
Abb. 239e. Patent „Cooks" (verbess. Form).

nische Spiralbohrer (Abb. 239a, b, c, d und e) genannt. Sie besitzen gleich dem Zentrumbohrer Zentrierspitze, Vorschneider und Schaufel. Das Verlaufen im Längsholz wird durch die gleichmäßige Anordnung der Schneiden zu beiden Seiten der Zentrierspitze und dadurch auch die einseitige Hebelwirkung des gewöhnlichen Zentrumbohrers aufgehoben.

Auch bei diesen Bohrern läuft die Zentrierspitze in eine scharfgängige, nach oben sich erweiternde Schraube aus. Nach der Ganghöhe dieses Einzugsgewindes richtet sich auch die loszulösende Spanstärke. Bohrer mit einem groben Einzugsgewinde werden deshalb im Hartholz immer sehr schwer, im Weichholz dagegen leicht arbeiten.

Im Gegensatz zu anderen Bohrern besitzen die Spiralbohrer einen stärkeren Schaft, welcher im Durchmesser nur um einige Millimeter schwächer ist als die durch den Bohrer erzeugte Öffnung. In diesem Schaft befindet sich ein meist doppelt gewundener Schraubengang, durch den die von den Schneiden losgelösten Späne nach oben befördert werden. Diese Schraubengänge werden entweder in den Bohrschaft eingefräst oder dadurch erzeugt, daß der Schaft im glühenden Zustande um eine runde Stange gewunden oder um seine eigene Achse gedreht wird. In diesen Herstellungsweisen unterscheiden sich im wesentlichen auch die verschiedenen Patente.

Die gewundenen Bohrer kann man in bezug auf ihre Schneiden in einschneidige und doppelschneidige teilen. Die einschneidigen Bohrer sind wegen ihrer Nachteile bei Herstellung größerer Löcher heute weniger im Gebrauch.

Doppelten Vor- und Nachschneider besitzen die Douglas- (Abb. 239a), Jenning- und Irwin-Bohrer (Abb. 239b).

Der einschneidige Lewins Patentbohrer (Abb. 239c) eignet sich infolge seines groben Einzugsgewindes vornehmlich nur für Weichholz. Dagegen

B. Die aktiven (tätigen, arbeitenden, formgebenden) Werkzeuge

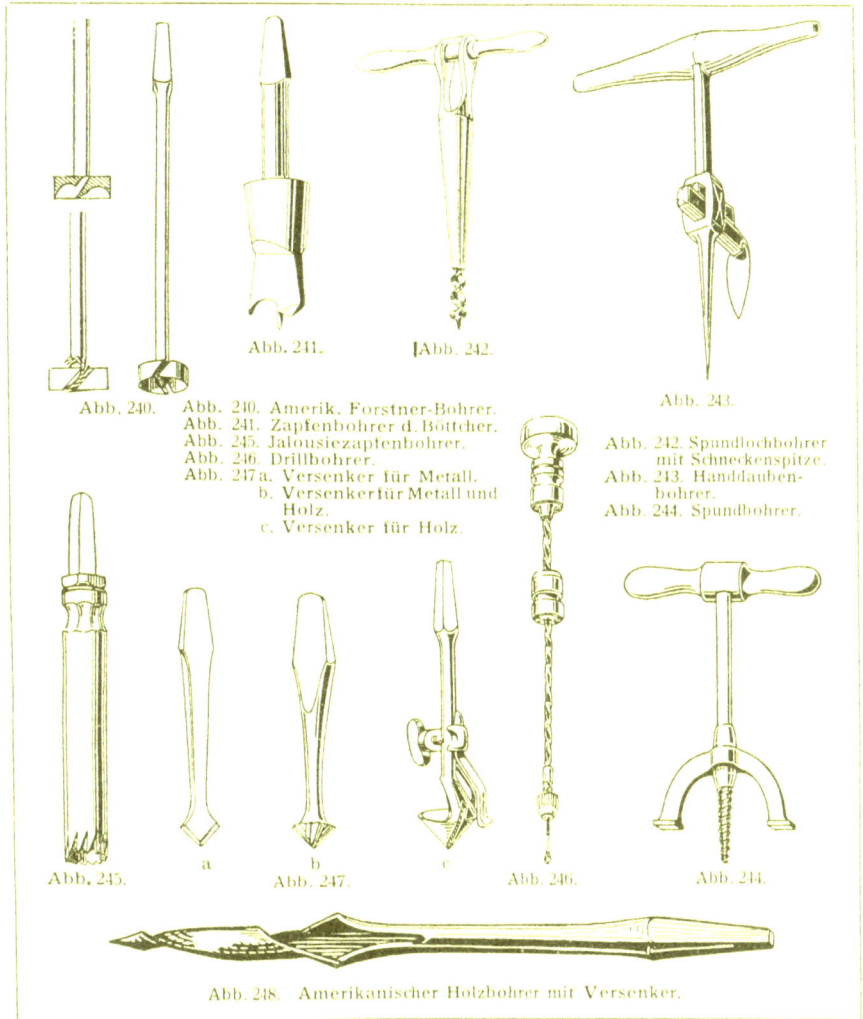

Abb. 240. Amerik. Forstner-Bohrer.
Abb. 241. Zapfenbohrer d. Böttcher.
Abb. 245. Jalousiezapfenbohrer.
Abb. 246. Drillbohrer.
Abb. 247 a. Versenker für Metall.
  b. Versenker für Metall und Holz.
  c. Versenker für Holz.
Abb. 242. Spundlochbohrer mit Schneckenspitze.
Abb. 243. Handdaubenbohrer.
Abb. 244. Spundbohrer.
Abb. 248. Amerikanischer Holzbohrer mit Versenker.

geht Cooks Patentbohrer (Abb. 239 d und e) wegen seines feinen Einzugsgewindes vorzüglich im Hartholz. Diesem Bohrer fehlen auch die Vorschneider; seine beiden Schaufeln sind jedoch hakenförmig umgelegt, wodurch ein guter Schneidwinkel entsteht, der eine vorteilhafte Bearbeitung von Hirnholz zuläßt.

Diese sämtlichen doppelschneidigen Konstruktionen eignen sich ganz besonders zum Bohren größerer Tiefen.

Als ein weiterer, vorzüglicher Bohrer kann der amerikanische Forstner-Bohrer (Abb. 240) bezeichnet werden. Diesem fehlt die Zentrierspitze, weshalb er beim Bohren von halben Löchern und Segmenten, beim Ansetzen von Kanten uud dgl. recht gute Dienste leistet. Bei diesem Bohrer bildet dessen ganze zylinderische Peripherie den eigentlichen Vorschneider, während die beiden diametral gestellten Schneiden günstige Schneidwinkel bieten und immer einen Radius des Bohrers bilden. Eine mit diesem Bohrer hergestellte

Öffnung besitzt kein Zentrierloch, sondern eine flache, saubere Bohrgrundfläche. Für viele Spezialzwecke, wie Verzierungen und dgl., kann deshalb der amerikanische Forstner-Bohrer vorteilhaft verwendet werden.

Zum Anbohren von mit Flüssigkeit gefüllten Fässern benutzt der Böttcher gerne einen gewöhnlichen Zentrumbohrer, welcher über seiner Schneide in eine mäßig sich erweiternde, volle Angel übergeht und als Zapfenbohrer (Anstichbohrer) (Abb. 241) bezeichnet wird.

Ein eigentümlich geformter, gleichfalls vom Böttcher verwendeter Bohrer ist der Spund- oder Beilbohrer, auch Piepen-Ausreibbohrer genannt. Dieser besteht aus einer hölzernen, konischen, unten geschlossenen Röhre mit schmalem Längsschlitz, in den das Messer eingesetzt und eingeschraubt werden kann. Er dient zur Erweiterung des mit einem anderen Bohrer bereits vorgebohrten Faßloches. Seine Konstruktion verhindert das Hineinfallen der Bohrspäne in das Faß, was sich namentlich bei gefüllten Fässern vorteilhaft erweist.

Der amerikanische Spundlochbohrer, auch Spundbohrer mit Schneckenspitze (Abb. 242) genannt, ist aus Gußstahl und besitzt an seiner Spitze die Schneidkonstruktion der amerikanischen Spiralbohrer.

Der Handdaubenbohrer, auch Öhr- oder Henkelbohrer (Abb. 243) genannt, wird von den Weißbindern zur Herstellung der Handhabenlöcher in Gefäßen von weichem Holze benutzt. Seiner Wirkung nach gehört er eigentlich unter die messerartigen Werkzeuge.

Der Spundheber (Abb. 244), welcher zum Ausziehen der Faßspunde dient, ist nichts anderes als ein selbsttätiger Korkzieher (Stöpselzieher).

Eine eigentümliche Form zeigt der sog. Jalousiezapfenbohrer (Abb. 245). Dieser dient nicht zum Bohren von Löchern, sondern zum Anfräsen oder Anschneiden der runden Zapfen an Jalousiebrettchen oder dgl., er ist daher mehr eine Fräse.

Zum Bohren ganz kleiner Löcher in Furnieren usw. wird vielfach der Drillbohrer (Abb. 246) verwendet. Seine schabende Wirkung wird durch die größere Drehgeschwindigkeit bei der Handhabung ausgeglichen. Er besteht aus einer Bohrspindel mit steil gewundener Schraube (archimedischer Schraube), an welcher unten eine Einspannvorrichtung für den Bohrer angebracht ist; am oberen Ende der Bohrspindel befindet sich ein feststehender, gedrehter Knopf. Durch Auf- und Abwärtsbewegen einer Schraubenmutter auf der gewundenen Spindel wird der Bohrer in Drehung versetzt.

Sollen gebohrte Löcher zur Aufnahme von Schraubenköpfen oder dgl. dienen, so müssen sie trichterförmig erweitert werden. Hierzu dienen die verschieden geformten Ausreiber oder Versenker (Abb. 247 a, b, c). Der gewöhnliche Versenker für Metall besitzt 2 gleichgeformte Schneiden, die in einem Winkel von 90—120° zusammenstoßen und genau in der Mitte der Bohrerbreite liegen. Der Schneidwinkel beträgt hier gewöhnlich 100—120°.

Bei den neueren Konstruktionen der amerikan. Hohlbohrer mit Versenker (Abb. 248) befindet sich über dem eigentlichen Bohrer eine löffelartige Erweiterung, welche die Versenkungen für die Schraubenköpfe einfräst.

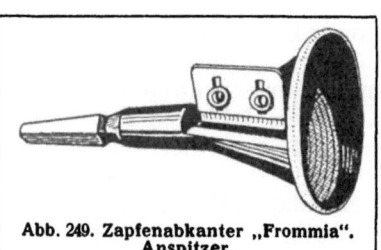

Abb. 249. Zapfenabkanter „Frommia". Anspitzer.

B. Die aktiven (tätigen, arbeitenden, formgebenden) Werkzeuge 81

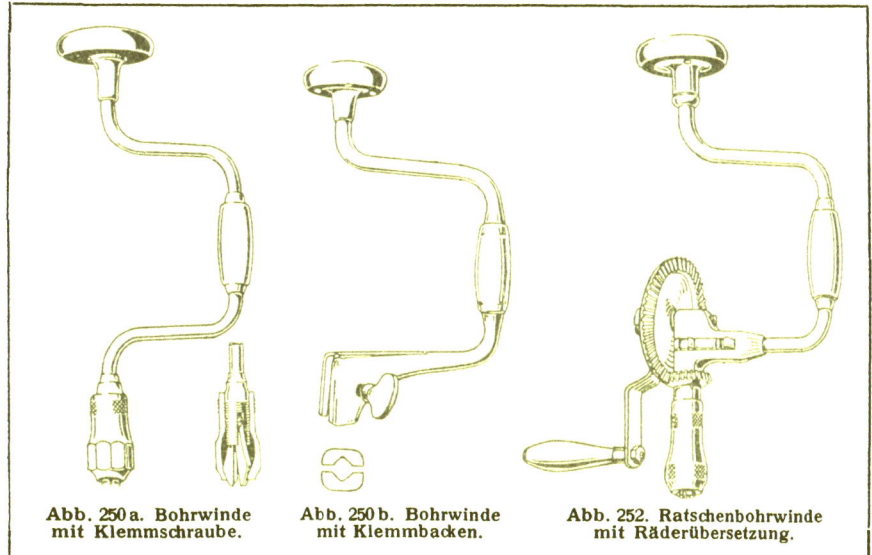

Abb. 250a. Bohrwinde mit Klemmschraube.   Abb. 250b. Bohrwinde mit Klemmbacken.   Abb. 252. Ratschenbohrwinde mit Räderübersetzung.

Den Bohrern ähnliche Werkzeuge sind auch die **Astausreiber**, die sowohl zum Reinigen der Astlöcher von Harz und Rindenteilen vor dem Ausflicken derselben wie auch zur Erweiterung der Löcher dienen.

In die Gruppe der Bohrer, wenngleich in weiterem Sinne, gehört auch der **Zapfenabkanter** (Abb. 249). Dieser dient sowohl zum Abkanten von Speichen als auch zum Abkanten bzw. Anspitzen verschiedener eckiger, ovaler und runder Hölzer. Er kommt in der Bohrwinde zur Anwendung.

b) **Die Bohrgeräte.** Die Bohrer können entweder direkt mit der Hand oder mit Hilfe eines Bohrgerätes oder auch mittels maschineller Vorrichtungen (Drehbank, Bohrmaschine usw.) zur Drehung gebracht werden. Die Hand bedient sich zur Bewegung des Bohrers eines zweiarmigen Hebels, der dadurch geschaffen wird, daß das Ende des Bohrschaftes in ein einfaches **hölzernes Querheft** oder in das eiserne **Wend- oder Windeisen** gesteckt wird. Letzteres besteht aus einer langen eisernen Stange, in deren Mitte ein vierkantiges Loch angebracht ist. Dieses dient zur Aufnahme des vierseitig zugeschmiedeten Bohrschaftes. Bei Anwendung des Wendeisens wird der Bohrer meistens durch zwei, bei größeren Bohrungen (Brunnendeichel) sogar durch mehrere Personen gedreht. Die menschliche Hand vermag jedoch keine fortgesetzten ganzen, sondern immer nur halbe Drehungen auszuführen. In vielen Fällen reicht auch der einfache Druck der Hand auf das Querheft zur Vorwärtsbewegung des Bohrers nicht aus. Als eigentliche „Handbohrer" eignen sich deshalb nur jene Bohrer, die eine scharfe Eingangsspitze besitzen (Schneckenbohrer). Die Bewegung des Bohrers mit der Hand ist immer unpraktisch; soll rationell gearbeitet werden, so ist ein **Bohrgerät** notwendig.

In den allgemein bekannten und verwendeten

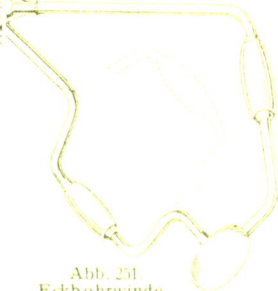

Abb. 251. Eckbohrwinde.

Bohrwinden (Abb. 250a und b), oder Brustleiern, besitzen wir solche Bohrgeräte, die vor allem die Ausübung eines stärkeren, für die Vorwärtsbewegung des Bohrers notwendigen Druckes ermöglichen. Sie bestehen im wesentlichen aus dem C-förmigen Bügel, an dessen einem Ende sich das Loch oder Ohr befindet. Dieses dient bei den eisernen Bohrwinden zur Aufnahme des breitlappigen Bohrers, bei den hölzernen Bohrwinden zur Befestigung der Hülse für den Bohrer. Die Befestigung des Bohrers selbst erfolgt mittels Federn, Klemmschrauben oder Klemmbacken.

In manchen Fällen kann die Bohrwinde wegen Beschränkung im Raum nicht in Tätigkeit gesetzt werden (z. B. beim Bohren von Löchern in Ecken). Hier kommen nur die Eckbohrwinde (Abb. 251) und die Bohrwinde mit Ratsche (Abb. 252) zur Anwendung. Das wesentlichste Merkmal der Bohrratsche, die auch mit Räderübersetzung konstruiert wird, besteht darin, daß mit ihrem Bügel beim Bohren immer nur halbkreisförmige hin- und hergehende Bewegungen und zwar sowohl für Rechts- wie Linksgang ausgeführt werden können. Der sich drehende Bohrer wirkt hier nur bei der halbkreisförmigen Vorwärtsbewegung, beim Rückwärtsbewegen wird die Drehung durch ein Sperrad aufgehoben.

Ein für alle Zwecke im Wagenbau gleich gut geeignetes Bohrgerät ist die Frommsche Spezial-Handbohrmaschine „Rapid" (Abb. 253). Sie findet zum Bohren von Leiterbäumen, Leitern, Eggen, Wagengestellen, Karren und dgl. und bei Anwendung eines Aufspannbackens auch zum Bohren der Speichenlöcher in die Radnaben vorteilhafteste Verwendung. Die Schrägstellung der Löcher kann hierbei durch eine seitlich angebrachte Skala genau geregelt, auch kann der „Sturz" beim Bohren der Speichenlöcher in die Radnaben genauestens eingestellt werden. Dadurch erhalten die einzelnen Leitersprossen, Eggenzähne oder dgl. nicht nur eine ganz gerade Flucht, sondern auch eine genaue gleichmäßige Schrägstellung, was besonders für den Sturz der Radspeichen von größter Bedeutung ist. Durch Einstellung eines Stellringes läßt sich auch die Lochtiefe beliebig regeln.

Gleich vorteilhafte Verwendung findet auch die Frommsche Nabenbohrmaschine „Unicum", mit der sowohl zylinderische wie konische Büchsenlöcher ausgeführt werden können.

Die Vereinigung eines Bohrgerätes mit einer Schneidvorrichtung stellt die patentierte Schloß-Einlaß-Maschine „Laubisch" (Abb. 254) dar, welche zum Einlassen der Einsteckschlösser in Zimmertüren, Glastüren und dgl. dient.

Mit der Bohrvorrichtung B werden zunächst mehrere nebeneinander stehende, je nach der vorhandenen Schloßstärke weite Löcher eingebohrt und die Tiefe derselben durch den Stellring C genau eingestellt. Die Schneidvorrichtung, bestehend aus der Führungsgabel D, dem Hebel E und dem Messer F, wird hierauf eingesetzt und das zwischen den eingebohrten Löchern noch stehende Holz durch Auf- und Niederschwingen des Hebels herausgeschnitten, wobei der gezahnte Winkelhebel G zum leichten Andrücken der Schneidvorrichtung dient. Die beiden Lehren H können auch zum Bohren von Drücker- und Schlüsselloch eingestellt werden.

Besondere Vorteile gewährt dieser Apparat bei Massenarbeiten für sehr schwache Hölzer, bei denen nur sehr dünne Holzwandungen stehen bleiben können, ferner zum Einlassen von Sicherheitsschlössern in die Türen bereits

B. Die aktiven (tätigen, arbeitenden, formgebenden) Werkzeuge

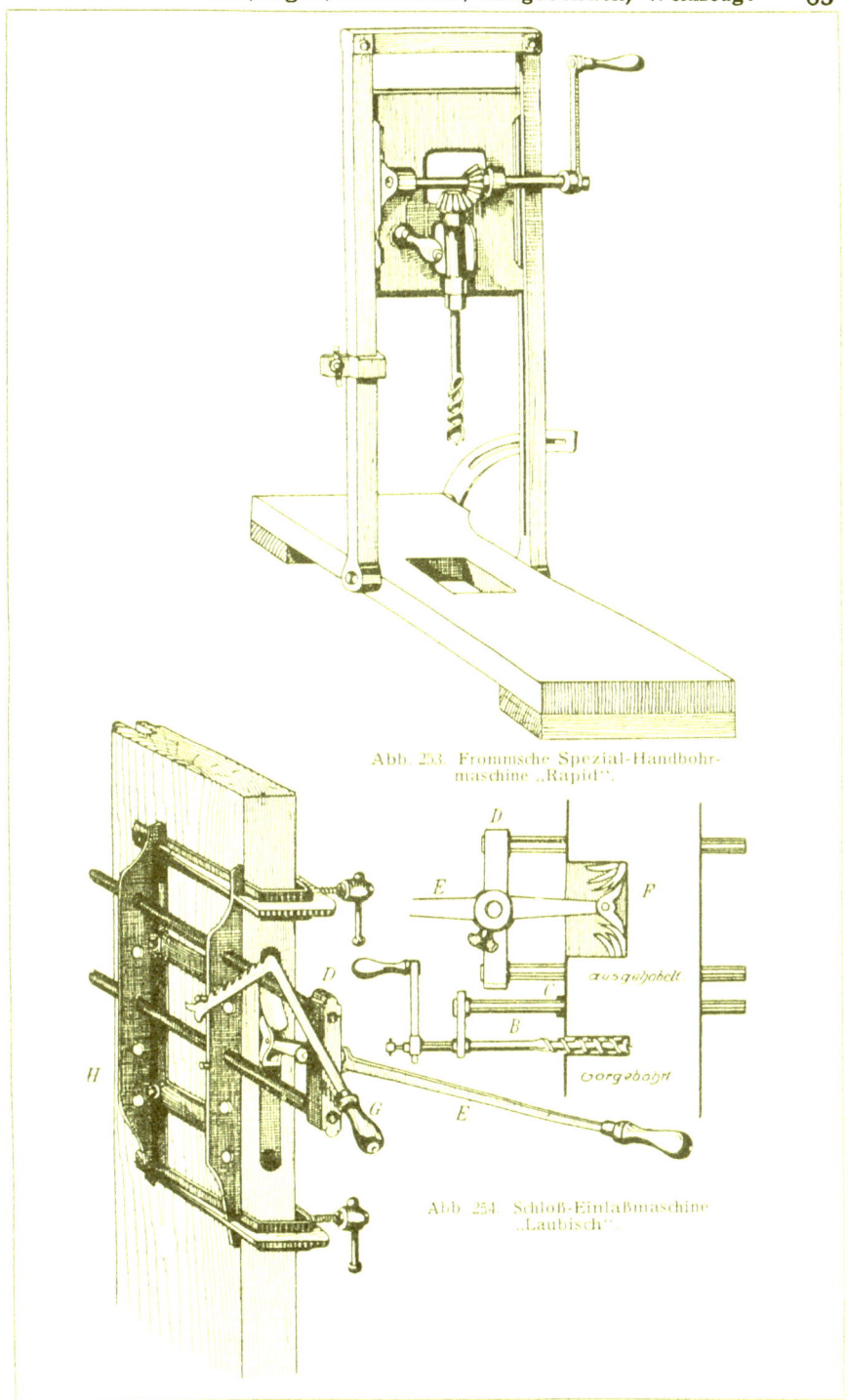

Abb. 253. Frommsche Spezial-Handbohrmaschine „Rapid".

Abb. 254. Schloß-Einlaßmaschine „Laubisch".

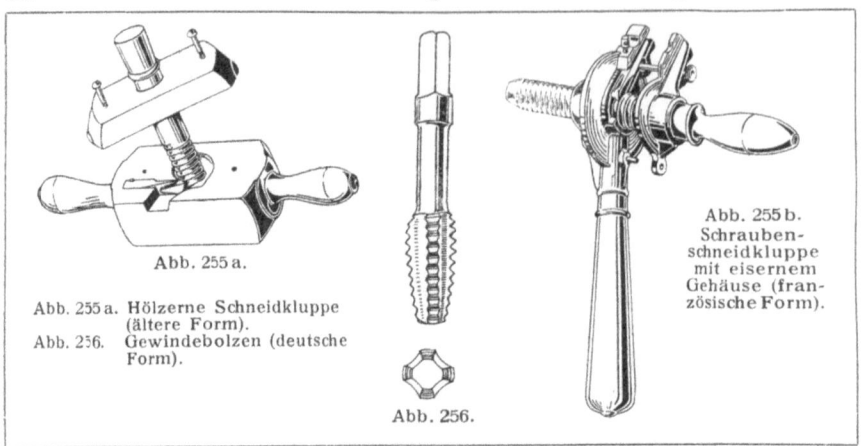

Abb. 255a. Hölzerne Schneidkluppe (ältere Form).
Abb. 256. Gewindebolzen (deutsche Form).
Abb. 255b. Schraubenschneidkluppe mit eisernem Gehäuse (französische Form).

bezogener Wohnungen sowie auch beim Einstemmen von Schlössern in bereits verglaste Zimmer- und Haustüren, wobei ein Zerspringen der Glasscheiben nicht zu befürchten ist.

c) Die Schraubenschneidzeuge. Zu den Bohrern und Bohrgeräten können auch die Schraubenschneidzeuge gezählt werden. Für den Holzarbeiter sind diese Werkzeuge insofern wichtig, als er hin und wieder in die Lage kommt, hölzerne Schrauben selbst anfertigen zu müssen.

Bei der Besprechung der Hobelbank haben wir gehört, daß zu jeder Schraube zwei Teile gehören, die eigentliche Spindel mit dem Spindel-, Bolzen- oder Außengewinde und die dazu gehörige Mutter mit dem Muttergewinde, auch vielfach Innengewinde genannt.

Hieraus ergibt sich, daß zur Anfertigung von Spindel und Mutter zwei verschiedene Werkzeuge nötig sind.

Zur Herstellung der Spindel dient die Kluppe (Schneidkluppe) (Abb. 255a u. b). Dieses Holzschneidzeug besteht in seiner älteren Form aus einem Holzstück mit zwei gedrehten Griffen. Das in der Mitte des Holzstückes angebrachte Loch zeigt an seinen Seitenwänden das eingeschnittene Gewinde. Die beiden Teile dieser Kluppe, der eigentliche Schneidzeugkörper und die Platte (Deckplatte), sind durch Holzschrauben miteinander verbunden.

Der Schneidzeugkörper nimmt 4—6 Gewindegänge auf; er bildet in seiner Form ein eigentliches Muttergewinde. Die Deckplatte enthält ein Loch, welches in seiner Größe dem äußeren Durchmesser der zu schneidenden Schraube gleichkommt und beim Anschneiden der Schraube anfangs nur als Führung dient. Dem dreikantigen Querschnitt des Holzgewindes (sog. scharfes Gewinde) entspricht von unseren schneidenden Werkzeugen der Geisfuß. Dieser wird deshalb in den Schneidzeugkörper und zwar zwischen diesen und der Deckplatte eingelassen und durch Muttern, die wieder mit Haken angezogen, festgehalten. Die Größe und Lage des Geisfußes, auch Zahn genannt, muß mit dem inneren Gewinde der Kluppe vollständig übereinstimmen.

Für größere Schraubengewinde, etwa von 35—40 mm Durchmesser an, werden zwei einander diametral gegenüberstehende Geisfüße (Zähne) in der Weise angeordnet, daß der eine das Gewinde nur etwa zur halben

Gangtiefe einschneidet, während der andere dasselbe vollendet. Die durch die Geisfüße losgelösten Späne treten durch Spanlöcher aus der Kluppe heraus.

Bei Holzgewinden soll immer berücksichtigt werden, daß die Gänge nicht scharf anstoßend angeschnitten werden, sondern daß immer eine Abplattung zwischen den einzelnen hohen Gängen bleibt, da diese sonst zu leicht ausspringen. Das Loch der Deckplatte muß deshalb stets etwas kleiner sein als der äußere Durchmesser der zu schneidenden Schraube. In neuerer Zeit werden die Kluppen vielfach ganz aus Eisen hergestellt; bei dieser Konstruktion werden die Geisfüße durch je zwei Druckschrauben befestigt.

Das Anschneiden einer Schraube erfolgt in der Weise, daß der dem Durchmesser des Deckplattloches entsprechend abgedrehte Holzzylinder in senkrechter Lage eingespannt, die Kluppe mit der Deckplatte nach unten aufgesetzt und mittels der Handhaben gedreht wird. Bei diesen Drehungen ist zu beachten, daß anfangs ein schwacher Druck auf die Kluppe solange ausgeübt wird, bis das angeschnittene Gewinde in der Holzkörpermutter gefaßt wird und dann selbständig weiterläuft. Ein richtiges, haltbares Gewinde kann nur ein festes und hartes Holz, wie Weißbuche, Apfelbaum, Elsbeere usw., liefern.

Zum Schneiden der **Muttern** in das Holz werden die **Gewinde-** oder **Mutterbohrer** (Gewindebolzen) verwendet, von denen zwei Arten im Gebrauche sind.

Die ältere Form, der **Massivbolzen (deutscher Bolzen)** (Abb. 256), besteht aus einem zylinderischen, konisch zulaufenden Eisenstabe, in welchem vier breite Längsfurchen eingearbeitet sind. In die vier vorstehenden Stege sind nun die Schneidzähne, die in Form und Größe dem Gewinde entsprechen, eingeschnitten. Da die Schneidzähne eines solchen Gewindebohrers das Holz unter einem ungünstigen Winkel bearbeiten, kann dieser niemals scharfe und glatte Gewindegänge erzeugen, sondern nur mehr kratzend wirken. Die Verjüngung dieses Bolzens an seiner Einsatzstelle bewerkstelligt ein allmähliches Tieferschneiden des Gewindes.

Entschieden besser arbeitet die zweite Form, der sog. **Hohlbolzen (französischer Bolzen)**. Er besteht aus einer hohlen, röhrenartigen Spindel, an deren äußerem Umfang das zu schneidende Gewinde angeordnet ist. An der unteren Einsatzstelle dieses Hohlbolzens befindet sich ein **Führungszapfen**. Dieser entspricht in Größe dem Kerndurchmesser der zu schneidenden Spindel. Bei Anwendung des Hohlbolzens ist das Loch mit einem gewöhnlichen Bohrer vorzubohren. Das Anschneiden der Gewinde erfolgt bei diesem Bolzen nicht durch kratzende Schneidezähne, sondern durch richtig **schneidende Geisfüße**. Diese geisfußartig zusammenstoßenden Schneiden werden durch schräges Anbohren des ersten Ganges am Bolzen bis zur Höhlung hergestellt. Für stärkere Gewinde werden zwei, ja selbst drei und vier Geisfüße in der Weise angeordnet, daß sie nacheinander zur Wirkung kommen. In solchen Fällen bilden die ersteren Zähne immer Vorschneider, während der letzte Zahn erst das richtige Gewinde schneidet. Die von den Zähnen losgelösten Späne werden sofort durch die Höhlung in das Innere des Bolzens abgeführt.

Die Gewindemuttern werden in den weitaus meisten Fällen quer zur Holzfaser geschnitten. Hierzu eignen sich beide Bolzenformen. Soll jedoch ein Gewinde in der Längsrichtung der Holzfasern angeschnitten werden, so ist der **Hohlbolzen** unbrauchbar, der **deutsche Bolzen** im harten Holz aber noch verwendbar. Für solche Zwecke dient ein besonderer, der sog. **Langlochbolzen**. Der Zahn muß aber hier eine vorzügliche Schärfe haben, weshalb er auswechselbar gemacht wird.

III. Das Schärfen der Schneidwerkzeuge.

Die Schneide eines Werkzeuges verliert bei längerem Gebrauch die richtige Schärfe; diese ist abgenutzt oder, wie man in der Praxis sagt, **das Werkzeug ist stumpf**. Es bedarf deshalb der eigentlich schneidende Teil des Werkzeuges einer öfteren Nachschärfung, die unter bestimmten Winkeln, den Zuschärfungswinkeln, erfolgen muß.

Dieses Nachschärfen, also die Herstellung einer scharfen Schneide, erfolgt fast ausschließlich durch Schleifen auf **Sandsteinen** oder **Schmirgelscheiben**; nur die Sägen, die verschiedenen Kehlhobeleisen sowie die meisten Bohrer können wegen ihrer Formen nicht auf Sandsteinen geschliffen werden. Bei diesen Werkzeugen muß das Nachschärfen entweder mit der Feile vorgenommen werden oder es erfolgt mittels eigens geformter Schmirgelscheiben, wie dies heute bereits in allen größeren Betrieben eingeführt ist.

Das Nachschärfen (Aufhauen) der Feilen und Raspeln ist nicht Sache des Holzarbeiters; diese Arbeit besorgt der Feilenhauer.

Zum Schleifen der Werkzeuge werden meistens Natursandsteine verwendet. Diese bestehen aus verschieden geformten und großen Quarzkörnchen, die durch ein Bindemittel vereinigt sind. Die Quarzkörnchen zeichnen sich vor allem durch große Härte aus. Das Bindemittel kann entweder **kieseliger, toniger** oder **kalkhaltiger** Natur sein. Man unterscheidet deshalb **Kieselsandstein, Tonsandstein** und **Kalksandstein**. Da jedoch die Körnung und das Bindemittel sehr verschieden sein können, ist die Struktur der Steine großen Schwankungen unterworfen. Die kieseligen Bindungen liefern **harte**, die tonigen **weiche** Sandsteine. Ein guter Schleifstein darf jedoch weder zu hart noch zu weich sein. Auf harten Steinen greift der harte Werkzeugstahl zu wenig an, während er auf weichen Steinen zwar rasch angegriffen, dafür aber der Stein sehr schnell abgenutzt wird.

Als guter Schleifstein hat deshalb jener zu gelten, der in seinem ganzen Gefüge ein **gleichmäßiges, feines, scharfes Korn** und **gleichmäßige, aber nicht zu harte, kieselige Bindung** hat. Obwohl ein solches gröberes Schleifmittel verhältnismäßig rasch arbeitet, läßt sich doch mit diesem keine reine, scharfe, sondern nur eine rauhe, rissige Schneide herstellen. Die Fertigstellung der feinen Schneide erfolgt erst durch besonders feinkörnige Steine, die mittels der Hand geführt werden. Diese Arbeit wird als „**Abziehen oder Abstreichen**" bezeichnet.

Wir haben deshalb bei jedem Schleifen das **Ausschleifen** auf gröberen Sandsteinen und das **Nachschleifen** oder **Abziehen** mittels feiner Steine zu unterscheiden.

Die Abziehsteine sind entweder **Natursteine** oder **künstliche Steine**. Beide Arten kommen nur unter Benetzen mit Wasser oder Öl zur Anwendung; man unterscheidet deshalb **Wasser-** und **Ölabziehsteine**.

Einen gewöhnlichen Wasserstein liefert der Tonschiefer, während wieder Quarz und Kiesel die besten Ölsteine geben.

Von den letzteren erzeugen die Arkansas-, Mississippi- und Washita- (Quarz) sowie die Levantiner oder türkischen (Kiesel) Ölabziehsteine die feinsten Schneiden. Sehr gute Wassersteine sind die gelben belgischen Brocken sowie die Thüringer sog. Wetzschalen. Die künstlichen Steine sind meistens Schmirgelfabrikate.

Abb. 257. Rutscherschleifstein.

Eine besonders gute Behandlung verlangen die Ölsteine. Bei deren Benutzung darf kein harzendes Öl Verwendung finden. Diese Steine müssen sehr sauber und staubfrei gehalten werden, da sonst ein Verstopfen der Steinporen und als Folge ein „Verglasen" des Steines eintritt, in welchem Zustand der Stein nicht mehr angreift. Jeder Ölstein ist daher nach jedesmaligem Gebrauch sauber zu reinigen und tunlichst staub- und luftfrei aufzubewahren. Hierzu eignet sich eine mit Petroleum gefüllte Blechbüchse mit Deckel am besten. Diese Art der Aufbewahrung ist vor allem für Arkansassteine notwendig. Zum Schleifen (Abziehen) selbst darf jedoch kein Petroleum, sondern nur gutes Oliven- oder reines Maschinenöl verwendet werden. Zum Abziehen ganz feiner Werkzeuge und Schneiden kommt auch Glyzerin zur Anwendung.

Das Ausschleifen erfolgt entweder auf den sog. Rutschern durch Hin- und Herstreichen des Werkzeuges oder auf rotierenden (runden) Drehschleifsteinen, in beiden Fällen jedoch unter fortwährendem Benetzen des Steines mit Wasser.

Der Rutscherschleifstein (Abb. 257), der eine rechteckige Form hat, liegt für gewöhnlich in einem gut mit Pech ausgegossenen oder auch mit Blech ausgeschlagenen Holzkasten. Dieser enthält zum steten Befeuchten des Steines während des Schleifens etwas Wasser. Der Kasten hat länger und breiter als der Stein zu sein; letzterer muß aber in seiner Höhe etwas aus dem Kasten herausragen.

Die Rutscherschleifsteine sind heute noch in verhältnismäßig sehr vielen Werkstätten zu finden; sie entsprechen jedoch keineswegs den technischen Anforderungen, welche an die Zuschärfung eines rationell arbeitenden Werkzeuges gestellt werden, wie auch das Schleifen eines Eisens auf diesen einen bedeutend größeren Zeitaufwand als auf Drehschleifsteinen verursacht. Sie sollten deshalb schon aus volkswirtschaftlichen Gründen aus unseren Werkstätten verschwinden. Selbst im günstigsten Falle, wenn die zum Schleifen benutzte Fläche des Rutschers vollkommen gerade ist — was übrigens nur höchst selten zutrifft —, kann auf dieser Fläche die Fase des Eisens niemals vollkommen gerade und eben geschliffen werden; sie wird immer etwas rund oder buckelig sein. Die menschliche Hand ist eben nicht in der Lage, das Eisen ohne Unterstützung längere Zeit unter genau gleichbleibenden Winkeln hin und her zu bewegen.

Eine den technischen Anforderungen entsprechende gerade Fase läßt sich nur auf einem in seiner Fläche geraden oder besser etwas abgerundeten, aber gleichmäßig rotierenden Drehschleifstein (Abb. 258) und auch hier nur bei Anwendung einer sog. Auflage herstellen.

Der Drehschleifstein ruht in einem hölzernen oder gußeisernen, auf vier Füßen stehenden Troge. Die Drehung des Steines erfolgt durch eine Kurbel. In den meisten Fällen wird diese durch Fußtritt in Bewegung gesetzt.

Abb. 258. Drehschleifstein mit Auflage.

Bei maschinellem Betriebe läßt sich der Drehschleifstein durch eine an der Kurbelwelle befestigte Riemenscheibe an eine Transmission anschließen. Eine Drehung des Schleifsteines mittels Handkurbel ist unrationell und unpraktisch. Im Gegensatz zum Rutscher darf der Trog des Drehschleifsteines niemals so viel Wasser enthalten, daß der Stein fortwährend im Wasser läuft. Bei Drehschleifsteinen mit Fußbetrieb würde sonst beim Stillstand des Drehschleifsteines immer die gleiche Seite des Steines im Wasser stehen, wodurch der Stein mit der Zeit weicher, beim Schleifen mehr angegriffen und infolgedessen sehr bald unrund werden würde. Es ist deshalb ein Befeuchten des Steines mit Wasser, das durch ein Tropfgefäß von oben zufließt, beim Schleifen vorzuziehen.

Die Erhaltung einer geraden Steinbreite ist auch beim Drehschleifstein eine wesentliche Bedingung.

Es empfiehlt sich deshalb, das zu schleifende Werkzeug nicht fortgesetzt an der gleichen Stelle des Drehschleifsteines anzuhalten, sondern stets in horizontaler Lage nach links und rechts zu bewegen. Ebenso ist anzuraten, auf dem Drehschleifstein, auf welchem Hobeleisen geschliffen werden, nicht auch Drehröhren und Bildhauereisen zu schleifen oder zum mindesten nur durch sachkundige Arbeiter schleifen zu lassen. Geschieht das Schleifen der letzteren Werkzeuge immer in der Mitte des Steines, so muß derselbe in kurzer Zeit hohl werden, wodurch er dann auch zum Schleifen von Hobeleisen ungeeignet wird. Zur Erlangung einer geraden ebenen Schneidfläche des Werkzeuges muß dieses auch beim Drehschleifstein in stets gleicher Lage und Richtung zum Stein bis zur Vollendung des Ausschleifens geführt werden. Das läßt sich aus freier Hand nur bei großer Übung erreichen. Es empfiehlt sich deshalb, an dem Drehschleifstein eine beliebig verstellbare Auflage anzubringen, welche mit Leichtigkeit auf einfache Weise hergestellt werden kann.

Als Ergänzung dieser Auflage hat man verschiedene Hilfsvorrichtungen geschaffen, so z. B. den verstellbaren amerikanischen Schleifapparat, in welchen das Eisen unter den gewünschten Winkeln eingespannt und entweder auf dem Rutscher hin und her bewegt oder auf den Drehstein gehalten wird; doch konnten alle diese Hilfsmittel wegen ihrer Umständlichkeit in der Praxis keinen rechten Eingang finden.

Der Drehschleifstein soll niemals zu klein, etwa unter 50 cm, gewählt werden. Ein Bersten des Steines während der Benutzung ist bei einem gesunden Stein und bei der verhältnismäßig geringen Rotationsgeschwindigkeit nicht zu befürchten.

Von großer Wichtigkeit ist die richtige Befestigung des Drehsteines auf der Welle. Die früher übliche Verkeilung mit kleinen Holzkeilen ist immer unpraktisch und umständlich. Nicht selten geschieht die Befestigung durch Eingießen von Blei, Schwefel oder Zement. Unstreitig ist die richtigste Befestigung nur mittels Spannscheiben, die auf die Welle aufgeschraubt werden, zu erzielen. Zwischen den Spannscheiben und den Stein sind

B. Die aktiven (tätigen, arbeitenden, formgebenden) Werkzeuge

Papp-, Filz- oder Gummischeiben zu legen, damit Stein und Scheiben gut zusammengepreßt werden können.

Abb. 259. Schleifstein- (Schmirgelscheiben-) Abrichter.

Ist ein Drehschleifstein — wohl zumeist bei unrichtiger Behandlung — unrund geworden, so kann er mit einem von der Hand geführten **Schleifsteinabrichter** (sog. **Schleifsteinregler**) (Abb. 259) oder mittels einer **Abdreh-** oder **Abrichtvorrichtung**, deren Anbringung an stark benutzten Drehschleifsteinen immer zu empfehlen ist, oder durch Behauen mit einem Meißel oder auch von jedem Arbeiter durch **Ausgleichen** d. h. durch festes unverrückbares Anhalten eines spitzen, **glasharten Stahles** (alte Sägefeile, auch ein Stück Gasrohr oder dgl)., gegen den bewegten Stein nachgerichtet werden. Am vollkommensten wird das dadurch erzielt, daß man den Stein nach dem Behauen oder Ausgleichen durch Gegenhalten eines anderen härteren Steines glatt schleift.

Von nicht zu unterschätzender Bedeutung ist das richtige **Abziehen** oder **Abstreichen** der Werkzeuge nach dem Ausschleifen.

Jedes einseitig mit Fase zugeschliffene Werkzeug darf nur an der Fase selbst ausgeschliffen werden.

Im allgemeinen ist es in der Praxis üblich, ein Eisen solange zu schleifen, bis sich an der entgegengesetzten Seite der Fase, also an der **Stahl-** oder **Spiegelseite** des Eisens, ein schwacher **Grat (Reif)** gebildet hat. Der so gebildete Grat ist dann das Kennzeichen dafür, daß das Eisen genug geschliffen ist; in Wirklichkeit hat man aber des Guten schon zu viel getan. Dieser Grat ist nun zunächst durch einige Striche über einen Öl- oder Wasserabziehstein zu entfernen. Vollkommen falsch ist es, wenn der Grat — wie man das leider so häufig beobachten kann — auf dem Rutscher oder Drehschleifstein selbst entfernt wird. Durch dieses fehlerhafte Verfahren wird bei jedem Hobeleisen die schwächere Stahlplatte viel rascher abgenutzt, wie auch durch den groben Stein an der Spiegelseite des Eisens Kratzer (kleine Furchen) entstehen, welche dann an der Schneide als Scharten zum Vorschein kommen. Wurde der Grat mittels des Abziehsteines entfernt, so ist mit demselben Stein, besonders wenn es sich um die Bearbeitung von sehr hartem oder astigem Holze handelt, an der geschliffenen Fase eine zweite, kleine Fase anzustreichen.

Bei unseren Schneidwerkzeugen wird der Zuschärfungswinkel mit $18-25°$ angenommen; dieser ist für zu hartes und astiges Holz zu schlank; durch das Anstreichen einer zweiten, kleineren Fase (Abb. 260) läßt sich nun ein Zuschärfungswinkel von $30-35°$ erreichen, welcher das Eisen vor dem leichteren Ausspringen bei Bearbeitung solcher Hölzer schützt.

Außer den Natursandsteinen werden zum Ausschleifen vornehmlich die aus **Schmirgel und Korund**[1]) hergestellten **künstlichen Schleifsteine** benutzt. Da bei deren Herstellung die Schleifkraft den verschiedenen Härtegraden der zu schleifenden Werkzeuge angepaßt werden kann, bewähren

---

[1]) **Korund** = das härteste Mineral nächst dem Diamanten. Man unterscheidet **edlen Korund** (Edelstein, Saphir, Rubin etc.), **gemeinen Korund** (Demantspat, Diamantspat) und **künstlichen Korund** (zumeist aus Abfallprodukten beim Thermitverfahren hergestellt, die teils für sich teils unter Zusätzen anderer Mineralien und verschiedener Bindemittel vermengt und stark gebrannt werden).

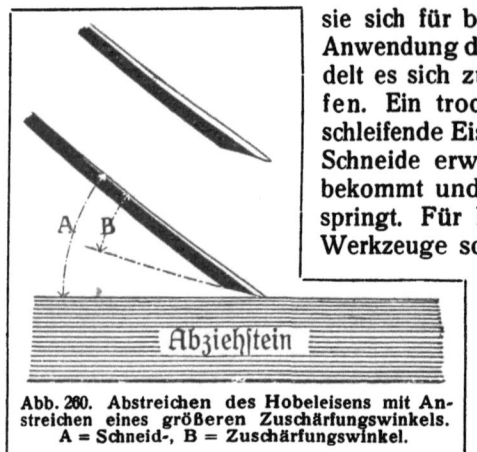

Abb. 260. Abstreichen des Hobeleisens mit Anstreichen eines größeren Zuschärfungswinkels. A = Schneid-, B = Zuschärfungswinkel.

sie sich für bestimmte Zwecke vorzüglich. Bei Anwendung dieser künstlichen Schleifsteine handelt es sich zunächst um das **Trockenschleifen**. Ein trockener Stein erwärmt aber das zu schleifende Eisen meist derart, daß die gehärtete Schneide erweicht bzw. verbrannt wird, Risse bekommt und infolgedessen beim Arbeiten ausspringt. Für Hobeleisen, Stemmeisen und dgl. Werkzeuge scheidet deshalb das Trockenschleifen vollständig aus und ist beim Schleifen dieser Werkzeuge von der Benutzung künstlicher Steine überhaupt abzuraten. Auch das Schleifen von Maschinenhobelmessern ist auf künstlichen Steinen stets mit großer Vorsicht vorzunehmen. Vor allem ist darauf zu achten, daß die Messer nicht zu warm werden und nicht blau oder gelb anlaufen. Zeigt das Messer nach dem Schleifen gelbe oder blaue Flecken, so hat es durch zu große Erwärmung beim Schleifen Schaden genommen.

Der **Schmirgel**, welcher vornehmlich von der Insel **Naxos** (Naxosschmirgel) kommt, ist eine mit **Eisen- und anderen Oxyden** gemischte **kristallisierte Tonerde**. Seine Farbe variiert zwischen blaugrau und blau. Wegen der Beimengung weniger harter Mineralien steht die Härte des Schmirgels hinter anderen Korundarten zurück.

Der feingemahlene Schmirgel wird mit verschiedenen Bindemitteln gemischt, in Formen gepreßt, an der Luft getrocknet und scharf gebrannt. Je nach ihren Verwendungszwecken besitzen die Schmirgelscheiben unterschiedliche Querschnitte.

Ein neues, in letzterer Zeit verwendetes künstliches Schleifmittel, das vielfach als Ersatz für Schmirgel dient, ist das **Karborundum**; es ist dies eine in elektrischen Schmelzöfen aus **Kohle und Kiesel** hergestellte **chemische Verbindung**. Die Schleifkraft derselben ist fast zehnmal größer als die der Schmirgelsteine; ihre Härte nähert sich der des Diamanten.

Alle diese künstlichen Schleifmittel erfreuen sich ob ihrer großen Schärfe, gleichmäßigen Härte und dgl. in mit Kraftbetrieb eingerichteten Holzbearbeitungswerkstätten mit Recht großer Beliebtheit.

Zweiter Teil.

Die Maschinen der Holzbearbeitung.

Nach den Gesetzen der Physik bezeichnet man als Maschine eine Vorrichtung, die bei Vornahme von mechanischen Arbeiten eine Veränderung der Kraftrichtung, des Angriffspunktes der Kraft oder der Größe des Kraftaufwandes bezweckt.

Die Maschine wird durch menschliche, tierische oder Elementarkraft in Bewegung gesetzt.

Als vollkommenste Maschine ist jene zu bezeichnen, welche ihren Antrieb durch Naturkräfte erhält und dann, soweit dies in ihrer Beschaffenheit liegt, automatisch selbständig weiterarbeitet.

Die Maschine hat also den Zweck, irgendeine Kraft in mechanische Arbeit durch einen Bewegungsvorgang umzuwandeln.

Der Hebel, die Rolle und das Wellrad, die schiefe Ebene, der Keil und die Schraube sind die einfachsten Vorrichtungen, welche die an irgendeiner Stelle angreifenden Kräfte umgeändert an einer anderen Stelle zur Wirkung bringen. Man nennt sie deshalb **einfache Maschinen**.

Durch Kombination einfacher Maschinen, also durch vereinte Anwendung mehrerer solcher bei Ausführung einer genau vorbezeichneten Arbeit, entsteht eine **zusammengesetzte Maschine**.

Da die im ersten Teil dieses Bandes besprochenen Werkzeuge unmittelbar durch die Muskelkraft des Menschen in Tätigkeit gesetzte Mittel zur Bearbeitung der Stoffe sind, deren Wirkungsweisen auf den Gesetzen des Hebels und der schiefen Ebene beruhen, können einige derselben als **einfache**, andere selbst als **zusammengesetzte Maschinen** bezeichnet werden.

Nach dem Zweck, dem die Maschinen dienen, unterscheidet man **Kraft-, Arbeits- und Zwischenmaschinen**.

Die **Kraftmaschine** dient zur Aufnahme der treibenden Kraft und verursacht die Bewegung der Zwischenmaschine (Hebel, Kurbel, Wasserräder, Dampfmaschinen, Motore).

Die **Zwischenmaschine** überträgt die empfangene Bewegung an die Arbeitsmaschine (Wellen, Kuppelungen, Zahnräder, Riemengetriebe).

Die **Arbeitsmaschine** erhält ihren Antrieb durch Vermittlung der Zwischenmaschine von der Kraftmaschine und verrichtet die nützliche Arbeit (sämtliche Werkzeugmaschinen als: Drehbank, Hobel-, Fräs- und Bohrmaschinen, Band- und Kreissägen).

Nimmt eine Kraft mit einem Körper eine Ortsveränderung vor, leistet sie eine **Arbeit**. Der Begriff Arbeit setzt daher eine **Kraftäußerung** und gleichzeitig eine **Bewegung** voraus.

Zur Bemessung der **Arbeitsleistung** dient als Einheit das **Meterkilogramm (mkg)**. Man versteht darunter die Arbeit, die erforderlich ist, um 1 kg 1 m hoch zu heben.

Um eine Arbeit beurteilen zu können, muß jedoch noch die Zeit berücksichtigt werden, in der sie ausgeführt wird. Man stellt deshalb fest, wieviel **Arbeit (mkg)** in 1 **Sekunde (sek.)** verrichtet wurde. Die in einer **Sekunde** geleistete Arbeit (mkg/sek.) nennt man eine **Sekundenleistung** oder den **Effekt**.

Da das mkg/sek. für die in der Praxis vorkommenden Arbeitsleistungen eine zu kleine Einheit darstellt, bedient man sich zur Messung der Leistung einer Maschine einer größeren Arbeitseinheit, d. i. der **Pferdekraft** oder **Pferdestärke**.

Unter einer **Pferdekraft** versteht man eine Arbeit, bei der in 1 **Sekunde** 75 kg 1 m hoch oder 1 kg 75 m hoch gehoben werden. (P.S. = Abkürzung für Pferdekraft; englische Abkürzung = H.P. oder HP: horse = Pferd, power = Kraft).[1]

---

[1] Zwischen der deutschen P.S. von 75 mkg/sek. und der englischen H.P. von 550 englischen Fußpfund pr. Sekunde besteht ein geringer Unterschied. Es beträgt 1 P.S. deutsch 0.98633 H.P. englisch oder 1 H.P. englisch 1.01386 P.S. deutsch.

Die Arbeitsleistung von einer Pferdekraft für die Dauer einer Stunde heißt **Pferdekraftstunde**. Diese Leistung liegt jedoch weit über derjenigen, die ein Pferd dauernd zu leisten imstande ist. Man darf deshalb die **mechanische Pferdekraft** nicht mit der Kraftleistung eines Pferdes verwechseln.

An jeder Maschine läßt sich eine **Totalleistung**, eine **Nebenleistung** und eine **Nutzleistung** feststellen. Man könnte diese Leistungen mit dem **Bruttogewicht**, der **Tara** und dem **Nettogewicht** einer Ware vergleichen.

Unter der **Totalleistung (Bruttogewicht)**, auch **indizierte**[1]) **Leistung (P.Si)** genannt, versteht man die Summe von Nutz- und Nebenleistung, also jene Gesamtkraft, die eine Maschine zur Verrichtung nutzbringender Arbeit besitzen muß. Sie gibt die Anzahl der Pferdestärken an, die sekundlich auf den Kolben übertragen werden, bzw. derjenigen, die eine Maschine leisten würde, wenn keine Reibungsverluste in ihr vorhanden wären. Sie kommt vor allem bei Dampfmaschinen, Gasmotoren u. dgl. in Betracht.

Die Maschine hat bei ihrer Bewegung in sich selbst eine Menge Widerstände (Reibungen) und andere Hindernisse zu überwinden. Die Kraftleistung, die zur Überwindung dieser Widerstände erforderlich ist, bezeichnet man als **Nebenleistung (Tara, Leergang der Maschine)**.

Unter **Nutzleistung (Nettogewicht, dem Arbeitsgewinn)**, auch **effektive Leistung (P.Sn)** genannt, versteht man diejenige reine Arbeit, welche eine Maschine in Wirklichkeit verrichtet. Sie ist immer kleiner als die indizierte Leistung.

Das Verhältnis zwischen der **Totalleistung (indizierten Leistung)**, dem **Arbeitsaufwand** und der **Nutzleistung (effektiven Leistung)**, dem **Arbeitsgewinn**, bildet den Maßstab für die Beurteilung der Vollkommenheit einer Maschine und wird als „**mechanischer Wirkungsgrad**" bezeichnet. Man pflegt dieses Verhältnis in Prozenten auszudrücken und bezeichnet beispielsweise als günstigsten Gesamtwirkungsgrad einer Dampfkraftanlage einschließlich Kessel 17.3%, beim Leuchtgasmotor 30.8%, beim Elektromotor 94%. Es ist dies so zu verstehen, daß von 100% Kraft, welche in einer Maschine vorhanden, bei der Dampfkraftanlage 82.7%, beim Leuchtgasmotor 69,2%, beim Elektromotor nur 6% durch Reibung, Wärmeverluste u. dgl. verloren gehen.

Zu jeder maschinellen Anlage in einem Holzbearbeitungsbetriebe gehören:
1. die Einrichtung zur **Krafterzeugung**,
2. die Einrichtung zur **Kraftübertragung** und
3. die Einrichtung zur **Kraftverwertung**.

Kraft-, Arbeits- und Zwischenmaschine sind also hier zu einer **Gesamtmaschine** vereinigt.

A. Die Kraftmaschinen.

Für die maschinelle Einrichtung eines Betriebes der Holzbearbeitung können von allen bis heute bekannten Kraftmaschinen nur das **Wasserrad** und die **Wasserturbine**, die **Dampfmaschine**, der **Elektromotor**, so-

---

[1]) Die Bezeichnung „**indizierte Leistung**" rührt daher, weil dieselbe mit Hilfe des **Indikators** — Vorrichtung, die selbsttätig die Leistung einer Dampfmaschine aufzeichnet — bestimmt wird.

wie von den Verbrennungskraftmaschinen der Leuchtgas- und Sauggasmotor, der Benzinmotor und der Dieselmotor praktische und zweckdienliche Verwendung finden.

Bei der Beurteilung der Brauchbarkeit dieser Kraftmaschinen für einen bestimmten Betrieb darf nicht allein die wirkliche Kraftleistung der Maschine maßgebend sein, sondern es muß vor allem auch geprüft werden, welche Maschine sich für die gegebenen Orts- und Betriebsverhältnisse am vorteilhaftesten eignet.

I. Das Wasserrad und die Wasserturbine.

Die Entwicklung der Dampfmaschine brachte in den 70er und 80er Jahren des vorigen Jahrhunderts einen starken Rückschritt in der Ausnützung der schon seit altersher bekannten Wasserkräfte. Man betrachtete zu jener Zeit derartige an bestimmte Orte gebundenen Anlagen nicht selten als rückständig und veraltet.

Nachdem es jedoch im Laufe der Zeit gelang, die Kraft des fließenden Wassers auch zur Erzeugung von elektrischer Energie heranzuziehen, steht heute die Ausnützung der Wasserkräfte in größtem Stil, ja in allen Kulturstaaten im Mittelpunkt des allgemeinen Interesses.

Durch die technische und wirtschaftliche Möglichkeit, die durch Wasserkräfte gewonnene elektrische Energie in einfacher Weise, selbst auf große Entfernungen weiterzuleiten, wird die Anlage eines Holzbearbeitungsbetriebes von der örtlichen Gebundenheit freigemacht.

Dies ist um so notwendiger, als die Nähe eines größeren Gewässers für einen Schreinerei-, vor allem einen Möbelschreinereibetrieb nicht günstig ist. Das hier vor allem benötigte trockene Holz saugt die verdunsteten Wassermengen aus der Luft mehr oder minder wieder auf, wodurch vielerlei Nachteile entstehen. Derartige Betriebe werden deshalb heute selten, dafür aber — wo es die Anlage gestattet — fast ausschließlich Sägemühlen, Holzwollefabriken, Holzschleifereien u. a. direkt an die Wasserkraftanlagen angeschlossen.

Für die Ausnützung der im fließenden Wasser enthaltenen Kraft kommen die Wasserräder und die Wasserturbinen in Betracht. Ihre Anwendung ist von 2 Faktoren, und zwar von einer sich stets ergänzenden Wassermenge und einem Gefälle, abhängig.

Nach der Lage des Wassereintritts am Radumfang unterscheidet man oberschlächtige (Abb. 261a), rückenschlächtige (Abb. 261b), mittelschlächtige (Abb. 261c) und unterschlächtige Wasserräder (Abb. 261d).

Die älteren Wasserräder nützten nur die Stoßkraft des fließenden Wassers aus. Bei den neueren Wasserrädern beruht die Wirkung des Wassers

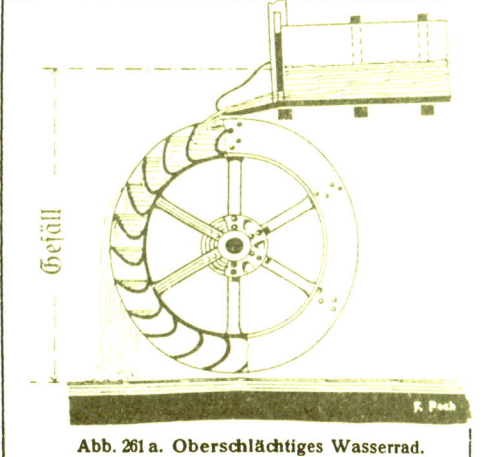

Abb. 261a. Oberschlächtiges Wasserrad.

Zweiter Teil. Die Maschinen der Holzbearbeitung

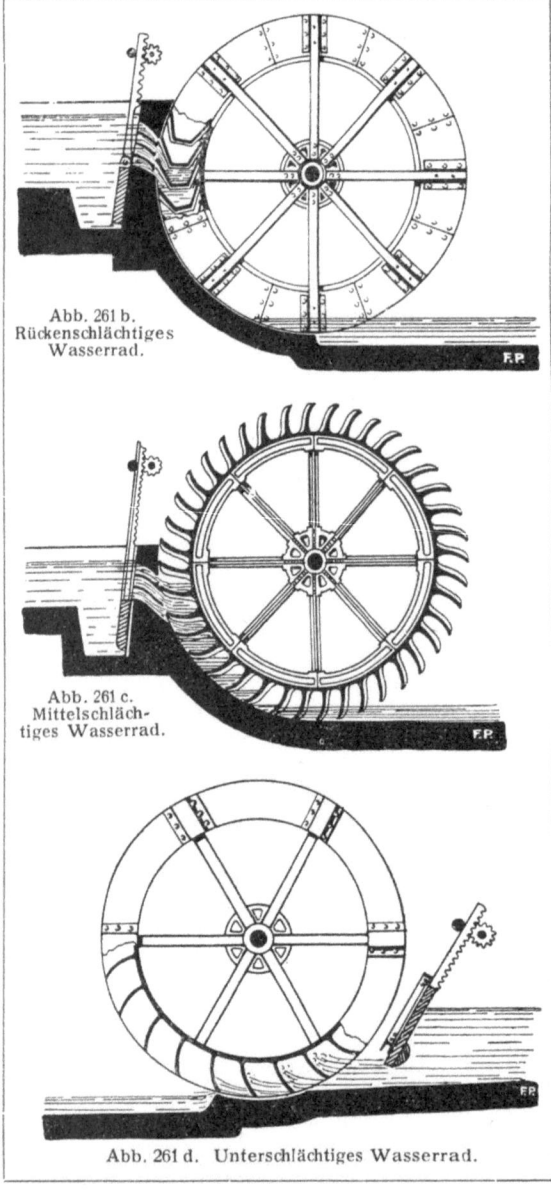

Abb. 261 b. Rückenschlächtiges Wasserrad.

Abb. 261 c. Mittelschlächtiges Wasserrad.

Abb. 261 d. Unterschlächtiges Wasserrad.

— mit Ausnahme des unterschlächtigen Rades — auf seinem Gewicht, welches dem Rad die drehende Bewegung gibt.

Den höchsten Nutzeffekt erzielt das oberschlächtige Wasserrad; sein Wirkungsgrad beträgt bis zu 80%. Das rückenschlächtige Wasserrad besitzt einen Wirkungsgrad von 60%, das mittelschlächtige einen solchen von 50%, während das unterschlächtige Rad nur einen Nutzeffekt von 30% ergibt.

Welche Art des Wasserrades für den jeweiligen Betrieb zu wählen ist, richtet sich nach der Wassermenge und dem Gefälle des Wassers.

Bei der Wasserturbine (Abb. 262 a und b), einem horizontalen Wasserrad mit gekrümmten Schaufeln, wirkt nicht die Schwere, sondern die lebendige Kraft des Wassers durch seitlichen Druck einer Wassersäule auf die stetig gekrümmten Schaufeln des Turbinenrades. Bei einer richtig konstruierten Turbine darf deshalb das Wasser beim Austritt keine Geschwindigkeit besitzen, sonst geht Energie verloren.

Die Turbine ermöglicht die Ausnützung einer Wasserkraft bis zu 85%. Da sie bei gleichem Gefälle eine erheblich höhere Umdrehungszahl als die Wasserräder hat, ist der Kraftverlust ein sehr geringer.

Die Haupttransmission kann direkt von der Turbinenwelle angetrieben werden. Das beim Wasserrad nötige Zwischengetriebe mit Zahnrädern fällt bei der Turbine weg. Eine Turbinenanlage stellt sich meist billiger als eine solide Wasserradanlage, da erstere weniger Wasser- und Gerinnbauten er-

A. Die Kraftmaschinen

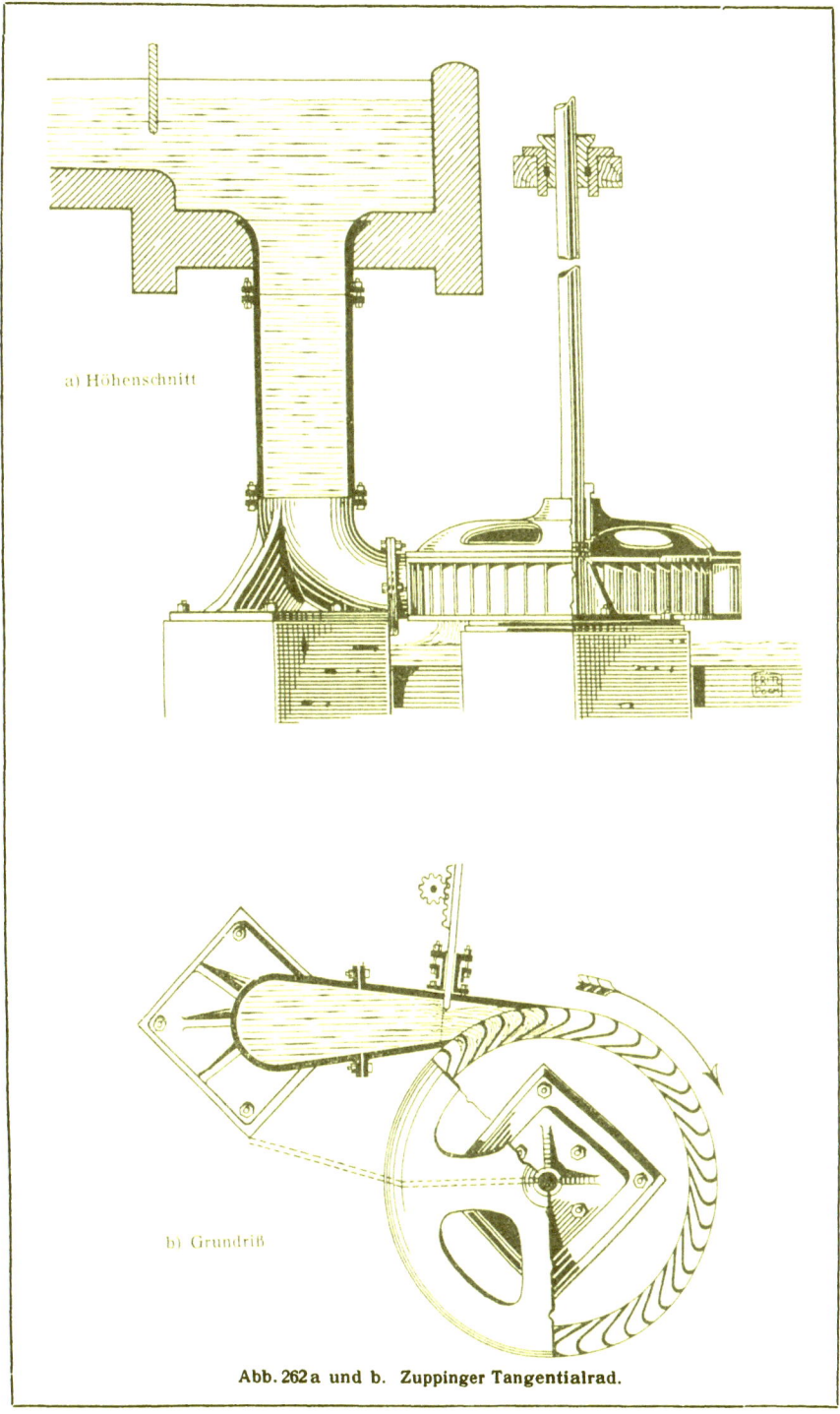

a) Höhenschnitt

b) Grundriß

Abb. 262 a und b. Zuppinger Tangentialrad.

fordert. Die Leistungen der Turbine werden durch Stauwasser nur unwesentlich beeinträchtigt; auch das sehr gefürchtete Grundeis wirkt auf eine entsprechend konstruierte Turbine nicht allzu störend.

Die Turbine ist vor allem da am Platze, wo das Gefälle mehr als 8 m beträgt, oder wo bei geringerem Gefälle größere Wassermengen als 3 cbm/sek. vorhanden sind.

Sind jedoch Gefälle und Wassermenge gering, kommen bei größerem Gefälle sehr erhebliche Schwankungen im Wasserstande vor, wird das Wasser durch starken Laubgang im Herbst oder durch eingewehte Schneemassen oder auch durch Schlingpflanzen verunreinigt, dann sind unbedingt die Wasserräder der Turbine vorzuziehen.

Der Gebrauch von Wasserrädern ist uralt. Wir finden sie schon bei den alten Indern, Assyrern und Ägyptern. Die ältesten Wasserräder sind zweifellos die unterschlächtigen Räder, die im 4. Jahrhundert in Deutschland als Wassermühlen angelegt wurden. Die oberschlächtigen Wasserräder sind zuerst in Deutschland angewendet worden. Eine genaue Beschreibung einer Wassermühle stammt aus der Zeit des römischen Kaisers Augustus. Durch Wasserkraft betriebene Mühlen finden wir nachweislich in Berlin um das Jahr 1286 und Wasserschneidmühlen in Augsburg um 1337. Etwa 1750 baute Professor Segner in Göttingen das nach ihm benannte Wasserrad, welches im Gegensatz zu den älteren vertikallaufenden Rädern eine horizontale Lage hatte. 1824 erfand Burdin das horizontale Wasserrad mit gekrümmten Laufschaufeln, dem er den Namen Turbine[1]) gab. Die erste brauchbare Turbine baute Fourneyron in Besançon im Jahre 1827. Seit dieser Zeit ist eine große Zahl von Turbinenrädern erfunden worden, welche je nach dem Druck des Wasserstrahles auf die Schaufeln, wie auch dem Wasserwege, nach ihrer Regulierbarkeit, ihrer Anordnung und Beaufschlagung, als **Aktions- oder Gleichdruck** und **Reaktions- oder Überdruckturbinen**, ferner als **Axial-, Radial-, Voll-, Partialturbinen** u. noch a. bezeichnet werden.

Die heute bei Neuanlagen hauptsächlich zur Verwendung kommenden Turbinen sind die **Francisturbine (Überdruckturbine)** und das **Peltonrad (Becherrad, Freistrahlturbine, eine besondere Art der Partialturbinen)**. Wenngleich diese beiden Systeme amerikanischen Ursprungs sind, erfolgte ihre erfolgreiche Durchbildung doch in erster Linie in Deutschland.

II. Die Dampfmaschine.

Eine der wichtigsten und vorteilhaftesten Kraftmaschinen für die Holzbearbeitung ist unstreitig die Dampfmaschine.

Sie bezweckt, durch den Druck von gespanntem Wasserdampf Wärme in nützliche mechanische Arbeit umzuwandeln.

Die Kenntnis der Dampfkraft wird zurückgeführt bis auf Heron von Alexandria (150 v. Chr.). Die Nutzbarmachung der Spannkraft des Wasserdampfes zur Erzeugung von Bewegung machte aber erst zum Anfange des 18. Jahrhunderts nennenswerte Fortschritte, als es dem englischen Hauptmann Savery im Jahre 1698 gelungen war, eine Art Dampfmaschine zu erfinden, die von dem Engländer Newcomen vervollständigt und 1705 durch Patent geschützt wurde. Die Newcomensche Maschine war zwar im Grunde

---

1) Vom lateinischen turbo, d. h. Kreisel.

genommen noch keine Dampfmaschine, da sie den Dampfdruck nur zur einseitigen Bewegung des Kolbens benützte, während dessen Rückbewegung durch den äußeren Luftdruck erfolgte. So blieb die Dampfmaschine bestehen, bis der Engländer James Watt begann, die Maschine Newcomens zu verbessern. Er machte dessen **einfach wirkende** Dampfmaschine zur **doppelt wirkenden**, indem er den Dampf abwechselnd auf beide Seiten des Kolbens wirken ließ. Durch seine glänzenden Erfindungen hat Watt die Grundlagen geschaffen für den heutigen Dampfmaschinenbau und seinen Namen als Erfinder der Dampfmaschine unsterblich gemacht.

Jede Dampfkraftanlage setzt sich zusammen aus dem **Dampfkessel**, in dem das flüssige Wasser in Dampf verwandelt wird, und aus der **eigentlichen Dampfmaschine**, die im wesentlichen aus dem Zylinder, dem Kolben, der Kolben- und Pleuelstange, der Kurbel und dem Schwungrad besteht.

Der Dampf ist die bewegende Kraft der Dampfmaschine.

Um den Kolben im Zylinder zu bewegen, muß der Dampf auf denselben einen Druck ausüben, der höher sein muß als der **atmosphärische Druck**. Unter atmosphärischem Druck versteht man das Gewicht, mit dem das ganze Luftmeer (die Atmosphäre) auf die Erde drückt. Die Luft drückt auf jedes Quadratzentimeter ungefähr mit der Kraft von 1 kg (genau 1.0334 kg), was man kurz 1 **Atmosphäre** (abgekürzt 1 Atm.) nennt. Der Dampf im Zylinder muß also zur Bewegung des Kolbens einen höheren Druck (Spannung) als 1 Atm. ausüben. Hat man beispielsweise in dem Dampfzylinder Dampf von 5 Atm. Spannung, so drückt derselbe auf jedes Quadratzentimeter der Kolbenfläche mit der Kraft von 5 kg. Nachdem nun die atmosphärische Luft mit einer Kraft von 1 kg auf jedes Quadratzentimeter von außen einen **Gegendruck** ausübt, wird jedes Quadratzentimeter der Kolbenfläche nur mit 4 kg belastet. Dieser Gegendruck heißt **Überdruck**. Er ist immer um 1 Atm. kleiner als der ganze innere Druck, welcher als **absoluter Druck** bezeichnet wird.

Der Dampf wird erzeugt, indem man dem Wasser im Kessel eine gewisse Wärmemenge zuführt. Die Einheit der Wärmemenge heißt **Wärmeeinheit** (abgekürzt W.E.) oder **Kalorie**. Dies ist jene Wärmemenge, die 1 kg Wasser aufnimmt, wenn es sich um 1^0 C erwärmt (abgekürzt 1 Kal.). Um 1 kg Wasser vollständig in Dampf zu verwandeln, braucht man beispielsweise eine Wärmemenge von 537 Kalorien.

Die Temperatur, bei der das Wasser siedet und in Dampf verwandelt wird, hängt von dem Druck ab, der auf ihm lastet. Bringt man Wasser in einem **offenen Gefäß** zum Sieden, so steht dasselbe unter dem Luftdruck von 1 Atm. Es wird dann bei 100^0 C sieden, läßt sich aber darüber hinaus nicht erhitzen; alle Wärme, die ihm weiter zugeführt wird, dient nur dazu, es zu verdampfen.

Ganz anders ist die Siedetemperatur in einem **geschlossenen Gefäß**, z. B. dem Dampfkessel. Da der sich bildende Dampf hier nicht entweichen kann, verstärkt er den Druck auf das Wasser, welches dann eine höhere Temperatur annehmen muß. So beträgt z. B. die Siedetemperatur bei einem Dampfdruck von 2 Atm. 120^0, bei 10 Atm. schon 180^0 C.

Wird nun in einem Kessel diejenige Menge Dampf erzeugt, die er aufzunehmen vermag, so ist er mit Dampf gesättigt oder mit **gesättigtem Dampf = Sattdampf** erfüllt. Wird dieser gesättigte Dampf in Rohrleitungen zur Dampfmaschine geleitet, so verliert er je nach der Länge, dem Wege und der Beschaffenheit (Isolierung) der Rohrleitungen, zum Teil an Wärme, indem er wieder zu Wasser kondensiert, und daher an Arbeitsvermögen; es tritt der sog. nasse Dampf auf. Die Bildung desselben muß unbedingt vermieden werden.

Zu diesem Zwecke erwärmt man den gesättigten Dampf, bevor er zur Maschine gelangt, noch über seine Erzeugungstemperatur hinaus dadurch, daß er durch besonders geheizte Röhren geleitet wird. Der Apparat, der diesem Zweck dient, heißt Überhitzer. Der überhitzte Dampf besitzt dann mehr Wärme, als er zu seinem Bestehen notwendig hat, kann daher Wärme abgeben, ohne daß sich Teile hiervon in Wasser verwandeln.

Die derzeitigen hohen Preise wie die schwierige Beschaffung aller Feuerungsmaterialien bedingen äußerste Sparsamkeit, weshalb heute fast jede größere Dampfkraftanlage nur mehr mit überhitztem Dampf arbeitet. Dieser bedeutet gegenüber dem Sattdampfbetrieb eine Ersparnis an Feuerungsmaterial und Wasser ohne Erschwerung der Bedienung selbst bis zu 40%.

Der für Dampfmaschinenbetriebe bei ortsfesten Anlagen zumeist benützte Dampfdruck beträgt gewöhnlich 5—6 Atm. Seit einer Reihe von Jahren ist jedoch diese Dampfspannung in steter Steigerung begriffen, so daß man heute selbst bei kleineren Maschinen mit mindestens 8 Atm. Überdruck arbeitet, den man bei größeren Anlagen und mit überhitztem Dampf auf 12, selbst bis auf 15 Atm. steigert.

Die gegenwärtig gebauten Dampfmaschinen sind doppeltwirkende, sog. Kolbendampfmaschinen (Abb. 263). Der Dampf gelangt hier vom Dampfkessel durch eine Rohrleitung zur Maschine, wo er in den Schieberkasten A eintritt. Durch die Kanäle a_1 und a_2 strömt er abwechselnd in den Zylinder B, in welchem der Kolben C, je nach dem Dampfdruck von rechts und links, hin und her bewegt wird. Der Kolben C ist mit der Kolbenstange D fest verbunden und überträgt seine Bewegung auf diese. Durch die Stopfbüchse E tritt die Kolbenstange aus dem Zylinder heraus; gleichzeitig dient diese auch zum Abdichten des Kolbens, so daß an dieser Stelle kein Dampf aus dem Zylinder austreten kann. An dem einen Ende der Kolbenstange sitzt der geradlinig in einer Gleitbahn laufende Kreuzkopf F, an welchem wieder das eine Ende der Kurbel- oder Pleuelstange G drehbar gelagert ist. Das andere Ende der Pleuelstange hält mit dem Kurbelzapfen H die auf die Kurbelwelle K fest aufgekeilte Kurbel J. Auf der Kurbelwelle sitzt das Schwungrad L. Durch das Kurbelgetriebe, als welches man Kreuzkopf, Pleuelstange und Kurbel zusammen benennt, wird die hin und her gehende Bewegung des Kolbens in eine drehende Bewegung der Kurbelwelle umgewandelt. Auf der Kurbelwelle ist vielfach eine Riemenscheibe M befestigt. Von dieser erfolgt durch einen Riemen der Antrieb der Transmission, welche wieder die Arbeitsmaschine der Werkstatt antreibt.

Zur Erzeugung von Dampfkraft bestehen zwei Möglichkeiten, die zwar auf den gleichen Grundsätzen beruhen, in ihrer Ausführung aber doch verschieden sind. Man kann entweder eine Dampfmaschine aufstellen, deren Betriebsdampf durch einen vollkommen selbständigen und räumlich von ihr getrennten Kessel erzeugt wird, oder eine sog. Lokomobile, auf deutsch „vom Platze bewegbar", verwenden, die eine fast unmittelbare Vereinigung von Kessel und Maschine darstellt.

A. Die Kraftmaschinen

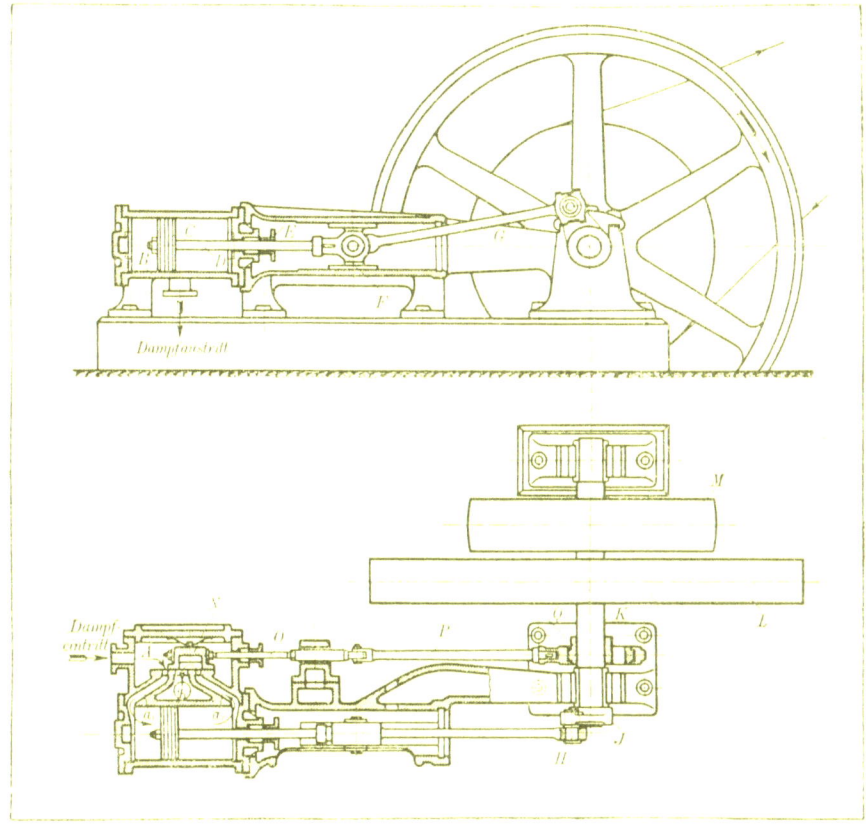

Abb. 263. Doppeltwirkende Kolbendampfmaschine nach Uhrmann-Schuth „Fachkunde für Maschinenbauer".

Von diesen letzteren haben besonders die **Heißdampflokomobilen** einen hohen Grad von Vollkommenheit erreicht und sich bis heute als äußerst zweckmäßige Betriebsmaschinen für Schreinerei- und andere Holzbearbeitungsbetriebe erwiesen. Die Vorteile einer Lokomobile bestehen vor allem darin, daß durch den Wegfall von Dampfleitungen der Wärmeverlust vermindert wird. Sie lassen dadurch bei kleinerem Raum und bequemerer Wartung einen billigeren Betrieb zu, der sich insbesondere auch durch den sparsameren Verbrauch von Dampf und Heizmaterial vorteilhaft bemerkbar macht.

Bezüglich der Tourenzahlen paßt sich die Lokomobile einem schnelleren Laufe besser an als die vom Kessel getrennte Maschine. Während bei letzterer Tourenzahlen von etwa 100—130 in der Minute als normal gelten (bei größeren Maschinen selbst weniger), erhöhen sich diese bei der Lokomobile auf 170—220, wobei die niederen für große, die höheren Tourenzahlen für kleinere Maschinen gelten.

Bei der Einrichtung einer Dampfkesselanlage sind mehrere bau-, feuer- und gesundheitspolizeiliche Bestimmungen und Verordnungen zu beachten. Außerdem bedarf die Aufstellung und Inbetriebsetzung des Dampfkessels nach der Reichsgewerbeordnung einer besonderen behördlichen Genehmigung. Die Einrichtung einer Dampfkraftanlage erfordert stets umfassende

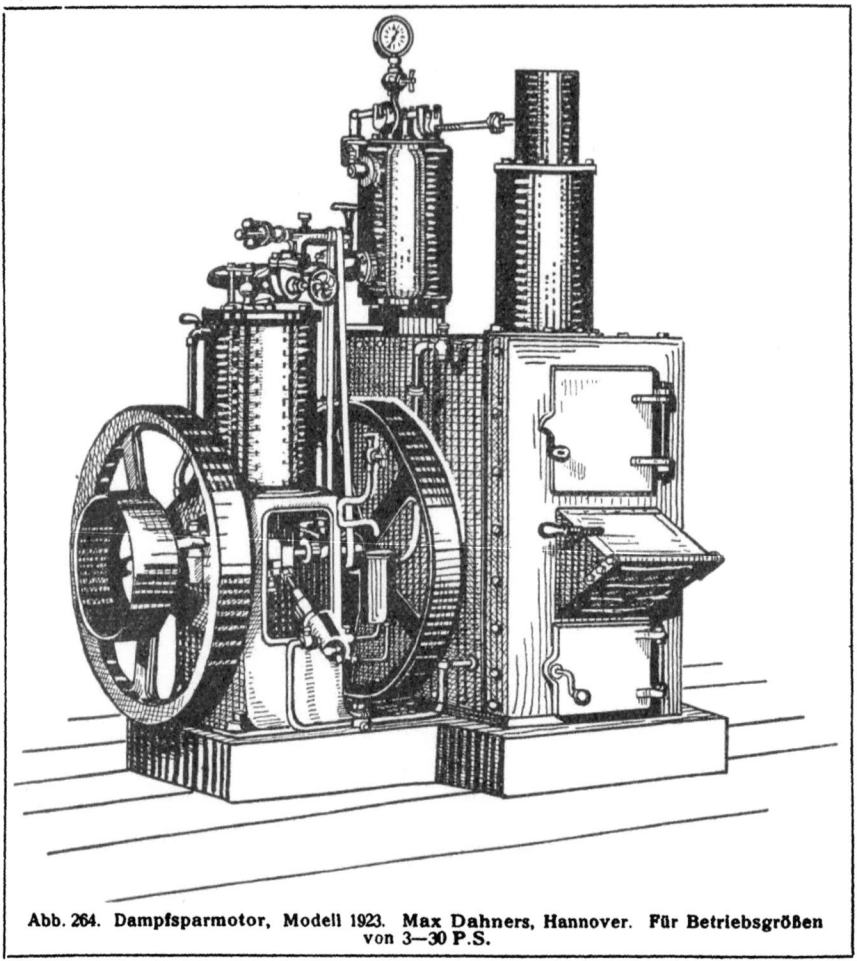

Abb. 264. Dampfsparmotor, Modell 1923. Max Dahners, Hannover. Für Betriebsgrößen von 3—30 P.S.

Vorarbeiten, ausgedehnte Räumlichkeiten und verursacht zudem hohe Kosten, um so mehr als eine ständige Wartung (Heizer) vorhanden sein muß. Das Anheizen des Kessels beansprucht immer eine gewisse Zeit. Dadurch ist die Dampfmaschine nicht jederzeit betriebsbereit, kann also nicht sofort benötigte Kraft abgeben.

Von dieser Kraftmaschine können deshalb nur solche Holzbearbeitungsbetriebe mit Vorteil Gebrauch machen, deren ganze Maschinenanlage ständig in Betrieb steht. Für große Geschäfte ist die Dampfmaschine zweifellos die geeignetste und billigste Antriebsmaschine. Ihre Rentabilität beruht hier nicht allein darauf, daß sie die Verwendung von Holzabfällen zur Kesselheizung gestattet, sondern vor allem auch in der Ausnutzung des Dampfes nicht nur als Kraft, sondern als Frischdampf wie als Abdampf zur Beheizung der Arbeitsräume, zum Trocknen und Dämpfen des Holzes, zum Leimen, Wärmen usw. Außerdem ist sie leicht in Gang zu setzen, behält einen gleichmäßigen Gang bei, arbeitet auch in mangelhaftem Zustande, verträgt eine schlechtere Behandlung und bis zu 40% Überlastung bei vorübergehendem Betrieb.

Für den Kleinbetrieb ist die Dampfmaschine ungeeignet und unrentabel. Hier kann nur die Verwendung von Motoren in Frage kommen, von welchen im Dampfsparmotor (Abb. 264), der in Leistungsgrößen von 3—30 P.S. erbaut wird, eine besondere Kleindampfmaschinentype, entstanden ist. Die Aufstellung eines solchen ist außerordentlich raumsparend und können zur Heizung des Kessels alle Arten von Brennmaterialien Verwendung finden. Die ganze Konstruktion des Kessels, der als Wasserrohrkessel mit stehendem Zylinder und Kolben ausgebildet und dessen Dampfspannung 6—7 Atm. beträgt, schließt eine Explosionsgefahr aus; auch ist der Kessel leicht zerlegbar und rasch und leicht von innen und außen von Kesselstein, Ruß u. dgl. zu reinigen. Der erzeugte Dampf wird durch den im Kessel eingebauten Dampfüberhitzer auf ca. 180—200⁰ C überhitzt und getrocknet.

III. Die Verbrennungskraftmaschinen.

1. Der Leuchtgas- und Sauggasmotor. Die Maschinen beruhen auf der Expansionskraft eines Gemenges von Luft und eines brennbaren Gases. Dieses Gasgemisch wird im Zylinder durch Entzündung zur Verbrennung gebracht. Die dadurch entstehende Wärme verursacht eine Volumensmehrung; diese übt einen Druck auf den Kolben aus und setzt so die Maschine in Bewegung.

Für die eigentliche Entwicklungsgeschichte der Verbrennungskraftmaschinen sind erst die letzten 40 bis 50 Jahre von Bedeutung. Die Idee, die Arbeitsenergie explosiver Stoffe sowie von Gasgemischen zu verwerten, reicht jedoch bis in die zweite Hälfte des 17. Jahrhunderts. Den ersten Vorschlag, in einem mit beweglichem Kolben versehenen Zylinder Pulver zur Verpuffung zu bringen, machte im Jahre 1690 der Physiker Huyghens, während 1779 der Franzose Lebon schon ein Gemisch von Gas und Luft hierzu verwendete. Als im ersten Jahrzehnt des 19. Jahrhunderts in England das Steinkohlenleuchtgas, welches bei der trockenen Destillation der Steinkohle fabrikmäßig gewonnen wird, eingeführt wurde, war dies ein neuer Ansporn für die Erfindung einer Gasmaschine. Doch gelang es erst im Jahre 1860 dem Franzosen Lenoir, eine Gasmaschine herzustellen, die Hugon 1864 verbesserte. Die Betriebskosten dieser beiden Maschinen waren jedoch so hoch, daß ihre Verwendung in der Praxis nicht in Frage kommen konnte. So betrug der Gasverbrauch der Lenoirschen Maschine pro PS-Stunde über 3 cbm, jener der Hugonschen Maschine pro PS-Stunde 2445 l. Erst den beiden Deutschen Otto und Langen in Köln gelang die Erfindung einer wirklich wirtschaftlich arbeitenden Gasmaschine, die auf der Pariser Weltausstellung 1867 mit der goldenen Medaille ausgezeichnet wurde. Der wirtschaftliche Erfolg dieser Maschine war um so unbestrittener, als es gelang, den Gasverbrauch pro PS-Stunde auf etwa 800 l herabzusetzen. Diese erste Otto- und Langensche Maschine kann als eine Vorläuferin der heutigen Flüssigkeitsmaschinen bezeichnet werden, da sie nicht nur mit Leuchtgas, sondern auch mit sog. Gasolingas arbeitete. In weiterer Entwicklung der Gedanken wurde die Maschine von ihren Erfindern verbessert und wiederum auf der Pariser Weltausstellung 1878 ein neuer, von Otto erfundener und nach ihm benannter Motor (Otto-Motor) ausgestellt, welcher nach dem Prinzip des Viertaktsystems (Abb. 265) arbeitete.

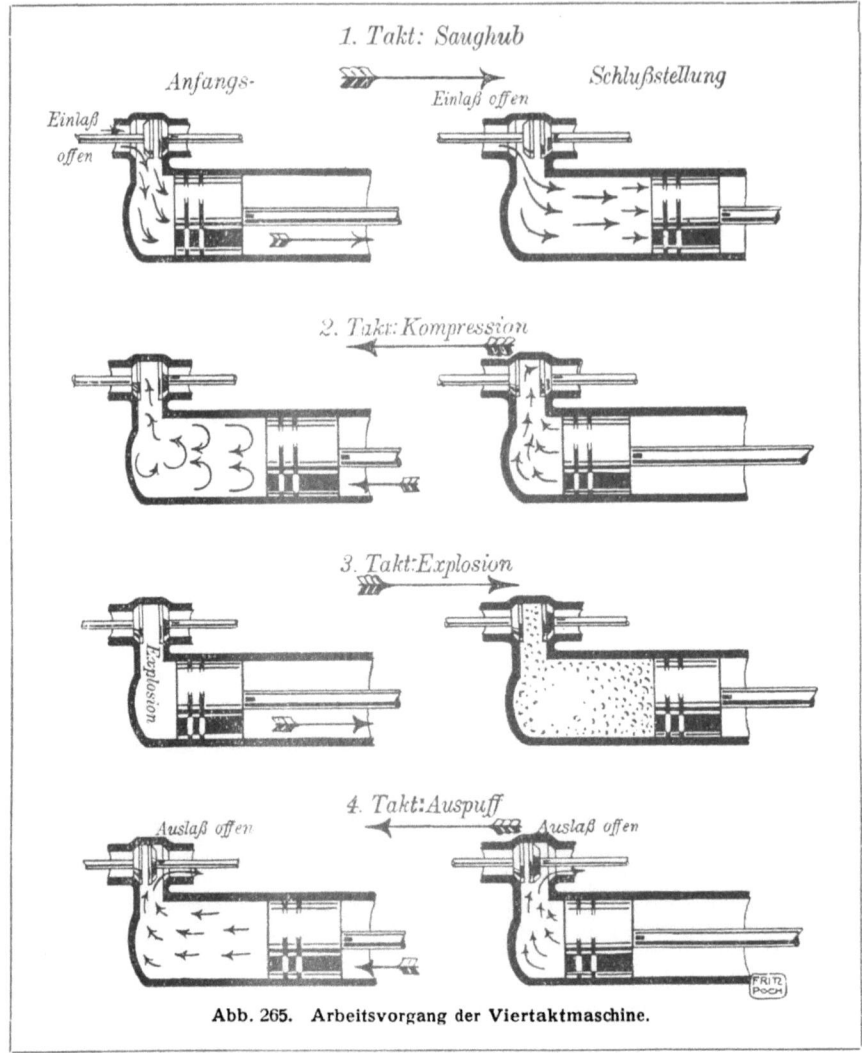

Abb. 265. Arbeitsvorgang der Viertaktmaschine.

Das Viertaktsystem besteht aus folgenden Vorgängen:

Beim ersten Kolbenvorgang tritt das Ansaugen eines Gemisches von Luft und Brennstoff ein;

beim ersten Kolbenrückgang erfolgt ein Verdichten dieser Ladung im Verdichtungsraum;

beim zweiten Kolbenvorgang entsteht im Totpunkte die Entzündung der Ladung, wodurch eine Arbeitsleistung der gespannten Verbrennungsstoffe entsteht;

beim zweiten Kolbenrückgang erfolgt ein Ausstoßen des explodierten Gasgemisches.

Nach diesem Prinzip arbeiten heute fast alle auf dem Markte befindlichen Gasmaschinen.

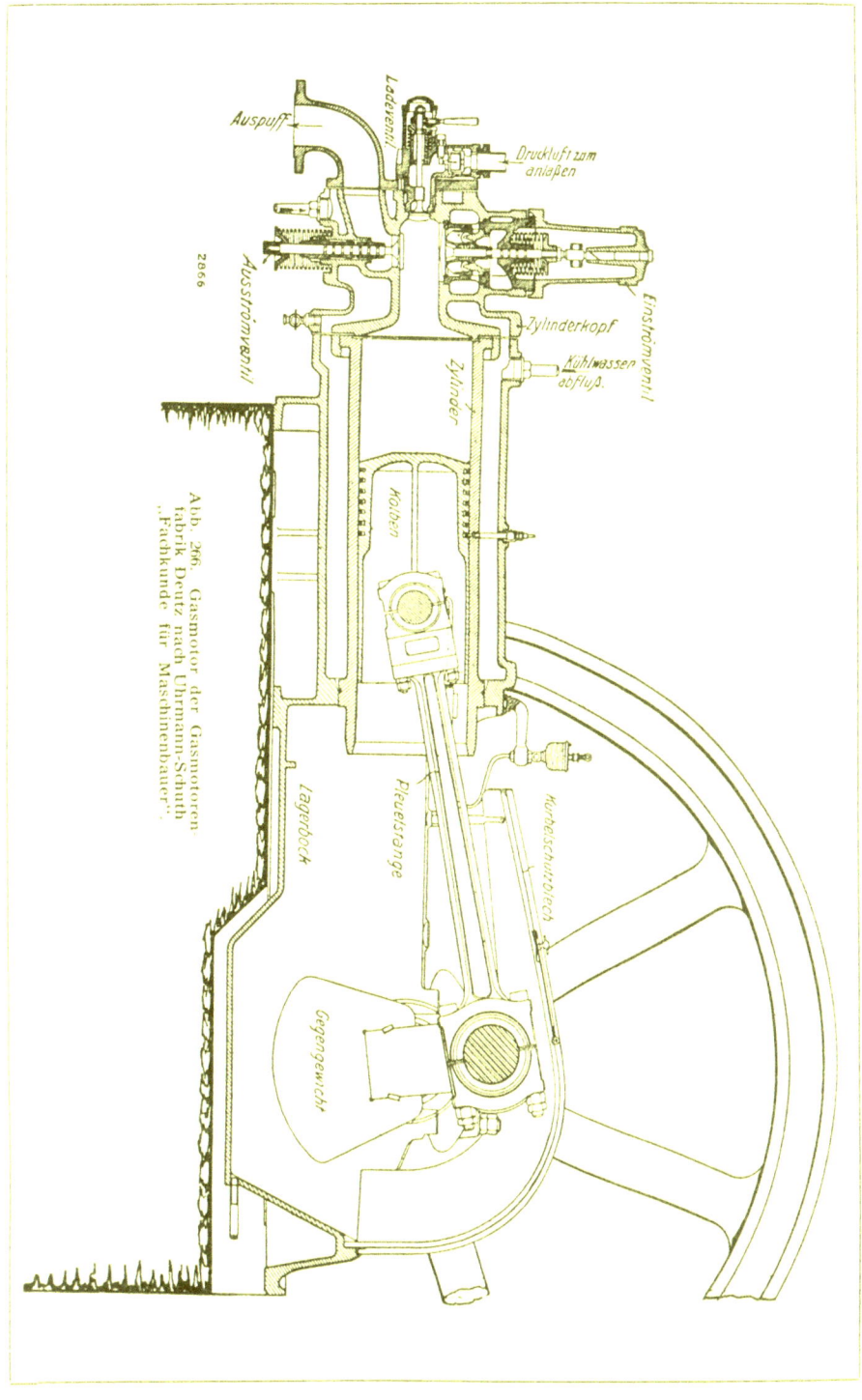

Abb. 206. Gasmotor der Gasmotorenfabrik Deutz nach Uhrmann-Schuth „Fachkunde für Maschinenbauer".

Die Abb. 266 zeigt einen Gasmotor der Gasmotorenfabrik Deutz im Längsschnitt. Durch das Einströmventil gelangt hier ein Gemisch von Gas und Luft in den Zylinder, in welchem es durch eine Zündvorrichtung zur Entzündung gebracht wird. Die Entzündung des Gasgemisches erfolgt heute fast ausschließlich durch einen elektrischen Funken, für den der erforderliche Strom auf magnet-elektrischem Wege erzeugt wird. Durch die im Augenblicke der Zündung eintretende Explosion des Gasgemisches erfolgt ein Druck auf den Kolben, der sich hierdurch vorwärts bewegt. Die Bewegung des Kolbens wird mittels einer Pleuelstange und Kurbel auf eine Kurbelwelle übertragen, auf welcher sowohl das Schwungrad als auch in der Regel die Riemenscheibe befestigt ist. Von dieser erfolgt durch eine Haupttransmission der Antrieb der verschiedenen Arbeitsmaschinen der Werkstatt. Durch das Ausströmventil gelangen beim Rückgang des Kolbens die verbrauchten Gase ins Freie.

Von wesentlicher Bedeutung für die gute Entzündbarkeit des Gases ist das richtige Mischungsverhältnis von Luft und Gas, das jedoch je nach dem Heizwert des Gases verschieden sein muß. Ein gutes Mischungsverhältnis für Leuchtgas besteht aus 16—17 Raumteilen Leuchtgas und 83—84 Raumteilen Luft, also im Verhältnis von 1:5,25 — 1:6. Besteht die Mischung im Zylinder eines Gasmotors aus weniger als 8 Raumteilen Leuchtgas und 92 Raumteilen Luft oder aus mehr als 19 Raumteilen Leuchtgas und 81 Raumteilen Luft, so tritt keine Explosion ein.

Der im Zylinderrohr sich hin- und herbewegende langgestreckte Kolben ist durch eine Anzahl Kolbenringe gut gegen die Zylinderwandung abgedichtet.

Durch die sich stets wiederholenden Explosionen wird der Zylinder wie auch der Zylinderkopf sehr stark erhitzt. Um zu vermeiden, daß durch diese starke Erwärmung eine Selbstzündung des Gasgemisches eintritt, auch das zur Schmierung des Kolbens dienende Öl verdampfen und der Kolben sich nach kurzer Zeit festsetzen könnte, muß eine besondere Kühlung der Zylinders und Zylinderkopfes vorgenommen werden.

Zu diesem Zwecke ist der eigentliche Laufzylinder sowie der Verbrennungsraum von einem zweiten Mantel, dem sog. Kühlmantel, umgeben. In dem verbleibenden Zwischenraume (Kühlraum) zirkuliert kaltes Wasser, das durch eine Leitung von unten zugeführt und nach Umströmung des Zylinders und Zylinderkopfes oben abgeleitet wird. Das letztere ist aus dem Grund notwendig, um sich jederzeit von der richtigen Funktionierung der Kühlung zu überzeugen.

Der Verbrauch eines Gasmotors an Kühlwasser beträgt etwa 20—30 Liter pro PS-Stunde. Das Wasser besitzt beim Verlassen eine Temperatur von ca. 50—60° C.

Als ein Nachteil des Gasmotors muß bezeichnet werden, daß er nicht von selbst anläuft, sondern erst durch äußeres Zutun in Gang kommt. Die Ingangsetzung kann bei kleineren Motoren durch direktes Drehen am Schwungrad — oder auch von Hand mit einer Sicherheitskurbel erfolgen, während bei Motoren über 15 PS das Anlassen in der Regel mittels Druckluft erfolgt.

Als Kraftquelle für den Gasmotor dient gewöhnlich das aus der Steinkohle gewonnene farblose und infolge seines Gehaltes an Kohlenoxyd

A. Die Kraftmaschinen

sehr giftige Leuchtgas, mit dem bekannten durchdringenden Geruch. Dieses schon vor dem Kriege verhältnismäßig teure Gas konnte auch damals nur für kleinere Motoren in Frage kommen. Heute liegen die Verhältnisse noch ungünstiger.

Der Leuchtgasmotor erfüllt die an Kraftmaschinen zu stellenden Anforderungen vollständig. Er nimmt wenig Platz ein, ist leicht aufzustellen und in Betrieb zu setzen und bedarf keiner ständigen Wartung; er ist stets betriebsbereit, und es erwachsen Betriebskosten nur für die tatsächlich gelieferte Arbeitsleistung. Allerdings verträgt er keine, auch nicht die geringste Überlastung, und es verteuert sich der Betrieb, wenn der Motor nicht in seiner vollen Leistungsfähigkeit in Anspruch genommen wird. Diese Steigerung des Betriebsmittelverbrauches beträgt beispielsweise bei einem 10 PS Gasmotor mit nur 5 PS Ausnutzung 30—40%. Die Stärke des Motors muß deshalb dem Höchstmaß des Kraftbedarfs sämtlicher Arbeitsmaschinen entsprechen. Der Gasmotor ist deshalb vorwiegend dort am Platze, wo eine gleichmäßige, ununterbrochene Inspruchnahme der Werkzeugmaschinen in Frage kommt. Ein Motor über 25—30 PS ist wegen der Höhe der Gaspreise nicht mehr rentabel.

Für diese größeren Maschinen kommt dann entweder das Gicht- oder Hochofengas, das Koksofengas oder das aus unterschiedlichen Brennstoffen erzeugte Kraftgas in Frage.

Die als Nebenprodukte bei Hütten- und Steinkohlenwerken entstehenden Hochofengichtgase sowie die Koksofengase sind für die Großgasmaschinen der Hüttenwerke von außergewöhnlich hoher wirtschaftlicher Bedeutung; für andere Betriebe kommen sie nicht in Frage, hier kommt nur das Kraftgas zur Verwendung. Der Gasverbrauch, der von dem Heizwert des Gases und der Maschinengröße abhängig ist, beträgt für kleinere Motoren für die effekt. Pferdekraftstunde beim Leuchtgas etwa 0,6 cbm. Für größere Maschinen bis zu 100 PS beträgt der Gasverbrauch beim Koksofengas etwa 0,75—1, beim Kraftgas 2,3—3,6 cbm.

Wenn auch für die Aufstellung eines Gasmotors ein besonderer Raum nicht notwendig ist, empfiehlt es sich bei den staubentwickelnden Holzbearbeitungsmaschinen doch, den Motor durch einen Holzverschlag vom Arbeitsraum zu trennen.

Für die richtige Aufstellung und Instandhaltung des Gasmotors ist die Einhaltung einiger Bestimmungen unerläßlich. Die Transmission muß immer Fest- und Losscheibe haben. Die Gaszuleitungsrohre müssen in der Nähe des Motors sorgfältig vor Staub und Unreinlichkeit geschützt werden, um ein Verstopfen der Ventile und Zylinder und dadurch eine Betriebsstörung zu verhindern. Gute Schmierung und öftere Reinigung der Ventile schließen eine Betriebsunterbrechung fast völlig aus.

Der Leuchtgasmotor ist stets an die Nähe einer Gasanstalt gebunden und seine Wirtschaftlichkeit von dem Gaspreise abhängig.

Um den Gasmotor auch dort verwenden zu können, wo die direkte Zufuhr des Gases mangelt, mußte er sich durch selbständige Erzeugung des Betriebsstoffes vom Gaswerk freimachen.

Dies wird durch den Sauggasmotor (Abb. 267) ermöglicht, welcher aber erst von 8 PS an aufwärts gebaut wird, daher für kleinere Betriebe nicht in Frage kommt.

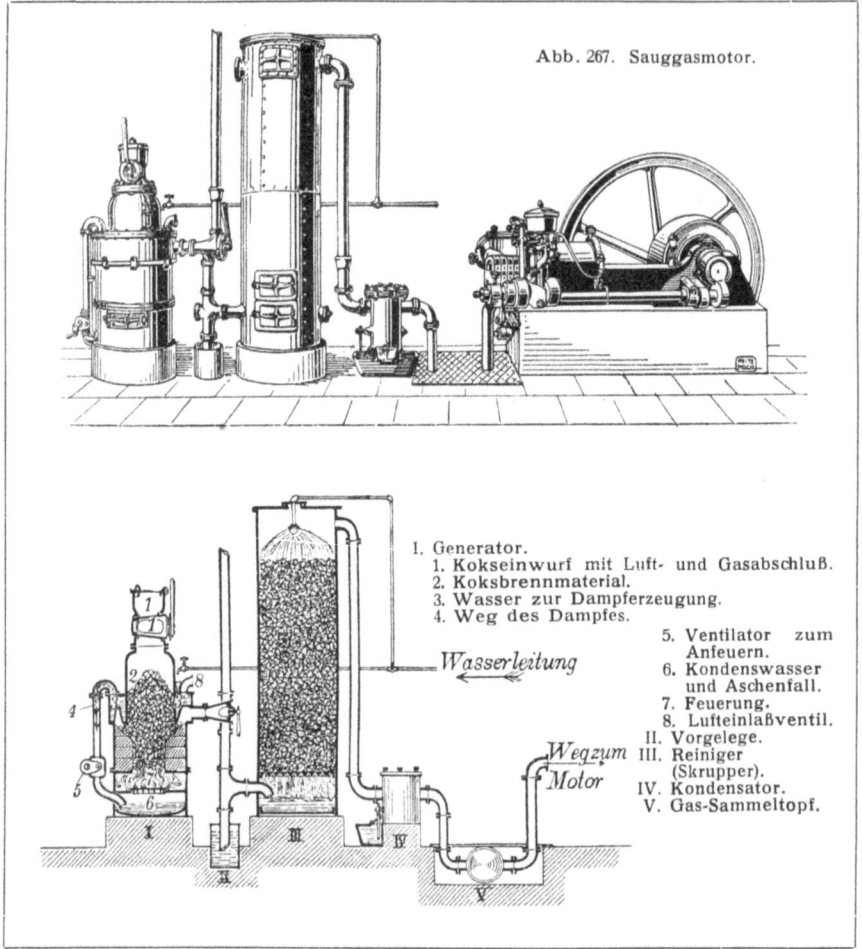

Abb. 267. Sauggasmotor.

I. Generator.
1. Kokseinwurf mit Luft- und Gasabschluß.
2. Koksbrennmaterial.
3. Wasser zur Dampferzeugung.
4. Weg des Dampfes.
5. Ventilator zum Anfeuern.
6. Kondenswasser und Aschenfall.
7. Feuerung.
8. Lufteinlaßventil.
II. Vorgelege.
III. Reiniger (Skrupper).
IV. Kondensator.
V. Gas-Sammeltopf.

Eine **Sauggasanlage** erzeugt das zu ihrem Betrieb notwendige Gas (Kraftgas) in dem **Gaserzeuger** (**Generator**) selbst. Dieses Kraftgas[1]) ist ein aus festen Brennstoffen hergestelltes, nichtleuchtendes Gas, welches speziell nur für den Betrieb von Gasmaschinen bestimmt ist.

Bereits in den siebziger Jahren des vorigen Jahrhunderts konstruierte der Engländer Emerion Dowson einen Generator, welcher als Vorgänger unserer heutigen Sauggasanlagen zu betrachten ist. Obwohl Dowson als der Erfinder der Kraftmaschinen bezeichnet werden kann, wurden doch schon vor ihm Anlagen gebaut, welche fast nach dem gleichen Prinzip der Einführung von Luft und Dampf in eine glühende Brennstoffschicht arbeiteten. Einen glänzenden Erfolg fand der gegen Ende der neunziger Jahre von Taylor in Paris erbaute Sauggasgenerator, welcher mit der bereits erprobten Viertaktmaschine arbeitete und der als Vorbild diente für die in den letzten Jahren in großer Zahl entstandenen Sauggasgeneratoren.

---

1) Nach seinem Erfinder auch als „Dowsongas" bezeichnet.

A. Die Kraftmaschinen

In neuerer Zeit werden derartige Anlagen zumeist ohne Dampfkessel in der Weise ausgeführt, daß Luft und Wasserdampf nicht durch die glühenden Kohlen gedrückt (**Druckgasgeneratoren**), sondern hindurch gesaugt werden, und zwar durch den Motor selbst während des ersten Hubes des Ansaugens (**Sauggasgeneratoren**). Diese letztere Konstruktion hat sich wegen ihrer Einfachheit, Gefahrlosigkeit und Billigkeit außerordentlich schnell eingeführt.

Während bei den älteren **Druckgasgeneratoren** zur Erzeugung des Gases nur die **bitumenfreien**[1] Brennstoffe wie Anthrazit, Holzkohle, Hütten- und Gaskoks Verwendung fanden, können zur Erzeugung des Gases in den **Sauggeneratoren** nebst den oben genannten auch andere **bituminöse** Brennstoffe, wie fette Steinkohle, Braunkohle, ja selbst Torf und Holz zur Verwendung kommen. Von der Art des verwendeten Brennstoffes ist jedoch die Bauweise des Generators ganz und gar abhängig und sind für die Vergasung von bituminösen Brennstoffen besondere Generatorenkonstruktionen unbedingt notwendig.

Ihre Konstruktion erfolgt in der Regel mit zwei Brennzonen, von denen die zweite Brennzone dazu dient, die in der ersten sich entwickelnden Teerdämpfe zu verbrennen.

Bei den Versuchen, Holz bzw. Holzabfälle im Generator zu vergasen, wurden bisher schon ganz ermütigende Erfolge erzielt. Das zu vergasende Holz darf jedoch keinen höheren Feuchtigkeitsgehalt als 20—30% besitzen und darf nicht nur ausschließlich aus Hobel- und Sägespänen bzw. loser Borke bestehen.

In der Abb. 267 ist oben eine **Sauggasgeneratorenanlage mit Motor** in der Ansicht und unten eine solche ohne Motor im Schnitt dargestellt. Eine solche Anlage besteht in ihrer Hauptsache aus dem eigentlichen **Gaserzeuger (Generator I)**, dem **Reiniger (Wascher oder Skrubber III)**, dem **Kondensator (Trockenreiniger IV)** und dem **Gassammeltopf V**. Zwischen Generator und Reiniger befindet sich zumeist noch ein **Vorgelege II**. Alle angeführten Teile sind durch eine Rohrleitung miteinander verbunden.

Der **Generator** stellt eine Art Schachtofen dar, dessen Innenwand zum Teil mit feuerfestem Material ausgekleidet ist. Der zur Aufnahme des **Brennmaterials (2)** dienende Innenraum enthält unterhalb der **Feuerung (7)** und dem Rost einen **Aschenkasten (6)**, der auch Wasser aufnehmen kann. Oberhalb des eigentlichen Verbrennungsschachtes befindet sich an der äußeren Wandung eine teilweise mit Wasser gefüllte **Verdampfungsschale (3)**, in welcher der zur Bildung des Kraftgases benötigte Wasserdampf erzeugt wird. Die Füllung des Generators mit Brennmaterial erfolgt durch einen besonderen **Fülltrichter (1)**, welcher unter doppeltem Verschluß gehalten wird. Dieser Doppelverschluß verhindert beim Nachfüllen von Brennmaterial den Zutritt der Luft und somit eine Verschlechterung des zu erzeugenden Gases. Durch das **Lufteinlaßventil (8)** gelangt infolge der Saugwirkung des Motors beim Saughube Luft in die Verdampfungsschale, in der eine Mischung mit dem Wasserdampf erfolgt. Dieses Dampf-

---

[1] Bitumen = Erdpech; bituminös = erdpechartig. Im weiteren Sinne werden unter Bitumen verschiedene meist aus Kohlenstoff und Wasserstoff bestehende, flüssige oder feste Substanzen von brenzlichem oder teerartigem Geruch verstanden.

gemisch gelangt durch das Rohr (4) in den Aschenkasten und unter den Rost, von wo es durch die glühende Brennstoffschicht nach oben steigt und dadurch die Bildung des Kraftgases ermöglicht.

Die Inbetriebsetzung der Anlage aus dem kalten Zustand dauert je nach Größe der Anlage 30—60 und mehr Minuten und geschieht mit Hilfe des Ventilators (5).

Das aus dem Generator austretende Gas wird nun zwecks Reinigung dem Reiniger oder Skrubber zugeleitet. Das untere offene Ende des Zuleitungsrohres ragt in das mit Wasser gefüllte Vorgelege, in welchem sich die schwereren mitgerissenen Flugascheteilchen abscheiden und nicht erst in den Reiniger gelangen.

Der Reiniger besteht aus einem großen Blechzylinder, der mit gewaschenem Hüttenkoks gefüllt ist. Dieser wird durch eine Brause von oben fortwährend mit Wasser berieselt. Das Gas steigt durch die Koksmasse auf, dem herabrieselnden Wasser entgegen, wodurch es gereinigt und abgekühlt wird.

Der Kondensator (Trockenreiniger), in den das Gas aus dem Skrubber gelangt, dient nicht nur zur Trocknung desselben, sondern auch zur Abscheidung etwaiger Teerbestandteile, weshalb er auch vielfach als Teerabscheider bezeichnet wird. Von hier tritt das Gas in den Gassammler (Gassammeltopf, Sammelkessel), aus welchem der Motor bei jedem Saughub das erforderliche Gas heraussaugt. Kurz vor dem Motor ist noch vielfach ein Schlußreiniger angebracht, so daß nur genügend gereinigtes Gas in den Motor gelangt.

Die modernen Sauggasanlagen arbeiten zwar ohne Rauch und Rußbelästigung, weshalb sie sich auch zur Aufstellung in dichtbebauten Stadtteilen eignen, doch erfordern immerhin die übelriechenden Abwässer wie auch die Abgase besondere Vorkehrungen zu ihrer Beseitigung.

Wenngleich eine Sauggasanlage weniger Bedienung als eine Dampfmaschine erfordert, stellt sie andererseits wieder höhere Anforderungen an die Intelligenz und Gewissenhaftigkeit des Bedienungspersonales.

Für die Aufstellung einer Sauggaskraftanlage sind gewisse baupolizeiliche Anordnungen vorgeschrieben.

Auch der Sauggasmotor bietet Wärmeausnutzung, wenn auch in bedeutend geringerem Maße als die Dampfmaschine. Ein weiterer Nachteil gegenüber der Dampfmaschine ist seine außerordentlich geringe Kraftreserve, welche bei Belastungsschwankungen einen unregelmäßigen Gang verursacht. Da auch der Brennstoffverbrauch bei Teilbelastungen nahezu der gleiche bleibt, ist ein wirtschaftlicher Vorteil nur bei der größten gleichmäßigen Dauerbelastung gegeben.

Der Brennstoffverbrauch beträgt je nach Größe und Konstruktion der Anlage pr. effek. PS-St. bei Anthrazit ca. 0,39—0,42, bei Koks 0,42—0,56, bei Stein- und Braunkohle 0,48—0,59 bez. 0,72—1,43, bei Torf 1,1—1,67 und bei Holz 0,86—1,67 kg.

2. Der Benzin- und Benzolmotor. Um den Gasmotor von örtlichen Verhältnissen unabhängig, für das Kleingewerbe aber dennoch rentabel zu machen, finden neben den gasförmigen auch flüssige Brennstoffe wie Benzin, Benzol, Petroleum, Spiritus u. a. Verwendung. Diese Stoffe müssen jedoch vor der Verbrennung verdampft werden, worauf sich der Tätigkeitsprozeß

A. Die Kraftmaschinen

in der Maschine in derselben Weise wie bei den mit gasförmigen Brennstoffen betriebenen Maschinen vollzieht.

Von den für solche Brennstoffe konstruierten Motoren hat nur der Benzin- bzw. Benzolmotor für die Holzbearbeitung Bedeutung. Er wird in 1—8 effektiven PS hergestellt und zeigt in der Anordnung seiner Hauptteile nur insofern eine Abweichung vom Gasmotor, als noch ein Verdampfungs- oder Zerstäubungsapparat vor dem Einlaßventil hinzukommt, der den flüssigen Brennstoff in Gas verwandelt und als Vergaser bezeichnet wird. Der Benzinmotor erfordert mehr Sorgfalt in der Wartung als der Leuchtgasmotor. Die Feuergefährlichkeit des Benzins sowie die mit seiner Aufbewahrung verbundenen Unannehmlichkeiten dürfen nicht außer acht gelassen werden. Für die Sicherheit des Betriebes müssen Vorsichtsmaßregeln getroffen werden. Insbesondere muß für die sorgliche Unterbringung der Benzinfässer in einem besonderen feuersicheren, durch massive Wände, Decke und Boden von den übrigen Räumen getrennten Raum gesorgt werden.

Der Verbrauch von Benzin bzw. Benzol beträgt im Durchschnitt für die effekt. PS-St. etwa 0,3 kg Benzin oder 0,25 kg Benzol.

3. Der Dieselmotor (Einspritzmaschine). Im Jahre 1893 veröffentlichte der Ingenieur Rudolf Diesel in München-Augsburg eine Schrift, in der er die Konstruktion eines neuen Wärmemotors besprach, welcher an Wirtschaftlichkeit des Betriebes alle vorhandenen Motorsysteme übertreffen sollte. Aber erst im Jahre 1897 ist Diesel die glänzende Lösung dieses Problems geglückt, indem er durch Anwendung einer sehr hohen Verdichtung sowohl eine vorzügliche Brennstoffausnutzung als auch eine schnelle und sichere Zündung erreichte.

Der zu den Gleichdruckmotoren gehörige Dieselmotor (Abb. 268) arbeitet gleich dem Gasmotor einseitig wirkend und im Viertakt. Seine Betriebsweise ist etwa folgende:

Nachdem der Motor durch das Anlaßventil mittels Druckluft, die von einer an ihm befindlichen Pumpe selbsttätig erzeugt wird, in Betrieb gesetzt ist, wird durch das Ansaugeventil während des ersten Abwärtsganges des Arbeitskolbens, dem ersten Takthube, reine atmosphärische Luft in den Zylinder gesaugt. Diese wird beim ersten Aufwärtsgang des Kolbens, dem zweiten Takthube, auf 30—35 Atm. verdichtet (komprimiert) und dadurch auf 600—700° C erhitzt. In dem obersten Totpunkte des Arbeitskolbens beginnt nun mittels der Druckpumpe die allmähliche Zuführung des Brennstoffes durch das Brennstoffventil in die glühend heiße Luft. Da die Temperatur dieser gepreßten Luft weit über der Entzündungstemperatur des Brennstoffes liegt, entzündet sich dieser ohne besondere Zündvorrichtung von selbst, die entstehenden Verbrennungsgase treiben den Kolben nach abwärts, wodurch der dritte Takthub, zugleich der eigentliche Arbeitshub entsteht. Beim vierten Takthube, der zweiten Aufwärtsbewegung des Kolbens, werden die verbrannten Gase durch das Ausströmventil ins Freie geschoben, worauf sich der Arbeitsvorgang von neuem wiederholt.

Als Brennstoffe dienen Rohöl, Rohnaphtha, Gasöl sowie andere verhältnismäßig billige Brennstoffe und beträgt der Brennstoffverbrauch je nach Art des Brennmateriales und der Motorgröße 0,20—0,30 kg für die effek. PS-Stunde.

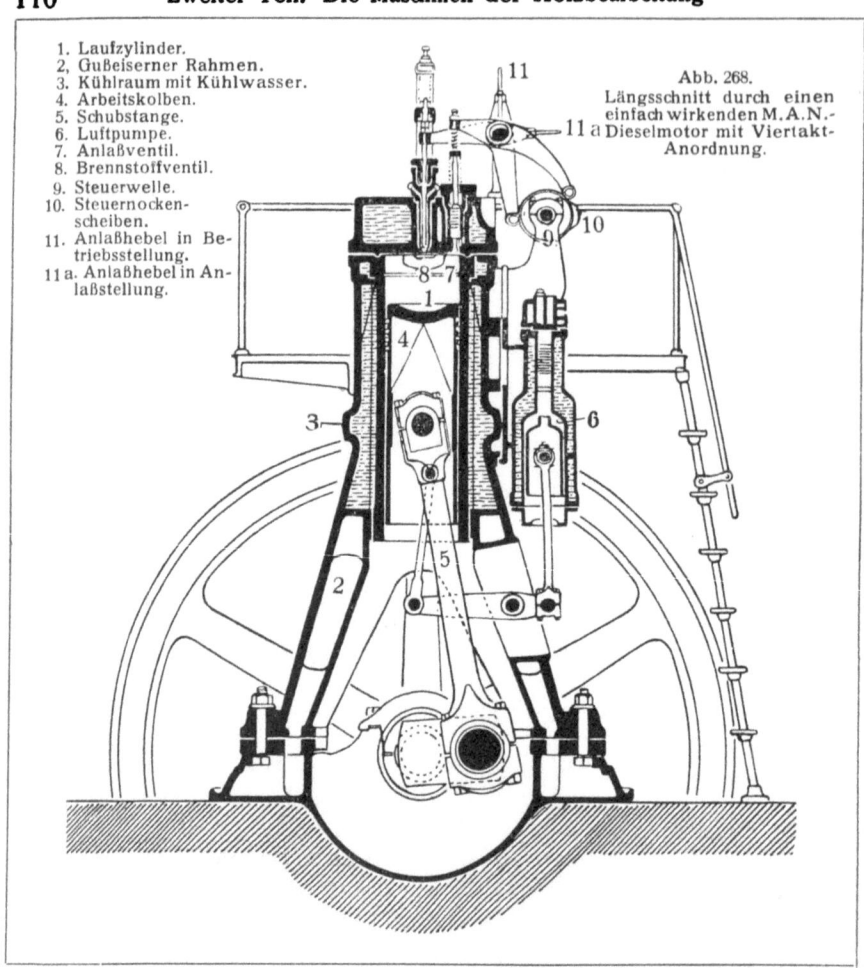

1. Laufzylinder.
2. Gußeiserner Rahmen.
3. Kühlraum mit Kühlwasser.
4. Arbeitskolben.
5. Schubstange.
6. Luftpumpe.
7. Anlaßventil.
8. Brennstoffventil.
9. Steuerwelle.
10. Steuernockenscheiben.
11. Anlaßhebel in Betriebsstellung.
11a. Anlaßhebel in Anlaßstellung.

Abb. 268. Längsschnitt durch einen einfach wirkenden M.A.N.-Dieselmotor mit Viertakt-Anordnung.

Die Abb. 268 zeigt die gesamte Anordnung eines Dieselmotors, dessen Ausführung zumeist in stehender Bauart erfolgt, im Längsschnitt.

Nach dieser wird die Maschine, in deren oberem Teile der Laufzylinder (1) angeordnet ist, von einem gußeisernen Rahmen (2) getragen. Zwischen Laufzylinder und Rahmen befindet sich ein mit Versteifungsrippen versehener Hohlraum (3), welcher als Kühlmantel für das Kühlwasser (dient). In dem Laufzylinder gleitet der gleichzeitig als Kreuzkopf dienende Arbeitskolben (4), an dessen Zapfen der obere Kopf der Schubstange (5) angelenkt ist. Der untere Kopf der Schubstange umfaßt den Kurbelwellezapfen und überträgt seine Bewegung auf die gekröpfte Kurbelwelle, auf der das Schwungrad sitzt. Die für das Anlassen, die Brennstoffzuführung und zur Verbesserung des Arbeitsprozesses notwendige Druckluft wird durch eine besondere Luftpumpe (6) erzeugt, die wieder von der Schubstange angetrieben wird.

Der Arbeitszylinder selbst ist unten offen. In dem Deckel befindet sich das Anlaß- bzw. Luftentnahmeventil (7) und das Brennstoffventil

A. Die Kraftmaschinen

(8); des weiteren liegen vor und hinter diesem in gleicher Weise angeordnet (in dem Längsschnitt Abb. 268 jedoch nicht sichtbar), das Einsauge- und das Auspuffventil.

Der Kühlwasserverbrauch beträgt beim Dieselmotor je nach Größe 10—15 Liter pro PS-Stunde. Das mit einer Temperatur von etwa 70⁰ C abfließende Kühlwasser ist vollständig rein, kann daher für Warmwasserversorgung, Bäder und dgl. Verwendung finden.

Die Inbetriebsetzung des Dieselmotors dauert nur wenige Minuten und läuft der Motor nach Öffnen des Anlaßventiles sofort von selbst an.

Der Dieselmotor wird von 8 PS an aufwärts gebaut und arbeitet sehr wirtschaftlich.

Der Dampfmaschine und dem Sauggasmotor gegenüber zeichnet sich der Dieselmotor durch sofortige Betriebsbereitschaft, durch wesentlich geringere Bedienungskosten, durch geringeren Raumbedarf und durch größere Reinlichkeit des Betriebes aus. Dem Leuchtgasmotor gegenüber ist der billigere Brennstoff und der geringere Brennstoffverbrauch hervorzuheben. Allerdings erfordert der Dieselmotor geschulte und zuverlässige Bedienung.

Die bei den hohen Pressungen durchzuführende Dichtung des Zylinder- und Pumpendeckels sowie der einzelnen Ventile muß äußerst gewissenhaft vorgenommen werden. Etwaige Undichtheiten können die Arbeitsweise des Motors nicht nur ungünstig beeinflussen, sondern auch die Ursachen von Betriebsstörungen bilden.

VI. Der Elektromotor.

Als die idealste aller heutigen Kraftmaschinen hat unstreitig der Elektromotor zu gelten. Er bezweckt die Umwandlung des elektrischen Stromes in mechanische Energie, indem er durch diese in Bewegung kommt und Betriebskraft abgeben kann.

Im Jahre 1789 beobachtete der Chirurg Galvani in Bologna bei Experimenten an Froschschenkeln Erscheinungen, die 1792 Professor Volta in Pavia dahin klarlegte, daß es sich hierbei um elektrische Erscheinungen handelt, die ihren Ursprung in dem Kontakt der beiden von Galvani verwendeten Metalle haben. Der englische Physiker Faraday entdeckte 1831 die Gesetze der chemischen Wirkung des elektrischen Stromes und erkannte die Wechselwirkung zwischen Magnetismus und Elektrizität. Als Werner von Siemens im Jahre 1867 das dynamoelektrische Prinzip aufstellte, setzte die eigentliche Entwicklung der Elektrotechnik ein. Die von ihm erfundene Dynamomaschine ermöglichte eine rationelle Erzeugung des elektrischen Stromes. Dieser wird in der Dynamomaschine dadurch hervorgerufen, daß ein Elektrizitätsleiter in einem magnetischen Kraftfelde derart bewegt wird, daß er möglichst viele Kraftlinien schneidet. Auf der Bewegung eines stromdurchflossenen Leiters in einem Kraftfelde beruhen nun die Elektromotore.

Während die Dynamomaschine (Stromerzeuger, primäre Maschine) dazu dient, die mechanische Energie in elektrische zu verwandeln hat der Elektromotor (Stromverbraucher, sekundäre Maschine) die Aufgabe, die elektrische Energie wieder in mechanische umzuwandeln. Zwischen den beiden Maschinen dient ein Metalldraht aus Kupfer oder Eisen als Leitung, welcher die Elektrizität von der stromerzeugenden zu der stromverbrauchenden Maschine hinführt. Dieser Metalldraht muß mit

Materialien, die den Strom nicht fortleiten, gut isoliert sein, um Ableitungen an andere, in der Nähe befindliche Eisenteile zu vermeiden. Sind diese Isolationen schlecht, so können höhere Spannungen dieselben durchschlagen, und der elektrische Strom kehrt dann auf einem andern, bequemeren als dem vorgeschriebenen Wege nach der negativen Bürste der Maschine zurück. Bietet in einem solchen Falle dieser Weg einen sehr geringen Widerstand, so spricht man von einem Kurzschluß. Gegen diesen trifft man jedoch auf alle Fälle dadurch Vorsorge, daß man in die Stromleitung eine schwache Stelle, die sog. Sicherung, einschaltet. Diese Sicherungen müssen sorgfältigst hergestellt sein; sie bestehen in der Regel aus einem dünnen Draht, der rechtzeitig abschmilzt und so den Strom unterbricht, bevor er eine gefährliche Höhe erreicht hat und Schaden machen könnte.

Um den Elektromotor richtig verstehen zu können, muß man mit einigen Vorbegriffen vertraut sein. Man kann sich das Wesen des elektrischen Stromes am besten durch Gegenüberstellung des Fließens des Wassers in einer Rohrleitung versinnlichen. Die Wassermenge, die in einer Sekunde aus einer Leitung fließen kann, wird um so größer sein, je höher das Gefälle ist, unter dem die Ausflußmündung steht, je weniger Widerstand das Wasser beim Durchfließen findet, d. h. je größer die lichte Weite des Rohres ist. Der Druck, den das Wasser hierbei ausübt, wird bei Wasserleitungen als Wasserdruck bezeichnet und mit Atmosphären gemessen. Diesem Wasserdruck in Atmosphären entspricht die elektrische Spannung des Stromes, die man in Volt (nach dem Physiker Volta benannt; abgekürzt V) mißt oder angibt. Die ausfließende Wassermenge wird nach Litern oder Kubikmetern gemessen, und man spricht von Sekundenlitern. Bezieht man dies auf die Elektrizität, so ist die Menge der Elektrizität, die in der Zeiteinheit durch den Leiter fließt, die Maßeinheit der Stromstärke, die in Ampère (benannt nach dem Physiker Ampère; Abkürzung A) gemessen wird. Die Kraftwirkung des Wassers setzt sich zusammen aus der Wassermenge und der Höhe des Gefälles. Ähnlich wird der Effekt des elektrischen Stromes berechnet, indem man die Spannung (Volt) mit der Stromstärke (Ampère) multipliziert. Das erhaltene Produkt mißt man in Watt (benannt nach Watt, dem Erfinder der Dampfmaschine; abgekürzt W). $1 W = 0{,}102$ kg $= \frac{1}{736}$ PS. Eine Pferdestärke entspricht somit einer Leistung von 736 W. Da diese Zahl sich jedoch dem Dezimalsystem schlecht einfügt, rechnet man beim elektrischen Betrieb zumeist nicht nach Pferdestärken, sondern nach Kilowatt $= 1000$ W. Ein Kilowatt entspricht ungefähr $1{,}36$ PS $= 1\frac{1}{3}$ PS. An Stelle des Begriffes der Pferdekraftstunde tritt beim Elektromotor die Kilowattstunde.

Die Vorzüge des Elektromotors liegen vor allem in seiner Anspruchslosigkeit in bezug auf Raum, Aufstellung und Wartung. Sein einfacher Bau, seine verhältnismäßig niederen Anschaffungskosten machen ihn selbst für die kleinsten Betriebe geeignet. Er verursacht keine Störungen durch Geräusch, erzeugt weder Abdampf noch Ruß usw. und kann in den kleinsten Räumen und obersten Stockwerken ohne besondere Konzessionen aufgestellt werden. Das Anlassen des Motors kann von jedem Arbeiter besorgt werden und ist diese Kraftmaschine jederzeit betriebsbereit. Da der Elektromotor ferner nur Betriebskosten verursacht, solange er sich in Betrieb befindet, ist er für den im Kleingewerbe stets vorhandenen unterbrochenen Betrieb die geeignetste Kraftmaschine.

A. Die Kraftmaschinen

Allerdings sind die Betriebskosten beim Elektromotor im Verhältnis zu den übrigen Kraftmaschinen am höchsten; die hohen Strompreise machen den Elektromotor zur teuersten Kraftmaschine, namentlich bei größerem Kraftbedarf und durchlaufendem Betrieb. Andererseits besitzt er aber so große Vorzüge und bietet so große Vorteile, daß er alle anderen Maschinen dort verdrängt, wo der Bezug von einigermaßen billigem Strom möglich ist.

Der Wirkungsgrad eines Elektromotors, also das Verhältnis der vom Motor geleisteten Arbeit zu der in denselben hineingeschickten elektrischen Energie, ist selbst bei kleinen Motoren noch ein sehr hoher. Er beträgt für Motore von 1 PS etwa 65%, für 2 PS 78%, für 5 PS 84%, für 10 PS 88%, für 20 PS 90%.

Ein besonderer Vorteil des Elektromotors besteht darin, daß er eine vorübergehende Belastung, wie sie in den meisten Fällen beim Anlaufen einiger Holzbearbeitungsmaschinen wie der Hobelmaschinen, Kreissägen usw. vorkommt, selbst bis zu 40% verträgt und daß seine hohe Tourenzahl eine unmittelbare Kuppelung mit einigen dieser schnellaufenden Maschinen ermöglicht.

Je nach der Art des Stromes, der dem Motor zum Antrieb dient, unterscheidet man Gleichstrom- und Wechselstrommotore. Die dreiphasigen Wechselstrommotore werden allgemein als Drehstrommotore bezeichnet.

Von den verschiedenen Arten der Gleichstrommotore ist der sog. Nebenschlußmotor der gebräuchlichste Motor. Er behält auch bei wechselnden Belastungen, wie solche an Holzbearbeitungsmaschinen nur zu häufig vorkommen, eine stets gleichbleibende Tourenzahl.

Ein weiterer Vorteil des Gleichstrommotors besteht darin, daß er mit fast jeder praktisch in Frage kommenden Tourenzahl hergestellt werden kann, während der Drehstrommotor an ganz bestimmte, seiner Bauart entsprechende Umlaufzahlen gebunden ist.

Dieser Vorzug des Gleichstrommotors kommt besonders dann zur vollen Bedeutung, wenn der Motor beispielsweise als Hilfskraft beim Dampfbetrieb Anwendung findet oder die Energie selbst erzeugt wird und diese dann für Zwecke einer eigenen Beleuchtungsanlage in einer Batterie aufgespeichert werden soll.

Die Drehstrommotore gewähren infolge ihrer einfachen Bauart größte Betriebssicherheit. Sie sind unempfindlicher gegen schlechtere Behandlung, arbeiten vollkommen funkenlos und bedürfen im allgemeinen seltener Reparaturen als die Gleichstrommotore. Sie besitzen die schätzenswerte Eigenschaft, daß sie auch belastet anlaufen und vorübergehende stärkere Überlastungen leichter vertragen.

Bei einem Kraftbedarf bis zu 2 PS verdienen die Drehstrommotore mit Kurzschlußanker, infolge ihres einfachen Aufbaues und ihrer mechanischen Vorzüge, namentlich für den Antrieb kleiner schnellaufender Maschinen, die größte Beachtung. Sie können auch bei einem Kraftbedarf von 2—5 PS noch Verwendung finden, wenn der hohe Anlaufstrom für diese Ausführungen nicht störend wirkt. Zum Antriebe größerer Holzbearbeitungsmaschinen mit stärkerem Kraftbedarf sowie vornehmlich dann, wenn beim Anlauf große Zugkraft verlangt wird, finden jedoch fast allgemein nur die Drehstrommotore mit Schleifringanker und Anlaßwiderstand Verwendung.

Im besonderen muß jedoch betont werden, daß es eine Auswahl des Kraftstoffes beim Elektromotor nicht gibt; er kann nur mit Strom von der Art — Gleichstrom, Drehstrom, Ein- oder Zweiphasen-Wechselstrom —, für die er gebaut ist, betrieben werden.

Der Elektromotor ist vor allem sorgfältig vor Feuchtigkeit zu schützen; er muß ferner in Betrieben mit größerer Schmutz- und Staubbildung von Zeit zu Zeit untersucht, gereinigt und geölt werden. Das Öl darf nicht zu dünnflüssig sein, hierzu eignet sich am besten das sog. **Dynamo-Öl**.

B. Die Zwischenmaschinen.

Die **Zwischenmaschinen**, auch **Transmission (Übertragung)** genannt, können entweder eine **vorhandene Bewegung übertragen (fortleiten)** oder eine **Veränderung der Bewegungsrichtung herbeiführen** (z. B. Umwandlung der rotierenden Bewegung des Wasserrades in eine auf- und abgehende Bewegung der Gattersäge) oder endlich die **Bewegung regulieren**, d. h. sie **gleichmäßiger oder gleichförmiger** gestalten.

Die richtige Anlage und Instandhaltung einer Transmission sind für einen rationellen Maschinenbetrieb von größter Bedeutung. Die Mehrzahl der in Maschinenwerkstätten vorkommenden Unglücksfälle ist auf auf falsche Anlage und Behandlung der Transmission zurückzuführen.

Die Bestandteile einer Transmission lassen sich in **zwei Gruppen** teilen.

Die **erste Gruppe** umfaßt alle jene Teile, die sich beim Gang der Maschine **selbst mitbewegen**; hierher gehören die **Wellen, Kuppelungen, Stellringe, Zahnräder, Riemengetriebe (Riemen und Riemenscheiben)**.

Zur **zweiten Gruppe** zählen die beim Gang der Maschine **unbewegten Teile**, denen die Aufgabe obliegt, dem ganzen Mechanismus eine bestimmte und gleichmäßige Bewegung zu geben und diese während seiner Tätigkeit zu erhalten; hierher gehören die **Lager** und ihre **Schmiervorrichtungen**.

Die Fortpflanzung der Bewegung durch Treibriemen, die Kraftübertragung durch Wellenleitungen und Rädergetriebe sowie die Verzögerung der Geschwindigkeit der Maschinenteile durch Bremsen beruhen auf dem Prinzip der **Reibung (Friktion)**.

Unter Reibung versteht man jenen Bewegungswiderstand, der durch das Ineinandergreifen der Unebenheiten sich berührender Oberflächen hervorgebracht wird. Dieser Widerstand ist um so größer, je stärker die am Vorgang beteiligten Körper aufeinanderdrücken und je rauher die Berührungsflächen sind. Jede mechanische Arbeit ist die Überwindung von Widerständen. Die Überwindung der Reibung ist deshalb eine Arbeit, die zwar für den beabsichtigten Zweck verloren ist, für einen andern Zweck aber nützlich sein kann. Hieraus erklärt sich die wichtige Bedeutung der Reibung für die Kraftübertragung durch Zwischenmaschinen.

I. Bewegte Teile.

1. **Die Wellen.** Die Wellen bezwecken die Übertragung der Kraft vom Orte der Kraftabgabe (Kraftmaschine) zum Orte der Kraftverwertung (Arbeitsmaschine). Sie bestehen aus Stahl oder Schmiedeeisen. Der Durch-

messer, also die Stärke einer Welle wird bestimmt von der zu beanspruchenden Kraft (Pferdestärke) und von der Umdrehungszahl der Welle in der Minute.

Je rascher eine Welle läuft, desto kleiner kann ihr Durchmesser angenommen werden. Um einen entsprechend kleinen Wellendurchmesser zu erhalten, wird man die Umdrehungszahl möglichst groß wählen.

So beträgt beispielsweise der Wellendurchmesser

bei 1 PS und	100 Umdrehungen in der Minute etwa	40 mm
	200 „ „ „ „ „	35 „
	300 „ „ „ „ „	30 „
bei 10 PS und	100 „ „ „ „ „	70 „
	200 „ „ „ „ „	60 „
	300 „ „ „ „ „	55 „
bei 30 PS und	100 „ „ „ „ „	90 „
	200 „ „ „ „ „	75 „
	300 „ „ „ „ „	70 „

Zum Antrieb von Holzbearbeitungsmaschinen sind die zweckmäßigsten Geschwindigkeiten der Transmissionswellen 200—300 Umdrehungen in der Minute. Bei elektromotorischem Antriebe und guten Kugellagerungen kann dieselbe mit Vorteil auf 600 und mehr erhöht werden.

Die Wellen werden nicht nur auf Verdrehung beansprucht, sondern durch ihr Eigengewicht, durch das Gewicht der Riemenscheiben und Kuppelungen und durch den Riemenzug auch durchgebogen. Um diese Biegung tunlichst zu vermeiden, dürfen die Lagerabstände nicht zu groß sein und müssen die Riemenscheiben und Kuppelungen möglichst nahe an den Lagern sitzen. Kommen sehr große Riemenscheiben zur Anwendung, so lagert man die Wellen am besten in möglichst kurzen Abständen vor der Scheibe zu deren beiden Seiten.

Unter normalen Verhältnissen kann man für einen soliden Betrieb als Lagerabstand der Wellen wählen:

2 m bei 40 mm Wellendurchmesser
2,5 „ „ 60 „ „
2,8 „ „ 80 „ „
3,2 „ „ 100 „ „
und bis zu 200 Umdrehungen in der Minute

1,45 m bei 40 mm Wellendurchmesser
1,75 „ „ 60 „ „
2,00 „ „ 80 „ „
2,20 „ „ 100 „ „
und bis zu 500 Umdrehungen in der Minute

1,20 m bei 40 mm „
1,50 „ „ 60 „ „
1,70 „ „ 80 „ „
1,90 „ „ 100 „ „
und bis zu 1000 Umdrehungen in der Minute.

Die Abstände werden von Mitte bis Mitte der Lager gemessen.

Nach einer anderen Berechnung werden als Lagerabstände angenommen:

das 40fache des Wellendurchmessers bei 40—55 mm
„ 35 „ „ „ „ 60—70 „
„ 30 „ „ „ „ 75—80 „
„ 25 „ „ „ „ 85—110 „

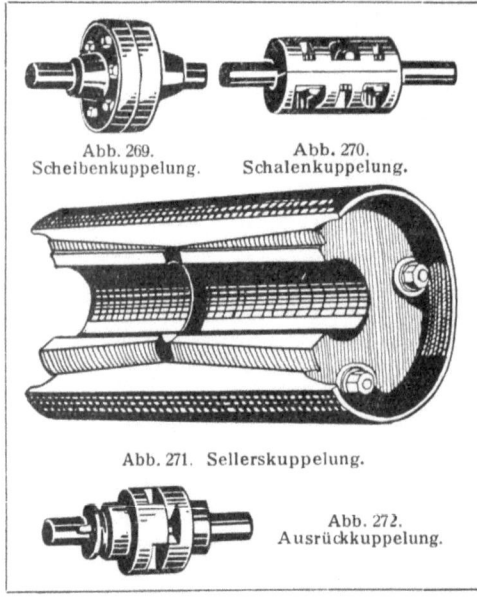

Abb. 269. Scheibenkupplung.
Abb. 270. Schalenkuppelung.
Abb. 271. Sellerskuppelung.
Abb. 272. Ausrückkuppelung.

In bezug auf die Länge der Wellenstränge sollte man im wesentlichen nicht über 20 m hinausgehen. Legt man in diesem Falle den Antrieb der Welle etwa in die Mitte, so kommt man sehr gut mit einer Wellenstärke aus, wie auch andererseits alle Ausdehnungskuppelungen fortfallen können.

Von größter Bedeutung für den guten und leichten Gang der Transmissionswellen ist, daß diese selbst unbedingt gerade und genau rund sind. Diese Forderung muß in hohem Grade an jene Wellen gestellt werden, die auf Kugellager zu legen sind. Sind im letzteren Falle die Wellen unrund, so werden die Kugellager niemals gut sitzen, sondern sich losarbeiten und verschieben.

Nicht die Stärke und Schwere der einzelnen Transmissionsteile, sondern ihre richtige Anlage und Konstruktion kann Sicherheit nicht nur gegen Brüche und Betriebsstörungen, sondern auch gegen unnötige Kraft- und Schmiermittelvergeudung gewähren.

2. Die Kuppelungen. Die Kuppelungen sind als Verbindungsglieder zweier oder mehrerer Wellen anzusehen. Zur dauernden und unverrückbaren Verbindung einer Welle mit einer anderen bedient man sich der festen Kuppelungen. Diese müssen möglichst einfach sein und dürfen keine vorstehenden Teile besitzen, damit die Arbeiter beim Schmieren der Lager nicht mit den Kleidern hängen bleiben. Die wichtigsten festen Kuppelungen sind die Muffenkuppelung, die Scheibenkuppelung (Abb. 269), die Schalenkuppelung (Abb. 270) und die sog. Sellerskuppelung (Abb. 271). Bei der Sellerskuppelung sind zwei aufgeschlitzte Kegelstumpfe durch parallel mit der Wellenachse laufende Schrauben in eine doppelte hohlkegelförmige Hülse eingepreßt, wodurch sie sich sowohl an die Hülse als auch gegen den Umfang der Wellenenden fest anlegen. Diese Kupplung kann auch zugleich als Riemenscheibe dienen.

Wird aber in der Verbindung zweier Wellenenden eine gewisse Beweglichkeit verlangt, um eventuelle Ausdehnungen gegen Temperaturschwankungen auszugleichen, so kommen die beweglichen Kuppelungen (Ausdehnungskuppelungen) zur Verwendung. Diese werden vornehmlich bei langen Wellenleitungen benutzt. Um die Verbindung zweier Wellen zu jeder beliebigen Zeit herzustellen, aber auch unterbrechen zu können, werden die lösbaren oder Ausrückkuppelungen (Abb. 272) gewählt. Wird die Wellenverbindung nur selten gelöst, und kann man mit dem Einrücken einer Welle bis zum Stillstehen der Transmission warten, so kommt die Klauenkuppelung zur Anwendung. Bei Neuanlagen wird diese zumeist durch die verbesserte Zahnkuppelung ersetzt. Muß jedoch ein Teil der Transmissionsanlage während des Betriebes öfters ein- und ausgerückt werden, dann baut man eine Reibungs- oder Friktionswelle ein.

3. Die Stellringe und Keile. Um eine Welle gegen seitliche Verschiebungen in der Längsrichtung zu sichern, werden neben den Lagern gewöhnlich die Stellringe angebracht, während die Keile zur Befestigung einiger Kuppelungen, Riemenscheiben und dgl. auf der Welle dienen.

4. Die Zahnräder. Mit Hilfe der Zahnräder wird die Bewegung einer Welle auf eine andere entferntliegende, oder auch in einer anderen Richtung laufende übertragen. Je nach ihrer Verwendung unterscheidet man Stirnräder und Winkelräder; auch die Schraube ohne Ende kann unter die Zahnräder gezählt werden. Da die Zahnradgetriebe bei großen Umdrehungsgeschwindigkeiten sich in ihren Zähnen rasch abnutzen, unangenehmes Geräusch verursachen und viel Kraftverlust zur Folge haben, wird heute bei Neuanlage von Transmissionen von ihrer Verwendung, wenn irgend möglich, Umgang genommen.

5. Der Riemenbetrieb, Riemen und Riemenscheiben. Die Übertragung der Kraft von der Kraftmaschine auf die Transmission und von dieser auf die Arbeitsmaschine selbst erfolgt mittels Riemen. Die Riemen laufen auf den Riemenscheiben.

Obwohl die Riemen aus verschiedenen Materialien wie Gummi, imprägnierter Baumwolle, Hanfgewebe und dgl. hergestellt werden, finden zum Antrieb von Holzbearbeitungsmaschinen ausschließlich nur Lederriemen Verwendung. Ein solcher Riemen muß aus bestem Kernleder hergestellt, weich und biegsam sein und vor Feuchtigkeit und Nässe geschützt werden. Um Riemen geschmeidig zu erhalten, fettet man sie mit Talg oder einem geeigneten Riemenfett ein. Kolophonium und andere harzige Stoffe sowie auch Teer, Pech, Wachs usw. machen den Riemen hart und unelastisch und sind deshalb zu verwerfen. Die Riemen sollen von Zeit zu Zeit mit warmem Wasser abgewaschen, abgebürstet und nachher mit warmem Talg gefettet werden; vor Benutzung müssen die Riemen vollständig trocken sein. Die Riemen müssen ferner frei und lose laufen; zu straff gespannte Riemen nutzen sich infolge zu starker Reibung rasch ab. Um den Reibungswiderstand zu vermindern und ein Gleiten des Riemens zu vermeiden, fettet man den Riemen am besten mit reinem Rindstalg ein.

Die breiteren, dünneren Riemen sind den schmäleren, dickeren stets vorzuziehen, da letztere die Wellen zu stark belasten und in Anspruch nehmen.

Für die Verbindung der beiden Riemenenden gibt es eine Menge von Riemenverbindern, die sich besonders dann bewähren, wenn die Riemenverbindung öfters gelöst werden muß. Riemenverbinder, welche den Riemen stark verdicken, sind verwerflich, weil bei einem kleineren Scheibendurchmesser die Riemen an ihrer verdickten Stelle sich dem Scheibenumfang nicht anschmiegen können.

Die Verwendung von Riemenverbindern mit stark vorstehenden Schrauben, Nieten und dgl. ist zu vermeiden. Bei stärkerer Kraftbeanspruchung ist jedoch das Zusammennähen und Zusammenleimen allen anderen Riemenverbindungen vorzuziehen. Das Zusammennähen (Abb. 273) erfolgt mit fettgaren Nähriemen. Zu diesem Zwecke werden die Riemen an ihren Enden entweder stumpf zusammengestoßen oder auch abgeschrägt übereinandergelegt. Beim Zusammenleimen muß ein Abschrägen der Riemen

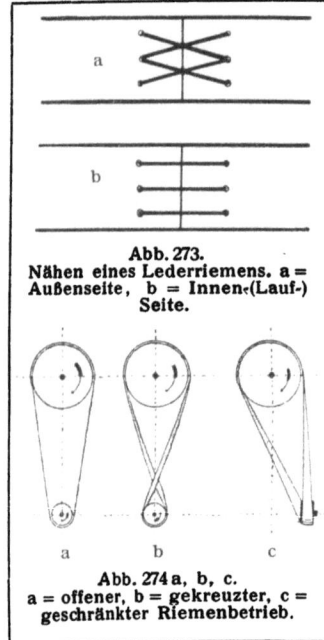

Abb. 273.
Nähen eines Lederriemens. a = Außenseite, b = Innen-(Lauf-)Seite.

Abb. 274 a, b, c.
a = offener, b = gekreuzter, c = geschränkter Riemenbetrieb.

immer stattfinden. Am besten erfolgt das Leimen mit gutem Lederleim, dem etwas venezianischer Terpentin und einige Tropfen Spiritus zugesetzt werden.

Der Riemenbetrieb selbst kann ein offener, ein gekreuzter oder ein geschränkter sein (Abb. 274a, b, c). Dies hängt von der Lage der Wellen zueinander und von ihrer Umdrehungsrichtung ab. So wird bei parallellaufenden Wellen mit gleicher Umdrehungsrichtung der offene Riemenbetrieb, bei parallellaufenden Wellen mit entgegengesetzter Umdrehungsrichtung der gekreuzte Riemenbetrieb verwendet; bei sich kreuzenden Wellen kommt der geschränkte Riemenbetrieb zur Anwendung.

Die Riemenscheiben werden aus Gußeisen und in neuerer Zeit vielfach aus Holz hergestellt. Die hölzernen Riemenscheiben besitzen neben dem geringeren Gewicht den Vorteil der leichteren Montierung, da sie gewöhnlich aus zwei Teilen bestehen, daher auf jede Welle ohne Auseinandernehmen der Transmission aufgesetzt werden können.

Die Riemenscheiben sind an ihrem äußeren Umfang entweder gerade oder schwach gewölbt (ballig, bombiert) geformt. Die bombierte Form findet besonders dann Anwendung, wenn ein rascherer Lauf bei größerer Kraftübertragung notwendig, ohne daß ein seitliches Verschieben des Riemens von der Scheibe vorkommt.

Nicht selten sind auf einer Welle zwei Riemenscheiben von gleicher Größe und Breite hart nebeneinander angeordnet. Während der Riemen auf der einen Scheibe läuft, diese sich also dreht, befindet sich die Transmission in Ruhe; beim Hinüberleiten des Riemens auf die zweite Scheibe wird die ganze Transmission in Bewegung versetzt. Wir haben es hier mit der sog. Fest- und Losscheibe (Voll- und Leerscheibe) zu tun.

Bei einer Transmission, durch welche mehrere Maschinen angetrieben werden, ist die Anordnung dieser Scheiben unerläßlich, da beim Fehlen der Leerscheibe durch jedesmaliges Abstellen einer Maschine auch alle übrigen stehen bleiben müßten.

Gewöhnlich erhält bei Voll- und Leerscheibe die letztere eine gerade, die erstere eine bombierte Form. Hierdurch wird ein Entspannen des Riemens beim Leerlauf bewirkt.

Das Hinüberleiten und Zurückleiten des Riemens von der für sich allein auf der Welle laufenden Losscheibe (Leerscheibe) auf die mit der Welle fest verbundene Festscheibe (Vollscheibe) erfolgt mittels eines gabelartigen Gerätes, des sog. Abstellers.

Bei den Holzbearbeitungsmaschinen muß ferner die Möglichkeit gegeben sein, Veränderungen in der Geschwindigkeit des Ganges einer Maschine eintreten zu lassen, ohne daß der Gang der Haupttransmission dadurch gestört wird. Dies wird erreicht durch die Anordnung mehrerer Riemen-

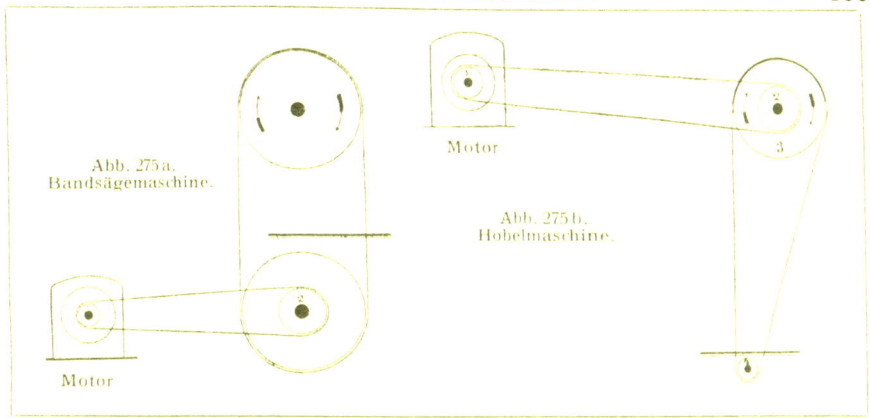

Abb. 275a. Bandsägemaschine.

Abb. 275b. Hobelmaschine.

scheiben von unterschiedlichen Durchmessern zu einer einzigen, der sog. Stufenscheibe. Befindet sich z. B. der Riemen auf einer Scheibe der Haupttransmission, welche einen größeren Durchmesser als jene der Arbeitsmaschine besitzt, so wird der Gang ein rascherer, im umgekehrten Falle ein langsamerer sein.

Durch die Anordnung von Riemenscheiben mit verschieden großen Durchmessern können bei stets gleichbleibender Umdrehungsgeschwindigkeit der Haupttransmission allen an diese angeschlossenen Maschinen unterschiedliche Geschwindigkeiten gegeben werden. Man bezeichnet das Verhältnis der beiden Riemenscheibendurchmesser zueinander als Übersetzungsverhältnis. Mit Rücksicht auf einen richtigen Gang sollte dieses jedoch niemals größer als 1 : 5 gewählt werden.

Da sich die Durchmesser der Riemenscheiben umgekehrt verhalten wie die Umdrehungszahlen, läßt sich bei Kenntnis der letzteren leicht ein fehlender Riemenscheibendurchmesser und umgekehrt, bei Kenntnis der Scheibendurchmesser leicht eine Umdrehungszahl berechnen.

Ein wichtiger Faktor bei der Riemenübertragung ist ein genügend weiter Abstand der beiden Riemenscheiben voneinander. Bei kurzen Entfernungen, also bei kurzen Riemen, werden die Wellen zu stark angespannt, laufen infolgedessen leicht warm; ebenso sollen die beiden Riemenscheiben nicht genau senkrecht oder horizontal, sondern stets etwas schief übereinander oder voneinander entfernt liegen.

Beispiel A (Abb. 275a).

a) Berechnung der Umdrehungsgeschwindigkeit einer Bandsägemaschine.

Motor macht . . . . 1300 Touren
Riemenscheibendurchmesser 1 beträgt . . . 110 mm
     ,,   2 ,,   . . . 260 mm
Bandsägemaschine macht $1300 \times 110 : 260 = 550$ Touren

b) Ermittlung der Riemenscheibendurchmesser.

Durchmesser 1 beträgt $550 \times 260 : 0^{1}) : 1300 = 110$ mm
  ,,   2 ,, $1300 \times 110 : 0\ :\ 550 = 260$ mm

---

1) 0 = der zu suchende Durchmesser.

Beispiel B (Abb. 275b).

a) Berechnung der Umdrehungsgeschwindigkeit einer Hobelmaschine.

Motor macht . . . . 1200 Touren
Riemenscheibendurchmesser 1 beträgt . . . . 150 mm
          „   2   „ . . . . 225 „
          „   3   „ . . . . 490 „
          „   4   „ . . . . 100 „
Hobelmaschine macht $1200 \times 150 : 225 \times 490 : 100 = 3920$ Touren

b) Ermittlung der Riemenscheibendurchmesser.

Durchmesser 1 beträgt $3920 \times 100 : 490 \times 225 : \ 0\ :1200 = 150$ mm
    „   2   „ $1200 \times 150 : \ 0\ \times 490 : 100 : 3920 = 225$ „
    „   3   „ $3920 \times 100 : \ 0\ \times 225 : 150 : 1200 = 490$ „
    „   4   „ $1200 \times 150 : 225 \times 490 : \ 0\ : 3920 = 100$ „

II. Unbewegte Teile.

Die Lager und Schmiervorrichtungen. Die Lager dienen zum Tragen und zur Unterstützung des übrigen Bewegungsmechanismus. Damit sie diesen Zweck erfüllen können, müssen sie mit einem festruhenden Gegenstand aus Holz, Eisen, Stein oder Zement, der sog. **Lagerbank** oder dem **Lagergestell**, sicher verbunden sein.

Die Welle kann entweder durch ein Lager laufen oder in demselben enden. Im ersten Falle bezeichnet man das Lager als **Halslager**, im letzteren Falle als **Stirnlager**.

Nach der Lage der Transmission im Werkstattgebäude richtet sich die äußere Form und Befestigung des Lagers; es werden hier vornehmlich **Stehlager** und **Hängelager** unterschieden. Die ersteren können nun wieder verschiedenartig, und zwar entweder auf Sohlplatten, Winkel- oder Wandkonsolen, im Mauerkasten oder im Hängebock befestigt sein.

Jedes richtige und vollkommene Maschinenlager besteht aus mehreren Teilen, und zwar aus dem eigentlichen **Lagerkörper**, nicht selten auch **Lagerbock** oder **Lagergehäuse** genannt, und dem **Lagerdeckel**. Zwischen diesen beiden Teilen befinden sich bei einem guten Lager stets **auswechselbare Lagerschalen**, während alle Lagerteile durch Verbindungsschrauben zusammengehalten werden.

Das Material zu den Lagerschalen soll tunlichst weicher als das der Wellenzapfen sein, weil bei eventueller Abnutzung erstere leichter ausgewechselt werden können als die Welle selbst. Dementsprechend werden die Lagerschalen entweder aus einer **Rotgußlegierung** (Kupfer und Zink) oder aus **Weißmetall** (Lagermetall-Legierung von Zinn, Blei und Antimon) hergestellt.

Ein gutes Lager erfordert vor allen Dingen größte Reinlichkeit. Sand, Feilspäne, Schmutz o. dgl. dürfen niemals in ein Lager gelangen; sie begünstigen nicht nur dessen rasche Abnutzung, sie können sogar die Zerstörung eines Lagers bewirken.

Für ein gutes Lager ist genaueste Aufstellung und gewissenhaftester Einbau Grundbedingung. Durch einen fehlerhaften oder nachlässigen Einbau

B. Die Zwischenmaschinen

kann das bestgearbeitete und richtigst gewählte Lager die Wirtschaftlichkeit eines Betriebes stark beeinträchtigen.

Von einem guten Lager verlangt man, daß der Kraftverbrauch durch die Reibungsverluste, die Menge des Schmiermateriales wie auch dessen Abnutzung möglichst gering sei. Diese Anforderungen vermochten die bisher an Holzbearbeitungsmaschinen in Verwendung stehenden Gleitlager nur in unvollkommener Weise zu erfüllen; wohl aber entsprechen denselben in hohem Maße die heute an diesen Maschinen fast ausschließlich nur zur Verwendung kommenden Kugellager (Abb. 276). Ein solches besteht aus zwei mit Rollen versehenen Ringen (bzw. Scheiben) von Extra-Chromstahl, zwischen denen Stahlkugeln laufen, die meist durch einen Führungsring in bestimmten Abständen gehalten werden. Ringe und Kugeln sind glashart gehärtet, geschliffen und poliert, so daß die Reibung auf ein Mindestmaß beschränkt wird.

Nach den Bestimmungen des Normenausschusses der deutschen Industrie wurden für die allgemein gehaltene Bezeichnung „Kugellager", nunmehr die Bezeichnungen „Querlager" und „Längslager" festgelegt.

Die für quer zur Drehachse wirkende Drucke bestimmten und einst Ringlager genannten Lager heißen jetzt Querlager, während die früheren für längs der Drehachse wirkende Drucke bestimmten Druck- und Scheibenlager fortan die Bezeichnung Längslager führen.

Die bekannteste Form der Querlager ist die mit einer Kugelreihe (siehe Abb. 284 und 286). Für größere Belastungen finden auch zweireihige Querlager (siehe Abb. 283 und 285) Verwendung.

Die einreihigen Querlager besitzen den besonderen Vorteil, daß ihnen geringere von der Belastung herrührende Federungen der Wellen und Gehäuse nicht schaden; sie eignen sich besonders für hohe Umdrehungszahlen. Ein zweireihiges Querlager soll nur dort eingebaut werden, wo es die Raumverhältnisse nicht zulassen, ein dem Kraftverbrauch entsprechendes einreihiges Lager zu verwenden.

Die Kugellager werden in verschiedenen Größen für die jeweils benötigten Kräfte, Tourenzahlen u. dgl. geeignet hergestellt. Bei der Wahl eines Kugellagers darf deshalb nicht nur der Verwendungszweck und die Wirkungsweise der Maschine wie die Gesamtleistung in Pferdestärken Berücksichtigung finden, es müssen auch die Tourenzahl, die größte Radial- bzw. Achsialbelastung, die Lagerabstände, etwa auftretende Stöße, sowie der Wellendurchmesser an den Lagerstellen aber auch die tägliche und jährliche Betriebszeit in Erwägung gezogen werden. Werden diese Punkte genügend beachtet, kann auf ein einwandfreies, betriebssicheres Funktionieren, sowie auf die längste Lebensfähigkeit der ganzen Anlage gerechnet werden.

Um die Querlager gegen Federungen der Wellen und Gehäuse weniger empfindlich zu machen, werden auch solche mit Einstellringen (siehe Abb. 277 und 280) versehen hergestellt. Zum bequemeren Aufschieben der Lager und zum Festspannen derselben an beliebigen Stellen auf langen, nicht abgesetzten Wellensträngen können Spannhülsenlager (siehe Abb. 278 und 280), deren hauptsächlichstes Verwendungsgebiet die Transmissionen sind, Verwendung finden.

In neuerer Zeit werden auch Querlager hergestellt, die mit einem Kugelführungsring ausgerüstet sind, der sich außerordentlich gut bewährt und den man seiner Gestalt wegen als **Wellenkorb** (Abb. 279) bezeichnen kann.

Der **Wellenkorb** ist eine gesetzlich geschützte Konstruktion der Schweinfurter Präzisions-Kugellager-Werke von Fichtel und Sachs und stellt einen besonderen Vorteil der Querlager dieser Firma dar.

In bezug auf die Einbauarten können Lager mit **geteiltem** (Abb. 280) und **ungeteiltem Gehäuse** (Abb. 281) Verwendung finden. Während sich bei einem geteilten Gehäuse das Kugellager nach Abnahme des Lagerdeckels frei herausziehen läßt, muß bei einem ungeteilten Gehäuse dasselbe nach dem Losschrauben des Seitendeckels seitlich herausgezogen werden.

Die geteilten Gehäuse sind zwar für den Einbau sehr bequem, verlangen aber eine äußerst verständnisvolle Behandlung. Die polierten Stahlteile eines Kugellagers dürfen niemals mit der freien Hand berührt werden, da der Handschweiß Rost erzeugt und Rost der größte Feind eines Kugellagers ist. Wegen der erforderlichen präzisesten Genauigkeit bei ihrer Herstellung und der dadurch bedingten gewissen Empfindlichkeit bedürfen die Kugellager bei ihrem Einbau der größten Sorgfalt. Es müssen dabei nicht nur die Lager selbst, sondern auch die Gehäuse peinlichst sauber gereinigt, am besten mit Petroleum ausgespült und vor allem vor Staub und Nässe geschützt werden. In Betrieben mit großer Staubentwicklung, wie in denen der Holzbearbeitung, ist deshalb eine Reinigung der Gehäuse und Lager in gewissen Zwischenräumen empfehlenswert. In diesem Falle ist auch auf eine besonders gute Abdichtung Wert zu legen, eventuell können die Querlager mit Staubdeckeln versehen werden. Eine Überlastung der Kugellager ist tunlichst zu vermeiden.

Jedes Lager, gleich welcher Konstruktion, muß mit einer guten **Schmiervorrichtung** versehen sein, die gleichmäßig und ausreichend funktioniert, anderenfalls aber auch nicht zu viel Schmiermaterial verbraucht.

Als **Schmiermaterial** eignen sich entweder **flüssige Öle** oder **konsistente Fette** (sog. **Starrschmiere**). Ein gutes Schmiermittel muß vor allem frei von mechanischen Verunreinigungen sowie von Säuren, Alkalien und harzigen Bestandteilen sein; es darf nicht eintrocknen und verharzen und selbst wenn Lager und Wellen warmlaufen, nicht verdampfen, umgekehrt bei Kälte aber auch wieder nicht zu rasch gefrieren. Die besten Schmieröle sind die **Mineralöle**. In ihrer Farbe sind diese sehr verschieden; sie können wasserhell, dunkelbraun und auch undurchsichtig sein. Im auffallenden Lichte zeigen alle Mineralöle einen eigenen bläulichen (opalisierenden) Schimmer, wodurch sie unschwer von anderen Ölen unterschieden werden können.

Bei gewöhnlichen Lagern, welche trotz guter Schmierung zum Heißlaufen neigen, ist dem Schmiermittel (Öl oder Fett), etwas **Graphit** (**Flockengraphit**) oder **Schwefelblüte** beizumengen. Eine derartige Beimischung in das Schmiermittel eines Kugellagers ist jedoch, selbst wenn sie in kollidialer Form geschieht immer schädlich, da derartige Bestandteile bei der rollenden Reibung stets schmirgelnd wirken.

Die Schmiervorrichtungen älterer Konstruktion kommen heute für Holzbearbeitungsmaschinen kaum mehr in Betracht. Die zuverlässigste und beste selbsttätige Ölschmierung, welche noch an vielen besseren älteren Maschinen — sofern diese nicht auch schon nachträglich mit Kugellagern ausgestattet sind — eingeführt ist, ist die **Ringschmierung** (Abb. 282).

B. Die Zwischenmaschinen

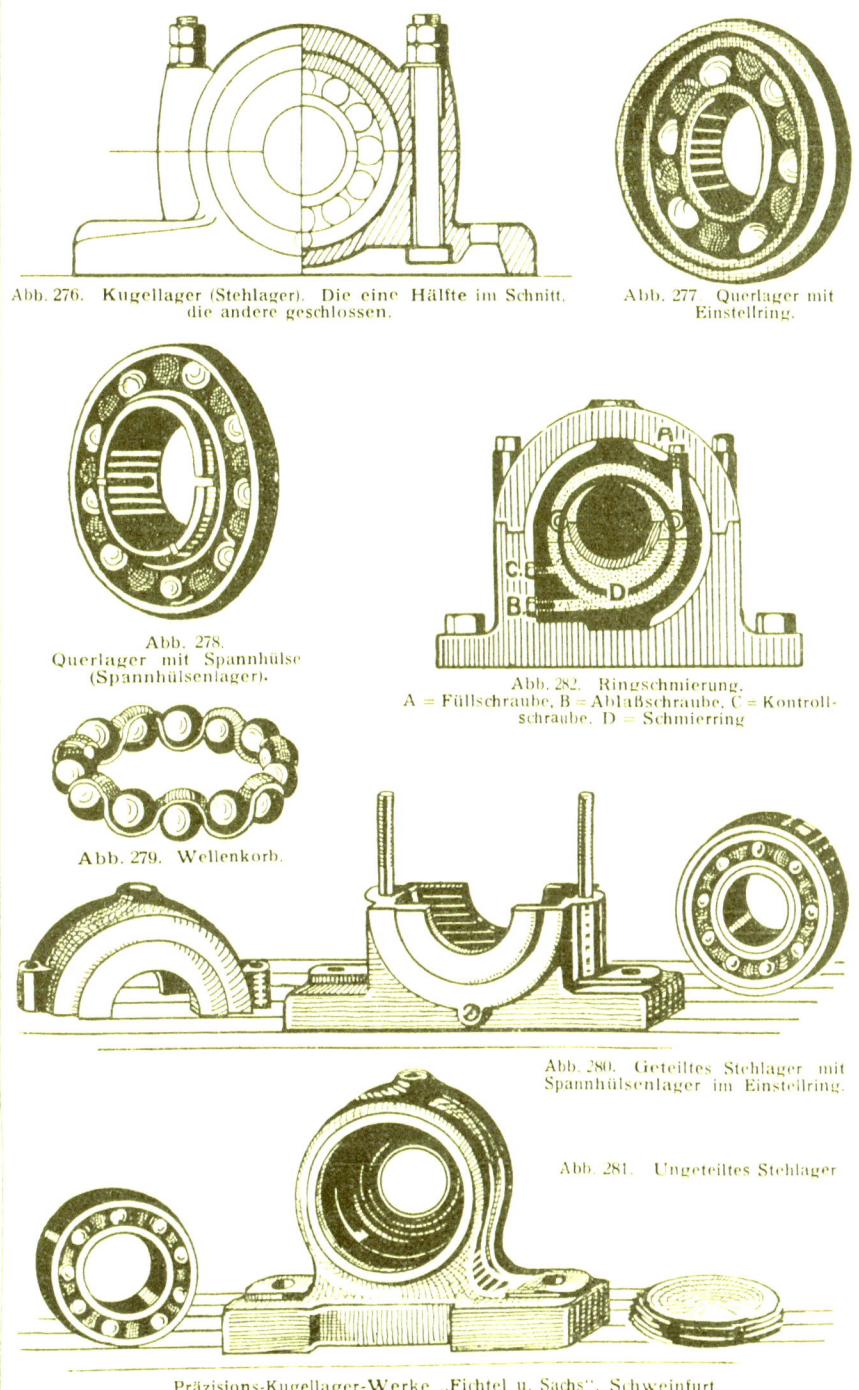

Abb. 276. Kugellager (Stehlager). Die eine Hälfte im Schnitt, die andere geschlossen.

Abb. 277. Querlager mit Einstellring.

Abb. 278. Querlager mit Spannhülse (Spannhülsenlager).

Abb. 282. Ringschmierung. A = Füllschraube, B = Ablaßschraube, C = Kontrollschraube, D = Schmierring

Abb. 279. Wellenkorb.

Abb. 280. Geteiltes Stehlager mit Spannhülsenlager im Einstellring.

Abb. 281. Ungeteiltes Stehlager

Präzisions-Kugellager-Werke „Fichtel u. Sachs", Schweinfurt.

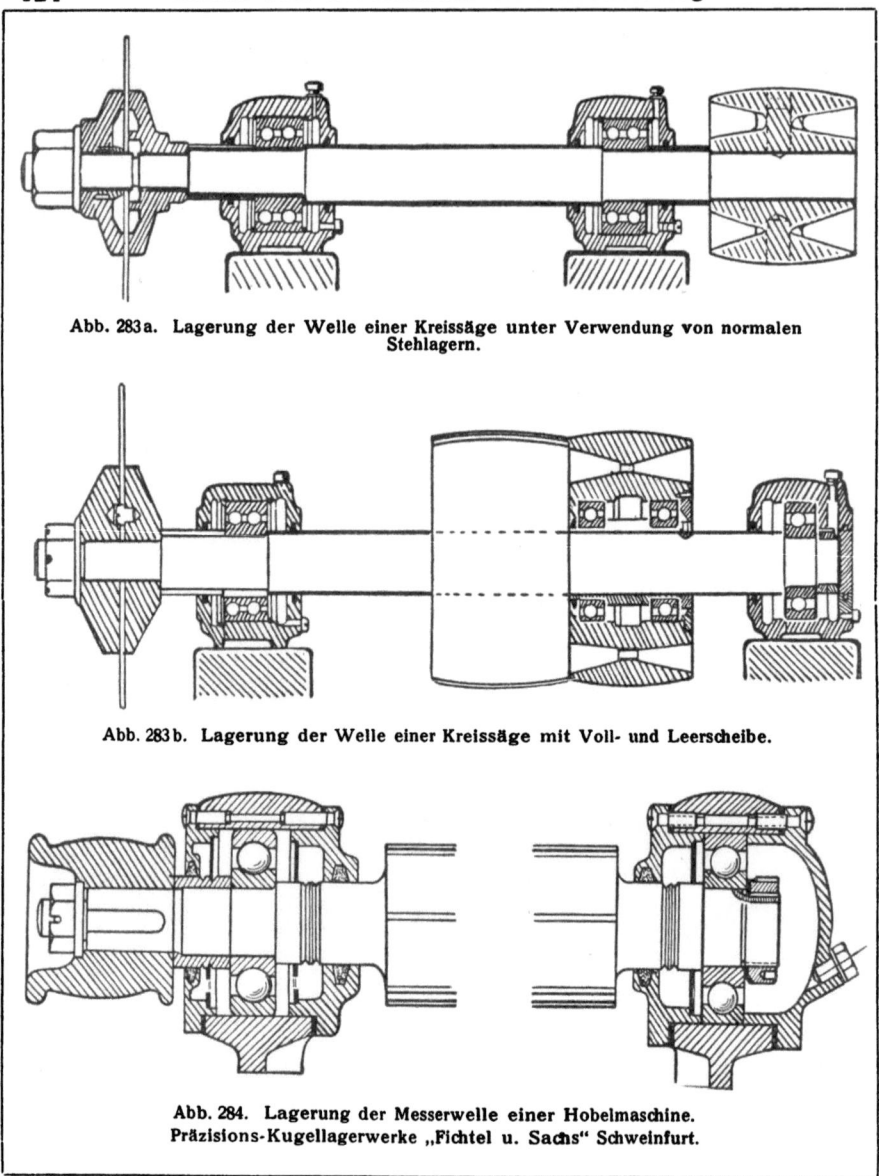

Abb. 283a. Lagerung der Welle einer Kreissäge unter Verwendung von normalen Stehlagern.

Abb. 283b. Lagerung der Welle einer Kreissäge mit Voll- und Leerscheibe.

Abb. 284. Lagerung der Messerwelle einer Hobelmaschine.
Präzisions-Kugellagerwerke „Fichtel u. Sachs" Schweinfurt.

Die Gehäuse der neueren Kugellager sind so ausgebildet, daß zu ihrer Schmierung sowohl Mineralöle als auch feste Schmierfette bester Beschaffenheit Verwendung finden können. Dieselben müssen jedoch vollständig rein sowie säure- und harzfrei sein.

Auch zwischen den Schmierfetten, die als Starrschmiere oder konsistente Fette für die Schmierung von Lagern in Betracht kommen, ist in der Anwendung ein Unterschied — ob pflanzlichen, tierischen oder mineralischen Ursprungs — zu machen. Während reines mineralisches

B. Die Zwischenmaschinen

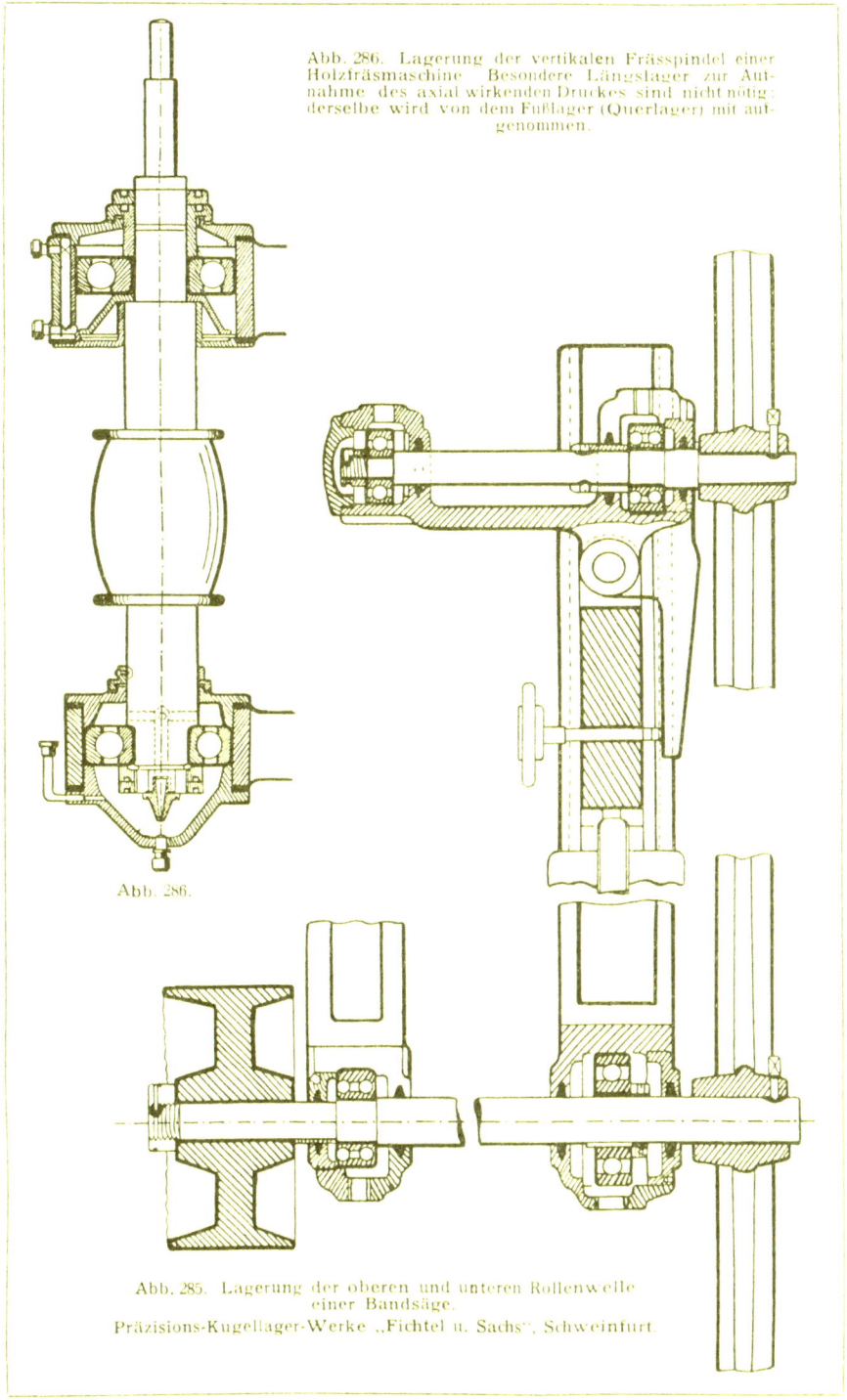

Abb. 286. Lagerung der vertikalen Frässpindel einer Holzfräsmaschine. Besondere Längslager zur Aufnahme des axial wirkenden Druckes sind nicht nötig; derselbe wird von dem Fußlager (Querlager) mit aufgenommen.

Abb. 286.

Abb. 285. Lagerung der oberen und unteren Rollenwelle einer Bandsäge.
Präzisions-Kugellager-Werke „Fichtel u. Sachs", Schweinfurt.

Fett wie Vaseline wegen des niederen Schmelzpunktes nicht für alle Zwecke gleich gut geeignet ist, bewähren sich die sog. Kalypsolfette, die aus dem bekannten Fett einer tropischen Palmenart hergestellt sind, wegen ihres hohen Schmelzpunktes, namentlich zur Schmierung von Lagern, welche von Natur aus warmlaufen, vorzüglich.

Eine Aufstellung von bestimmten Regeln für die Schmierung ist bei der großen Zahl der Schmiermittel, ihrer unterschiedlichen Zusammensetzung, der Verschiedenheit der Schmiervorrichtungen und der Verhältnisse, unter denen die Schmierung erfolgt, unmöglich. Leider schenkt die Praxis dem Kapitel Schmierung und Schmiermaterial noch nicht die ihm allgemein gebührende Beachtung.

Die Wartung der Kugellager ist, sofern diese richtig eingebaut und im Stand gehalten, die denkbar einfachste. Nachfüllungen von Öl bzw. Fett brauchen, wenn die Gehäuse sehr gut dicht halten, nur in ganz großen Zwischenräumen, in der Regel nur zwei- bis dreimal im Jahre, zu erfolgen.

Eine besondere Neuerung bilden die **nur zur Aufnahme radialer Belastungen bestimmten Rollenlager**. Sie stellen keinen Ersatz der Kugellager dar; ihr Einbau empfiehlt sich daher nur dort, wo der Raum so beschränkt ist, daß die in Frage kommende Belastung außerhalb der Tragfähigkeit eines Kugellagers liegt, wie dies besonders bei hohen Belastungen mit geringen Umdrehungszahlen der Fall ist.

Die Abb. 283a und b, 284, 285 und 286 zeigen den Einbau von Kugellagern der **Schweinfurter Präzisions-Kugellager-Werke Fichtel & Sachs, Schweinfurt am Main**, in Holzbearbeitungsmaschinen, und zwa in Kreissägen, Hobelmaschinen, Bandsägen und Fräsmaschinen.

III. Die Anlage der Transmission.

Bei der Anlage einer Transmission innerhalb eines Werkstattraumes ist vor allem darauf zu achten, daß diese zwar leicht zugänglich, bei ihrer Bewegung aber für die in der Nähe arbeitenden Personen keine Gefahren mit sich bringt. Es ist deshalb jede Transmission durch Anbringung eines Schutzgitters oder anderer Schutzvorrichtungen zu sichern.

Um durch die Transmission nicht im Raum selbst beengt zu werden, wird diese bei Neuanlagen mit Vorteil in einem in dem Fußboden liegenden, leicht zugänglichen Kanal, welcher mit Holzdeckeln gut eingedeckt wird, verlegt.

Zur Ausgleichung und Übersetzung sowie vor allem auch zur Erreichung der hohen Tourenzahlen an Holzbearbeitungsmaschinen wird zwischen Transmission und Arbeitsmaschine bei vielen Maschinen noch ein weiteres Mittelglied eingeschaltet, das als **Vorgelege** bezeichnet wird. Das Vorgelege besteht aus Welle, Lagern und Riemenscheiben. Es bezweckt weiter auch das sofortige Abstellen einer Maschine unabhängig von der Haupttransmission. Jedes Vorgelege ist deshalb mit Fest- und Losscheibe sowie mit einem **Ausrücker (Absteller)** versehen.

Je nachdem nun ein solches Vorgelege am Fußboden oder an der Decke angebracht ist, wird es als **Fußboden-** oder **Deckenvorgelege** bezeichnet.

Die richtige, sorgfältige Anlage und Wartung einer Transmission sind für einen Maschinenbetrieb von nicht zu unterschätzender Bedeutung. Bei einigermaßen ausgedehnter Anlage der Transmission nimmt man an, daß dieselbe bis zu 30% der Arbeitsleistung des Motors für sich beansprucht; bei schlechter Anlage und Wartung kann sogar noch mehr Kraft verloren gehen.

IV. Die elektrische Kraftübertragung.

Zum Antrieb mehrerer Maschinen durch Wasser-, Dampf-, Gaskraft usw. ist die Anlage einer Transmission unerläßlich. Bei Verwendung elektrischer Kraft ist eine solche nicht unbedingt notwendig.

Der von der Dynamomaschine gelieferte Strom gelangt mittels gewöhnlicher Leitungsdrähte zu den Motoren.

Erhält jede Maschine einen eigenen Motor, so spricht man von einem **Einzelantrieb** der Maschine. Werden jedoch sämtliche Maschinen durch einen gemeinsamen Elektromotor, der die Kraft auf eine Transmission überträgt, in Tätigkeit gesetzt, so haben wir den sog. **Gruppenantrieb**.

Für die Zweckmäßigkeit des Gruppen- oder Einzelantriebes sind vor allem die Raumverhältnisse und die Höhe der Strompreise bestimmend. Die größeren Vorteile bietet unstreitig der Einzelbetrieb. Die Kosten des Einzelantriebes belaufen sich durch die Aufstellung mehrerer kleiner Motore scheinbar höher. Rechnet man jedoch beim Gruppenantrieb zu den Anschaffungskosten für einen stärkeren Motor noch die Aufwendungen für die Transmissionsanlage und ihrer Schutzvorrichtungen sowie die Stromkosten, welche durch den Mitlauf der ganzen Transmission bei Benutzung von nur einer Maschine erwachsen, so wird sich selbst schon nach kurzer Benutzung der Einzelantrieb nicht nur als der praktischere, sondern mit geringen Ausnahmen auch als der billigere erweisen.

Im allgemeinen kann man sagen, daß sich der **elektrische Gruppenantrieb** für ununterbrochen arbeitende und gleichmäßig voll beanspruchte Maschinen, der **elektrische Einzelantrieb** für schnellaufende, mit vielen Unterbrechungen oder nur selten gebrauchten Arbeitsmaschinen, daher für unregelmäßig arbeitende oder schwankend beschäftigte Betriebe, als wirtschaftlich vorteilhafter erweist.

Der Einzelbetrieb kann entweder durch **Riemenbetrieb** oder durch **direkte Kuppelung**, in selteneren Fällen auch durch **Stirnräderübersetzung** erfolgen. Bei der direkten Kuppelung muß die Welle des Elektromotors die gleiche Umdrehungsgeschwindigkeit besitzen wie die anzutreibende Welle der Arbeitsmaschine. Die Gestaltung der Kuppelung erfolgt am einfachsten in der Weise, daß man den Anker des Motors direkt auf die Welle der Arbeitsmaschine setzt. Die direkte Kuppelung ist bei Kreissägen, Hobelmaschinen, Holzdrehbänken u. a. ohne weiteres möglich.

Trotz gewisser Vorteile der direkten Kuppelung finden jedoch in den weitaus meisten Fällen entweder **bewegliche Kuppelungen** (elastische **Stahlbandkuppelung, Lederkuppelung** o. dgl.) oder einfache **Riemenübertragungen** Anwendung. Diese Verbindungsarten haben den Vorzug, daß der Anker des Motors nicht unter den mitunter in den Arbeitsmaschinen vorkommenden sehr erheblichen Stößen zu leiden hat, andererseits bei einer Überlastung diese nicht direkt auf den Elektromotor übertragen wird.

Will man eine Bandsäge mit einem Motor direkt kuppeln, so muß entweder ein langsam laufender Motor verwendet werden oder der Antrieb mit Zahnradübersetzung o. dgl. erfolgen.

Die Zahnradübertragung bildet insofern auch ein Sondergebiet des elektromotorischen Einzelantriebes beim Antrieb von Steifsägen, wie Baumstammquersägen, Fuchsschwanzsägen, Baumfällmaschinen und noch anderen.

Am bekanntesten und verbreitetsten ist die Kraftübertragung durch einfachen Riemenzug, und zwar bei kleinen Leistungen bis zu etwa $^1/_6$ P.S. durch Schnur, bei größeren Leistungen durch Riemen evtl. unter Einschaltung eines Zwischenvorgeleges.

Art der Maschine	Kraftbedarf in	
	P.S. ca.	K.W. ca.
Sägemaschinen.		
Voll- oder Bundgatter, je nach Durchgangsgröße und Anzahl der Sägeblätter	8—25	6—18.5
Furniergatter	2—3	1.5—2.2
Horizontalgatter mit einem Sägeblatt	4—8	3—6
Kreissägen mit Handvorschub für Längsschnitte kleine	1—3	0.74—2.2
mittlere	3—6	2.2—4.5
große	8—20	6—15
Kreissägen mit Handvorschub für Querschnitte (Pendelsägen usw.)	2—15	1.5—11
Bandsägen, kleinere und mittlere	1.5—4	1.1—3
Bandsägen, größere	6—10	4.5—7.4
Blockbandsägen	12—30	9—23
Dekupiersägen	0.5—1	0.37—0.74
Steifsägen (Stammquersägen)	3—8	2.2—6
Hobel- und Fräsmaschinen.		
Abrichthobelmaschine	2—4	1.5—3
Dicktenhobelmaschine je nach Messerbreite	3—6	2.2—4.5
Kombinierte Abricht- und Dicktenhobelmaschine	3—4	2.2—3
Hobelmaschine (Kehlmaschine) je nach Anzahl der Messerwellen	4—20	3—15
Hobelmaschine (Kehlmaschine) mit Putzmessern u. dgl. in außergewöhnlichen Größen	25—60	18.5—45
Zapfenschneid- und Schlitzmaschinen je nach Anzahl der Messer	2—8	1.5—6
Tischfräsmaschine	2—3	1.5—2.2
Kehlleistenfräsmaschine	8—12	6—9
Bohr- und Stemmaschinen; Sägeschärfmaschinen und Messerschleifmaschinen.		
Gewöhnliche Langlochbohrmaschine	1—3	0.74—2.2
Stemmaschinen	2—7	1.5—5.2
Stemm- und Kettenfräsmaschinen	2—4	1.5—3
Sägeschärfmaschinen für Gatter-, Kreis- und Bandsägen	0.5—1	0.37—0.74
Hobelmesserschleifmaschine	0.5—1	0.37—0.74
Sandpapierschleifmaschinen und Drehbänke.		
Sandpapierschleifmaschine	3—20	2.2—15
Gewöhnliche Holzdrehbank	0.5—2	0.37—1.5
Fasson-Drehbank	4—9	3—6.6

V. Kraftbedarf der gebräuchlichsten Holzbearbeitungsmaschinen.

Die Holzbearbeitungsmaschinen, vor allem diejenigen der Sägewerke, benötigen zu einem durchgehenden gesicherten Betriebe, infolge der großen Verschiedenheiten des zur Verarbeitung kommenden Materiales, besonders reichlich bemessener Kraftanlagen. Die Kosten der Krafterzeugung sind deshalb für die Wirtschaftlichkeit dieser Betriebe von größter Bedeutung.

Als Betriebskräfte kommen für Holzwarenfabriken und Sägewerke in erster Linie die Wasserkraftanlagen (Wasserräder und Turbinen), insbesondere aber die Dampfkraftanlagen als Dampfmaschine und Lokomobile in Frage letztere vor allem wegen ihrer Wärmeausnutzung zu Dampf- und Trockenzwecken wie auch zur Raumbeheizung. In zweiter Linie werden von Verbrennungskraftmaschinen auch der Sauggas- und Dieselmotor, wie auch der Elektromotor verwendet.

Da die Wasserkraftanlagen an eine bestimmte Leistung gebunden sind, die aber nur zu häufig starken Schwankungen unterliegt, bedürfen die von solchen Anlagen abhängigen größeren Betriebe in der Regel einer Zusatz- bzw. Aushilfskraftmaschine. Als solche finden vor allem die Heißdampf-Lokomobile, der Elektromotor, wie auch der Sauggas- und Dieselmotor Verwendung.

Zur Bestimmung der ungefähren Stärke des zum Antrieb der Arbeitsmaschinen erforderlichen Motors wie der Stromkosten elektrisch angetriebener Maschinen, ist in vorstehender Tabelle der annähernde Kraftbedarf der gebräuchlichsten Holzbearbeitungsmaschinen normaler Größen zusammengestellt.

Mit Rücksicht darauf, daß bei diesen Maschinen die Kraft des Motors in Pferdestärken (P.S.), die Berechnung der Stromkosten aber nach Kilowatt (K.W.) erfolgt, ist nebst dem annähernden Kraftbedarf in P.S. auch jener in K.W. angegeben.

C. Die Arbeitsmaschinen.

Die Arbeitsmaschinen haben die Aufgabe, mittels der empfangenen Kraft die entsprechenden Werkzeuge zur mechanischen Bearbeitung der Stoffe in Tätigkeit zu setzen, also die eigentliche Arbeit zu verrichten.

Sämtliche Werkzeugmaschinen sind somit Arbeitsmaschinen.

Von den Werkzeugmaschinen wird die Arbeit bedeutend leichter und rascher ausgeführt als vom Handwerkszeug. Der Erfolg der Arbeit mit dem Handwerkszeug hängt eben von der Geschicklichkeit und Kraft des Arbeiters ab. Dem in der Maschine arbeitenden Werkzeug kann eine beliebige Kraftmenge zugeführt werden und ist dasselbe gezwungen, nach genau bestimmtem Willen zu arbeiten. Im Großbetriebe und zur Massenfabrikation kann deshalb die Maschine nicht mehr entbehrt werden. Bei richtiger Auswahl, Aufstellung und Ausnutzung bringen geeignete Maschinen aber auch dem Kleinbetriebe bedeutende Vorteile.

In der Holzbearbeitung sind Werkzeugmaschinen und Handwerkszeug in bezug auf Formgebung gleich. Das in der Maschine arbeitende Werkzeug zeigt jedoch eine andere Angriffsweise als das Handwerkszeug. Während dieses an einen bestimmten Kraftaufwand gebunden ist, ermöglicht die Maschine eine beliebige Kraftentwicklung. Bei einigen Maschinen, wie Gattersägen, Dekupier- und Laubsägemaschinen, Furnierschneidmaschinen usw., ist der **Arbeitsvorgang** gleich dem der Handwerkzeuge. Bei den meisten Maschinen erfährt jedoch dieser dadurch eine Änderung, als die benutzte Kraft dem Werkzeug **drehende Bewegungen**, und zwar bis zu sehr hoher Umdrehungsgeschwindigkeit, gibt. Diese Umdrehungsgeschwindigkeit kann bei einigen unserer heutigen Holzbearbeitungsmaschinen bis zu 4500 Umdrehungen (Touren) und mehr in der Minute gesteigert werden. Hierdurch wird nicht allein die Quantität, sondern auch die Qualität der Arbeit bedeutend erhöht. Die Erfahrung hat gelehrt, daß eine um so sauberere und besserere Arbeit geliefert wird, je rascher das schneidende Werkzeug in der Maschine rotiert.

Die Umdrehungsgeschwindigkeit hat aber bestimmte Grenzen, die sowohl durch die in den Lagern und Wellenzapfen auftretende **Reibung** als auch durch die **Fliehkraft** der bewegten Maschinenteile gesetzt werden.

Die **Reibung** ist eine mechanische Wärmequelle. Die Überwindung des Reibungswiderstandes steigert den Wärmegehalt der sich berührenden Körper. Hieraus erklärt sich die Tatsache, daß bei zu großen **Reibungen** und bei zu hohen Geschwindigkeiten Maschinenteile heißlaufen, wodurch aber auch bedeutende Kraft verloren gehen kann.

Die **Flieh- oder Schwungkraft (Zentrifugalkraft**[1]**)** ist begründet in der Zentralbewegung eines Körpers in krummliniger Bahn um einen Punkt, den Mittelpunkt der Bewegung. Die Kraft, mit der der bewegte Körper sich vom Krümmungsmittelpunkt der Bahn enfernt, der Krümmung seiner Bahn widerstrebt, heißt **Zentrifugalkraft**. Der Zentrifugalkraft ist als Wirkung entgegengesetzt die **Zentripetalkraft**[2]), das ist die nach dem Mittelpunkt der krummlinigen Bahn ziehende Kraft. Die Zentrifugalkraft ist von der Geschwindigkeit der Rotation abhängig. Ist die Umdrehungsgeschwindigkeit zu groß, so kann die gesteigerte Zentrifugalkraft die **Kohäsion**, das ist die innere Zusammenhangskraft zwischen den Teilchen eines und desselben Körpers, die zugleich als Zentripetalkraft wirkt, überwinden, wodurch eine Trennung der Teilchen voneinander erfolgt. Hört die Zentripetalkraft und mit ihr die Zentrifugalkraft in irgendeinem Augenblick plötzlich auf zu wirken, so werden die losgelösten Teilchen in tangentialer Richtung davonfliegen mit der Geschwindigkeit, die sie im Augenblicke des Loslassens gerade besaßen. Die in dieser Richtung treibende momentane Kraft heißt **Tangentialkraft**.

Wenn also Maschinenteile wie Schwungräder, Schleif- und Schmirgelscheiben, Fräsmesser usw. mit zu großer Geschwindigkeit sich um ihre Achse drehen, so kann die Zentrifugalkraft das Bersten und Losreißen derselben herbeiführen und die Stücke werden in tangentialer Richtung fortgeschleudert, was fürchterliche Zerstörungen und schreckliche Unglücksfälle verursachen kann.

Anderseits bieten die hohen Umdrehungsgeschwindigkeiten insofern große Vorteile, als der Kraftverbrauch mit der Höhe der Umdrehungszahl abnimmt.

Die zulässigen hohen Geschwindigkeiten bringen auch erhöhte Gefahren für die Arbeiter mit sich. Deshalb zählen die Holzbearbeitungsmaschinen zu den gefährlichsten aller Werkzeugmaschinen.

---

1) Vom lateinischen centrum fugere, d. h. vom Mittelpunkt fliehen.
2) Vom lateinischen centrum petere, d. h. nach dem Mittelpunkt streben.

Um Unglücksfälle möglichst zu vermeiden, wurden gesetzliche Vorschriften erlassen, die in jeder Werkstätte mit Maschinenbetrieb an geeigneten Plätzen leicht ersichtlich anzubringen sind. Es ist Pflicht eines jeden Arbeiters, sich mit diesen Vorschriften vertraut zu machen und sie genauestens zu beachten.

Auszugsweise seien nachstehend die wichtigsten Bestimmungen der Unfall-Verhütungsvorschriften für die Betriebe der Holzbearbeitung zusammengefaßt:

„Die Motore sind möglichst in besonderen Räumen aufzustellen oder wenigstens im Arbeitsraum so einzufrieden, daß der unmittelbare Raum um dieselben nur für die mit der Wartung derselben betrauten Personen reserviert bleibt. Alle im Verkehrsbereich freiliegenden bewegten Teile einer Kraftmaschine sind zweckentsprechend zu umwehren. Bei allen Kraftmaschinen sind Einrichtungen zu treffen, welche ein sicheres Stillstehen ermöglichen. Derjenige Betriebsunternehmer, welcher mit anderen die Kraft von einem gemeinsamen Motor empfängt, hat dafür Sorge zu tragen, daß vermittelst einer geeigneten Ausrückvorrichtung sein Betrieb für sich ein- und ausgeschaltet werden kann.

An den Transmissionen sind alle hervorstehenden Schraubenköpfe, Muttern, Nägel, Keile an Kupplungen usw. entweder zu beseitigen oder zu umkapseln.

An den Arbeits- und Werkzeugmaschinen sind die Bodenvorgelege, Schwungräder, Riemenbetriebe und die Eingriffscheiben der Zahnräder, soweit sie nicht durch ihre Lage schon unzugänglich sind, mit Schutzgittern bzw. Schutzkisten zu versehen.

Das Schmieren, Putzen, Reinigen und Reparieren von Triebwerken und Transmissionen, das Auswechseln von Wechselrädern an Werkzeugmaschinen sowie das Auflegen und Abwerfen der Riemen darf in der Regel nur während des Stillstandes der Betriebsmaschine, ausnahmsweise während des Ganges nur bei Riemen unter 60 mm Breite und unter weniger als 10 m Geschwindigkeit in der Sekunde und nur durch solche Arbeiter geschehen, welche mit der Sache vollkommen vertraut sind. Das Auflegen und Abwerfen der Riemen mit unbewaffneter Hand während des Betriebes ist untersagt. Die abgeworfenen Riemen sind von der Transmission entfernt zu halten.

Die von Wellenleitungen aus angetriebenen Arbeitsmaschinen müssen einzeln und für sich allein ausrückbar sein. Die Ausrückvorrichtung muß vom Standplatz des Arbeiters aus bequem gehandhabt werden können, sicher wirken und so gebaut sein, daß eine Selbsteinrückung unmöglich ist.

Alle arbeitenden Werkzeuge an der Maschine sind mit entsprechenden Schutzvorrichtungen zu versehen, und zwar womöglich so, daß sie mit der Maschine ein zusammengehöriges Ganzes bilden und selbsttätig wirken.

Die Schutzvorrichtungen, welche je nach der Tätigkeit und Angriffsweise des Werkzeuges unterschiedlich konstruiert sein müssen, werden bei den einzelnen Arbeitsmaschinen näher besprochen.

Die Werkzeugmaschinen der Holzbearbeitung lassen sich nach ihrer Wichtigkeit für den Betrieb in folgende Gruppen zusammenfassen:

1. Sägemaschinen, 2. Hobelmaschinen und Furnierschneidmaschinen, 3. Fräsmaschinen, 4. Bohrmaschinen, 5. Stemmaschinen, 6. Holzdrehbänke, 7. Schärf- und Schränkmaschinen, 8. Schleifmaschinen und 9. kombinierte oder Universalmaschinen.

Die **Spaltmaschinen** dienen nur zum Zerkleinern des Brennholzes; sie sind deshalb für den allgemeinen Gewerbebetrieb weniger von Bedeutung.

Die **Biegemaschinen** werden bei Besprechung des Arbeitsvorganges „Biegen" besondere Erwähnung finden.

I. Die Sägemaschinen.

Die Sägemaschinen sind die ältesten Maschinen der Holzbearbeitung.

Der von der Natur gelieferte Rohstoff, der Baumstamm, wurde vor Entstehung der Sägemühlen nur durch Spalten zum brauchbaren Material umgeformt. Es zeigen deshalb die Möbel- und Bauschreinerarbeiten früherer Zeiten in ihren breiteren Flächen verhältnismäßig dicke, stumpf aneinander gefügte Planken, über welche zur Sicherung des Haltes oft reiche eiserne Riegel oder Bänder gelegt sind. Um das Jahr 1320 wurde vermutlich zu Augsburg die erste Sägemühle gebaut, die die Herstellung dünner Bretter ermöglichte. Hierdurch entstand alsbald eine ganz neue Art der Zusammenfügung der einzelnen Teile, und zwar die Konstruktion auf Rahmen und Füllung, welche noch heutzutage bei Möbel- und Bauschreinerarbeiten aller Art Verwendung findet. Mit dem stetigen Fortschritte der Technik wurde nicht nur die alte Gattersäge der Sägemühle bedeutend verbessert, sondern es wurden auch neue Sägemaschinen geschaffen, die nicht nur zur Herstellung von Rohformen, sondern auch zu ihrer Ausarbeitung und zum Zusammenarbeiten von Konstruktionen dienen.

Die Sägemaschinen können wohl als die wichtigsten unserer heutigen Werkzeugmaschinen der Holzbearbeitung bezeichnet werden.

Das in der Maschine arbeitende Sägeblatt unterscheidet sich von dem der Handsäge nur in bezug auf Form, Größe und Bewegungsart. Bei den Maschinen sind die Sägeblätter zumeist **gespannt**; nur die Quersägemaschine zum Fällen und Zerstückeln der Stämme sowie die in Amerika gebräuchliche Mulaysäge besitzen **ungespannte** Sägeblätter.

Der Antrieb der Sägemaschinen erfolgt in den meisten Fällen durch motorische Kraft, seltener durch Hand- oder Fußbetrieb.

Nach der **Bewegungsrichtung des Sägeblattes** lassen sich sämtliche Sägemaschinen in zwei Hauptgruppen einteilen, und zwar:

1. in Sägemaschinen mit **hin- und hergehender (ununterbrochener oder reziproker) Bewegung**; hierher gehören die Gattersägen, Dekupier- und Laubsägemaschinen, die Quersäge und die Mulaysäge;

2. in Sägemaschinen mit **fortlaufender (kontinuierlicher) Bewegung**; hierher zählen die Band-, Kreis-, zylinderförmige, faßförmige und Kugelschalen-Säge.

Die Sägen mit hin- und hergehender Bewegung können nicht die gleiche Arbeitsleistung erzielen wie die mit fortlaufender Bewegung, da erstere die einseitig wirkende Zahnform besitzen. Ihre Wirkung äußert sich infolgedessen nur nach einer Richtung, während die Bewegung nach der entgegengesetzten Richtung einem Leergang gleichkommt.

Um diesen Nachteil einigermaßen zu beheben, hat man für diese Sägen eine Zahnform konstruiert, die beim Hin- und Hergang gleichmäßig wirkt.

1. Sägemaschinen mit hin- und hergehender Bewegung. Die wichtigsten Sägemaschinen unserer heutigen Säge- und Schneidmühlen sind

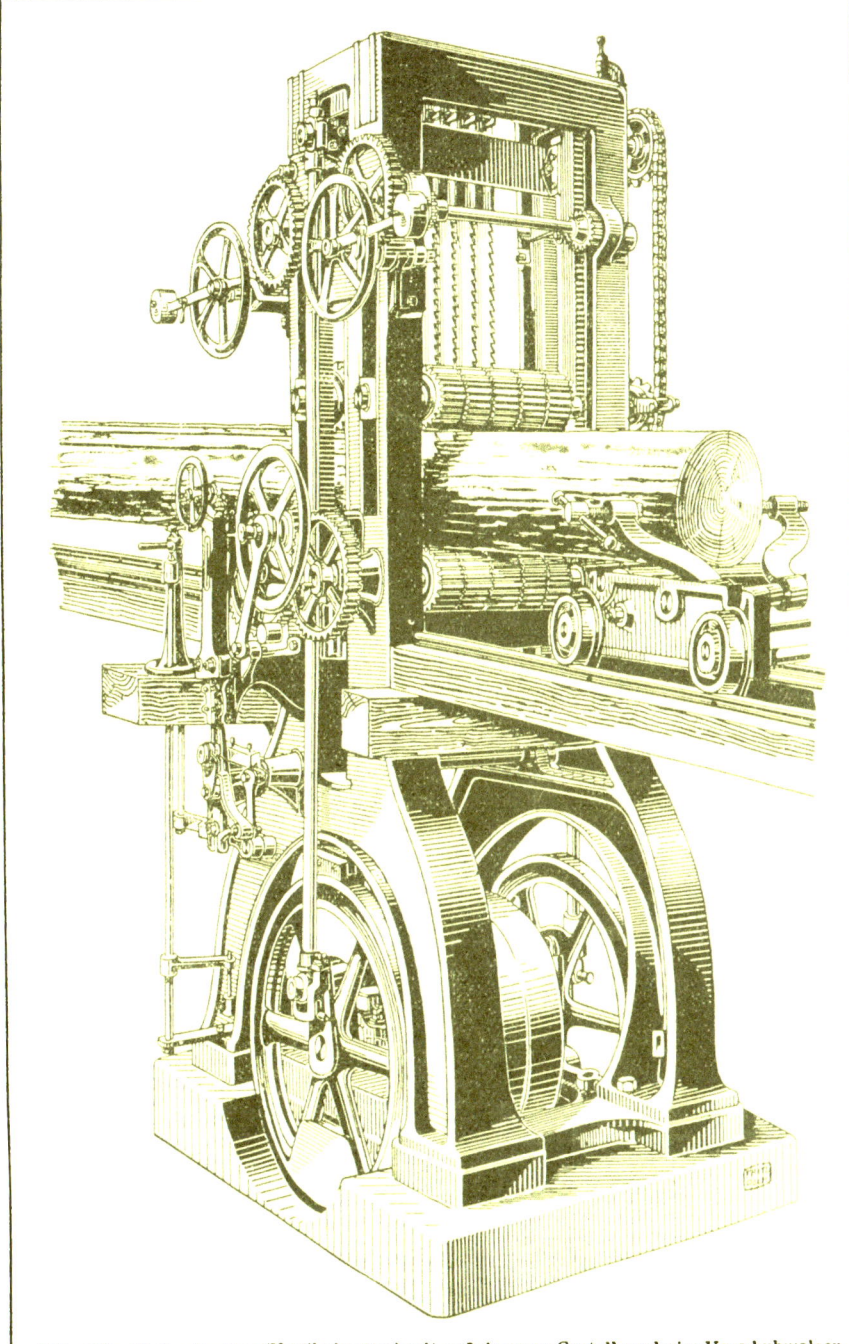

Abb. 287. Vollgattersäge (Vertikalgatter) mit gußeisernem Gestell und vier Vorschubwalzen. (Modell Kirchner, Leipzig.)

die Gattersägen (Abb. 287). Ihre Hauptaufgabe besteht darin, Baumstämme der Länge nach in Kanthölzer, Pfosten und Bretter und diese wieder in Dickten und Furniere zu zerteilen. Bei diesen Sägemaschinen sind ein oder mehrere Sägeblätter in einem rechteckigen, geschlossenen Rahmen, das Gatter genannt, eingespannt, dessen Antriebsvorrichtung in der sog. Lenk- oder Pleuelstange besteht. Das Gatter erhält eine lotrechte oder schwach geneigte auf und ab gehende oder eine wagrechte hin und her gehende Bewegung. Im ersteren Falle spricht man von Vertikal-, im letzteren von Horizontalgattersägen.

Während die Längsseiten des Gatterrahmens, die Gatterschenkel, die Führung für seine gleichmäßige Bewegung enthalten, haben die Querseiten, die Riegel, die Sägeblätter unter verschiedenartiger Befestigung aufzunehmen. Die Sägeblätter sind je nach Beschaffenheit des zu schneidenden Holzes und der Art der Schnittware sowohl in bezug auf ihre Bezahnung als auch hinsichtlich ihrer Dimensionen sehr verschieden. Während die Zahnspitzenlinie bei allen Gattersägeblättern meist eine gerade ist, sind die Zähne der nur beim Niedergang wirkenden Sägen entweder rechtwinklige oder überhängende Dreieckszähne oder daraus abgeleitete Wolfszähne. Soll die Säge jedoch nach beiden Richtungen gleichmäßig wirken, so müssen die Sägezähne entweder symmetrisch geformt sein oder es muß das Sägeblatt Zähne erhalten, welche zur Hälfte beim Auf- bzw. Hingang, zur anderen Hälfte beim Nieder- bzw. Hergang der Säge zur Wirkung gelangen.

Führt ein Gatter nur ein meist in der Mitte eingespanntes Sägeblatt, so heißt es Mittelgatter (Blockgatter) (Abb. 288a). Sind in einem Gatter zwei Sägeblätter eingespannt, so bezeichnet man es als Saum- oder Schwartengatter (Abb. 288b). Dieses wird insbesondere verwendet, wenn von einem runden Holzklotz an zwei gegenüberliegenden Stellen segmentförmige Stücke, die sog. Schwarten (Schwartlinge), abgetrennt werden sollen. Ein solch besäumter Holzklotz wird zur Gewinnung einer sicheren, flachen Auflage um 90° gedreht und hierauf dem Bund- oder Vollgatter (Abb. 288c) zugeführt; dieses führt mehr als 2, ja selbst 10, 20 und noch mehr Sägeblätter, die den ganzen Holzklotz bei einmaligem Durchgange in Bretter oder Pfosten zerlegen.

Das Vollgatter ist unter gewöhnlichen Verhältnissen in einem Sägewerkbetriebe die wichtigste Holzbereitungsmaschine. Wenngleich sich seine Verwendbarkeit in der Hauptsache nur auf das Schneiden von Nadelhölzern beschränkt, können doch darauf auch Buchen und andere

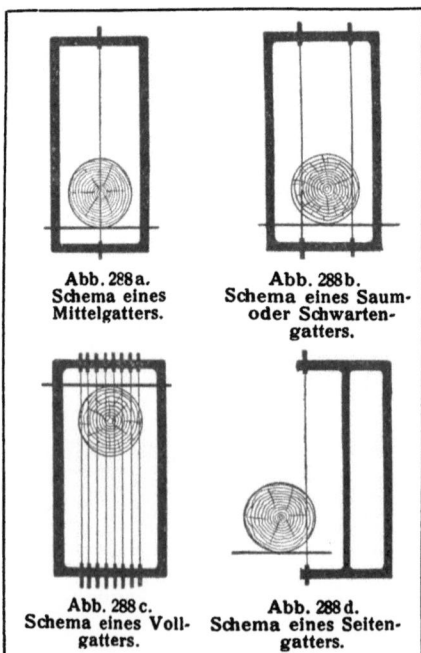

Abb. 288a. Schema eines Mittelgatters.
Abb. 288b. Schema eines Saum- oder Schwartengatters.
Abb. 288c. Schema eines Vollgatters.
Abb. 288d. Schema eines Seitengatters.

C. Die Arbeitsmaschinen

Harthölzer, selbst auch Eichen geschnitten werden. Für einen Dauerbetrieb zum Schneiden der Harthölzer eignet sich jedoch das Vollgatter nicht; es sei denn, daß hierzu eigne Sägeblätter bereitgehalten werden. Das Schneiden harter Laubhölzer erfordert nebst einem besonders aufmerksamen und gewissenhaften Schärfen und Schränken der Sägeblätter vor allem auch eine besondere Zahnform.

Der gewöhnliche zum Schneiden von Nadelhölzern vorzüglich geeignete **überhängende Wolfszahn** (siehe Abb. 210 Seite 65) ist für harte Laubhölzer ungeeignet. Sollen die Sägeblätter nicht hart und schwer arbeiten, so darf der Sägezahn für Harthölzer nicht überhängen, Zahnspitze und Zahnbrust derselben müssen vielmehr im rechten Winkel zum Sägeblattrücken (Abb. 210 Seite 65) stehen. Des weiteren müssen die **Vorschubwalzen**, welche das Holz den Sägen zuführen, möglichst nahe an den Sägen liegen, um auch etwas krumme und kurze Blöche ohne Gefahr schneiden zu können. Stark gekrümmte Blöche sowie solche unter 2 m Länge sollten überhaupt nicht auf einem Vollgatter, sondern auf einem Horizontalgatter geschnitten werden.

Die Vollgatter werden für Stammdurchgangsweiten von 200—1500 mm gebaut. Die zumeist gebauten und in Verwendung stehenden Durchgangsgrößen der Gatter liegen jedoch zwischen 350 und 950 mm Breite.

Je nach Rahmenweite brauchen die Vollgatter zum Leerlauf beim Antriebe 2—6 P.S. und für jedes weitere eingehängte Sägeblatt ungefähr $\frac{1}{2}$—1 P.S. mehr.

Die **Leistung eines Vollgatters ist abhängig von der Sägegeschwindigkeit.** Man versteht darunter den Weg, den die Sägezähne z. B. in einer Minute im Holze zurücklegen.

Während einer Umdrehung der Welle bewegt sich der Gatterrahmen mit den Sägeblättern einmal auf und ab. Die Schnittarbeit wird während der Abwärtsbewegung geleistet und der zurückgelegte Weg als „Hubhöhe" oder kurzweg „Hub" bezeichnet. Diese Hubhöhe wie auch die Sägegeschwindigkeit müssen jedoch mit den Stammdurchgangsgrößen des Gatters in einem gewissen, richtigen Verhältnis stehen.

Ist beispielsweise der Hub klein, so kann die Umdrehungszahl groß sein, wodurch man eine bedeutende Schnittgeschwindigkeit erhält.

Multipliziert man den Zahlenwert der Hubhöhe mit der Umdrehungszahl in der Minute und teilt durch 60, so erhält man die sekundliche Zahngeschwindigkeit.

Hat ein Gatter z. B. eine Hubhöhe von 360 mm und eine Umlaufzahl von 300, so ist die Zahngeschwindigkeit

$$\frac{360 \times 300 = 108000}{60} = 1.8 \text{ mm/sek.}$$

Das gleiche Ergebnis kann jedoch auch bei einem größeren Hub und einer geringerem Umlaufzahl erreicht werden.

Beträgt z. B. die Hubhöhe 580 mm und die Umdrehungszahl 190, so ist die Zahngeschwindigkeit

$$\frac{580 \times 190 = 110200}{60} = 1.8 \text{ m/sek.}$$

Beide Faktoren — also Umdrehungszahl und Hubhöhe — groß zu wählen, läßt die Ausführung der Gatter leider nicht zu.

Die minutliche Hubzahl eines Vollgatters liegt zwischen 140 und 350; für gewöhnlich beträgt sie bei einer Durchgangsgröße von 650 mm Breite und 600 mm Höhe und einem Sägehub von 480 mm 250 minutliche Touren.

Die kleineren Gatter mit kleinerem Hub, aber größeren Umlaufzahlen, werden in der Praxis für gewöhnlich als „Schnelläufer", die größeren Gatter als „Langsamläufer" oder „Großhubgatter" bezeichnet. Beide Konstruktionen haben ihre Vor- und Nachteile.

Während die Gatter mit kleinerem Hub die Verwendung kurzer, schwächerer Sägeblätter zulassen und dadurch Nutzholz sparend arbeiten, verlangen die Sägen mit großem Hub längere und dadurch stärkere Sägeblätter, wodurch wieder größere Schnittverluste entstehen.

Kann der Hub etwa 100—150 mm größer als der Durchmesser des zu schneidenden Bloches gewählt werden, so bildet dies einen besonderen Vorteil. Bei starken Stämmen ist das jedoch wegen der hierdurch notwendigen großen Sägeblattlänge, durch die der Rahmen zu schwer würde, nicht möglich.

Die Sägegeschwindigkeit hochwertiger Vollgatter beträgt für stärkere Harthölzer gewöhnlich 120 m/min. = 2 m/sek. Für Schnelläufer und schwächere Weichhölzer wird die Tourenzahl zumeist so eingestellt, daß die Zahngeschwindigkeit etwa 216 m/min. = 3,6 m/sek beträgt.

Für die Wirtschaftlichkeit eines Sägewerksbetriebes ist auch die Stärke der Gattersägeblätter von Bedeutung. Sie beträgt bei den kleinsten Vollgattersägen von 600—1000 mm Länge etwa 1.2—1.6 mm und steigt bei den großen Sägen von 1800 mm und mehr Länge auf 1.8—3.5 mm. Dadurch entsteht einschließlich des Schrankes der Sägezähne ein Schnittholzverlust von 2—3.6 mm, ja selbst oft bis zu 5 mm. Dieser große Schnittholzverlust, der bis zu $\frac{1}{3}$ der Gesamtnutzholzmasse betragen kann, macht das Vollgatter trotz seiner großen Vorteile zum Schneiden wertvoller Hölzer ungeeignet.

Vielfach wurde schon versucht, möglichst schwache Sägeblätter zu verwenden; diese verlangen jedoch eine außergewöhnlich gute Instandhaltung und oftmalige Schärfung. Während für weiches Fichtenholz Blattstärken von 1.8 mm genügen, können zum Schneiden von Kiefern- und Eichenholz auf größeren Gattern keine Sägen unter 160 mm Breite und 2 mm Stärke Verwendung finden. Zu schwach gewählte Vollgattersägeblätter erzeugen in der Regel einen ungleichmäßigen Bretterschnitt.

Größte Bedeutung für eine rationelle Leistung wie für die Reinheit des Sägeschnittes besitzt der Überhang, auch Umlauf oder Busen (Abb. 289) der Säge genannt. Man versteht darunter ein Überhängen der oberen Zahnspitzenlinie gegen die untere.

Wäre die Säge ganz lotrecht eingespannt, dann hätte der erste den Bloch von oben treffende Sägezahn die Hauptaufgabe des Schneidens zu erledigen; alle übrigen Zähne gingen mehr oder weniger leer in dem vom ersten Zahn geschaffenen Schnitte. Andererseits würde aber auch der Vorschub des Bloches der Säge beim Aufsteigen durch Anstoßen der Zähne Schwierigkeiten bereiten.

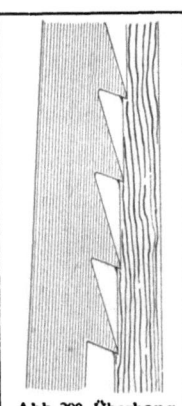

Abb. 289. Überhang (Busen) einer Gattersäge.

C. Die Arbeitsmaschinen

Selbst bei doppelseitig wirkenden Sägen muß die Zahnspitzenlinie so beschaffen sein, daß sie von der Mitte nach beiden Enden zur Bewegungsrichtung etwas geneigt steht.

Die Größe des Überhanges muß je nach Vorschub, Tourenzahl und Hubhöhe verschieden sein und nimmt die Praxis auch für das Schneiden von starkem, mittlerem und schwachem Holze je eine andere Überhangröße an. Hat beispielsweise ein Gatter eine Sägeblattlänge von 1600 mm, einen Sägehub von 250 mm und 200 minutliche Umdrehungen, so kann der Überhang beim Schneiden von starkem Holze, bei einem Vorschub von 260 mm etwa 10—12 mm, für mittelstarkes Holz bei einem Vorschub von 500 mm etwa 14—16 mm und für die Brettschneiderei in schwachem Holze, bei einem Vorschub von 1000—1100 mm etwa 18—20 mm betragen, während als Überhang bei der Bauholzschneiderei selbst bis zu 23 mm angenommen werden.

Von größter Wichtigkeit für den Betrieb mit Gattersägen ist eine selbsttätige, geregelte Zuführung des Holzes zu den Sägen, die sog. Spaltbewegung. Diese wird mit dem Schiebezeug bewerkstelligt. Der Holzklotz wird auf zwei kurzen auf Grubenschienen laufenden Klotzwagen befestigt, durch diese sodann dem Gatter zugeführt und mittels einer Riffelwalze durch das Gatter hindurchgeleitet. Eine andere Art der Zuführung besteht darin, daß der Klotz sich durch die Drehbewegung von Riffelwalzen, welche vor und hinter dem Gatter angeordnet sind, der Säge langsam nähert. Diese Zuführung muß sich jedoch stets nach der Wirkung der Sägezähne richten. Sie erfolgt zumeist ruckweise, und zwar, wenn die Säge nur beim Niedergang schneidet, beim Niedergang, schneidet die Säge jedoch beim Auf- und Niedergang bzw. Hin- und Hergang, so muß der Vorschub auch demgemäß erfolgen. Die Vorschubbewegung kann entweder durch ein Schaltwerk, bestehend aus Rad- und Zahnstange, oder durch Führungswalzen, durch Friktionswellen, wie auch durch Kettenantrieb erfolgen.

Der bei den älteren Gattersägen noch übliche Schlittenvorschub ist seiner geringen Leistungsfähigkeit wegen, hervorgerufen durch Zeitverlust beim leeren Zurückgang des Schlittens behufs Aufnahme eines neuen Bloches, nur noch selten zu finden. Die neue Bauart der Vollgatter mit Walzenvorschub besitzt den Vorzug, daß mehrere Blöche nacheinander durch gezahnte Walzen der Säge zugeführt werden können, ohne daß die Säge abgestellt werden muß.

Um besonders starke Blöche (Blöcke) abzuschwarten oder in Planken zu zerlegen, deren Stärken sich erst nach vorhergegangenem Probeschnitt in bezug auf die Brauchbarkeit des Holzes bestimmen läßt, verwendet man das Seitengatter (siehe Abb. 288d). Dieses ist ähnlich den Handsägen. Die beiden Riegel sind in ihrer Mitte durch einen Steg verbunden; ihre linksseitigen Enden führen das Sägeblatt, während die rechtsseitigen Enden durch eine Eisenstange zusammengehalten werden, wenn nicht anstatt dessen ein zweites Sägeblatt angebracht ist.

Zum Zerteilen von Pfosten und besäumten Schwarten in dünne Bretter eignet sich am besten das Trenn- oder Spaltgatter. Die aufzutrennenden Pfosten oder dgl. werden hochkantig durch selbsttätigen Walzen- oder Zahnstangenvorschub den Sägen zugeführt, während gleichzeitig seitliche Druckwalzen die Hölzer fest gegen die treibenden Walzen andrücken.

138 Zweiter Teil. Die Maschinen der Holzbearbeitung

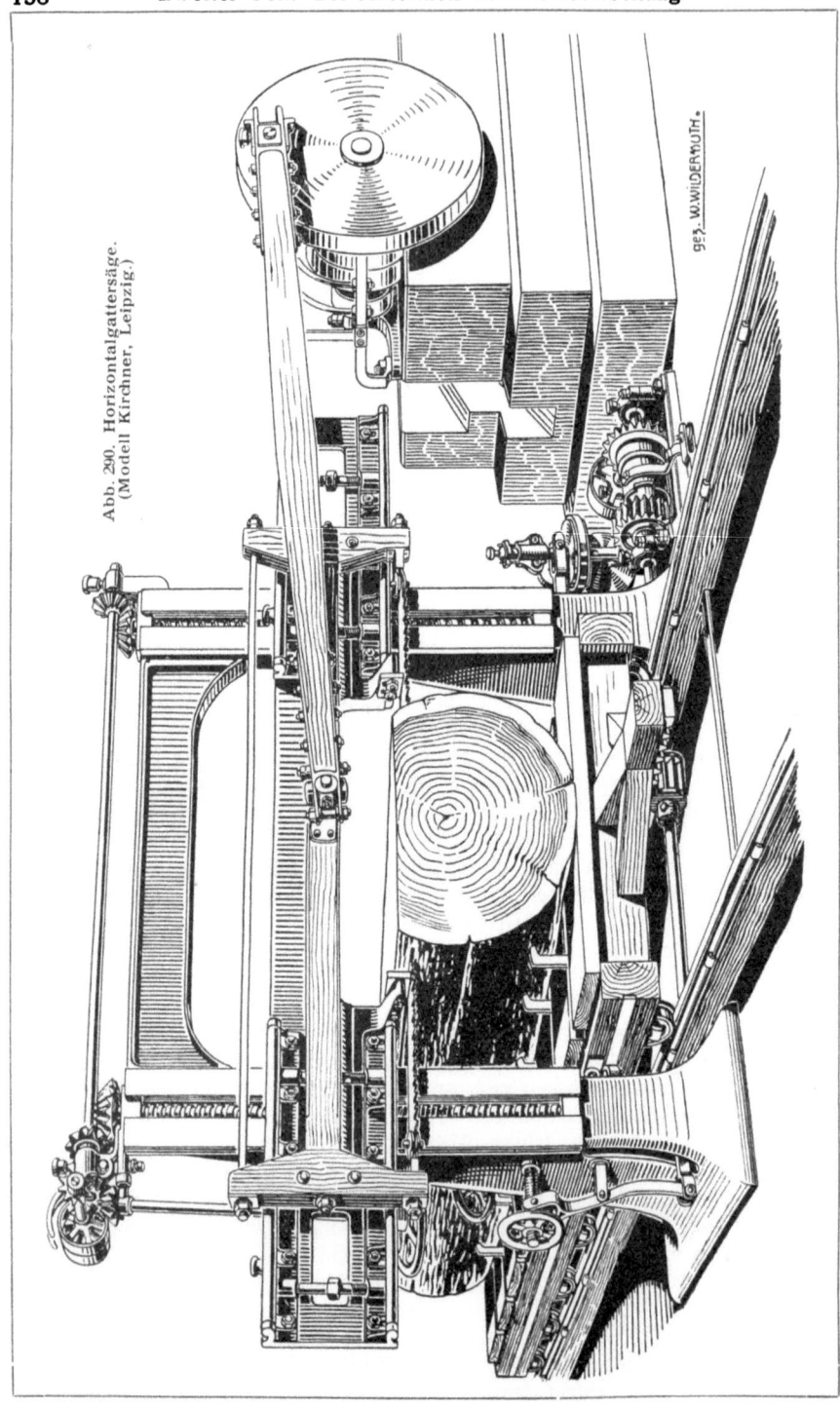

Abb. 290. Horizontalgattersäge.
(Modell Kirchner, Leipzig.)

C. Die Arbeitsmaschinen

Der Zahnstangenvorschub besitzt gegenüber dem Walzenvorschub den Vorteil, daß er nie versagt und keine Eindrücke auf dem äußeren Brett hinterläßt, was bei geriffelten Walzen unvermeidlich ist.

Die Trenngatter können Schnittware von 5 mm Mindeststärke schneiden. Sie vermögen ferner bis zu 20 Sägeblätter aufzunehmen; da letztere oft nur 1 mm dünn sind, ist der Schnittverlust äußerst gering. Für weiche, harzreiche oder nasse Hölzer sind jedoch besonders schwache Sägen weniger geeignet; hier fördern dickere Blätter die Arbeit viel besser, weil die größere Schnittfläche das Abnehmen größerer Späne ermöglicht.

Die Vertikalgatter erreichen je nach ihrer Rahmenweite oft eine beträchtliche Höhe. Sie müssen deshalb einen schweren, gut angeordneten Unterbau erhalten, um die unvermeidlichen Erschütterungen hintanzuhalten. Zur Behebung solcher Nachteile werden die Gatter oft auch horizontal geführt und dann als Horizontalgatter (Abb. 290) bezeichnet. Diese finden vornehmlich zum Schneiden wertvoller und harter Hölzer zu Dickten und Furnieren Verwendung, da sie vor allem sehr dünne Sägeblätter zulassen und sich ihres sicheren Ganges wegen sehr wenig verlaufen. Die Horizontalgatter werden für gewöhnlich in Durchgangsgrößen von 700—1700 mm gebaut. Wenngleich solche heute auch für mehrere Sägeblätter gebaut werden, arbeiten dieselben in der Regel doch nur mit einem Sägeblatt. Dieses ist an einer Seite des Gatterrahmens befestigt und bewegt sich mit bedeutender Geschwindigkeit; trotzdem beansprucht das Horizontalgatter aber wenig Kraft.

Die Säge schneidet beim Hin- und Hergang, wodurch ein stetiger Vorschub des Arbeitsstückes bedingt wird. Der Antrieb des Gatterrahmens erfolgt von einem seitlich aufgestellten Vorgelege aus mittels Lenkstange und einer als Schwungrad ausgebildeten, mit Gegengewicht versehenen Kurbelscheibe. Liegt das Sägeblatt horizontal, so wird der Holzklotz in dieser Richtung vorgeschoben; hat das Sägeblatt jedoch vertikalen Schnitt, z. B. bei Furniersägen, so muß der Bloch vertikal der Säge von oben oder unten aus zugeführt werden. Zum Einspannen der Hölzer dient ein aus Holz oder Eisen gebauter Wagen, welcher mittels Rollen auf Schienen läuft und durch Getriebe und Zahnstange vor- und rückwärts bewegt wird. Die Vorschubgeschwindigkeit des Wagens läßt sich bei neueren Gatterkonstruktionen während des Arbeitens verändern und beträgt bis zu $1^1/_2$ m/min.

Während die Vertikalgatter infolge des größeren Gewichtes des Gatterrahmens mit einer Geschwindigkeit von 2—3.6 m sek. arbeiten, beträgt die Zahngeschwindigkeit beim Horizontalgatter 4—5, ja selbst noch mehr Sekundenmeter.

Die Quersäge (Abb. 291) hat den Zweck, die Baumstämme auf bestimmte Längen zu zerstückeln, bevor sie in das Sägewerk gelangen. Zumeist findet sie auf dem Holzlagerplatz Aufstellung, also entfernt von den übrigen Maschinen eines größeren Sägewerkes. Ihr Antrieb kann deshalb nicht von der Haupttransmission, sondern mit Vorteil nur durch einen Elektromotor oder einen Benzinmotor erfolgen. Die auf Länge zu schneidenden Baumstämme werden auf einem Wagen — ähnlich dem der Horizontalgattersäge — der Säge zugeführt. In Form und Wirkung gleicht das ungespannte und ziemlich dicke Sägeblatt dieser Maschine unserem gewöhnlichen Fuchsschwanz. Es schneidet nur beim Rückgang,

Abb. 291. Quersäge. (Modell Kießling & Co., Leipzig.)

also auf Zug. Die Auf- und Abwärtsbewegung der Säge erfolgt mittels eines Handrades und Schneckengetriebes. Die Geschwindigkeit der Sägewirkung kann durch ein Ventil reguliert werden. Vorteilhafte Führungen am Rücken des Sägeblattes hindern dasselbe an seitlichen Schwankungen und sichern eine tadellose Schnittfläche. In neuerer Zeit werden Quersägen konstruiert, welche Stämme bis zu 1 m Durchmesser zu durchschneiden vermögen. Die Sägeblätter besitzen deshalb oft eine Länge von $2^1/_2$—3 m.

Quersägen ähnlicher Konstruktion werden heute auch zum Fällen von Baumstämmen benutzt. Da jedoch die Zuführung der motorischen Kraft auf weitere Strecken immer mit Schwierigkeiten verbunden ist, können sich diese Sägen nicht allgemein einbürgern. Ein rationelles Arbeiten mit diesen Maschinen ist nur außerhalb der Saftzeit, also in den Wintermonaten, möglich; aber selbst da muß das Sägeblatt fortlaufend gut mit Seifenwasser geschmiert und die Schnittfuge aufgekeilt werden.

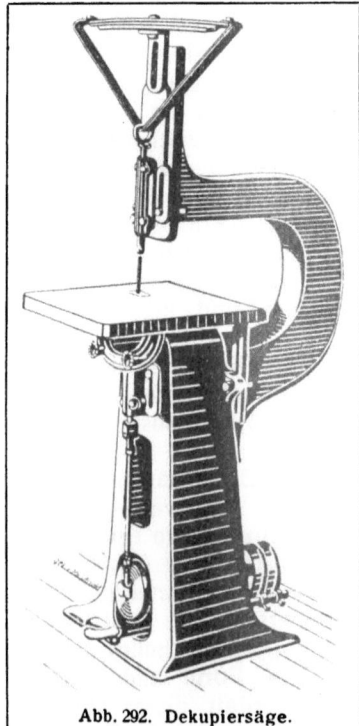

Abb. 292. Dekupiersäge.

Die Arbeit der Mulaysäge (Steifsäge) besteht gleich der Gattersäge in der Zerteilung der Baumstämme ihrer Länge nach zu Balken, Pfosten und dgl. Da bei den gewöhnlichen Gattersägen die Bewegung des schweren Gatterrahmens allein schon viel Kraft beansprucht, sind die Amerikaner dazu übergegangen, eine Säge ohne Rahmen zu konstruieren. Das Sägeblatt der Mulaysäge ist ungespannt; das Schneiden erfolgt nur beim Niedergang, der Antrieb direkt durch eine Pleuelstange. Um dem ungespannten Blatt dennoch die nötige Steifheit zu geben, muß es eine beträchtliche Dicke erhalten. Dadurch entsteht allerdings beim Schneiden ein größerer Holzverlust. Im allgemeinen aber geben die Mulaysägen gute Schnitte. Es wurden auch schon solche Sägen mit mehreren Blättern gebaut, die ähnlich unseren Vollgattersägen wirken.

Die Dekupier- (Abb. 292) und Laubsägemaschinen ersetzen die gewöhnliche Aushängschweifsäge und Laubsäge und bezwecken eine raschere Arbeitsverrichtung. Sie finden jedoch nur dann vorteilhafte Verwendung, wenn es sich um das Ausschneiden ringsum geschlossener Kurven handelt. Sollen Verzierungen ausgeschnitten werden, die nach außen hin nicht begrenzt sind, so wird man mit Vorteil niemals die Dekupiersäge, sondern die Bandsäge verwenden. Die Sägezähne sind einseitig wirkend und schneiden nur beim Niedergang. Das Sägeblatt ist entweder in einem unseren Laubsägebogen ähnlichen Rahmen eingespannt oder es wird durch Federn, die oberhalb des Arbeitstisches angebracht sind, in Spannung erhalten. Im letzteren Falle ist die untere Einspannvorrichtung der Säge durch eine Lenkstange (Kurbelstange) mit einer nahe am Boden befindlichen Kurbelscheibe verbunden, durch welche die Auf- und Abwärtsbewegung der Säge bewerkstelligt wird.

Auf der Welle dieser Kurbelscheibe befinden sich zumeist Fest- und Losscheibe, die durch einen Riemen mit der Haupttransmission verbunden sind. Das Ein- und Ausrücken kann mittels des Fußes bequem erfolgen. Der Vorschub oder die Führung des Arbeitsstückes erfolgt auf einem verstellbaren Tische stets mit der Hand. Bei Herstellung von Einlegearbeiten sowie zum Schneiden von schwächerem, sog. Laubsägeholz, kann der Antrieb vom Fuß aus erfolgen. Zum Schneiden von stärkeren Hölzern ist dagegen unbedingt Kraftantrieb nötig.

Der Kraftbedarf beträgt etwa 0.3—0.5 P.S. und die Umdrehungszahl der Kurbelscheibe (Anzahl der Hube) bei der Dekupiersäge ca. 500 in der Minute. Die Laubsägemaschine kann dagegen bis zu 1000 Huben in der Minute gesteigert werden. Die Sägespäne werden zumeist durch eine Blasvorrichtung beseitigt, die über dem Arbeitsstück angebracht ist.

2. Sägemaschinen mit fortlaufender Bewegung. Die Bandsäge (Abb. 293) vereinigt die Vorteile des gespannten Sägeblattes der Gatter-

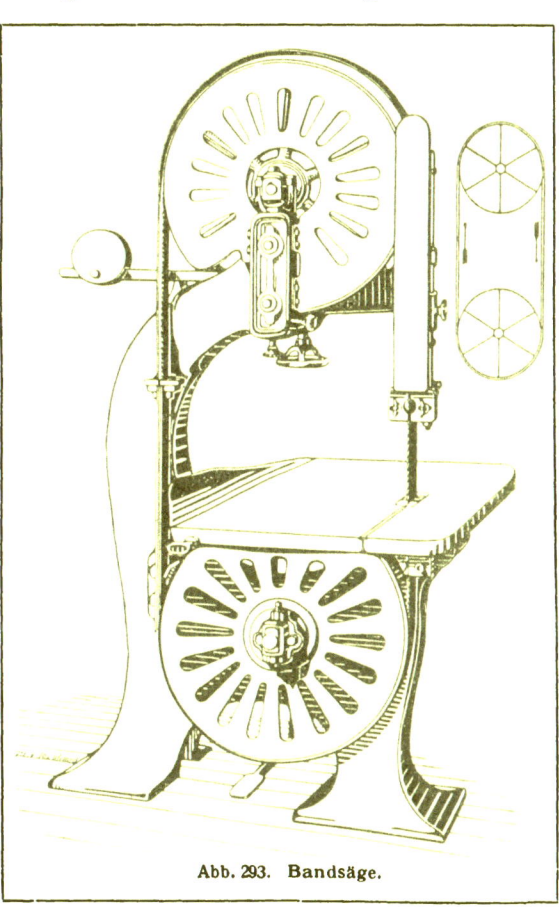

Abb. 293. Bandsäge.

säge mit einer fortlaufenden Bewegung des Blattes. Man versteht unter Bandsäge eine Maschine, bei der ein ziemlich dünnes, verhältnismäßig schmales, 5—9 m bei Blockbandsägen selbst 10—15 m langes Sägeblatt aus bestem Federstahl, dessen beide Enden durch Lötung vereinigt sind, über gewöhnlich 2 **Triebscheiben** (**Bandsägerollen**) gespannt ist und durch Inbetriebsetzung einer dieser Scheiben eine fortlaufende Bewegung erhält.

Die Bandsäge wurde im Jahre 1808 durch den Londoner Ingenieur Newberry erfunden. Die großen technischen Schwierigkeiten bei der Herstellung eines endlosen Sägeblattes konnten jedoch zur damaligen Zeit nicht so rasch überwunden werden; erst im Jahre 1855 trat die Pariser Maschinenfabrik Perin Panhard mit der Bandsägemaschine an die Öffentlichkeit. Heute kann die Bandsäge als die vollkommenste und unentbehrlichste aller Sägemaschinen bezeichnet werden, die ob ihrer Zweckmäßigkeit nicht nur in allen größeren, sondern auch in vielen kleineren Werkstätten Eingang gefunden hat.

Die Bandsäge dient nicht nur zum Schneiden gerader und krummer Linien, sondern auch zum Zerteilen von Blöchen und Stämmen zu Pfosten und dgl. Sie kann nur in Tätigkeit treten, wenn das Sägeblatt gespannt ist. Die untere Rolle ist zumeist fest gelagert und befinden sich auf ihrer verlängerten Achse die Voll- und Leerscheibe. Letztere erhalten ihren Antrieb mit Hilfe eines Riemens durch die Kraftquelle. Die obere Sägerolle ist dagegen samt ihres in Führungen verschiebbaren Lagers lotrecht verstellbar. Infolge der Spannung des Sägeblattes und der zwischen Sägeblatt und Scheibenwandung auftretenden Reibung wird diese Rolle mit in Rotation versetzt.

Um einerseits diese Reibung möglichst zu erhöhen, anderseits aber ein Zurückdrücken des Schrankes der Sägezähne durch den harten Radkranz der Rolle zu verhindern, wird der Radkranz mit einer Gummibandage, auch mit Leder, Kork oder dgl. bombiert, belegt. Diese bombierte Form der Auflage verhindert gleichzeitig ein Herabgleiten des Sägeblattes beim Vorschub des Arbeitsstückes und entfällt hierdurch zumeist die Anbringung eines seitlichen Randes an den Sägerollen.

Das Höher- und Tieferstellen der oberen Sägerolle und somit die Spannung der Säge erfolgt mittels eines Handrades. Wenn auch diese wichtige Arbeit in der Hauptsache dem Gefühl des Arbeiters überlassen bleibt, ist die Spannvorrichtung doch selbsttätig regulierbar, um die unvermeidlichen Erschütterungen sowie die Verlängerung des Sägeblattes oder dessen Verkürzung infolge Abkühlung auszugleichen.

Diese Regulierung wird erreicht durch Einlagerung von Stahlfedern oder Kautschukpuffern unter das Lager der oberen Sägerolle oder auch durch einen mit einem Gewicht belasteten Hebel. Die beiden Sägerollen sollen nicht einseitig liegend, sondern doppelt gelagert sein. Bei den neueren besseren Konstruktionen besitzt die obere Sägerolle eine sog. **Doppelstirnzapfenlagerung**. Durch diese Lagerung läßt sich die obere Sägerolle mittels einer Stellschraube so scharf einstellen, daß das Sägeblatt immer genau in der Mitte der Rolle bzw. so läuft, daß die Sägezähne über den Rand der Radkranzbandage vorstehen.

Von wesentlicher Bedeutung für die Haltbarkeit der Sägeblätter ist der **Rollendurchmesser**. Dieser sollte niemals zu klein gewählt werden.

Der zweckmäßigste Rollendurchmesser ist 700 mm, womit eine Schnitthöhe von etwa 400 mm erreicht werden kann.

Nach genaueren Beobachtungen und Berechnungen der Zug- und Biegungsfestigkeit der Stahlbänder (Bandsägeblätter) sollte deren Stärke nicht größer sein als $1/1000$ des Rollendurchmessers. Das würde bei den kleinen Bandsägen von etwa 500 mm Rollendurchmesser eine Blattstärke von $1/2$ mm ergeben. Diese ist aber zu schwach, da selbst die dünnsten Blätter doch $7/10$ mm Normalstärke haben müssen. Die Folge der Verwendung dieser stärkeren Blätter auf kleinen Rollen ist ein rasches Rissigwerden derselben, besonders dann, wenn ihre Breiten auch noch verhältnismäßig groß gewählt werden.

Während zum Ausschweifen krummer Linien und Verzierungen die Breite der Bandsägeblätter 3,5 bis 10 mm beträgt, sind die wichtigsten Breiten für gewöhnliche Arbeiten 16—20, höchstens 30 mm. Die großen Blockbandsägeblätter haben bei Längen von 10—15 m, Breiten von 80—200 mm. Es wurden auch schon Bandsägen mit 250 mm breiten und $2^1/_2$ mm dicken Sägeblättern gebaut.

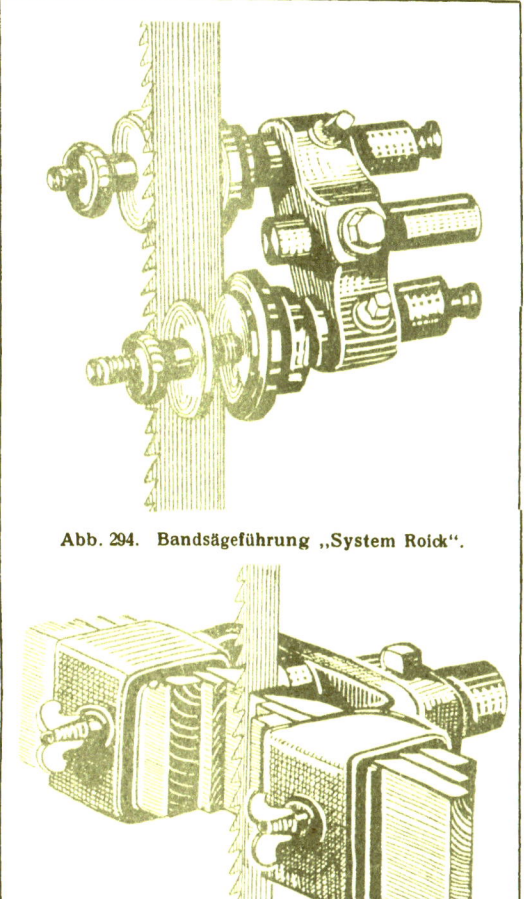

Abb. 294. Bandsägeführung „System Roick".

Abb. 295. Bandsägeführung von Krumrein u. Katz", Feuerbach-Stuttgart.

Die Tourenzahl der Rolle hat sich dem Rollendurchmesser anzupassen. Sie beträgt bei 700 mm Rollendurchmesser 550 Touren in der Minute, bei 1000 mm Rollendurchmesser nur 400 Touren und wird in der Regel so eingestellt, daß die Zahngeschwindigkeit etwa 25—30 m in der Sekunde beträgt.

Die schweren großen Bandsägemodelle sind mit Sägerollen von 1200—2000 mm Rollendurchmesser versehen, auf denen Blätter bis zu 150 mm Breiten laufen. Während die größten in deutschen Fabriken gebauten Blockbandsägen Rollendurchmesser von 2500 mm bei 2000 mm größter Schnitthöhe besitzen, geht man in Amerika selbst über dieses Maß hinaus.

Durch die fortlaufende Bewegung des Sägeblattes schneidet die Säge nur nach einer Richtung, und zwar stets beim Niedergange. Das abwärts laufende Sägeblatt wird durch einen Schlitz eines zumeist gußeisernen Tisches geführt. Letzterer ist bei gut gebauten Bandsägen verstellbar eingerichtet, so daß es möglich ist, ihn zum Sägeblatt unter bestimmten Winkeln — meist bis zu 30^0 — zu neigen. Auf diesem Arbeitstische wird das Werkstück dem Sägeblatt zugeführt.

Das rotierende straffgespannte Sägeblatt bedarf jedoch verschiedener Führungen, von welcher die über dem Tisch befindliche die wichtigste ist. Diese ist an einem Arm befestigt, der sich leicht in vertikaler Richtung verstellen läßt und eine Einstellung möglichst dicht über dem Werkstück ermöglicht. Die Führung selbst muß so beschaffen sein, daß sie der Säge eine Rückensicherung gegen den beim Schneiden vom Werkstück ausgehenden Druck gibt, andererseits aber auch ein seitliches Ausweichen des Blattes verhindert.

Die besten **Bandsägeblattführungen** sind diejenigen, welche für den Rücken des Sägeblattes eine bewegliche Rolle mit Kugellagerung und auch als Seitenführungen rollende Flächen (Abb. 294) besitzen. Desgleichen bewähren sich die gewöhnlichen Seitenführungen durch Hirnholzklötze (Abb. 295), die je nach der Breite der Sägeblätter verschieden sind, ganz gut. Die letzten Jahre haben eine ganze Reihe von Bandsägeblattführungen auf den Markt gebracht, von denen jedoch nur wenige befriedigten. Die Hauptsache bei allen Führungen bleibt immer, daß das Sägeblatt durch genaues Einstellen der oberen Sägerolle niemals fest gegen die Rückenführung gedrückt wird, sondern diese nur leicht streift. Erst beim Schneiden soll die Rückenführung in Tätigkeit treten und ein Zurückweichen des Bandsägeblattes verhindern.

Der abwärts gehenden Bewegung entsprechend, bilden die Zähne der Bandsäge stets **überhängende** oder zum mindesten **rechtwinkelige Dreieckszähne**. Je nach dem zu verarbeitenden Material muß die Zahnform verschieden, und zwar je härter das Holz, desto rechtwinkeliger, je weicher das Material, desto spitzer (überhängender) der einzelne Zahn sein. Um einerseits ein leichtes Einreißen des Zahngrundwinkels in das Sägeblatt zu vermeiden, andererseits ein Verstopfen dieses Winkels durch Sägespäne zu verhindern, wird der Zahngrundwinkel **stets ausgerundet**

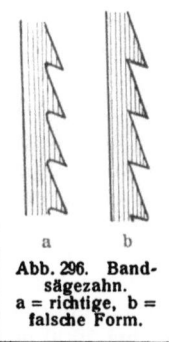

Abb. 296. Bandsägezahn.
a = richtige, b = falsche Form.

(Abb. 296). Durch Verwendung einer Feile mit abgerundeten Kanten kann dieses leicht erreicht werden.

Außergewöhnliche Zahnformen, wie z. B. die **freistehenden Zähne sowie die Haken- und Wolfszahnung** (Abb. 297a, b, c), die besonders dort in Frage kommen, wo weniger trockenes Holz geschnitten wird, wie auch die gewöhnlichen Zähne bei den breiteren Sägeblättern, werden vielfach **schräg gefeilt**.

Das **Schränken der Bandsägezähne** kann sowohl in einfachster Weise durch Handarbeit als auch mittels Maschinen erfolgen. Letztere sind zumeist in der Weise konstruiert, daß das Schränken und Feilen auf der gleichen Maschine vorgenommen wird. Bandsägeblätter, von denen ein außergewöhnlich reiner Schnitt und eine exakte Arbeit verlangt wird, werden in der Regel nur durch Handarbeit geschärft oder nach einer Maschinenschärfung noch leicht von Hand nachgefeilt. Hierbei wird von gewissenhaften Bandsägeschärfern selbst so vorgegangen, daß entweder immer abwechslungsweise ein Zahn nach links und einer nach rechts gefeilt, oder aber daß sämtliche Zähne der Bandsäge mit einem Feilstrich nach rechts und dann mit einem solchen nach links durchgefeilt werden. Dadurch wird ein Verlaufen der Bandsäge, das bei einem einseitigen Feilgrat nur zu leicht eintritt, hintangehalten.

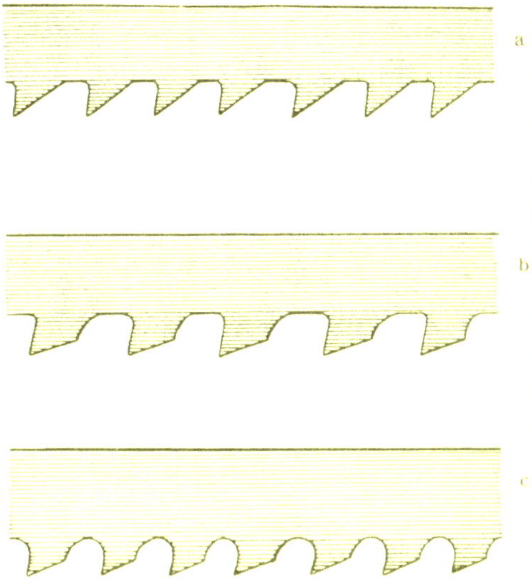

Abb. 297. Freistehende Zähne sowie Haken- und Wolfszahnung.

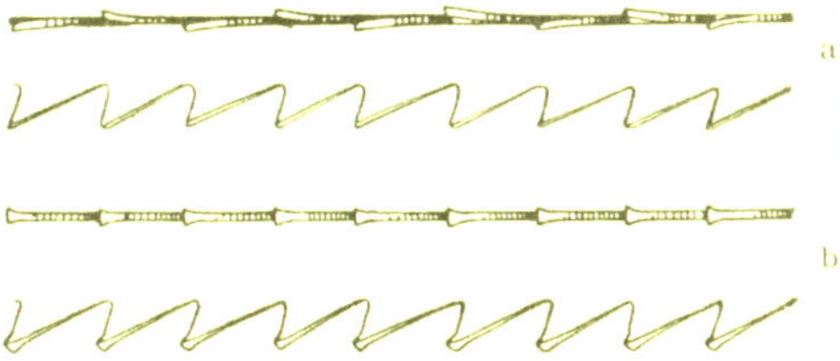

Bei den gewöhnlichen Bandsägen werden die Zähne in der Regel geschränkt (Abb. 298a). Die Zähne der großen Blockbandsägen werden jedoch heute zum größten Teil nur noch gestaucht (Abb. 298b). Die gestauchten Sägezähne bewähren sich, wenn das Stauchen richtig vorgenommen, die Zähne vor- und nachgeschärft und seitlich mit einem Sägezahn-Egalisierapparat (Abb. 299) genauest nachgerichtet werden, ganz vorzüglich. Zum Schneiden mit gestauchten Zähnen eig-

Abb. 298a u. b. a = Bandsägezahn geschränkt, b = Bandsägezahn gestaucht.

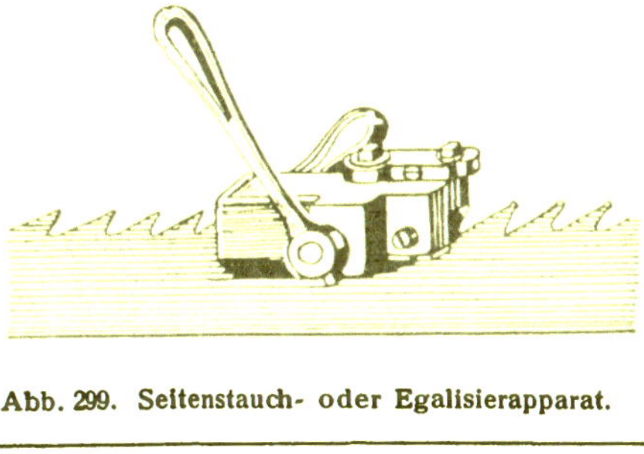

Abb. 299. Seitenstauch- oder Egalisierapparat.

net sich jedoch nicht jede Holzart. Ein sehr nasses Holz sowie eine grobfaserige filzige Holzart, wie z. B. die Pappel, ist mit gestauchten Zähnen nicht zu schneiden.

Für das Schränken wie für das Stauchen sind heute verschiedene, auch von deutschen Firmen erzeugte, zum Teil ganz vorzügliche Apparate im Handel.

Große Sorgfalt erfordert das Zusammenlöten der beiden Sägeblattenden. Diese werden mit einer feinen Feile derartig zugefeilt, daß sie in schräger

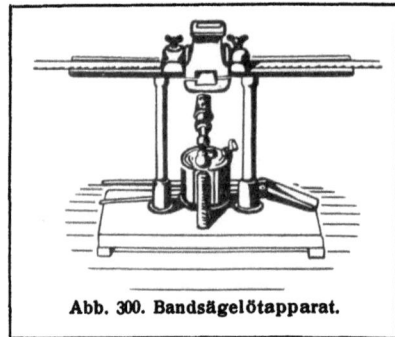

Abb. 300. Bandsägelötapparat.

Fuge genau übereinander liegen. In der Regel genügt als Lötstelle die Überlage je eines Sägezahnes. Hierdurch behält das Sägeblatt seine gerade Zahnzahl bei, die es der gleichmäßigen Schränkung wegen stets haben muß. Als wichtige Bedingung für eine gute Lötung hat zu gelten, daß die beiden zu verbindenden Enden metallisch rein sein müssen. Es darf also das Zufeilen mit keiner rostigen, öligen oder fetten Feile erfolgen; die Lötstellen dürfen nach dem Zufeilen mit den Fingern nicht berührt werden. Das Löten der Bandsägeblätter ist Übungssache und erfordert die größte Gewissenhaftigkeit eines Arbeiters. Nach einer richtigen Lötung muß die Lötstelle die Festigkeit und Elastizität des ganzen Blattes besitzen.

In der letzten Zeit sind verschiedene neuere Bandsäge-Lötapparate auf dem Markte erschienen, die jedoch alle eine fachmännische Benutzung voraussetzen. Ein einfacher, sich aber sonst gut bewährender Behelf für die Lötarbeit ist der Bandsäge-Lötapparat (Abb. 300). Vorzüglich bewähren sich die elektrischen Bandsägelötapparate und von diesen besonders diejenigen mit doppeltem Flammenbogen. Allerdings ist bei Unachtsamkeit und unrichtiger Behandlung nur zu leicht die Gefahr des Verbrennens der Sägeblattenden gegeben.

Sehr häufig kommt der Praktiker in die Lage, eine ältere schadhaft gewordene oder auch neue Gummibandage auf die Bandsägerolle aufziehen zu müssen. Zu diesem Zwecke muß vor allem die Bandsägerolle von jedwedem Fett und Schmutz gründlichst gereinigt werden. Nun wird in Leinölfirnis gut abgeriebenes Bleiweiß mit etwas Kienruß oder Rebenschwarz vermischt und mit reinem Leinölfirnis (keinen Ersatzfirnis) für den Pinsel streichfertig angerührt. Der Kranz der Bandsägerolle wird dann an der zu beklebenden Stelle mit der Ölfarbe so bestrichen, wie dies zum Grundieren für einen Anstrich geschieht. Bevor eine Weiterbehandlung einsetzen kann, muß diese Ölfarbenschicht, die als Zwischenschicht notwendig ist, da die Klebmittel ohne dieselbe für die Dauer auf dem Eisen nicht haften, vollständig getrocknet sein.

Unterdessen wird ein guter Kölner-Lederleim (kein Façon-, Misch- oder Kriegsleim) zum Aufquellen in kaltes Wasser gelegt und hernach unter Zusatz von etwas Essig aufgelöst: Noch vor dem Essigzusatz wird die Leimlösung in einem Gefäß gemessen, ca $1/2$ Raumteil gewöhnlicher dicker Terpentin (nicht Terpentinöl) bereitgestellt und dieser der erwärmten Leimlösung unter gutem Umrühren langsam zugesetzt. Die Bandsägerolle wird nun mit einer Benzin- oder Spirituslötlampe etwas angewärmt, die einer starken Leimlösung ähnliche, wenn nötig mit Essig verdünnte Klebmasse aufgetragen und die genauest zugeschnittene Gummibandage aufgezogen eventuell mit einer Schnur niedergebunden. Das Trocknen muß wie beim Leimen in einem geheizten Raum vor sich gehen.

Der Kraftverbrauch einer Bandsäge richtet sich nach dem Rollendurchmesser sowie der Stärke und Härte des zu sägenden Holzes. Er schwankt bei gewöhnlichen Bandsägen zwischen $1^1/_2$—5 P.S. Die großen Blockbandsägen beanspruchen 20—30, oft noch mehr Pferdestärken. Trotz dieses scheinbar hohen Kraftverbrauchs aber behält die Bandsäge den Vorzug vor allen anderen Sägemaschinen.

Den raschen Stillstand des Sägeblattes nach dem Ausrücken der Maschine ermöglicht eine Bremsvorrichtung. Am Sägeblatt wie auch auf der Rollenbandage haftende Sägespäne werden durch feststehende am Ständer befestigte Bürsten entfernt.

Obwohl bei den gewöhnlichen Bandsägen die Zuführung des Arbeitsstückes stets von der Hand erfolgt, werden doch zur besseren Ausnützung der Maschine noch verschiedene Führungsapparate verwendet. Diese sind auf dem Arbeitstisch entweder in Nuten verschiebbar oder werden mit Mutterschrauben am Tische befestigt. Besondere Beachtung verdienen die verschiedenen Führungslineale, welche zumeist patentamtlich geschützt sind und im Handel die Bezeichnungen „Momentan verstellbares Präzisionslineal", „Parallelogrammlineal", „Doppellineal" und dgl. führen. Letzteres dient vornehmlich zum Schlitzen und Zapfenschneiden. Auch die verschiedenen Rundschneideapparate für alle Arten von Möbelteilen, Stiegenkrümmlingen, Radfelgen und dgl., der Kreisschneide- und Kreissegmentschneideapparat sowie die Schräg- und Gehrungsschneideapparate für alle Arten geometrische Intarsien und dgl. finden vorteilhafteste Verwendung.

Die richtige Anwendung und Ausnützung dieser Apparate zeigt so recht den hohen Wert und die vielseitige Verwendbarkeit einer Bandsäge.

Wo es sich um das Auftrennen größerer Mengen Bretter, Bohlen, Schwarten usw. von 300—400 mm Breite in beliebig schwache Dimensionen handelt, finden die schweren, solid und kräftig gebauten Bandsägemodelle als Trennbandsägen vorteilhafteste Verwendung vor allem wegen ihrer besonderen Leistungsfähigkeit, verbunden mit großer Schnittholzersparnis. Zum Einspannen des Holzes dienen verschiedene Apparate; die Zuführung des Arbeitsstückes erfolgt zumeist von der Hand.

Zum Zerteilen von Blöchen und Stämmen zu Pfosten und dgl. dient die Blockbandsäge (Abb. 301). Diese wird sowohl mit horizontaler wie vertikaler Lagerung des Sägeblattes gebaut. Die Blockbandsäge findet zumeist an Stelle der Gattersäge Verwendung. Sie ist hierfür um so geeigneter, als ihre Leistungsfähigkeit bedeutend größer, ihr Sägeschnittverlust aber wesentlich kleiner als der der Gattersäge ist. Während beim Horizontal- und Vollgatter mit einem Schnittverlust von 2.2—3.8 mm gerechnet werden muß, beträgt dieser bei der Blockbandsäge nur 1.6—2 mm.

Zum Nachteil der Blockbandsäge läßt sich jedoch mit ihr, selbst bei sorgfältigster Instandhaltung der Sägeblätter, kein so glatter und genauer Schnitt erzielen wie mit der Gattersäge. Die Blockbandsäge eignet sich deshalb meist nur für solche Betriebe, welche das geschnittene Material selbst verarbeiten. Ein weiterer Nachteil der Blockbandsäge ist der, daß sie zum Schneiden von harzreichen Hölzern wie Kiefer, Fichte usw. sowie wolligem, grobfaserigem Holze, wie das der Pappel, ungeeignet ist. Durch die Erwärmung des Sägeblattes beim Schneiden setzt sich das Harz daran fest und bringt so die Säge im Schnitt sehr leicht zum Verlaufen.

Während im allgemeinen die Gattersäge immer benützt werden kann, ob nun das Holz weich oder hart, harzig oder wollig, naß oder trocken

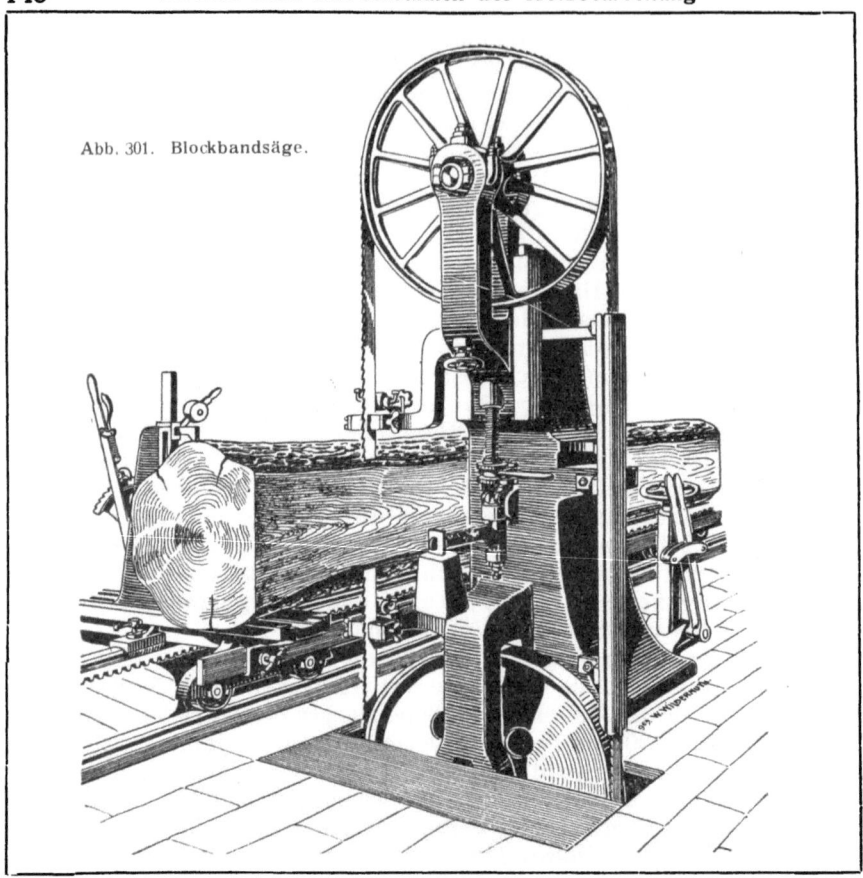

Abb. 301. Blockbandsäge.

und die verlangte Schnittleistung groß oder klein sei, trifft dies bei der Blockbandsäge nur unter gewissen Voraussetzungen zu. Wenn auch die Schnittleistung einer Blockbandsäge 4—6 mal so groß als die einer Horizontalgattersäge ist, also auch hierin das Vollgatter übertrifft, so wird sich dieselbe trotz alledem nur dort als vorteilhaft erweisen, wo genügende Mengen starker, schon etwas abgetrockneter Laubhölzer, zu einem fortlaufenden Betriebe zu schneiden sind. Da eine große Blockbandsäge zum **Leerlauf allein**, einschließlich der Transmissionen, oft 16—20 P.S. benötigt, würde es höchst unwirtschaftlich sein, schwächeres Holz, das zum Schneiden **im ganzen** vielleicht nur 8—12 P.S. benötigt, auf der Blockbandsäge schneiden zu wollen.

Die **Zahngeschwindigkeit** einer Blockbandsäge beträgt je nach Größe der Säge 30—40 m in der Sekunde. Obwohl die **Vorschubgeschwindigkeit** je nach Holzart auf 14—24 m pro Minute gesteigert werden könnte, kann doch in der Praxis in der Regel nur mit einer solchen von 3, höchstens 10 m gerechnet werden.

Eine Blockbandsäge erfordert, wenn sie zufriedenstellend arbeiten soll, einen äußerst gewissenhaften und tüchtigen Spezialarbeiter und die tadellose Instandhaltung des Sägeblattes allein dessen gesamte Arbeitskraft.

C. Die Arbeitsmaschinen

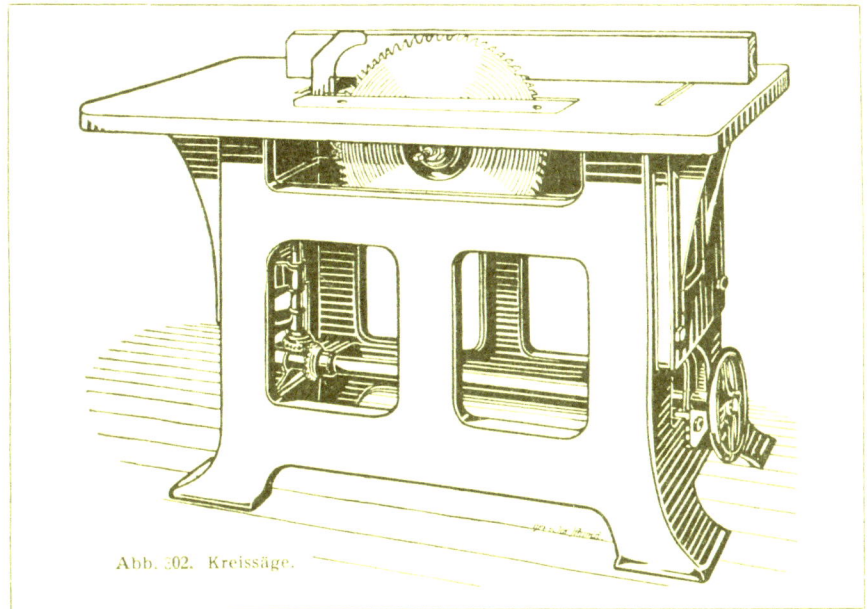

Abb. 302. Kreissäge.

Die einfachste Sägemaschine ist die Kreis- oder Zirkularsäge (Abb. 302). Das Kreissägeblatt besteht aus einer auf einer Welle befestigten Stahlscheibe, an deren Umfang die Sägezähne angebracht sind. Die Zahnspitzenlinie bildet also stets einen Kreis.

Gewöhnlich sitzt auf der Welle (Spindel), auf welcher das Sägeblatt befestigt ist, eine Riemenscheibe; diese erhält ihren Antrieb von der Haupttransmission. Nicht selten wird bei elektrischem Kraftantrieb und bei mittlerem Kreissägeblattdurchmesser das Sägeblatt gleich auf der verlängerten Welle des Elektromotors befestigt und von diesem direkt angetrieben. Kleinere Sägeblätter werden häufig auch nur in die Spindel einer Drehbank eingespannt.

Diese einfache Bauart, verbunden mit einer äußerst raschen fortlaufenden Bewegung, macht die Kreissäge zu einer wichtigen, leistungsfähigen und vielseitig verwendbaren Sägemaschine.

Die Kreissäge wird nicht nur allein zum Längs- und Querschneiden gradliniger Schnitte benutzt, sondern findet auch zum Zurichten von Arbeitsstücken, zum Nuten, Fälzen, Schlitzen und Zapfenschneiden vielseitige und vorteilhafte Verwendung.

Der Erfinder der Kreissäge kann mit Sicherheit nicht benannt werden. Ebensowenig fehlen uns über die Einführung der Kreissäge in Deutschland bestimmte Anhaltspunkte. Erstmals hören wir von der Kreissäge im Jahre 1777, als ein gewisser Miller in England eine derartige Sägemaschine baute.

Die Vorteile der Kreissäge scheinen zuerst die Amerikaner erkannt zu haben; wir finden deshalb diese Werkzeugmaschine in Amerika vielseitiger in Verwendung als in Europa.

Die Größe, Dicke und Bezahnung des Sägeblattes richten sich nach der Art seiner Verwendung.

Während der Durchmesser eines Kreissägeblattes, das zum Zerschneiden ganz kleiner Arbeitsstücke dient, nur einige Zentimeter beträgt, haben andererseits Kreissägen, die zum Besäumen sowie Längs- und Querschneiden umfangreicher Blöcke dienen, einen Blattdurchmesser von 1500 mm bis selbst 2 m; in Amerika geht man sogar noch weit über dieses Maß hinaus. Die am meisten in Verwendung stehenden Kreissägeblätter haben Durchmesser, die zwischen 250—400 mm liegen. Dem größeren Blattdurchmesser muß die Blattstärke angepaßt werden, was aber einen großen Holzverlust mit sich bringt.

So beträgt bei einem Blattdurchmesser von 200 mm die Blattstärke 1.2 mm, die Schnittweite demnach 1.8 mm, bei 600 mm Durchmesser die Blattstärke 2.4 mm, die Schnittweite schon 3.6 mm; ein Kreissägeblatt von 1000 mm Durchmesser muß eine Blattstärke von 3.8 mm, bei 1500 mm Durchmesser eine solche von sogar 5.6 mm haben. Das ergibt mit der Schränkung der Sägezähne Schnittweiten bzw. Holzverluste von 5.4—6.8 mm selbst bis 7.2 mm. Dies ist auch der Grund, warum die großen Kreissägeblätter in Deutschland nur geringen Eingang fanden. Bei dem enormen Holzreichtum Amerikas wurde aber die rationelle Leistung einer Sägemaschine mehr ins Auge gefaßt als der beim Schneiden sich ergebende Holzverlust.

Mißlich ist, daß mit der Kreissäge nur Hölzer geschnitten werden können, die ungefähr dem dritten Teil des Sägeblattdurchmessers gleichkommen.

Dieser Nachteil hat seinen Grund in der Anordnung des Sägeblattes auf der Welle. Das Sägeblatt muß durch sein in der Mitte befindliches kreisrundes Loch (Achsenloch) auf die Welle nicht nur aufgesteckt, sondern auch mit Hilfe zweier Stahlscheiben (Flanschen) auf ihr befestigt werden. Der Flanschendurchmesser hat sich stets nach dem Durchmesser und der Dicke des Sägeblattes zu richten; er wird bei schwächeren Sägeblättern, welche größerer Stabilität bedürfen, stets größer sein als bei stärkeren Sägeblättern. Anderseits ist wieder bei stärkeren großen Sägeblättern ein erhöhter Wellendurchmesser nötig, um das Erzittern des Sägeblattes bei der raschen Rotation zu vermeiden. Gewöhnlich soll der Durchmesser der Flanschen $^1/_6$ von dem Sägeblattdurchmesser betragen. Beträgt daher der Sägeblattdurchmesser 200 mm, so wird man im günstigsten Falle noch Hölzer von 60, höchstens 65 mm Durchmesser schneiden können. Für Hölzer mit 100 mm Stärke ist ein Blattdurchmesser von mindestens 350—400 mm, für solche von 200 mm Stärke ein Sägeblatt von 600—700 mm Mindest-Durchmesser notwendig.

Für den tadellosen Gang einer Kreissäge ist die sorgfältigste **Montierung des Sägeblattes auf der Welle** ein Haupterfordernis. Das Blatt muß auf der Welle nicht nur genau zentrisch, sondern auch seitlich ohne Schwankungen laufen. Um eine sichere, genau dichte Anlage der Flanschen an das Sägeblatt zu erreichen, werden diese am Rande in geringer Breite flach abgedreht und gegen die Mitte zu etwas konkav ausgehöhlt. Nicht immer entspricht die Achsenbohrung des Sägeblattes genau dem Durchmesser des Aufspannzapfens der Welle. In diesem Falle ermöglicht ein an der Welle angebrachter **Zentrierkonus** ein tadellos zentrisches Aufspannen. Dieser besteht aus einer kegelförmigen Schraube, welche beim Anziehen drei Spannstifte seitlich gegen die Wandungen der Sägeblattbohrung treibt. Bei großen Sägeblättern ist an den Flanschen auch noch ein **Mitnehmerzapfen** angebracht. Die Welle selbst befindet sich samt ihren **Lagern** und Flanschen unter dem Arbeitstisch. Das Sägeblatt ragt durch einen hin und wieder mit Holzleisten gefütterten Schlitz im Arbeitstisch möglichst weit hervor, um eine möglichst große Schnittfläche zu erhalten. Größere Sägeblätter erhalten noch eine besondere **Führung**, um ein Vibrieren zu verhindern. Diese Führung wird durch Hirnholzleistchen oder durch metallene Backen erzielt, welche sich direkt unter der Sägetischplatte befinden und in Nuten verschiebbar und nachstellbar eingerichtet sind.

Die **Zuführung des Arbeitsstückes** erfolgt bei großen Sägen durch mechanisch bewegte Wagen, ähnlich wie bei der Gattersäge. Bei kleineren Sägen erfolgt die Zuführung des Arbeitsstückes ausschließlich mit der Hand. In diesem Falle sind in die Platte des Arbeitstisches parallel zum Sägeblatt Nuten eingefräst, welche kleineren Laufschlitten, Führungslinealen oder anderen geeigneten Vorrichtungen zur sicheren Einhaltung der Führung dienen.

Große Vorteile bietet die **Verstellbarkeit des Arbeitstisches der Höhe nach**; dadurch kann man das Sägeblatt in beliebiger Höhe über die Tischplatte vorstehen lassen, wodurch es sich zur Ausführung von Nuten, Falzen und dgl. vorzüglich eignet.

Die zum Einschneiden von Nuten dienenden Sägeblätter müssen eine der Nute entsprechende Stärke besitzen. Sie sind, weil sie nicht geschränkt werden können, nach der Mitte zu dünn geschliffen. Da für jede Nutstärke ein besonderes Sägeblatt erforderlich ist, wird gewöhnlich ein Sägeblatt absichtlich schief auf die Sägespindel gespannt, wodurch die Säge beim Arbeiten eine taumelnde Bewegung macht und deshalb als **Taumelsäge, schwankende** oder **verstellbare Nutsäge** (Abb. 303) bezeichnet wird. Das Kreissägeblatt wird

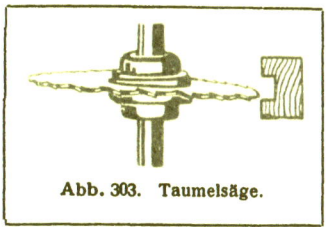

Abb. 303. Taumelsäge.

hierbei zwischen zwei Backen, welche sich auf einem kugelförmig gedrehten Ringe bewegen, mittels vier Kopfschrauben gespannt. Mit der Taumelsäge, welche gewöhnlich in horizontaler Lage auf der Fräsmaschine Verwendung findet, lassen sich Nuten von 4—25 mm Breite glatt und sauber herstellen.

Die **Umdrehungszahl (Tourenzahl) der Kreissäge** richtet sich stets nach dem Blattdurchmesser sowie nach der Beschaffenheit des zu schneidenden Holzes. Während beispielsweise ganz kleine Kreissägen über 5000 Umdrehungen pro Minute machen, beträgt die Umdrehungszahl bei großen Sägen nur 400—500 in der Minute. Als zweckmäßigste Tourenzahlen in der Minute gelten:

bei 200 mm Blattdurchmesser etwa 3500 Touren
„ 400 „ „ „ 2500 „
„ 600 „ „ „ 1600 „
„ 800 „ „ „ 1200 „
„ 1000 „ „ „ 900 „

Die **Tourenzahl** soll in der Regel so eingestellt werden, daß die Umfangsgeschwindigkeit des Kreissägeblattes, d. i. der Weg, den ein

Punkt des Blattumfanges in 1 Sekunde zurücklegt, je nach Arbeitsleistung 30—50 m oder 1800—3000 m in der Minute beträgt.

Bei einem zu langsamen Gang wird eine Kreissäge nicht nur unruhig laufen, sondern auch schwer und hackend schneiden; außerdem wird ein schnelleres Stumpfwerden der Zähne eintreten. Anderseits wird bei zu hoher Tourenzahl die Säge leicht übermäßig erhitzt und infolgedessen ihre Spannung verringert. Die Umdrehungzahl soll für **Längsschnitte im Hartholz** stets kleiner sein als für **weiches Holz**. Zum Querholzschneiden ist dagegen eine höhere Tourenzahl als für Längsschnitte am Platze.

Nur bei den Pendel- und Kappsägen, welche gleichfalls zum Querholzschneiden dienen, muß die Umdrehungzahl mit Rücksicht auf den beweglichen, verhältnismäßig leicht gebauten Rahmen, in welchem diese Sägen laufen, stets kleiner sein. Sie darf hier nur etwa 70% der gewöhnlichen Umlaufgeschwindigkeit betragen. Hat beispielsweise eine normale Kreissäge eine Umdrehungsgeschwindigkeit von 50 m/sek., darf eine gleich große Pendelsäge nur eine solche von 35 m/sek. = 2100 m/min. haben.

Auch die Zuführung des Holzes zur Säge, also der **Holzvorschub**, ist für das Warmlaufen der Säge von großer Bedeutung. Wenngleich der Vorschub bei jeder Kreissäge 20—30 m/min. betragen könnte, wird in Wirklichkeit in der Praxis je nach Holzart und Holzstärke nur ein solcher von 3—15 m/min. erreicht. Bei gleicher Holzstärke muß der Vorschub für hartes Holz stets geringer sein als für weiches.

Von größter Wichtigkeit für eine rationelle Leistung der Kreissäge ist die richtige **Zahnform**. Schon der Umstand, daß die Kreissäge sowohl zum Längs- als auch zum Querschneiden verwendet wird, erfordert unterschiedliche Zahnformen. Wenn auch die Ansichten der Praktiker in bezug auf die Zweckmäßigkeit der Zahnformen für bestimmte Arbeitsvornahmen nicht voll übereinstimmen, so läßt sich doch mit Sicherheit sagen, daß für **Längsschnitte in weichem Holze größere, auf Stoß gestellte Wolfszähne** (Abb. 304a) oder auch **stark überhängende Zähne** (Abb. 304b) sowie **Rabenschnabelzähne** (Abb. 304c), vor allem aber eine **unterbrochene Bezahnung** am vorteilhaftesten sind. Aus diesem Grunde eignet sich auch das Lückenkreissägeblatt (Abb. 305), an welchem nach je meist vier Zähnen tiefe Zahnlücken angeordnet sind, sehr gut zum Längsschneiden weicher grüner Hölzer, da sich diese Blätter weniger stark erhitzen und die Sägespäne aus den Lücken besser austreten können.

Für **Längsschnitte in hartem Holz** sind mehr **aufrechtstehende** (Abb. 306), aber **weniger tiefe** und vor allem **kleinere Zähne** am besten geeignet.

Zum **Sägen im Querholz** sind stark überhängende Zähne unbrauchbar, da sie das Holz in die Säge hineinziehen, somit eine stete Gefahr für den Arbeiter bilden. Für **Querschnitte** wählt man deshalb eine **ununterbrochene Bezahnung** mit kleineren, zumeist **zurückspringenden**, am richtigsten aber **gleichschenkeligen Dreieckszähnen**. Am besten arbeiten diese Zähne dann, wenn sie nicht gerade, sondern, der wechselnden Schränkung entsprechend, etwas **schräg nach oben** zugefeilt werden, so daß keine geraden Schneiden, sondern je rechts und links schärfere Spitzen entstehen (Abb. 307). Diese durchschneiden die Querholzfaser

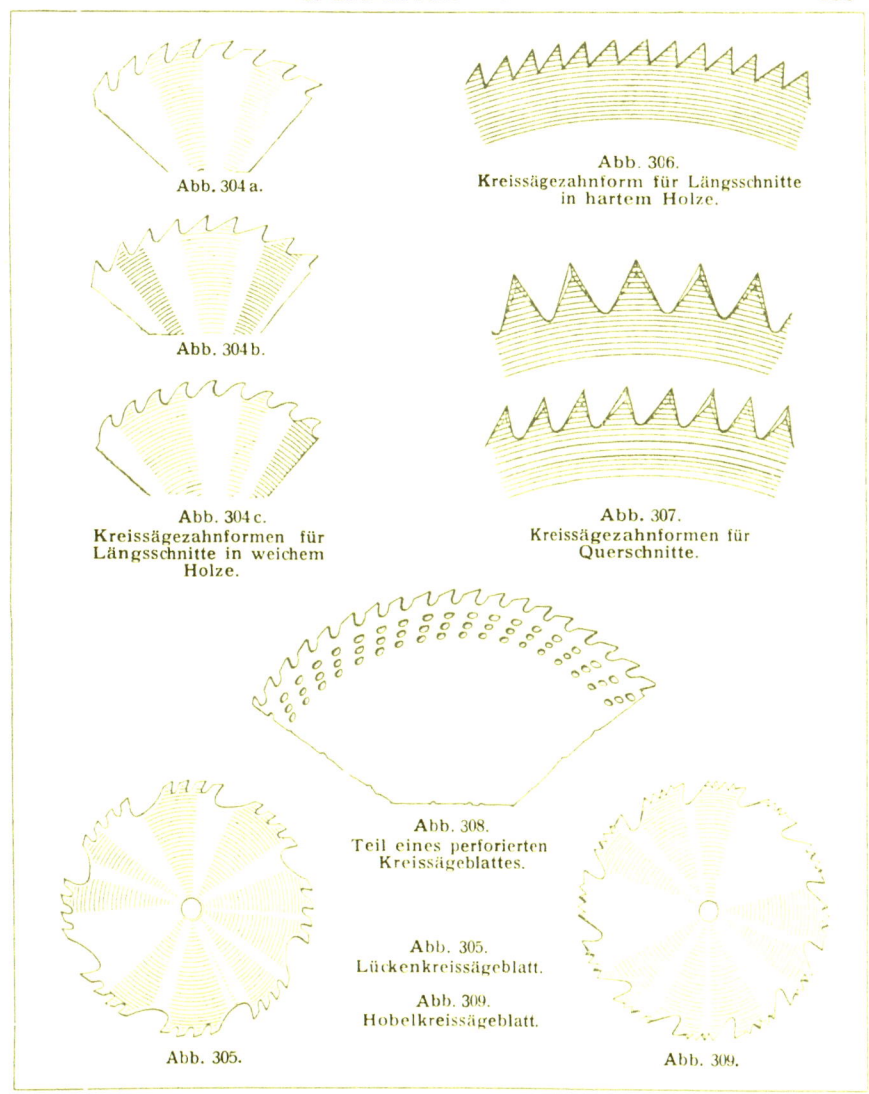

Abb. 304a.

Abb. 304b.

Abb. 304c.
Kreissägezahnformen für Längsschnitte in weichem Holze.

Abb. 306.
Kreissägezahnform für Längsschnitte in hartem Holze.

Abb. 307.
Kreissägezahnformen für Querschnitte.

Abb. 308.
Teil eines perforierten Kreissägeblattes.

Abb. 305.
Lückenkreissägeblatt.

Abb. 309.
Hobelkreissägeblatt.

Abb. 305.

Abb. 309.

gleich einem Vorschneider mit Leichtigkeit. Die Zahnzahl muß bei den Kreissägen der abwechselnden Schränkung wegen stets eine gerade sein.

Je härter und trockener ein Holz ist, desto kleiner sollen die Sägezähne sein. Ein sauberer, schöner und gerader Sägeschnitt kann nur mit einem möglichst dünnen, aber genau ebenen, äußerst gleichmäßig gefeilten und geschränkten Sägeblatt bei langsamer Zuführung des Holzes erzielt werden. Ein Kreissägeblatt muß deshalb fortlaufend daraufhin untersucht werden, ob es noch vollkommen eben ist. Ebenso verlangt ein harzreiches Holz ein dünneres Sägeblatt und eine verhältnismäßig geringe Geschwindigkeit; grünes Holz benötigt wieder einen stärkeren Schrank als trockenes Holz. Im allgemeinen eignen sich grüne Hölzer zum Schneiden mit der

Kreissäge weniger gut. Die Sägespäne werden hier nicht rasch genug ausgeworfen, und zudem besitzt ein dünnes Sägeblatt mit größerem Durchmesser für harte Hölzer nicht den Grad von Widerstandsfähigkeit, um stets gleichmäßige Schnitte zu ermöglichen.

Wie bei den gewöhnlichen Sägen, so haben sich auch bei der Kreissäge die perforierten Sägeblätter (Abb. 308) als vorteilhaft erwiesen, da sie vor allem beim Schneiden nicht so leicht warm laufen und ihre gleichmäßige Schärfung besser durchgeführt werden kann.

Eine besondere Erwähnung verdient das Hobelkreissägeblatt (Abb. 309). Mit diesem Sägeblatt, das eine eigentümliche Bezahnung besitzt und als Präzisionswerkzeug zu betrachten ist, lassen sich sowohl Längs- wie Querschnitte so glatt, eben und sauber herstellen, daß für untergeordnete Arbeiten ein Nachhobeln der Schnittflächen nicht mehr nötig ist.

Die Ausmaße der Hobelkreissägeblätter sind beschränkt und liegen ihre Durchmesser in der Regel zwischen 100—300 mm. Die Blattstärken, die zwischen 2—5 mm betragen, sind am Umfang und an den Flanschenflächen gleich. Da jedoch die Zähne weder geschränkt noch gestaucht werden, muß das Sägeblatt vom äußersten Zahnspitzenumfang bis an den Flanschenrand, auf ungefähr $1/8$ seiner Stärke konisch zugearbeitet sein. Die Hobelkreissägeblätter sind für stark harzige Hölzer ungeeignet.

Besondere Vorteile bieten auch die Kreissägeblätter mit eingesetzten Zähnen. Wenn auch diese Sägeblätter nur für Längsschnitte in weichen Hölzern verwendbar sind und der Sägeschnitt ein sehr breiter ist, so besitzen sie doch den Vorteil, daß ihre Größe immer gleich bleibt, die Zähne weder geschränkt noch gestaucht zu werden brauchen und beim Stumpfsein rasch durch scharfe Zähne ausgewechselt werden können.

Die Kreissägeblätter werden aus feinstem Tiegelgußstahl hergestellt und besitzen entweder Naturhärte oder sie sind doppelt gehärtet. Bei den doppelt gehärteten Sägeblättern sind die Zähne oft sehr schwer, bei sehr starken Sägeblättern überhaupt nicht zu schränken. Die Zähne solcher Blätter werden deshalb gestaucht. Das Stauchen geschieht entweder von Hand mit dem Zahnstaucher (siehe Abb. 209, Seite 64) oder mit einem eigens für Kreissägen konstruierten Sägezahnstauchapparat (Abb. 310). Nach dem Stauchen müssen die Zähne noch seitlich genau ausgeglichen (egalisiert) werden, was mit dem Sägezahn-Egalisierapparat (Abb. 299) genauest und unschwer zu erreichen ist. Ein gestauchtes Sägeblatt eignet sich vor allem nur für Längsschnitte.

Abb. 310. Stauchapparat mit Vorrichtung für Kreissägeblätter.

Für den guten Gang einer Kreissäge sind sorgfältige Instandhaltung, Behandlung und Montierung auf der Welle unerläßlich. Durch unrichtiges Schärfen, Schränken, Stauchen

C. Die Arbeitsmaschinen

oder Montieren auf der Welle tritt jeder Fehler sofort unliebsam in die Erscheinung. Während durch unrichtiges Schärfen des Zahngrundes nur zu häufig **Risse** im **Sägerand** entstehen, welche sich weit in das Innere des Sägeblattes fortsetzen, bilden sich durch unrichtiges Schränken oder dgl. nur zu leicht blau angelaufene Flecken, sog. **Brandflecken**, im Sägeblatt. Dadurch verliert das Blatt seine Spannung und es tritt eine Streckung des Stahles ein. Letzterer Übelstand zeigt sich besonders leicht bei dünnen Sägeblättern. In beiden Fällen muß das Sägeblatt durch Hammerschläge wieder gerade gerichtet werden, was oft sehr viel Zeit sowie große Übung und Sorgfalt erfordert.

Der **Kraftverbrauch** einer Kreissäge ist stets abhängig von der Schnittstärke und der Beschaffenheit des Holzes. Im allgemeinen ist der Kraftverbrauch der Kreissägen ein ziemlich hoher und benötigt schon eine kleine Kreissäge von 200 mm Blattdurchmesser bei normalem Betriebe eine Antriebskraft von ca. 2 P.S. Eine Kreissäge mit 600 mm Blattdurchmesser braucht in der Regel zu einer vollen Ausnützung 4—5, eine solche mit 1000 mm Blattdurchmesser 7—8 P.S., dagegen große Kreissägen zum Durchschneiden von Stämmen 20 und noch mehr P.S.

In kleineren Betrieben findet zum Besäumen von Brettern, Lattenschneiden und dgl. die einfache **Tischkreissäge** Verwendung. In größeren Betrieben dient diesen Zwecken die **Doppelsaum- und Spalierlattensäge**. Bei dieser Säge sind mehrere, für gewöhnlich zwei Sägeblätter zumeist auf einer beweglichen Büchse befestigt, die auf der Welle sitzt und auf jede Brettbreite

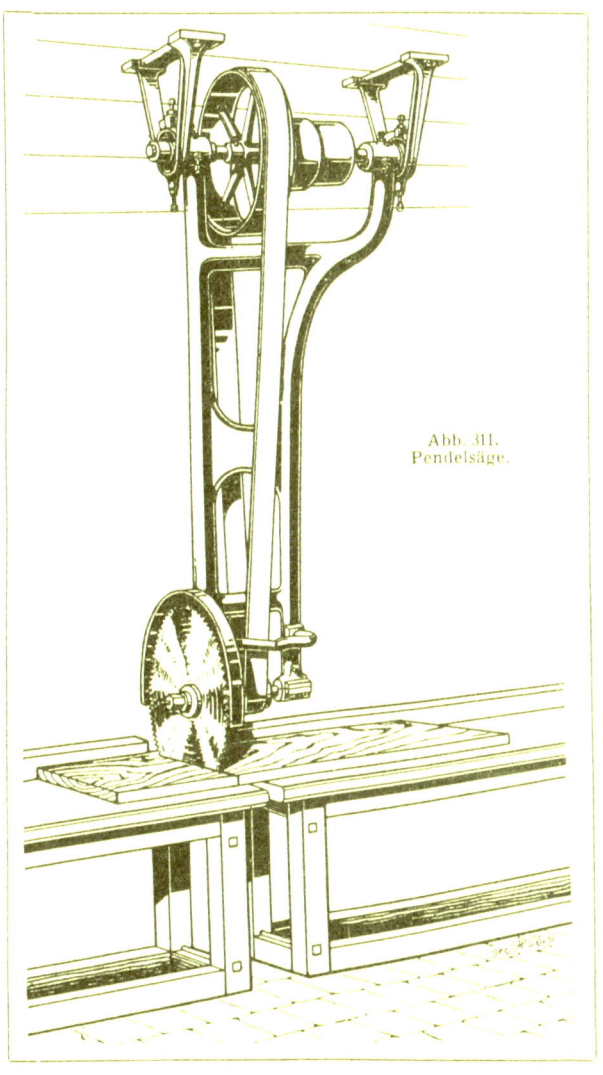

Abb. 311.
Pendelsäge.

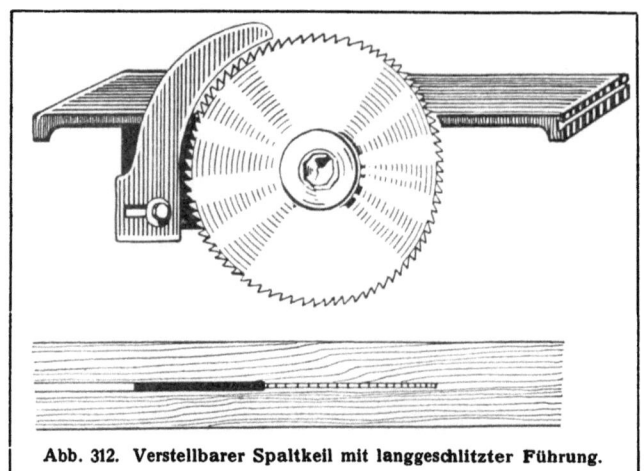

Abb. 312. Verstellbarer Spaltkeil mit langgeschlitzter Führung.

genau eingestellt werden kann.

Nicht selten findet auch eine Verbindung von vier Kreissägen, von denen je zwei in verstellbarer horizontaler Richtung und je zwei in verstellbarer vertikaler Richtung laufen, zum Zapfenschneiden und Absetzen als Zapfenschneidmaschine vorteilhafte Verwendung.

Sollen stärkere Sägeblöcke zerteilt werden, so werden unter Umgehung der Verwendung eines großen Sägeblattes mit starkem Schnittverlust zwei kleinere Kreissägeblätter übereinander in gleicher Lage angeordnet; das obere Blatt läßt sich durch ein Handrad beliebig höher oder tiefer einstellen sowie ganz entfernen. Eine solche Säge heißt Doppelkreissäge. Hier schneidet das untere Blatt $^2/_3$ der Tiefe des Schnittes, während das obere Blatt infolge seiner Anordnung etwas tiefer als das noch vorhandene $^1/_3$ schneiden kann.

Bei allen bis jetzt besprochenen Kreissägemaschinen ist mit Ausnahme der Zapfenschneidmaschine die Sägespindel samt dem auf ihr befestigten Sägeblatte in unverrückbarer Lage mit dem Maschinentisch verbunden. Das Arbeitsstück wird hierbei der Säge zugeführt. In allen größeren Holzbearbeitungsbetrieben finden aber heute zum Zerschneiden und Zerteilen von Brettern, Pfosten, Stämmen und dgl. durch Querschnitte, Sägekonstruktionen Anwendung, bei denen das Arbeitsstück festliegt, während die Säge sowohl die Arbeits- als auch die Schaltbewegung auszuführen hat. Es sind dies die Pendelsäge, auch schwingende Kreissäge, Balanciersäge genannt (Abb. 311), sowie die Kappsäge. Die Zahnform dieser Sägen darf niemals überhängend sein, sondern muß stets ein gleichschenkliges, höchstens rechtwinkliges Dreieck bilden, da sonst Unglücksfälle unvermeidlich wären. Das Sägeblatt der Pendelsäge befindet sich in einem an der Decke oder an der Wand gelagerten, pendelartig beweglichen Rahmen, der mittels Handgriffes gegen das Holz geführt wird. Unter einer Kappsäge versteht man andererseits eine Querschnittkreissäge, bei welcher die beweglichen Arme in horinzontaler Richtung liegen.

Die früher häufig verwendete Furnierkreissäge, deren Sägeblatt sich keilförmig gegen die Peripherie zu verjüngt, ist heute durch die Furnierhobelmaschine fast vollständig verdrängt.

Die Kreissägen zählen wegen ihrer bedeutenden Rotationsgeschwindigkeiten zu den gefährlichsten Holzbearbeitungsmaschinen. Um Unfällen möglichst zu begegnen, sind für die Kreissägen verschiedene Schutzvorrichtungen gesetzlich vorgeschrieben. So muß jede Kreissäge mit einem

C. Die Arbeitsmaschinen

Spaltkeil (Abb. 312) versehen sein, der je nach Größe des Sägeblattes verstellt werden kann. Der Spaltkeil verhindert ein Zurückstoßen oder Zurückschleudern des Arbeitsstückes gegen den Arbeiter durch die hinten aufsteigenden Sägezähne. Indem er möglichst nahe an die Sägezähne herangerückt wird, bewirkt er ein Auseinanderhalten des Holzes, also eine Erweiterung der Schnittfuge.

Der Spaltkeil der Kreissäge darf nicht an einer verstellbaren Sägetischplatte, sondern muß am Sägegestell befestigt werden. Beim Höherstellen der Tischplatte würde er sonst vom Sägeblatt zu weit entfernt, beim Tieferstellen aber in die Zähne des Sägeblattes gelangen.

Ein Zurückschleudern des Arbeitsstückes kann auch durch

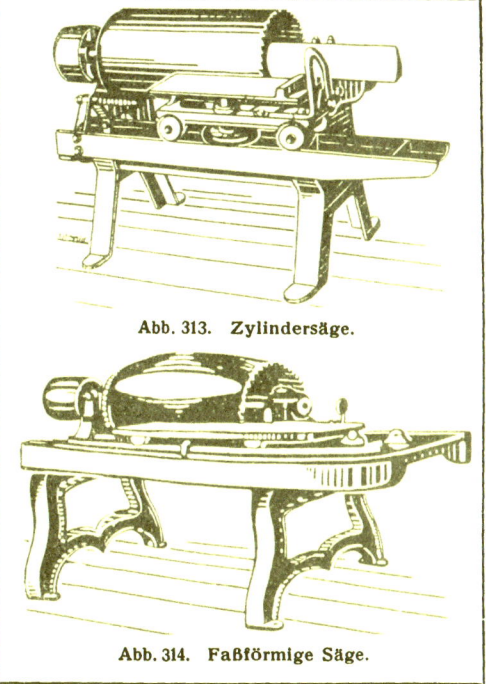

Abb. 313. Zylindersäge.

Abb. 314. Faßförmige Säge.

Verwendung der gezahnten Rückschlagsscheiben vermieden werden. Um ein Hineingreifen in die Sägezähne zu verhindern, dient ein Schutzkorb bzw. eine Schutzhaube, welche den oben vorstehenden Teil des Sägeblattes bedecken. Unterhalb des Sägetisches muß das Sägeblatt durch Schutzgitter gesichert sein.

Zu den Sägemaschinen mit kontinuierlicher Bewegung um eine Achse gehören auch die Trommel-, Zylinder-, Kronen- oder Röhrensäge (Abb. 313), die faßförmige Säge (Abb. 314) sowie die Konkav- oder Kugelschalensäge (Abb. 315). Bei der ersteren Säge hat das Sägeblatt die Form eines Hohlzylinders, bei der zweiten die eines Fasses und bei der letzteren die eines Kugelsegmentes. In allen Fällen ist die Bezahnung am Rande des Sägeblattes angebracht und bildet stets einen Kreis. Die Trommel- und die faßförmige Säge finden vornehmlich in der mechanischen Küferei zum Zuschneiden ausgehöhlter Dauben für trockene oder feste Stoffe, in neue-

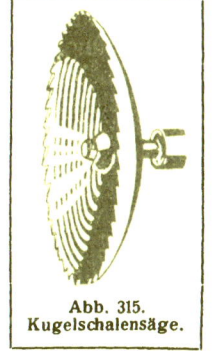

Abb. 315. Kugelschalensäge.

rer Zeit auch zur Anfertigung von Dauben für Petroleumfässer Verwendung. Die Kugelschalensäge dient ähnlichen Zwecken, wird aber auch in der Fabrikation von Räderbestandteilen verwendet.

II. Die Hobelmaschinen und die Furnierschneidmaschinen.

Die Hobelmaschinen bezwecken durch Steigerung der Arbeitsleistung die Handarbeit zu ersetzen.

Die ersten Anregungen zum Bau von Hobelmaschinen gaben die Engländer Betham 1771 und Hatton 1776. Ihre Maschinen waren jedoch noch sehr unvollkommen. Eine bedeutend verbesserte Maschine baute 1802 Bramak. Aber auch diese Maschine war noch mit verschiedenen Mängeln behaftet, so daß sie eine allgemeine Verwendung nicht finden konnte. Erst nach 1827, als Malcolm Muir in Glasgow Verbesserungen schuf, die zum Teil noch bei den heutigen Maschinen angewendet sind, fand die Hobelmaschine immer mehr Beachtung. In Deutschland waren um die Mitte des vorigen Jahrhunderts Hobelmaschinen nur vereinzelt im Gebrauche; sie bürgerten sich aber nach 1870 rasch ein und werden heute fast allgemein benutzt.

Die Hobelmaschinen lassen sich in zwei Gruppen scheiden.

Bei einer Gruppe besteht der eigentliche Arbeitszweck darin, durch Wegnahme von kurzen, gebrochenen Spänen, welche nur noch als Feuerungsmaterial dienen, glatte und gebrauchsfähige Flächen herzustellen. Die zweite Gruppe von Maschinen erzeugt durch Zerteilen der ganzen Holzmasse lange, zusammenhängende Späne, die als Furniere, als Späne für Schachteln, Siebreifen und dgl. in Verwendung kommen.

Die Stellung und Wirkungsweise des tätigen Werkzeuges (Hobeleisens) in der Hobelmaschine richten sich nach dem Arbeitszweck.

Bei den Hobelmaschinen, welche zur Erzeugung von Furnieren, Schachtelspänen und dgl. sowie zum Nachhobeln oder Nachputzen bereits vorgehobelter Flächen dienen, besteht die Arbeit in einer einfachen Nachahmung der Tätigkeit des Handhobels.

Bei den Hobelmaschinen, welche die Herstellung glatter und ebener Flächen bezwecken, sind die Hobelmesser in einer Messerwelle (Messerkopf) oder in einer Scheibe befestigt und arbeiten hier unter sehr rasch rotierenden Bewegungen. Die kreisenden Messer, deren Wirkung bei keinem Handwerkszeug vorkommt, sind typisch für die Maschinenarbeit. Mit solchen Messern ausgerüstete Hobelmaschinen finden am häufigsten Verwendung.

Sind bei einer Hobelmaschine die Messer in einer Scheibe befestigt, welche sich in einer Ebene quer gegen die Holzfaser bewegt, so spricht man von einer Quer- oder Scheibenhobelmaschine. Sind diese Messer dagegen in einer Messerwelle angebracht, mit der sie während ihrer Tätigkeit eine Zylinderfläche beschreiben, die Späne hierbei längs der Faserrichtung wegnehmen, das Holz also tangieren, so spricht man von einer Langhobelmaschine (Tangential- oder Walzenhobelmaschine).

Die Hobelmaschinen mit Messerwellen tragen je nach der von ihnen auszuführenden Arbeit besondere Bezeichnungen.

Werden die Flächen oder Kanten eines Holzstückes von der Hobelmaschine nur abgehobelt oder geglättet, ohne daß dieselben zugleich vollkommene Ebenen darstellen, so wird eine derartige Maschine als Flächenhobelmaschine bezeichnet.

Die Flächenhobelmaschine wird zur Parallelhobelmaschine, sobald das Arbeitsstück die Maschine in gleicher Dicke und bei seitlicher Bearbeitung auch in gleicher Breite, also mit stets parallelen Begrenzungskanten, verläßt, trotzdem die Flächen windschief sein können. Die Parallelhobelmaschine ist allgemein unter dem Namen Dicken- oder Dicktenhobelmaschine bekannt.

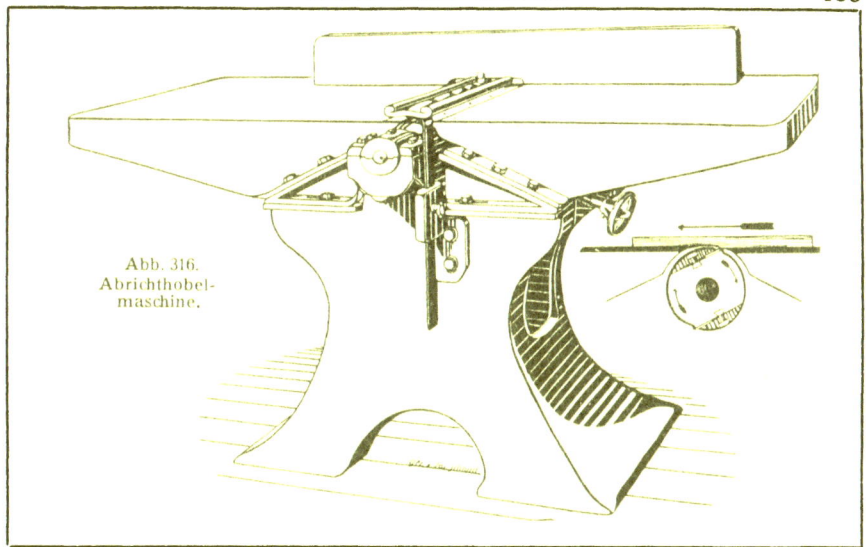

Abb. 316. Abrichthobelmaschine.

Werden die oft unregelmäßigen und verzogenen Flächen oder Kanten eines Arbeitsstückes durch eine Hobelmaschine nicht nur geglättet, sondern auch genau geebnet, also abgerichtet, so wird eine solche Maschine als **Abrichtmaschine** bezeichnet.

Im allgemeinen ergänzen sich Parallelhobel- und Abrichtmaschine in der Weise, daß das Werkstück zuerst auf der Abrichtmaschine genau abgerichtet wird und seine Kanten in einem genauen rechten Winkel zueinander gehobelt werden, während es dann auf der Parallelhobelmaschine von Stärke und Breite gehobelt wird. also genau parallel begrenzte Kanten und Flächen erhält.

1. Die Abrichtmaschinen (Abb. 316). Die Abrichtmaschinen bestehen aus einem kräftigen, in einem Stück aus Gußeisen gefertigten **Gestell**, welches zu beiden Seiten die **Lagerstellen** für die aus bestem Stahl geschmiedete **Messerwelle** enthält. Auf dem Gestell ruhen zwei vollkommen eben abgerichtete, gußeiserne **Tischplatten**, welche sowohl höher und tiefer gestellt als auch der Länge nach auseinandergezogen werden können. Unter den beiden Tischplatten läuft in deren Mitte die Messerwelle, bei den älteren besseren Maschinen vielfach noch in **Ringschmierlagern**, bei den neueren ausschließlich in **Kugellagern** (s. Abb. 284).

Die Höher- und Tieferstellung der beiden Tischplatten erfolgt in schräger Schlittenführung mittels eines Handrades und einer Spindel. Die Einstellung der Platten hat in der Weise zu erfolgen, daß die äußerste Schnittkante der auf der Welle genau eingestellten Messer mit dem vorderen Tischteil eben liegt, während die hintere Tischplattenhälfte um die abzunehmende Spanstärke ($1/_2$—6 mm) tiefer zu stellen ist. Beide Tischplattenhälften müssen sich so weit zusammenschieben lassen, daß nur eine ganz schmale Öffnung neben der Messerwelle verbleibt. Um diese Öffnung möglichst klein zu erhalten, sind bei den besseren Maschinen die beiden an der Messerwelle liegenden Tischplattenkanten noch mit besonderen **Stahllippen** versehen.

Während bei den älteren Konstruktionen die Hobelmesser auf der sog. **Vierkantwelle** (siehe Abb. 320) aufgeschraubt waren, darf bei den Abricht-

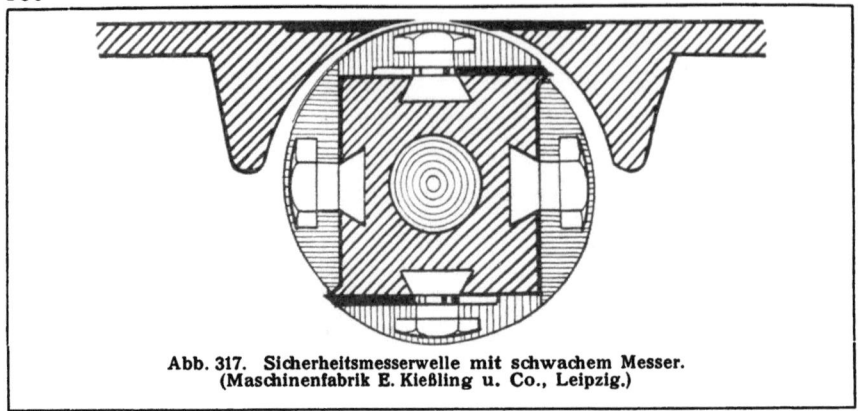

Abb. 317. Sicherheitsmesserwelle mit schwachem Messer.
(Maschinenfabrik E. Kießling u. Co., Leipzig.)

maschinen heute nur noch die runde Messerwelle (Sicherheitsmesserwelle) (Abb. 317) zur Verwendung kommen. Wie auf der alten Vierkantwelle, so sind auch auf der runden Messerwelle zumeist zwei Messer angebracht. Die runde Messerwelle gewährt nicht nur größere Sicherheit gegen schwere Verletzungen, sondern vermindert auch das weithin hörbare Geräusch der Hobelmaschinen.

Die früher in den Handel gebrachten Sicherheitswellen besaßen noch verschiedene Nachteile; diese sind bei den jetzigen Konstruktionen durchweg beseitigt. Die neueren, aus gutem erstklassigem Stahl hergestellten Sicherheitswellen besitzen eine von Messerschneide zu Messerschneide gehende Hinterdrehung; desgleichen sind auswechselbare Spanbrecher vorgesehen, wie auch die Messer unmittelbar hinter der Schneide festgehalten werden. Dadurch wird nicht nur die Sicherheit, sondern auch die Leistung bedeutend größer.

Das Einstellen der Messer erfolgt in der Weise, daß man diese nach dem Einsetzen nur leicht befestigt, ein gerade abgerichtetes Holzstück auf die hintere Tischplatte der Hobelmaschine auflegt und unter langsamer Bewegung der Messerwelle ermittelt, ob die Schneidkanten der beiden Messer das Holz in ihrer ganzen Breite gleichmäßig berühren. Nach dieser Einstellung werden die Schrauben ganz fest und zwar stets von der Mitte nach den beiden Enden angezogen, worauf die beiden Tischplatten so nahe als möglich an die Messer geschoben werden. Der Arbeitsvorgang erfolgt auf der Abrichtmaschine in der Weise, daß das Werkstück auf die hintere Tischplatte aufgelegt, mit den Händen niedergedrückt und langsam vorgeschoben wird.

Sobald das Arbeitsstück auf die vordere Tischplattenhälfte gelangt ist, so daß man es hier mit der linken Hand niederdrücken kann, darf selbstverständlich der Hauptdruck nur mehr hier erfolgen, sonst könnte man wohl eine abgehobelte, nicht aber eine abgerichtete Fläche erhalten.

In bezug auf das Einsetzen der Messer gilt als Regel, daß man für feinere Arbeiten die Schneide des Messers bis zu $1^1/_2$ mm über die Lippen vorstehen läßt, während sie für gröbere Arbeiten bis zu 3 mm vorstehen kann. Bei der letzteren Einstellung wird zwar weniger Kraft verbraucht, auch erfolgt der Angriff bedeutend kräftiger, die Messer haben jedoch eine größere Neigung zum Einreißen in das Holz.

Das Eindringen der rotierenden Messer in das Holz erfolgt unter einem Winkel von 45°. Die Rotation der Messerwelle soll 4000 Touren in der Minute betragen, was ungefähr 15.7 m sekundlicher Schnittgeschwindigkeit gleichkommt; nicht selten aber wird eine Schnittgeschwindigkeit bis zu 20 m in der Sekunde erreicht. Diese große Rotationsgeschwindigkeit erfordert vor allem eine äußerst sorgfältige und sichere Lagerung. Trotzdem die Zapfen der Messerwelle präzis in den Lagern laufen müssen, muß sich die Messerwelle nach dem Anziehen der Lagerschrauben noch leicht mit der Hand drehen lassen. Damit die Drehachse der Messerwelle möglichst mit ihrer Schwerachse zusammenfällt, müssen der Messerkopf und die darauf befestigten Messer gleichmäßig ausgewogen sein. Ist das nicht der Fall, tritt ein starkes Vibrieren des Messerkopfes ein, wodurch ein gleichmäßig reiner Schnitt unmöglich wird. Die Abnahme der Späne erfolgt durch ein Zurückstoßen des Arbeitsstückes durch die Messer. Das Werkstück muß also stets der Bewegungsrichtung der Messer entgegengesetzt zugeführt werden. Niemals darf das Arbeitsstück der Bewegungsrichtung der Messer folgen, da es sonst durch die Messer gewaltsam eingezogen würde.

Die Breite der Abrichtmaschinen, die gleich der Länge der schneidenden Messer ist, schwankt im allgemeinen zwischen 310—900 mm; es wurden jedoch schon Abrichtmaschinen mit 1000 mm Breite gebaut; die am meisten in Verwendung stehenden Breiten liegen zwischen 500—600 mm.

Besondere Vorteile bietet auch eine lange Tischführung und beträgt die gesamte Tischlänge bei besseren Maschinen in der Regel bis 2500 mm.

Auf den beiden Tischplatten befindet sich ein verstellbarer Anschlag. Dieser kann über die ganze Tischbreite verschoben werden und ermöglicht eine sichere Führung des Holzes. Vor allem aber dient er zum genauen Winkelhobeln, zum Bestoßen der Längskanten an Brettern und zum Fügen.

Der Kraftverbrauch einer Abrichtmaschine beträgt 1.5 bis 3 P.S.

Die rasche Rotation der Messerwelle bringt große Gefahren für den Arbeiter mit sich. Bei der alten Vierkantwelle bestand diese Gefahr darin, daß bei einem etwaigen Abrutschen oder Zurückschleudern des Holzes die Hand sehr leicht in die Messerspalte des Tisches geraten konnte. Wenn auch bei der runden Messerwelle — bei richtiger Einstellung der Messer — derartige Verletzungen kaum vorkommen, sind Unglücksfälle doch nicht ganz ausgeschlossen. Diese werden zumeist durch den beim Arbeiten nicht benutzten, also durch den bloßliegenden Teil der Messer verursacht. Aus diesem Grunde sind für die Abrichtmaschinen Schutzvorrichtungen vorgeschrieben, welche vor allem die nicht arbeitenden Messerteile zu verdecken haben. Diese Schutzvorrichtungen bestehen entweder aus einem scherenartig ausziehbaren Eisengitter oder aus einer Scheibe, welche sich um einen vertikalen Bolzen dreht, oder wieder aus verschiebbaren, segmentförmigen Eisenblechstreifen, häufig auch aus einem einfachen Blech.

Die Abrichtmaschinen können nicht nur zum Behobeln ebener, sondern auch zur Erzeugung profilierter Flächen, wie auch zum Nuten, Federn und Falzen verwendet werden. Zur Vornahme dieser Arbeiten dienen verschiedene Vorrichtungen (Kehldruckapparate), deren Zweck darin besteht, das Arbeitsstück während der Bearbeitung durch Gewicht- oder Federdruck fest an den Tisch zu pressen.

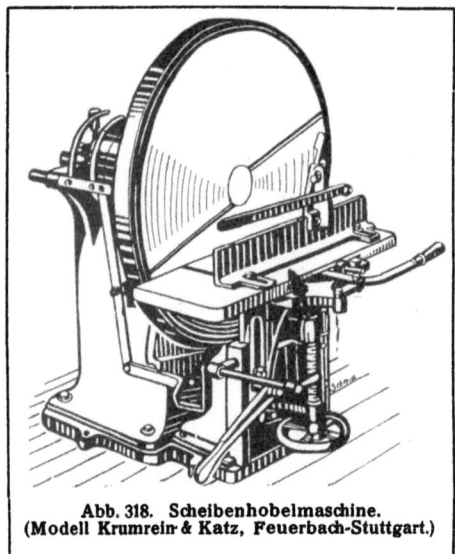

Abb. 318. Scheibenhobelmaschine.
(Modell Krumrein & Katz, Feuerbach-Stuttgart.)

Bei Anwendung eines Plattenkehlapparates, Vierkantapparates oder Rundkehlapparates lassen sich viele Arten von abgeplatteten Arbeiten an Füllungen und Wandverkleidungen, vierkantig profilierte Säulen, Baluster u. dgl. sowie auch verschiedene Arbeiten an Füßen, usw. ausführen. Die Herstellung aller dieser Arbeiten geschieht mittels besonderer, das benötigte Profil zeigender Kehlmesser, welche in die Messerwelle eingesetzt werden. Die Anschaffung einer Abrichtmaschine für so vielseitige Verwendungszwecke ist jedoch nur dann zu empfehlen, wenn kein größerer Bedarf für derartige Arbeiten vorliegt oder Platzmangel die Aufstellung besonderer Spezialmaschinen unmöglich macht. Diese letzteren sind natürlich immer leistungsfähiger als eine solche Universalmaschine.

Das Kehlen auf der Abrichtmaschine ist eine besonders gefährliche Arbeit, weshalb die Benutzung ausreichender Schutzvorrichtungen strengstens angeordnet werden muß.

Zu den Abrichtmaschinen gehören auch die **Querhobel- oder Scheibenhobelmaschinen** (Abb. 318). Bei diesen Maschinen sind die Hobelmesser in Schlitzen befestigt, aus welchen sie ähnlich wie aus dem Spanloch des Handhobels hervorragen. Die Schlitze laufen in der Richtung des Hobelmessers in einer starken eisernen Scheibe von 30 cm bis selbst 3 m Durchmesser. Die Scheibe sitzt am Ende einer lotrecht oder horizontal gelagerten Welle und dreht sich je nach ihrem Durchmesser mit einer Geschwindigkeit von 12—30 m in der Sekunde. Um bei der großen Umdrehungsgeschwindigkeit ein Zerspringen der durch die Schlitze in ihrer Festigkeit geschwächten Scheibe zu verhüten, wird sie mit einem schmiedeisernen Ring umbunden. Zumeist befinden sich zwei oder vier Messer in einer Scheibe; es werden jedoch auch Maschinen mit acht und mehr Messern in einer Scheibe gebaut. Die Form und Anordnung der Messer ist sehr verschieden, da in einer Scheibe nicht selten sowohl Messer zum Vorhobeln (Schroppen) als auch zum Schlichten und Sauberhobeln angeordnet sind. Ist die Welle lotrecht gelagert, so wird das auf einem Tisch liegende Arbeitsstück entweder mit der Hand oder auch durch Walzen unter der Scheibe durchgeschoben; hierbei wird das Werkstück in kreisförmigen, quer über die Holzfläche hinlaufenden Schnitten bearbeitet. Bei horizontaler Lagerung der Welle erfolgt die Bearbeitung des Arbeitsstückes von der Seite. Häufig trägt die horizontal gelagerte Welle zwei einander gegenüberliegende Scheiben, so daß das Werkstück an zwei Seiten gleichzeitig bearbeitet werden kann.

Die Scheibenhobelmaschinen finden selten eine allgemeine Verwendung; dagegen werden sie vielfach benutzt zum genauen Abrichten von kurzen,

C. Die Arbeitsmaschinen

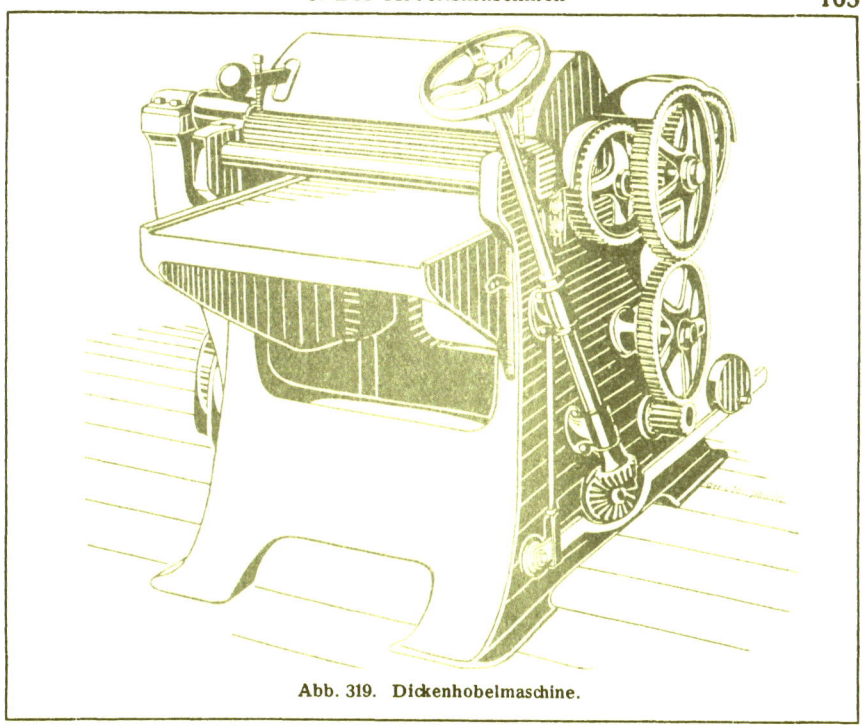

Abb. 319. Dickenhobelmaschine.

aber breiten Arbeitsstücken aus Hartholz sowie zum Bestoßen von Hirnholz (Parkett- und Bürstenfabriken, Waggonbau).

2. Die Dicken- oder Dicktenhobelmaschinen (Walzenhobelmaschinen) (Abb. 319). Diese Maschinen sind in Form und Bau des Gestelles, der Messerwelle und Lagerung den Abrichtmaschinen gleich. Ihr wesentlichster Unterschied besteht darin, daß bei der Dickenhobelmaschine die Messerwelle nicht in und unter der Tischplatte, sondern über derselben läuft, das Holz also von oben bearbeitet wird. Um das Arbeitsstück nach genau bestimmten Maßen von Stärke und Breite hobeln zu können, befindet sich am Tische in vertikaler Lage ein Maßstab oder eine Skala. Je nach der benötigten Dicke des Holzes kann der Tisch nach dieser Skala auf 5—200 mm eingestellt werden. Vor und hinter der Messerwelle laufen in Lagern die Einzugs- und Abzugswalzen, die der Höhe nach in Führungen verstellbar sind.

Die vordere obere Einzugs- oder Vorschubwalze ist geriffelt und wird durch Hebelgewicht niedergehalten; die hintere glatte Abzugswalze wird mittels Federn niedergedrückt. In der Tischplatte befindet sich eine glatte Walze, welche nur ganz wenig über die Tischfläche vorsteht. Diese Walze bezweckt ein besseres Gleiten des Arbeitsstückes auf der Tischplatte. Die geriffelte obere Einzugswalze wird mit Hilfe von Zahnrädern durch eine Riemenscheibe in Bewegung versetzt. Über der Messerwelle befindet sich eine gußeiserne Haube, die sowohl als Schutzvorrichtung wie auch als Spanlenker dient. Die untere Kante dieses Spanlenkers bildet in ihrer Verlängerung einen Druckbalken, welcher als Spanbrecher das Holz vor dem Aufsteigen und Absplittern durch die Messer schützt. Der hinter der Messer-

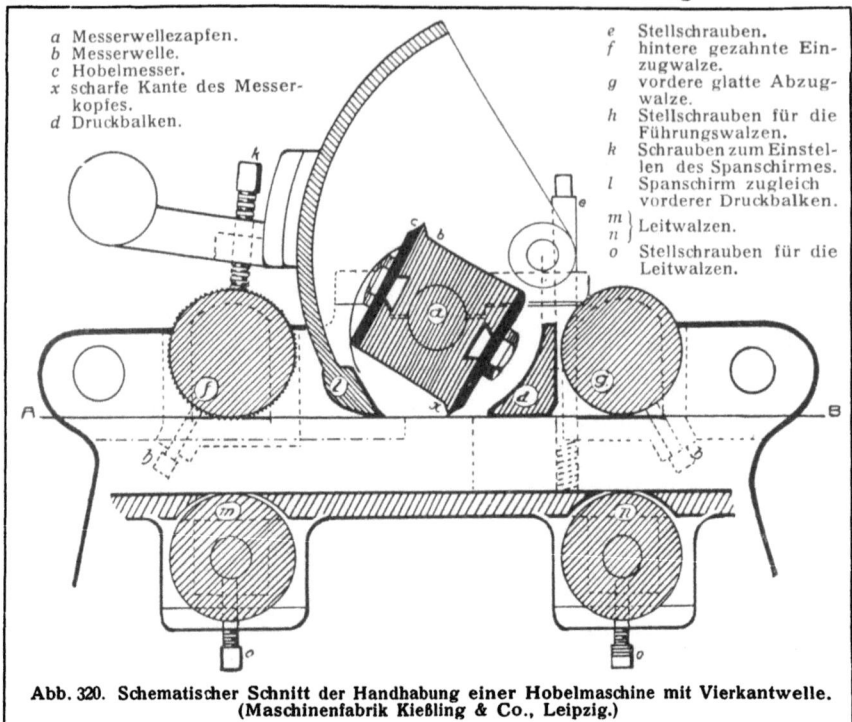

Abb. 320. Schematischer Schnitt der Handhabung einer Hobelmaschine mit Vierkantwelle. (Maschinenfabrik Kießling & Co., Leipzig.)

a Messerwellezapfen.
b Messerwelle.
c Hobelmesser.
x scharfe Kante des Messerkopfes.
d Druckbalken.
e Stellschrauben.
f hintere gezahnte Einzugwalze.
g vordere glatte Abzugwalze.
h Stellschrauben für die Führungswalzen.
k Schrauben zum Einstellen des Spanschirmes.
l Spanschirm zugleich vorderer Druckbalken.
m } Leitwalzen.
n
o Stellschrauben für die Leitwalzen.

welle angebrachte Druckbalken hält das Holz nach der Bearbeitung nieder, während die neben diesem Druckbalken angeordnete glatte Abzugswalze das Arbeitsstück aus der Maschine herausführt. Das ganze Getriebe der Dickenhobelmaschine wird durch Schutzgehäuse derartig verdeckt, daß die Bedienung der Maschine nach dieser Richtung ziemlich gefahrlos ist.

Einen äußerst wichtigen Punkt für das einwandfreie Arbeiten sowie für eine gute und gleichmäßige Leistung einer Dickenhobelmaschine bildet die stete Reinhaltung und die genaue Einstellung der Ein- und Auszugswalze, der Messerwelle und des Druckbalkens (Abb. 320). Diese müssen sowohl in einem richtigen Verhältnis zueinander als auch parallel zum Tisch stehen. Ist der Druckbalken zu lose angeordnet, so wird er das zu bearbeitende Holz nicht festhalten. Andererseits wird ein zu festes Anziehen zu starke Reibung erzeugen, die sowohl Kraftverlust mit sich bringt als auch das Arbeitsstück nicht so schnell wie es der Fall sein sollte, hindurchführen. In der Regel soll für eine richtige Einstellung die Einzugswalze ca. $^1/_2$ mm höher liegen als der Flugkreis der Messer. Dadurch werden die von der geriffelten Walze in das Holz eingedrückten Rillen entfernt. Mit der Einzugswalze in gleicher Höhe hat der vordere Druckbalken zu liegen. Der hintere Druckbalken muß mit dem Messerflugkreis übereinstimmend, also $^1/_2$ mm tiefer als der vordere und die Abzugswalze einen weiteren Millimeter tiefer liegen. Bei einer richtigen Einstellung soll für feinere Arbeiten ein Bogen gewöhnliches Schreibpapier sich noch leicht hindurchziehen lassen.

Um auf der Dickenhobelmaschine gleichzeitig mehrere schmale Hölzer

C. Die Arbeitsmaschinen

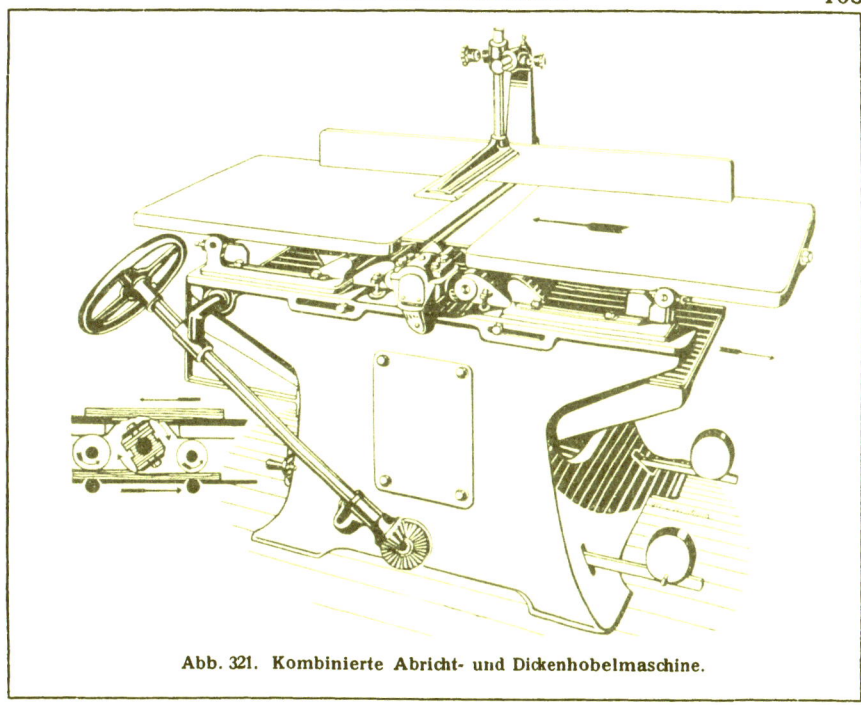

Abb. 321. Kombinierte Abricht- und Dickenhobelmaschine.

(Leisten o. dgl.) von ungleichen Stärken, deren Differenz bis zu 4 mm beträgt, hobeln zu können, bauen deutsche Fabriken in neuerer Zeit Dickenhobelmaschinen, bei denen die Einzugswalze als Gliederwalze ausgebildet ist. Mit Hilfe des am Spanbrecher angebrachten Klaviaturdruckes wird dadurch das gleichzeitige Hobeln ungleich starker Hölzer ermöglicht. An einer guten Dickenhobelmaschine ist ferner über der letzen oberen Vorschubwalze eine Schutzhaube angebracht, an welcher sich ein Harzschaber für die Walze befindet.

Der Antrieb der Messerwelle und der Zuführungswalze für den Vorschub des Holzes erfolgt von einem Decken- oder Fußbodenvorgelege aus und liegt zweckmäßig nur auf einer Seite der Maschine. Dadurch kann man auf der anderen Seite sich überall frei bewegen.

Der Vorschub ist in der Regel durch Stufenkonus für zwei bis drei Geschwindigkeiten eingerichtet. Diese liegen zwischen 2—12 und mehr m in der Minute und sind während des Betriebes aus- und einrückbar.

Die Dickenhobelmaschinen werden mit Tischbreiten von 300—1650 mm gebaut. Die am meisten in Verwendung stehenden und bevorzugtesten Maschinen sind diejenigen mit Hobelbreiten von 600—700 mm. Maschinen mit größerer oder geringerer Hobelbreite dienen in der Regel Spezialzwecken.

Der Kraftverbrauch einer Dickenhobelmaschine beträgt je nach Größe der Messerwelle $2\frac{1}{2}$—8 und mehr P.S. Die Tourenzahl der Messerwelle ist gleich der der Abrichtmaschine; bei gut eingebauten Kugellagerungen kann diese jedoch sowohl bei der Dicken- wie Abrichthobelmaschine bis selbst auf 5000 gesteigert werden.

Auch bei der Dickenhobelmaschine steht die runde Sicherheitsmesserwelle vielfach in Verwendung; diese bewährt sich jedoch hier weniger und verdient für diese Maschinentype die Vierkantwelle den Vorzug.

Um bei der Dickenhobelmaschine die anfallenden großen Mengen Hobelspäne raschest zu beseitigen, empfiehlt sich für jede derartige Maschine der Anschluß an eine **automatische Späneabsaugung** mit genügend großer und sachgemäß angeordneter Absaughaube; dadurch wird gleichzeitig auch das Hineingelangen einzelner Späne zwischen Druckwalze und Arbeitsstück, wodurch sehr unliebsame Eindrücke im Holz entstehen können, vermieden.

In neuerer Zeit werden vielfach Abricht- und Dickenhobelmaschine zur sog. **Universalhobelmaschine** oder **kombinierten Abricht- und Walzen-(Dicken-)Hobelmaschine** (Abb. 321) vereinigt. Diese Maschine wird meist mit zwei übereinander liegenden Tischen gebaut. Der obere Tisch dient zum Abrichten, Fügen, Nuten, Kehlen usw., der untere Tisch zum Dickenhobeln. Die Messerwelle ist in der Mitte des Gestelles festgelagert und die untere Tischplatte je nach der benötigten Dicke des Holzes höher oder tiefer verstellbar. In der sonstigen Ausführung ist diese Maschine der bereits besprochenen Abricht- und Dickenhobelmaschine gleich.

Für kleinere Betriebe, in welchen es an Raum und Beschäftigung mangelt, bewähren sich derartige Maschinen sehr gut; sie bedeuten für den Kleingewerbetreibenden nicht nur eine Ersparnis an Raum und Anschaffungskosten, sondern benötigen auch viel weniger Kraft als zwei gesonderte Hobelmaschinen.

In letzterer Zeit gelang eine Konstruktion, die bei Benutzung der runden Messerwelle beim Dickenhobeln ein Auseinanderziehen der oberen Tischplatte nicht mehr notwendig macht; desgleichen verdient auch eine weitere Konstruktion Beachtung, bei welcher die obere zum Abrichten dienende Tischplatte aufklappbar ist.

Für größere Geschäfte, welche sich mit der Herstellung von sog. gespundeten Fußbodenbrettern (mit Nut und Feder versehen) sowie profilierten Leisten befassen, ferner in Waggon- und Rahmenfabriken, Schiffswerften usw., sind selbst die getrennten Abricht- und Dickenhobelmaschinen nicht ausreichend. In solchen Betrieben kommen Hobelmaschinen mit zwei, drei, vier und fünf Messerwellen zur Anwendung, welche das Werkstück gleichzeitig von zwei, drei und vier Seiten bearbeiten und allenfalls auch mit Profilen versehen. An einer Hobelmaschine mit drei Messerwellen, welche beispielsweise gleichzeitig zum Hobeln, Nuten und Federn von Fußbodenbrettern dient, sind zwei Messerwellen vertikal und eine Messerwelle horizontal angebracht. Die beiden ersteren Wellen sind je nach der Breite des Holzes, die 300—500 mm betragen kann, seitlich verstellbar. Die Maschine kann auch auf die Dicke des Holzes eingestellt werden. Der Holzvorschub erfolgt selbsttätig.

Die Hobelmaschinen mit zwei und drei Messerwellen besitzen verschiedene Nachteile, weshalb zumeist solche mit vier und fünf Messerwellen und Putzmessern in Verwendung sind. Unter den **Putz-** oder **Abziehmessern** versteht man feststehende Hobeleisen, die ähnlich dem Doppeleisen des Handhobels wirken und in der Tischplatte befestigt sind. Sie dienen zum Sauberputzen der bereits mit der Messerwelle behobelten Arbeitsstücke. Nicht selten finden an Stelle dieser Doppeleisen Messer Verwendung, welche ähnlich der Ziehklinge schabend wirken. Diese Messer sind jedoch nur für harte Hölzer mit Vorteil zu gebrauchen.

C. Die Arbeitsmaschinen 167

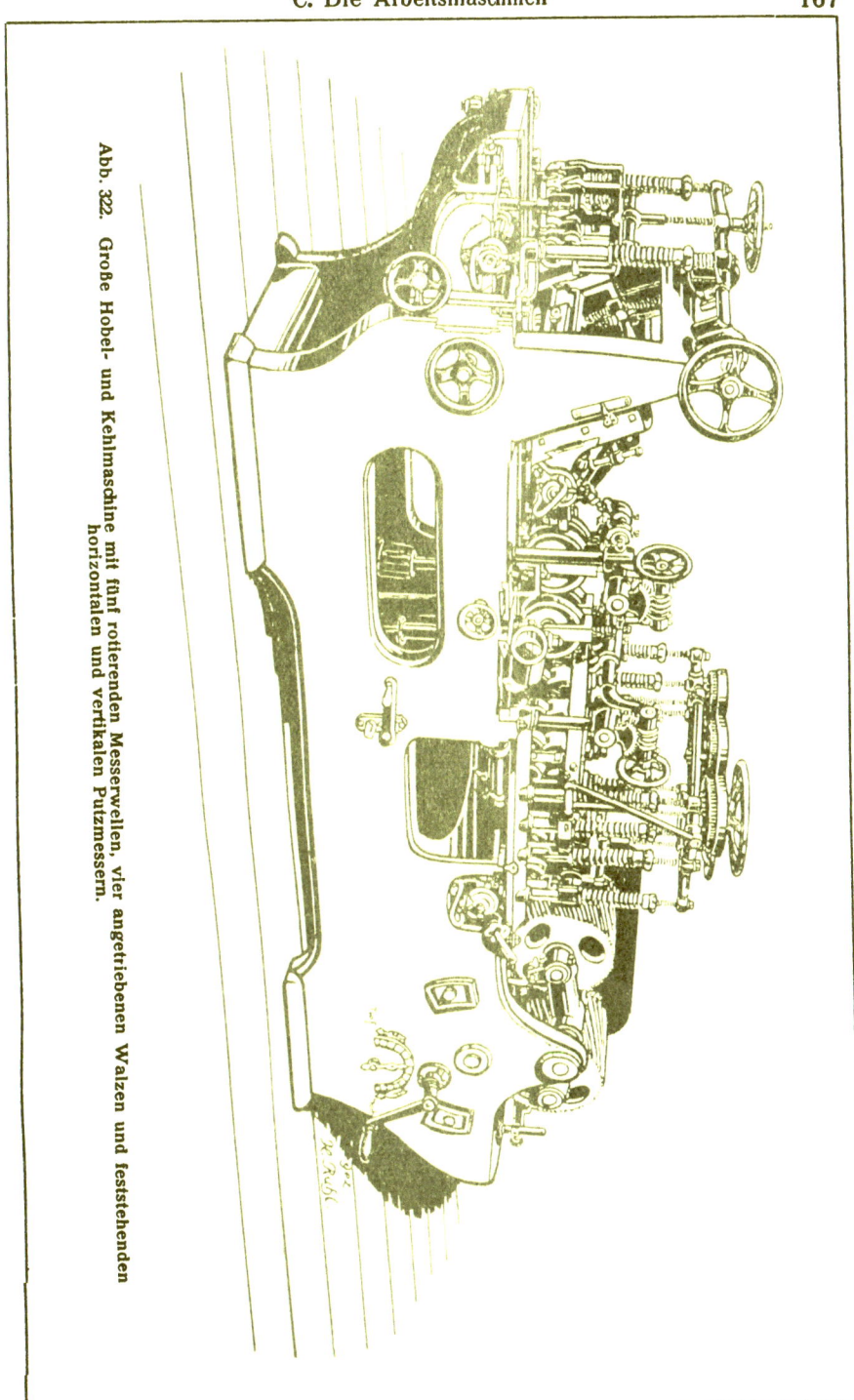

Abb. 322. Große Hobel- und Kehlmaschine mit fünf rotierenden Messerwellen, vier angetriebenen Walzen und feststehenden horizontalen und vertikalen Putzmessern.

Die größeren Typen dieser Maschinengruppe wurden vor dem Kriege vielfach als „schwedische Hobelmaschinen" bezeichnet. Diese sog. „vierseitigen Hobelmaschinen" fanden nämlich zuerst in Schweden die vielseitigste Verwendung und wurden dort tatsächlich auch vorzügliche Fabrikate hergestellt. Im Laufe der Jahre wurde jedoch dieser Maschinentyp auch in Deutschland immer mehr vervollkommnet und werden heute von einigen Fabriken solche Maschinen hergestellt, die selbst höchstgestellten Anforderungen gerecht werden. Es besteht deshalb nunmehr eine direkte Notwendigkeit für den Bezug dieser Maschinen aus dem Auslande nicht mehr.

Die in Abb. 322 dargestellte „Große vierseitige Hobel- und Kehlmaschine" arbeitet mit fünf rotierenden Messerwellen und horizontalen und vertikalen Putzmessern. Die Maschine, die in drei verschiedenen Größen und zwar für Hölzer von 230 mm Breite bei 75 mm Stärke, bis 360 mm Breite bei 120 mm Stärke hergestellt wird, ist ferner so eingerichtet, daß die fünfte Messerwelle (Stabwelle) jederzeit leicht eingestellt werden kann. Die Zuführung des Holzes erfolgt durch vier schwere Transportwalzen, während die Vorschubgeschwindigkeit eine vierfache ist und von 7 m bis zu 48 m in der Minute gesteigert werden kann.

Die jeweils zu benutzende Geschwindigkeit richtet sich nach der vorliegenden Arbeit und kann bei tadellos scharfen und sachgemäß geschliffenen Messern etwa in folgender Weise eingestellt werden:

Für Arbeiten mit Profilmessern je nach dem Profil und der Holzart ungefähr 7 m. Bei Bearbeitung weicher, nicht zu breiter Hölzer auf allen vier Seiten mit rotierenden und Putzmessern kann man eine durchschnittliche Geschwindigkeit von etwa 30 m pro Minute anwenden; bei Bearbeitung mit nur rotierenden Wellen darf der Vorschub nur 7 m betragen.

Bei einigen schmalen Hölzern, die nur mit der unteren Messerwelle und feststehenden Messern geputzt werden, kann der größte Vorschub zur Anwendung kommen.

Sind harte Holzarten zu bearbeiten, so muß vorher geprüft werden, ob diese mit Putzmessern überhaupt bearbeitet werden können; läßt sich dies nicht ausführen, dann sind die Putzkästen zu entfernen und nur die rotierenden Messer zu verwenden. Ist jedoch die Bearbeitung harter Hölzer mit rotierenden Messerwellen und Putzmessern möglich, so ist ein Vorschub von etwa 15 m anzuwenden.

In der Anordnung der Putzmesser ist heute dadurch eine bedeutende Verbesserung gemacht, als in die Messerwelle nicht wie früher üblich nur zwei, sondern vier und noch mehr Messer eingesetzt werden können. Desgleichen werden heute in Deutschland für große Werke schon derartige Maschinen mit sechs rotierenden Messerwellen, feststehenden vertikalen und horizontalen Putzmessern, acht angetriebenen Transportwalzen, bei einer Vorschubgeschwindigkeit bis zu 48 m und einem Kraftverbrauch von etwa 35—40 selbst noch mehr P.S., hergestellt.

Der Arbeitsvorgang bei einer Hobelmaschine mit fünf Messerwellen und Putzmessern ist ungefähr folgender (Abb. 323): Zwei schwere, durch Hebelgewichte niedergehaltene Druckwalzen schieben das Werkstück gegen die erste, untere, horizontal in dem Tisch gelagerte Messerwelle (*a*). Diese ebnet

C. Die Arbeitsmaschinen

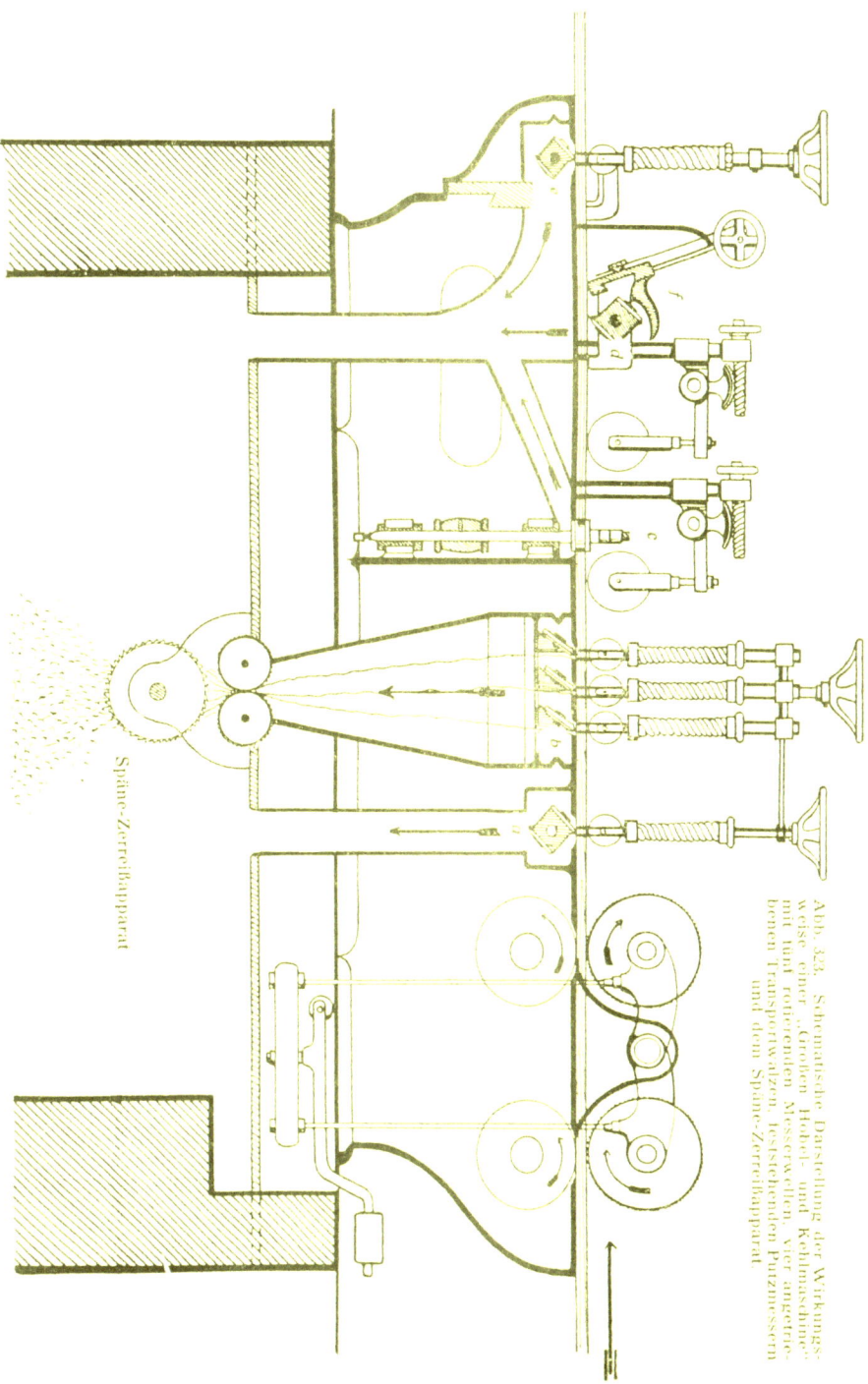

Abb. 323. Schematische Darstellung der Wirkungsweise einer „Großen Hobel- und Kollmaschine" mit fünf rotierenden Messerwellen, vier angetriebenen Transportwalzen, feststehenden Putzmessern und dem Späne-Zerreißapparat.

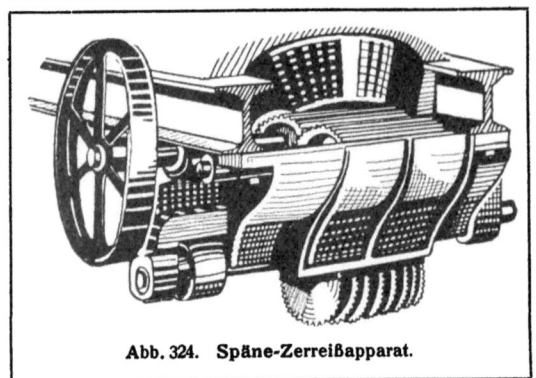

Abb. 324. Späne-Zerreißapparat.

das Arbeitsstück gerade und glatt, wodurch es eine sichere Auflage erhält. Gleichzeitig wird das Holzstück durch mehrere Druckrollen, die durch Federdruck wirken, fest gegen die Messerwelle gepreßt. Unmittelbar auf die untere Messerwelle folgt ein (evtl. auch zwei) Putzmesserkasten (b) mit je zwei bis drei schräg eingesetzten Putzmessern. Auch an dieser Stelle wird das Holz durch kleine Druckwalzen fest niedergehalten. Nach dem Putzmesserkasten folgen die beiden lotrechtstehenden Messerwellen (c), welche das Arbeitsstück an den beiden Seitenkanten mit Nut und Feder oder einem Profil versehen. Diese beiden vertikalen Messerwellen sind mittels Spindeln und Kurbeln je nach der Breite des Holzes entsprechend verstellbar; sie können aber auch ganz zur Seite gestellt werden. Nach diesen beiden Messerwellen tritt die vierte, oberhalb des Tisches horizontal gelagerte Welle (d) in Tätigkeit, welche das Holz auf der vierten, oberen Seite bearbeitet. Diese Messerwelle ist dreimal gelagert. Das vordere Lager ist behufs leichteren und rascheren Auswechselns der Messer zum Ausziehen eingerichtet. Hinter dieser Welle ist eine Druckvorrichtung und unter derselben die fünfte Messerwelle (e), welche für gewöhnlich die Messer zum Anhobeln der gewünschten Profile enthält. Die untere, im Tisch gelagerte Messerwelle sowie der Putzmesserkasten sind zum Zwecke eines leichteren Messerwechsels zum Ausziehen eingerichtet. Die vor den oberen Messerwellen angebrachte verstellbare Druckvorrichtung dient zugleich als Schutzschirm und Spanbrecher (f), wirft aber auch durch ihre spiralförmige Ausbuchtung die Hobelspäne seitlich aus.

Die Zerkleinerung der langen Putzspäne erfolgt mittels Kreissägeblätter durch den Späne-Zerreißapparat (Abb. 324), welcher unterhalb der horizontal liegenden Putzmesser an der Maschine angebracht ist.

Der Antrieb dieser Maschine geschieht von einem Fußbodenvorgelege aus, auf welchem sich für jede Messerwelle eine besondere Riemenscheibe befindet. Der Kraftverbrauch beträgt etwa 20—30, selbst noch mehr P.S.

Unter dem Namen „Kehlmaschinen" versteht man vornehmlich diejenige Art von Dickenhobelmaschinen, bei denen der Tisch sich nicht in der Mitte der Maschine, sondern an einer Seite befindet. Diese Hobelmaschinen werden in der Hauptsache nur zur Herstellung profilierter Leisten u. dgl. verwendet und arbeiten mit 1—4 Messerwellen.

3. Die Furnierschneidmaschinen. Diese Maschinen gehören zu jener Gruppe der Hobelmaschinen, bei welcher die losgelösten Späne als Furniere, Schachtelspäne u. dgl. die angestrebten Werkstücke bilden.

In früherer Zeit geschah die Herstellung der Furniere nur durch Sägen. Da aber die beste Furniersäge mit einem Holzverluste bis zu 50% im Mittel arbeitet, wurden Versuche angestellt, die Furniere mittels hobelartig wirkender Messer vom Holzblocke zu trennen. Im trockenen Holze mißlangen trotz

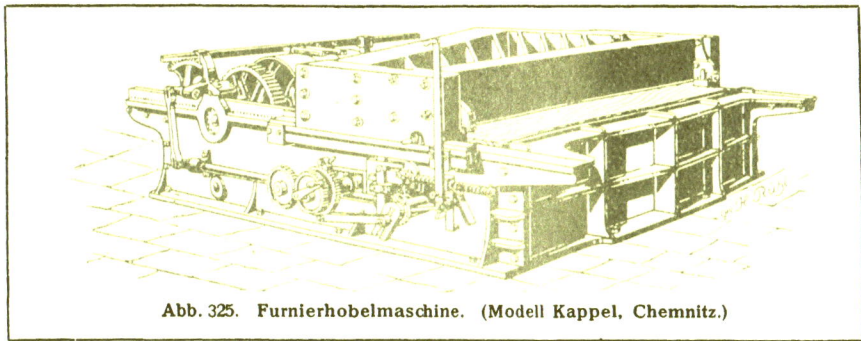

Abb. 325. Furnierhobelmaschine. (Modell Kappel, Chemnitz.)

aller Vorsicht und trotz der sorgfältigsten Ausführung der Maschinen die verschiedenen Versuche. Erst als man dazu überging, das zu bearbeitende Holz zu dämpfen, erzielte man brauchbare Produkte. Bei dieser Behandlung zeigten sich anfangs jedoch insofern Schwierigkeiten, als manche Holzarten durch das Dämpfen ihre Farbe verloren. Im Laufe der Zeit hat man diese Schwierigkeiten durch eine der einzelnen Holzart eigens angepaßte Behandlung überwunden.

Die **Furnierschneidmaschinen**, welche das Zerschneiden des Holzes zu Furnieren ohne Schnittverlust bezwecken, lassen sich in zwei Gruppen teilen.

Zur ersten Gruppe zählen jene Maschinen, bei welchen ein feststehendes Messer die Furniere von einem darübergehenden Holzblocke abtrennt, oder umgekehrt von einem festliegenden Blocke die Furniere durch ein darübergehendes Messer abgenommen werden (**Furnierhobelmaschine Abb. 325**).

Das Hobelmesser, welches hier die ganze Breite des zu bearbeitenden Werkstückes besitzt und über oder unter demselben angeordnet sein kann, wird entweder in geradliniger oder auch in hin und her gehender Bewegung über das gedämpfte Holzstück geführt oder letzteres gegen das feststehende Hobelmesser geschoben. Im ersten Falle ist das Hobelmesser in einen kräftigen, gußeisernen Schlitten eingespannt; dieser wird durch eine Kurbel mit Schubstange oder durch ein Zahnradgetriebe über das festgespannte Holzstück geführt.

Die auf solche Weise hergestellten Furniere heißen **Messerfurniere**, zum Unterschiede von den durch Sägen hergestellten **Sägefurnieren**.

Im zweiten Falle ist das Messer stehend im Maschinentische befestigt und das Holzstück wird entweder durch Riffelwalzen oder auf einem Wagen oder Schlitten befestigt dem Messer zugeführt. Diese Maschinen heißen **Spanhobelmaschinen** und dienen die losgetrennten Späne zur Herstellung von Siebzargen, Schachteln u. dgl.

Der Vorschub des Holzes erfolgt bei beiden Maschinengruppen selbständig und können Furniere bzw. Späne von Papierdicke bis zur Dicke von 8 mm erzeugt werden.

Einige spröde Holzarten wie Birnbaum, Pflaumenbaum, auch Ebenholz u. a. lassen sich selbst in gedämpftem Zustande nicht messern und können Furniere von diesen Holzarten nur durch Sägen hergestellt werden.

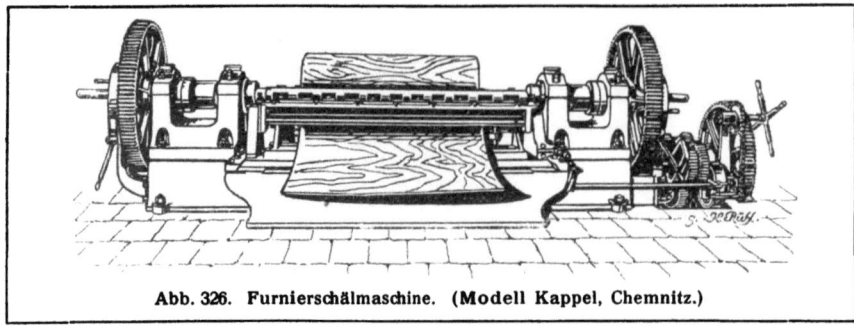

Abb. 326. Furnierschälmaschine. (Modell Kappel, Chemnitz.)

Die Furnierhobelmaschinen werden für Hölzer bis 3850 mm Länge, 1600 mm Breite und 1400 mm Stärke gebaut.

Führt die Maschine ein Messer, das an seiner Schneide grob gezahnt ist oder die Form vieler kleiner Hohlzylinder besitzt, so findet diese Maschine zur Erzeugung von Holzwolle, Zündholzdraht, Holzgeweben usw. Verwendung, und es entsteht die **Holzwollemaschine, Zündholzdrahthobelmaschine** u. dgl.

Bei der zweiten Gruppe der Furnierschneidmaschinen wird durch ein Messer das Furnier von einem um seine Längsachse rotierenden Holzzylinder abgeschält (**Furnier-Schälmaschinen** Abb. 326), und es entstehen die sog. **Schälfurniere**.

Zu diesem Zwecke wird der vorher entrindete und gedämpfte Stammteil zwischen zwei kräftige Spindeln, ähnlich wie bei der gewöhnlichen Holzdrehbank, eingespannt und mittels Riemenscheiben in Drehung versetzt. Das Messer wird hierbei gegen den Stamm gepreßt und sein Vorschub durch Einschaltung verschiedener Wechselräder der jeweiligen Dicke der Furniere entsprechend selbsttätig geregelt. Die so erzeugten Furniere werden je nach den Verwendungszwecken entweder aufgerollt oder durch Ritzmesser in die gewünschten Breiten zerlegt.

Derartige Maschinen werden zur Bearbeitung von 850—1300 mm langen und bis zu 700 mm dicken Holzstämmen gebaut und werden Furniere bis zu 10 mm Dicke abgeschält.

4. Die Zapfenhobelmaschinen (Zapfenschneidmaschinen) (Abb. 327). In großen Bau- und Möbelschreinereien, wo die Herstellung größerer Mengen gleicher Zapfenverbindungen verlangt wird, werden die Zapfen nicht mehr wie früher mit der Säge, sondern mit einer Art Hobelmaschine hergestellt. Eine solche Maschine, welche Zapfen bis zu 200 mm Länge und 150 mm Dicke herstellen kann, besitzt in der Regel drei Messerwellen, von denen zwei horizontal gelagert sind, während die dritte Welle eine vertikale Lagerung hat. Auf die beiden ersten Wellen werden **Zapfenmesserköpfe** aufgesetzt, mittels welcher gewöhnliche Zapfen hergestellt werden können. Jede dieser beiden Wellen ist in der Höhenrichtung, die obere Welle auch noch in horizontaler Richtung verstellbar, um Zapfen in jeder beliebigen Stärke und ungleicher Schulterlänge herstellen zu können. Unmittelbar neben den beiden horizontalen Messerwellen ist die vertikale Welle angeordnet. Die Herstellung der Schlitze und doppelten Zapfen erfolgt mit einer Schlitzscheibe oder mit einem schwankenden Nutsägeblatt, die auf der Welle befestigt werden. Auch diese Welle ist sowohl in ihrer

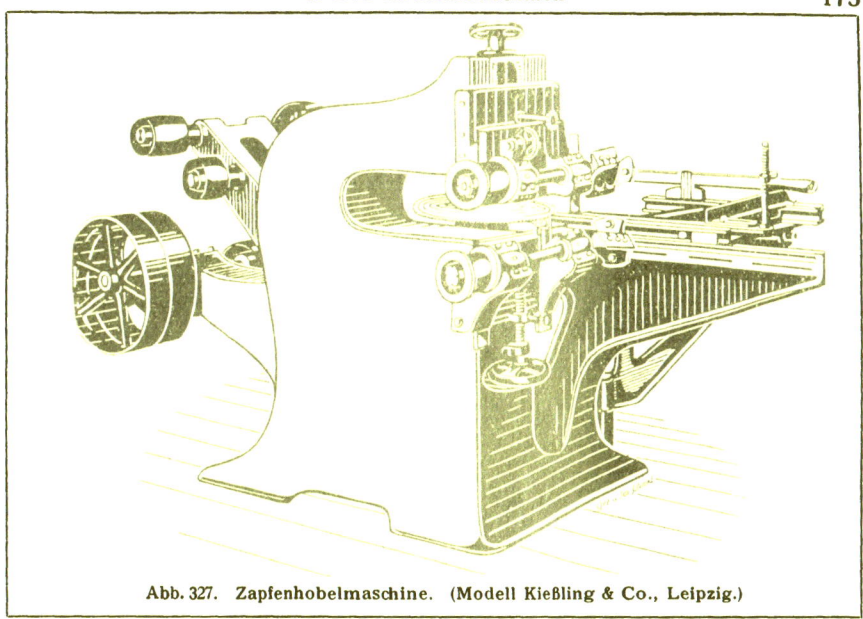

Abb. 327. Zapfenhobelmaschine. (Modell Kießling & Co., Leipzig.)

Höhe wie Tiefe verstellbar. Der Arbeitsvorgang erfolgt in der Weise, daß das mittels einer Einspannvorrichtung auf einem Tisch befestigte Arbeitsstück von Hand aus den rotierenden Messern zugeführt wird. Der Antrieb der Maschinen, deren Messerwellen 3000 Touren pro Minute machen, erfolgt von einem Fußbodenvorgelege aus. Der Kraftverbrauch beträgt etwa $3-4^1/_2$ P.S.

5. Die Rundstabhobelmaschinen. Diese Maschinen dienen zur Massenerzeugung zylindrischer Stäbe von 8—80 mm Durchmesser in beliebiger Länge. Zu beachten ist, daß jeder Stabdurchmesser einen **eigenen Rundmesserkopf** erfordert. Die auf Kreis- oder Bandsägen kantig zugeschnittenen Hölzer werden von Hand aus der Maschine zugeführt. Mittels besonderer Vorrichtungen lassen sich auf diesen Maschinen auch kegelförmige, scharf abgesetzte oder vorne abgerundete Zapfen von beliebiger Länge herstellen. Die Tourenzahl der Messerwelle beträgt 3000 pro Minute, der Kraftaufwand ca. 1 bis $1^1/_2$ P.S.

6. Die Kantenbestoßmaschine (Kantenhobelmaschine) (Abb. 328). Diese Maschine wird zum Behobeln oder Bestoßen von Kanten unter jedem beliebigen Winkel verwendet. Das auf dem Tisch der Maschine festgelagerte Holzstück wird mit der Hand fest gegen den Anschlagwinkel gehalten, während das feststehende Messer mittels eines Handrades angezogen wird. Auf dieser Maschine können ohne besondere Kraftanwendung Hölzer bis zu 20 mm Dicke bestoßen werden.

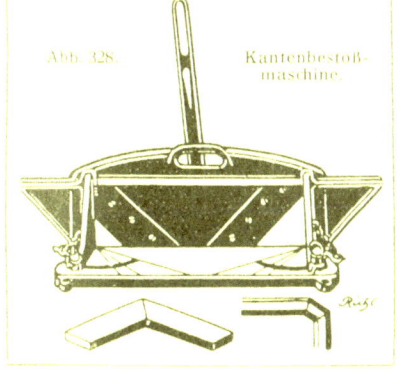

Abb. 328. Kantenbestoßmaschine.

III. Die Fräsmaschinen.
(Abb. 329.)

Zu den einfachsten Holzbearbeitungsmaschinen, die aber trotzdem eine äußerst mannigfaltige Verwendung zulassen, gehören die Fräsmaschinen. Sie arbeiten bei geringeren Dimensionen des Arbeitsstückes wie Hobelmaschinen. Mit den Fräsmaschinen können geradlinig verlaufende, schmälere ebene Flächen, Nuten, Federn sowie alle Arten von Profilierungen hergestellt werden; vorzugsweise werden diese Maschinen jedoch zur Bearbeitung verschiedenartig geschweifter und gekrümmter Formen verwendet. Bei Anwendung besonderer Apparate können die Fräsmaschinen auch zum Abplatten von Türfüllungen, zum Fügen, Nuten und Federn, zum Kannelieren sowie zum Schlitzen und Zapfenschneiden verwendet werden; hierbei ist es gleich, ob die Zapfen einfach, doppelt oder schwalbenschwanzförmig, ob sie mit geraden, unterschnittenen oder profilierten Schultern (Brüsten) versehen sind.

Die Maschinen dieser Art im allgemeinen als Tischfräsmaschinen bezeichnet, sind am häufigsten in Verwendung.

Je nach der Art der Bearbeitung des Holzes und der maschinellen Konstruktion unterscheidet man noch Bockfräsmaschinen mit horizontal gelagerter Frässpindel zum Bohren von Löchern und verschiedenartigen Vertiefungen, ferner Kettenfräsmaschinen (Abb. 330) zur Herstellung von Zapfenlöchern sowie die Maschinen mit Oberfräse, welche das Holz von oben bearbeiten und zur Herstellung durchbrochener und vertiefter Arbeiten in Füllungen u. dgl. dienen.

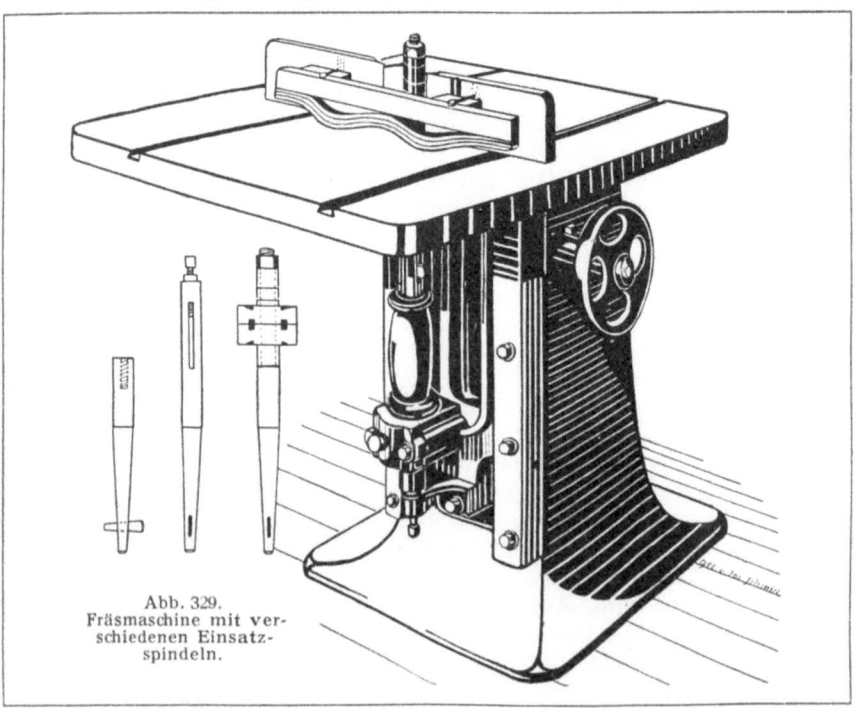

Abb. 329.
Fräsmaschine mit verschiedenen Einsatzspindeln.

Unter einer Fräse versteht man im allgemeinen einen unter großer Schnelligkeit um seine Achse rotierenden Stahlkörper mit einer oder mehreren gleich geformten Schneiden. Diese Schneiden können entweder in den Stahlkörper selbst eingeschnitten oder als Fräsmesser in denselben eingesteckt und eingeschraubt werden, somit also auswechselbar sein. Die Form des Stahlkörpers kann die eines Prismas, einer Schraube oder eines Kegels sein. Es leisten also der Messerkopf der Hobelmaschine, das Nutkreissägeblatt, verschiedene Bohrer u. dgl. ebenfalls Fräsarbeiten. Trotzdem werden diese Werkzeuge nicht als Fräsen bezeichnet sondern man bedient sich in der Praxis des Ausdruckes „Fräse" nur dann, wenn es sich um profilierte, nicht ganz zu einfache und nicht zu große Werkzeuge handelt.

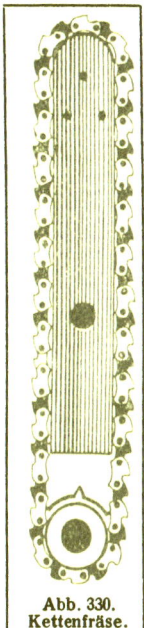

Abb. 330. Kettenfräse.

Die gewöhnliche Tischfräsmaschine besteht in der Hauptsache aus einem festen gußeisernen, verschiedenartig geformten Gestell und aus einer horizontal gelagerten, als Auflage dienenden Tischplatte. In letzterer befindet sich, meist in der Mitte, eine kreisrunde Öffnung zur Aufnahme des wichtigsten Teiles der Maschine, der aus bestem Stahl hergestellten Frässpindel. Die Spindel steht in der Regel vertikal, ist unter der Tischplatte im Gestell gelagert und läuft hier meist in drei langen nachstellbaren Lagern, die gewöhnlich aus Phosphorbronze hergestellt sind, an den neueren Maschinen aber fast durchgehends in Kugellagerungen (siehe Abb. 286).

Die Frässpindel ist entweder aus einem Stück (feste, durchlaufende Spindel) oder für Einsatzspindeln eingerichtet. Sie ragt mit ihrem oberen Teile, an dem die schneidenden Werkzeuge befestigt werden, über der Tischplatte hervor. Die Frässpindel steht entwender fest oder kann mittels eines Handrades oder einer Kurbel nach der Höhe verstellt werden; im ersteren Falle muß die Tischplatte verstellbar sein, so daß die Höhenlage der Fräse bis zu 80 mm verändert und dieselbe genau eingestellt werden kann. Um die Frässpindel liegen in der Tischplatte noch zwei bis drei verschieden große auswechselbare Ringe, die herausgenommen werden, wenn irgendeine Fräse oder eine Fräsvorrichtung den Raum benötigt.

Wenngleich im allgemeinen der festen Frässpindel wegen ihrer größeren Stabilität der Vorzug zu geben ist, werden doch heute meistens Fräsmaschinen mit Einsatzspindeln gebaut.

Die Frässpindel wird in der Regel in einer Stärke von 40—50 mm ausgeführt; an der Frässtelle ist sie schwächer konstruiert, wodurch die Ausführung von Fräsarbeiten mit kleineren Krümmungen direkt an der Spindel ermöglicht wird.

Die zum Fräsen notwendigen Werkzeuge sind entweder Profilkehlmesser (Abb. 331a) oder Kronenfräser (Abb. 331b). Ihre Befestigung auf der Frässpindel ist verschieden.

Das gewöhnliche Profilkehlmesser wird in den Schlitz der Frässpindel (Schlitzdorn) (Abb. 332a) gesteckt und durch eine in der Spindel laufende Schraube festgeklemmt, oder es wird ein runder oder prismatischer kleiner Messerkopf (Fräskopf) auf der Spindel befestigt und werden in diesen je 1—2 gleichgeformte Profilkehlmesser eingesetzt. Die Profil-

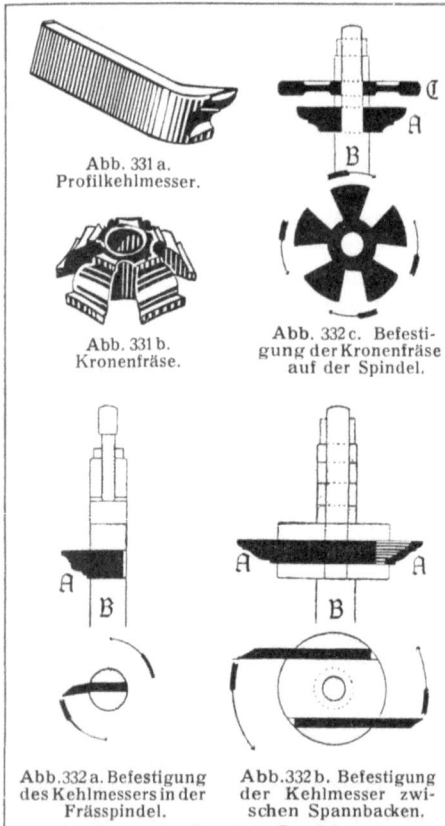

Abb. 331a. Profilkehlmesser.

Abb. 331b. Kronenfräse.

Abb. 332c. Befestigung der Kronenfräse auf der Spindel.

Abb. 332a. Befestigung des Kehlmessers in der Frässpindel.

Abb. 332b. Befestigung der Kehlmesser zwischen Spannbacken.

A = Fräse, B = Spindel, C = Schutzring.

kehlmesser können auch zwischen **Spannbacken** (Abb. 332b) oder **Spannringen** zur Anwendung kommen.

Bei der Herstellung von Kehlmessern ist besonders die Form des Kehlmesserprofils von Wichtigkeit. Diese darf nicht dem Querschnitte des im Holz erzeugten Profils entsprechen. Die hierin gemachten Fehler, die, weil vielen Praktikern unbekannt gar oft nicht beachtet werden, treten besonders bei stark ausladenden Profilen in die Erscheinung. Wenn daher ein Profil genau nach einer vorliegenden Zeichnung herzustellen ist, muß das Messerprofil den Flugkreisen (Abb. 333), die es bei der Arbeit vollführt, entsprechend konstruiert werden.

Die **Kronenfräse** besteht aus einer runden Stahlscheibe, an deren Peripherie sich das gewünschte Profil befindet; sie wird, da ihre Bohrung genau dem Durchmesser der Spindel entspricht, auf diese aufgesteckt und durch Mutterschrauben festgeklemmt (Abb. 332c). Die Schneiden der Kronenfräse werden durch Ausarbeitung von 4—6 gegen die Mitte verbreiterten Schlitzen gebildet. Die Versuche haben ergeben, daß entgegengesetzt den Metallfräsen die Fräsen für Holz um so rationeller arbeiten, je weniger Zähne sie haben. Für gewöhnliche Arbeiten sind die Fräsen mit vier Zähnen am zweckmäßigsten, da diese einen verhältnismäßig günstigen Schneidwinkel bilden. Fräsen mit sechs Zähnen sind nur für sehr hartes Holz sowie zum Fräsen von Hirnholz mit Vorteil zu verwenden.

Um das **Festspannen** der Fräswerkzeuge zu ermöglichen, ist die Frässpindel an ihrem oberen Ende vielfach viereckig, wodurch sie während des Festspannens mit einem Schlüssel festgehalten werden kann.

Wenngleich sich im allgemeinen das gewöhnliche Profilkehlmesser wegen seines vorteilhaften Schneidwinkels, seines billigen Preises und sei-

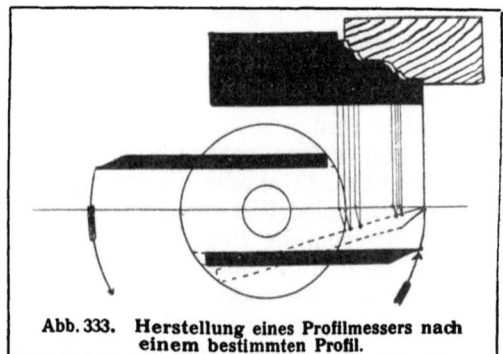

Abb. 333. Herstellung eines Profilmessers nach einem bestimmten Profil.

ner leichteren Herrichtung und Zuschärfung besser bewährt als die Kronenfräse, besitzt doch diese wieder für gewisse Arbeiten große Vorteile. Bei Schweifungen und krummfaserigem Holzverlauf kommt es nur zu häufig vor, daß direkt gegen die Holzfasern gearbeitet werden muß, wodurch Aussplitterungen nur zu leicht eintreten können. Um dies zu vermeiden, muß der Fräse auch eine entgegengesetzte Schnittwirkung gegeben werden können. Dies wird bei der Kronenfräse durch Abflachung bzw. Hohlarbeiten des Profils an den zwischen den Nuten gebildeten Schneidkanten erreicht. Das Schärfen der

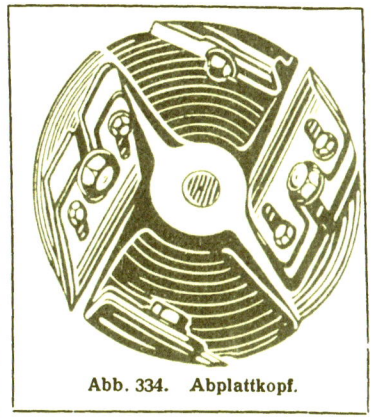

Abb. 334. Abplattkopf.

Kronenfräse darf aber nur an der Innenseite, niemals von außen vorgenommen werden. Allerdings ist dieses Ausarbeiten eine äußerst präzise und genaue Arbeit. Ein unrichtiges Herrichten der Kronenfräse macht sich durch ein Brennen und Schlagen sowie durch ein Warmlaufen der Fräse bemerkbar.

Der Antrieb der Frässpindel erfolgt von einem Fußbodenvorgelege aus durch halbgeschränkten Riemen, welcher, um einen raschen Wechsel für Rechts- und Linksgang zu ermöglichen, zum Umstellen eingerichtet ist. Zu diesem Zwecke besitzt die Riemenrolle, welche die Frässpindel treibt, eine obere und eine untere Lauffläche. Der Aus- und Einschalter soll behufs raschen Abstellens stets an der Maschine angebracht sein; das Vorgelege muß deshalb eine Fest- und Losscheibe haben. Die Frässpindel soll bei gewöhnlichen Kehlarbeiten mindestens 4000 Touren pro Minute machen, während die Umdrehungszahl bei der Kronenfräse selbst 4500 Touren betragen kann.

Der Kraftverbrauch der Fräsmaschine richtet sich nach der auszuführenden Arbeit und beträgt $1\frac{1}{2}$—4 P.S.

Die Fräsmaschine kann aber nicht nur zum Kehlen, sondern auch zum Nuten und Federn, Abplatten, Schlitzen und Zapfenschneiden sowie noch zu verschiedenen anderen Arbeiten verwendet werden. Die letzteren Arbeiten werden mit eigens hierzu konstruierten Apparaten und Werkzeugen, wie Abplattköpfen, Schlitzscheiben und Schlitzhaken, Taumelsägen usw., welche in geeigneter Weise auf der Frässpindel befestigt werden, ausgeführt. Um bei dem größeren Gewichte dieser Werkzeuge und ihrer raschen Rotation ein starkes Vibrieren der an ihrem Oberende freistehenden Spindel zu

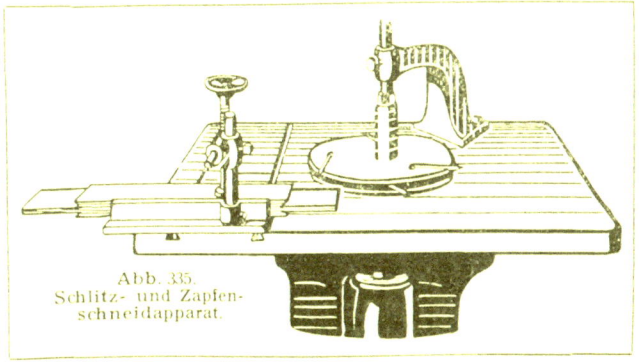

Abb. 335. Schlitz- und Zapfenschneidapparat.

Großmann, Gewerbekunde II. 2. Aufl.

Abb. 336. Bildhauerfräsmaschine. (Modell Wenzel & Co., Berlin SO.)

vermeiden, erhält diese durch ein aufschraubbares Oberlager Führung und sichere Unterstützung. Bei Benutzung dieser Werkzeuge darf die Frässpindel nur 2500 Touren in der Minute machen. Es muß deshalb das Vorgelege mit einer größeren, leicht verstellbaren Riemenscheibe zum Kehlen und einer kleineren zum Schlitzen, Zapfenschneiden usw. versehen sein.

Von den zur Ausführung verschiedener Spezialarbeiten oder zur Herstellung von Massenartikeln dienenden Apparaten seien besonders erwähnt: der zum Kehlen gerader profilierter Leisten dienende Stabziehapparat·

der Abplattkopf (Abb. 334), welcher zum Abplatten von Türfüllungen dient;
der Schlitz- und Zapfenschneidapparat (Abb. 335) mit Einspannrahmen.

Während beim letzteren Apparat die Herstellung der Schlitze zumeist durch eigene Schlitzscheiben oder durch die Taumelsäge erfolgt, werden die Zapfen mittels Schlitzscheiben hergestellt, in welche die Kehlmesser gesteckt oder auf denen sie aufgeschraubt werden. Dadurch können die Zapfen gleichzeitig unterschnittene oder profilierte Schultern (Brüste) erhalten.

In größeren Werkstätten finden jedoch für diese Arbeiten eigene Schlitz- und Zapfenschneidmaschinen Anwendung, bei welchen Schlitze und Zapfen durch Fräsen auf Messerköpfen, Schlitzscheiben und Kreissägen hergestellt werden.

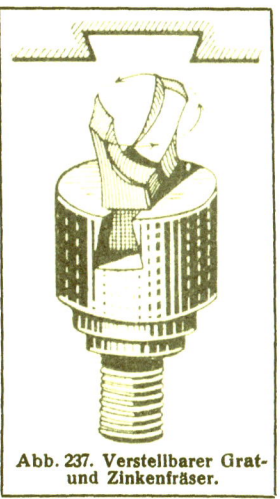

Abb. 237. Verstellbarer Grat- und Zinkenfräser.

Ein vorzüglicher Apparat ist auch der Wellenstabapparat, der zur Herstellung der vielfach benutzten gewellten Kehlstäbe dient.

Ferner finden verschiedene Druckapparate mit Stahl- oder Holzdruckfedern, von denen sich die letzteren besser als die ersteren bewähren, sowie Kannelierapparate vielseitige Anwendung.

Die Kettenfräsmaschine findet neuerdings in größeren Bauschreinereien vorteilhafte Verwendung zur Herstellung von rechtwinkeligen Zapfenlöchern. Als Werkzeug dient die Kettenfräse, mit der sich Zapfenlöcher von 40 bis über 300 mm Länge, 6 bis 25 mm Breite und über 200 mm Tiefe herstellen lassen. Die Umdrehungszahl der Kettenfräse beträgt 2000—2100 Touren pro Minute.

Die Oberfräsmaschine, welche nicht selten mit der Tischfräsmaschine vereinigt wird, findet namentlich dann Anwendung, wenn weniger die Seitenflächen als die breiten Seiten des Werkstückes bearbeitet werden sollen. Zu dieser Maschine zählen streng genommen auch die Bildhauerfräsmaschinen (Abb. 336), die zur Erzeugung verschiedener Bildhauerarbeiten dienen und nach einem gegebenen Modell die Herstellung von 2—6 Kopien gleichzeitig ermöglichen. Die hierbei verwendeten Werkzeuge sind kleine bohrerartige Fräsen. Die Arbeitweise einer solchen Maschine ist annähernd der bei den Drehbänken erwähnten Kopier- und Fassoniermaschine gleich.

Die Zinkenfräsmaschine findet in größereren Möbelschreinereien, insbesondere aber in der Kistenfabrikation vielfach Verwendung. Auch die Schwalbenschwänze bei der Grat- oder Einschubleistenverbindung lassen sich durch Fräsen herstellen (Abb. 337).

Die bei den Fräsmaschinen in Anwendung kommenden Schutzvorrichtungen sind so vielgestaltig, daß eine Aufzählung und Beschreibung derselben im Rahmen dieses Buches unmöglich ist. In Verwendung sind zumeist Schutzringe, sog. Anlaufringe, Blechscheiben und Glocken zum Verdecken der Fräsen, Schutzhauben und Schutzkörbe, Führungslineale u. dgl. mehr.

IV. Die Bohrmaschinen.
(Abb. 338.)

Eine in ihrer Konstruktion sehr einfache Maschine ist die **Bohrmaschine**. Ihr Hauptzweck besteht vor allem darin, einem Bohrer eine größere Geschwindigkeit zu geben, als dies mit der Hand möglich ist. Sie wird in unterschiedlichen Konstruktionen und Formen gebaut. Der wichtigste Teil der Bohrmaschine ist die **Bohrspindel**. Ihre drehende Bewegung erfolgt entweder durch Zahnräder, Riemen oder Friktionsradübersetzungen. Bei den gewöhnlichen Bohrmaschinen hat die Bohrspindel nur eine drehende und langsam vordringende Bewegung für den Vorschub zu vollführen. Macht der Bohrer während dieser drehenden und vordringenden Bewegung auch noch eine seitlich hin- und hergehende, so entsteht die **Langlochbohrmaschine**. Diese dient zur Herstellung von Zapfenlöchern. Während bei der einfachen Bohrmaschine jeder gewöhnliche Holzbohrer, Schneckenbohrer, Zentrum- oder Spiralbohrer (Abb. 339 a, b) verwendet werden kann, besitzen die in der Langlochbohrmaschine verwendeten **Langlochbohrer** auch seitliche Schneiden (Abb. 339 c). Die gewöhnlichen Bohrmaschinen besorgen die Herstellung zylindrischer Löcher. Sie werden vornehmlich mit horizontalen, seltener mit vertikalen Spindeln gebaut und besitzen als Gestell entweder eine selbständige, freistehende, gußeiserne Säule oder einen Ständer (Säulenbohrmaschine), oder sie werden ohne diesen auf einer Platte an der Wand montiert (Wandbohrmaschine). In letzterem Falle kann der Arm sowohl feststehend als auch beweglich gebaut sein. Die stählerne Bohrspindel läuft in zwei nachstellbaren Lagern; sie wird von der seitwärts querliegenden Vorgelegewelle angetrieben. Bei der Wandbohrmaschine kann die Fest- und Losscheibe ihren Antrieb von einer parallel mit der Wand laufenden Transmissionswelle

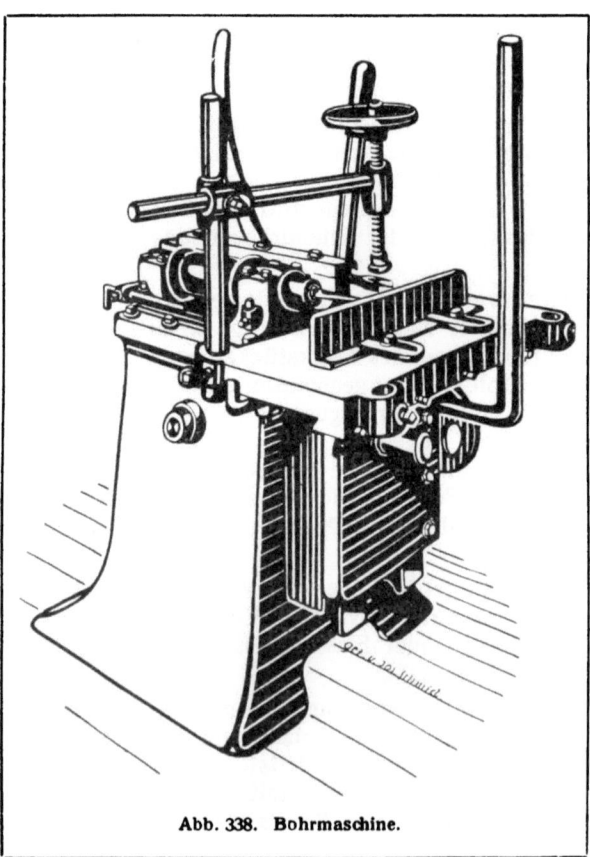

Abb. 338. Bohrmaschine.

C. Die Arbeitsmaschinen

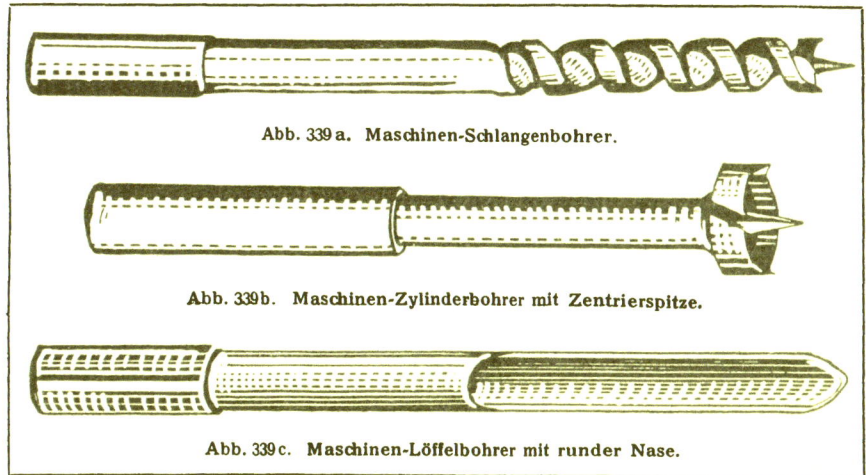

Abb. 339 a. Maschinen-Schlangenbohrer.

Abb. 339 b. Maschinen-Zylinderbohrer mit Zentrierspitze.

Abb. 339 c. Maschinen-Löffelbohrer mit runder Nase.

oder bei leichten Maschinen durch Leitrollen mittels Riemenschnur erhalten. Bei der Säulenbohrmaschine befindet sich das Vorgelege unten an der hinteren Seite des Ständers. Der Antrieb erfolgt bei dieser Maschine durch einen Riemen.

Die Niederbewegung der Bohrspindel erfolgt bei der Wandbohrmaschine zumeist nur durch einen Gewichtshebel mit Handgriff, während sie bei der Säulenbohrmaschine mittels Fußtrittes bequem geregelt werden kann. Der Gewichtshebel (Gegengewicht) dient dazu, die Bohrspindel selbständig wieder in ihre obere Stellung zu bringen. Der direkte Riemenantrieb ist wegen seines ruhigen Ganges dem Antrieb der Bohrspindel durch Zahnräder oder Friktionsscheiben vorzuziehen.

Die Tiefe der Bohrlöcher kann durch einen Stellring bestimmt werden. Die Bohrköpfe werden mit unterschiedlichen Bohrungen versehen und schwankt die Schaftstärke der Bohrer selbst zwischen 8—24 mm. Solche Bohrer mit geradem zylindrischen Schaftende, aber mit unterschiedlicher Schaftstärke können in den sog. **Universal-Zentrier-Bohrfuttern** und den **Rollenbohrfuttern** verwendet werden.

Der Tisch der Säulenbohrmaschine läßt sich mittels eines Handrades und einer Schraube höher und tiefer sowie auch schräg bis zu 30^0 stellen. Dadurch ist die Möglichkeit gegeben, Löcher in schräger Richtung in das Holz zu bohren. Die Schrägstellung kann sogar über Kreuz erfolgen.

Die Wandbohrmaschine, deren Kraftverbrauch ca. $1/_2$ P.S. beträgt, ist für Löcher bis 30 mm Durchmesser und 200 mm Tiefe verwendbar. Auf der Säulenbohrmaschine können bei einer Betriebskraft von $1-1^1/_2$ P.S. Löcher von 70 mm Durchmesser und 280 mm Tiefe gebohrt werden. Die Umdrehungszahl des Bohrers soll für gewöhnlich 2000 Touren pro Minute betragen.

Während die Bohrspindel der gewöhnlichen Bohrmaschine zumeist vertikal läuft, besitzt die **Langlochbohrmaschine** stets horizontal gelagerte Spindeln.

Die Bohrspindel der Langlochbohrmaschine läuft entweder in zwei nachstellbaren Lagern, von denen das vordere in Prismenführung bewegt werden kann, oder sie ist ganz in einem Schieber (Schlitten) gelagert und durch einen vertikalen Handhebel bequem gegen das Arbeitsstück zu führen.

Das Arbeitsstück selbst wird auf einem vor dem Bohrer befindlichen, höher und tiefer verstellbaren Tisch festgespannt. Mittels eines zweiten an dem Tische befestigten Handhebels kann jenem auch eine seitlich hin- und hergehende Bewegung gegeben werden, um Zapfenlöcher und Schlitze zu erzeugen. Bei Herstellung eines Zapfenloches (Langloches) ist das Verfahren folgendermaßen:

Man bohrt zuerst ein Loch in die Enden des vorgezeichneten Schlitzes; hierauf nimmt man durch den Hebel das zwischen den beiden Endlöchern befindliche Holz weg, indem man das Arbeitsstück mit dem Tische hin und her bewegt. Hierbei darf jedoch der Bohrer niemals tiefer als 1 cm auf einmal geführt werden. Bei Herstellung von kleineren Zapfenlöchern, wobei schwächere Bohrer verwendet werden, sowie bei Herstellung von Zapfenlöchern in hartem Holz, würde jedoch bei dieser Arbeitsweise ein Brechen der Bohrer unvermeidlich sein. In solchen Fällen müssen zunächst viele Löcher nebeneinander gebohrt werden; die zwischen den Löchern stehengebliebenen schmalen Brücken können dann durch Hin- und Herbewegung des Bohrers leicht entfernt werden. Allerdings werden alle auf diese Weise hergestellten Zapfenlöcher an den Enden halbrund sein; mittels eines an den meisten Bohrmaschinen angebrachten Stemmapparates sind indes diese halbrunden Enden leicht rechtwinkelig zu gestalten. Die Tiefe der Bohrlöcher kann durch einen auf der Bohrspindel befindlichen Stellring reguliert werden. Die Bohrköpfe sollen auch hier nicht mit gewöhnlichen Stellschrauben, sondern mit richtigen Zentrierfuttern versehen sein.

Die Betriebskraft einer Langlochbohrmaschine, auf welcher Löcher bis zu 40 mm Breite, 150 mm Tiefe und 220 mm Länge gebohrt werden können, beträgt 1—2 P.S. Die Umdrehungszahl des Bohrers soll 3000 Touren pro Minute betragen.

V. Die Stemmaschinen.
(Abb. 340.)

Wenngleich mit der Langlochbohrmaschine jedes gewünschte Zapfenloch mit halbkreisförmiger Endkante sehr rasch und sauber hergestellt werden kann, finden doch in größeren Bauschreinereien, Zimmereien, Mühlenbauanstalten, Waggonfabriken, Schiffswerften und dgl. zur Erzeugung von Zapfenlöchern in starken Hölzern und Balken Stemmaschinen Verwendung. In kleineren Werkstätten kommen sie als selbständige Maschinen nicht vor. Wir treffen sie hier höchstens in Verbindung mit der Langlochbohrmaschine.

Die Stemmaschinen ahmen die Arbeit des Handstemmens nach, indem die Schläge, welche der Lochbeitel bei der Handarbeit durch den Hammer oder Schlegel erhält, durch einen schweren Stemmer ersetzt werden. Die Stellung sowie die auf- und abgehende Bewegung des Stemmers sind bei diesen Maschinen zumeist vertikal. Das Eindringen des Werkzeuges in die Arbeitsfläche erfolgt stets rechtwinkelig zur Holzfaser.

Das in der Stemmaschine verwendete Werkzeug ist entweder ein gewöhnlicher Lochbeitel oder ein mit noch zwei kleineren seitlichen Schneiden versehenes Stemmeisen (sog. Viereisen). Diese seitlichen Schneiden dienen sowohl als Vorschneider als auch zum teilweisen Glätten der Seitenecken (Abb. 341a und b). Das Stemmeisen steckt in einem Schlitten, der sich um 180^0 drehen läßt. Dadurch kann die Hauptschneide entweder links oder rechts verwendet werden, wodurch das Arbeiten von beiden Seiten möglich wird.

Der Stemmer läuft in zwei Führungen in einem stabilen gußeisernen Gestell. Seine auf- und abwärtsgehende Bewegung erfolgt bei der einfachen Maschine mit Hilfe eines Handhebels oder Fußtrittes; die Bewegung kann aber auch durch eine auf den Stemmer wirkende Lenkstange erfolgen. In diesem Falle wird die Lenkstange mittels Riemenscheibe von der Transmissionswelle aus in Bewegung gesetzt. Bei den neueren Konstruktionen erhält der Stemmer durch Niedertreten des Fußtrittes nach und nach die schnellere Auf- und Abwärtsbewegung. Hierbei vermag man das im Stemmer enthaltene Stemmeisen beliebig tief in das Holz eindringen zu lassen oder ganz in Stillstand zu versetzen. Nach Erreichung der richtigen Tiefe hält eine

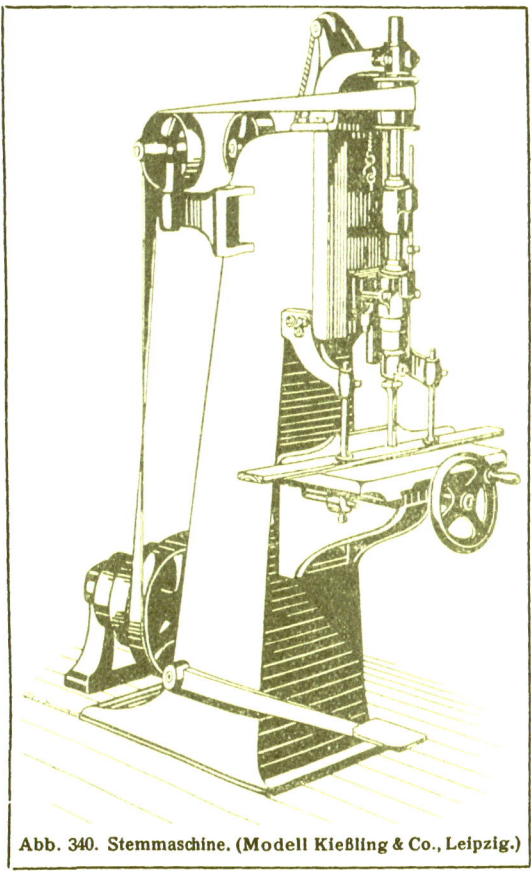

Abb. 340. Stemmaschine. (Modell Kießling & Co., Leipzig.)

selbstwirkende Arretiervorrichtung den Fußtritthebel fest, während durch Auftreten auf einen kleineren Fußtritt sich die Arretiervorrichtung auslöst, das Stemmeisen zurückgeht und in seiner obersten Stellung ruhig stehen bleibt. In dieser Stellung läßt sich dann das Stemmeisen durch einen einfachen Handgriff um 180° wenden.

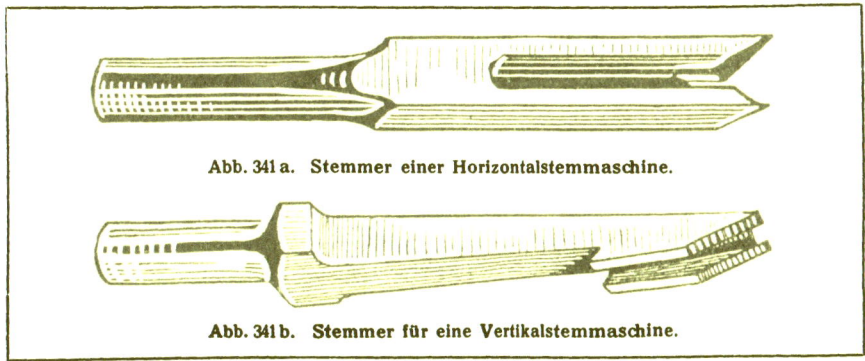

Abb. 341a. Stemmer einer Horizontalstemmaschine.

Abb. 341b. Stemmer für eine Vertikalstemmaschine.

Der horizontale sowie evtl. auch schräg verstellbare Tisch, auf welchem das zu stemmende Holz festgespannt wird, erhält seine Höher- und Tieferstellung sowie seine Längsbewegung durch Handräder.

Die Hauptantriebswelle mit Fest- und Losscheibe und Ausrücker befindet sich bei der neuen Konstruktion seitwärts unten auf der Grundplatte des Ständers. Dadurch steht die Maschine beim Stemmen ohne Erschütterungen fest, was bei älteren Konstruktionen nicht immer der Fall ist.

Bei der Herstellung von Stemmlöchern wird in der Regel, um die Stemmarbeit zu erleichtern, zunächst ein Loch durch Vorbohren mit der Bohrspindel hergestellt und von hier aus dasselbe mittels des Stemmeisens erweitert. Aus diesem Grunde sind die meisten selbständigen Stemmmaschinen auch mit Bohrapparaten versehen. Ein Vorbohren ist jedoch nur bei breiten Stemmlöchern und bei hartem Holze erforderlich. Bei schmäleren Löchern und schwächeren weichen Hölzern kann ein Vorbohren unterbleiben, da man es durch Hebelwirkung in der Hand hat, das Stemmeisen allmählich auf die volle Tiefe eindringen zu lassen.

Die Stemmaschinen können bei einem Kraftverbrauch von 1,5—3 PS Stemmlöcher bis 60 mm Breite, 200 mm Tiefe und 600 mm Länge herstellen. Die Anzahl der Schläge, welche durch die Umdrehungszahl der Kurbelscheibe bestimmt wird, soll 150—300 pro Minute betragen.

Durch die bereits besprochene Kettenfräsmaschine haben die teueren Stemmaschinen in neuerer Zeit eine nicht unbedeutende Konkurrenz erfahren.

VI. Die Holzdrehbänke.
(Abb. 342.)

Unter dem Drehen, Abdrehen oder Drechseln versteht man einen mechanischen Vorgang, bei welchem einem um seine Achse rotierenden Körper durch Wegnahme der überflüssigen Masse eine verschiedentliche, aber genau bestimmte Form gegeben wird.

Die Maschine, die diesen Zwecken dient, wird als Drehbank bezeichnet.

Die Arbeiten, welche sich auf der Drehbank herstellen lassen, können von mannigfachster Art sein. Vornehmlich verwendet man die Drehbank zur Herstellung beliebig geformter Rotationskörper, d. h. solcher Körper, die an jeder Stelle einen kreisförmigen Querschnitt zeigen. Diese Arbeit bezeichnet man als Runddrehen. Geschieht das Drehen innerhalb eines Arbeitsstückes, so daß seine Innenseite und nicht seine Außenseite bearbeitet wird, also Hohlräume entstehen, so nennt man diese Art der Arbeit Ausdrehen. Die Drehbank eignet sich in ihrer gewöhnlichen Form aber auch zur Herstellung einer ebenen, normal zur Achse stehenden Fläche, welche Arbeit man wieder als Plandrehen bezeichnet. Bei allen diesen Arbeitsvorgängen behält die Drehungsachse stets ihre Lage bei. Es können aber auf der Drehbank mit Hilfe geeigneter Vorrichtungen, Führungen usw. Arbeiten ausgeführt werden, bei denen sich während einer einmaligen Umdrehung des Arbeitsstückes die Entfernung seiner Achse von dem Werkzeug ändert und Körper entstehen, deren Querschnitte nicht mehr kreisförmig sind. Diese Dreharbeit heißt Passigdrehen (Fassondrehen). Eine spezielle Art dieser Dreharbeit ist das Ovaldrehen, welches mit Hilfe des sog. Ovalwerkes geschieht. Körper von ganz unregelmäßigem Querschnitt lassen sich mit Hilfe von Modellen auf den Kopier- und

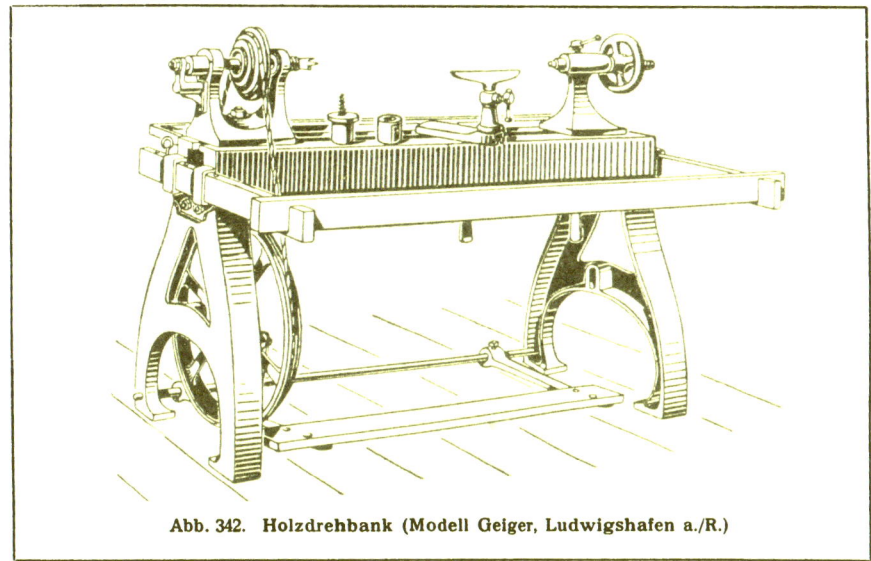

Abb. 342. Holzdrehbank (Modell Geiger, Ludwigshafen a./R.)

Fassondrehbänken herstellen. Mittels der besonderen Kannelier- und Windungsfräsapparate können auch alle Arten von Windungen sowie verschiedenartige Verzierungen an Arbeitsflächen, welche Arbeit als Guillochieren bezeichnet wird, hergestellt werden.

Die Drehbank ist wohl die älteste Holzbearbeitungsmaschine. Schon die alten Ägypter, die Perser und Griechen beschäftigten sich mit Drechslerarbeiten. Die ursprünglichsten Formen der Drehbank ermöglichten jedoch nicht die bei den heutigen Drehbänken vorhandene fortlaufende Rotierung des Arbeitsstückes, sondern ließen nur eine hin und her gehende Bewegung zu, wie sie ähnlich den in vielen Gewerben heute noch verwendeten Drehstühlen eigen ist. Diese Drehbänke wurden als Wippen- oder Wippdrehbänke, auch Luftferndrehbänke bezeichnet. Wenn dieselben auch hin und wieder noch anzutreffen sind, haben sie doch für die heutige Zeit keine Bedeutung mehr. Auch der bei den Orientalen benutzte sog. orientalische Drehstuhl arbeitet noch mit Hilfe der Wippe.

So einfach die Holzdrehbänke in ihrer Art sind, so verschieden sind sie in ihrer Ausführung.

Keine andere Holzbearbeitungsmaschine wird so viel für Fuß- wie Kraftbetrieb gebaut und verwendet als gerade die Drehbank. Es darf deshalb die solide Ausführung derselben niemals auf Kosten des leichten Ganges gehen. Anderseits vibrieren aber zu leicht gebaute Drehbänke beim Drehen, insbesondere solange das Holz noch nicht rund ist. Es müssen daher die Drehbankfüße genügend breit und alle Teile der Drehbank möglichst kräftig sein.

Die Hauptbestandteile einer vollständigen Holzdrehbank sind: das Gestell, der Spindelstock, die zur Erzielung der Drehbewegung nötige Drehvorrichtung (Schwungrad mit Trittvorrichtung und Schnurwirtel), der Reitstock und die Auflage, evtl. der Support.

Das Gestell besteht aus zwei parallellaufenden und horinzontalliegenden Schienen, den sog. Wangen, die 1 m bis selbst über 2 m lang sind, an ihren oberen Flächen das Bett darstellen und auf kräftigen Füßen oder Böcken ruhen. Das Gestell wird am solidesten aus Eisen mit genau gehobelten Wangen hergestellt. Hölzerne Gestelle werden zwar noch vielfach verwendet, doch darf dabei wegen des unvermeidlichen Arbeitens des Holzes kein Anspruch auf genaues Passen der Drehbankspitzen gemacht werden. Dieser Mangel wird bei genaueren Arbeiten und insbesondere bei Bohrerarbeiten mit dem Reitstock recht mißlich empfunden. Gestelle mit Holzwangen und eisernen Füßen bewähren sich im allgemeinen gut, doch muß auch bei dieser Ausführung ein Verziehen der Wangen in Rechnung gezogen werden.

Im Spindelstock ist die Drehspindel gelagert. Auf letzterer befindet sich der für Fußbetrieb nötige Schnurwirtel mit eingedrehten Schnurrillen oder die für Kraftbetrieb notwendige Riemenstufenscheibe.

Am meisten in Anspruch genommen ist die Drehbankspindel mit ihren Lagerungen. Diese haben nicht nur eine rasche rotierende Bewegung, sondern auch die fortwährenden Hammerschläge und Stöße beim Einschlagen und Einspannen des Holzes auszuhalten. Weißmetall hat sich für leichtgehende Lager sehr gut bewährt; es hält aber auf die Dauer die Hammerschläge nicht aus und lockert sich. Ähnlich verhielten sich die älteren Kugellager. Bei den neueren Konstruktionen ist jedoch auch dieser Übelstand behoben.

Die Lagereinstellung muß leicht und praktisch zu bewerkstelligen sein. Die doppelt gelagerte Spindel muß mit einer Stirnschraube gegen seitliche Verschiebungen gesichert und mit guter Schmierung versehen sein, wozu sich Staufferbüchsen mit Starrschmiere am besten eignen. Einfach gelagerte Spindelkästen mit Spitzkörnerschraube sollten nicht mehr verwendet werden.

Der aus dem vorderen Lager vorstehende Kopf der Spindel ist hohl ausgebohrt und besitzt innen und außen Gewinde. Dadurch eignet er sich zur Aufnahme der verschiedenen Einspannvorrichtungen, kurzweg Futter genannt, welche je nach der Beschaffenheit des abzudrehenden Werkstückes unterschiedlich zur Anwendung kommen. Für die Bearbeitung von kürzeren Stücken an ihrer Längs- oder Hirnfläche sowie zum Hohldrehen derselben gebraucht man die Hohlfutter, Klemmfutter, Schraubenfutter, Spundfutter, das Planscheibenfutter sowie das neuere Einschlagfutter „Heureka". Dieses besteht aus einem messerartig zugeschliffenen Ring von kreisrunder, aber nicht vollständig geschlossener Form, wodurch es gleichzeitig als Mitnehmer dient. Kleinere Gegenstände werden mit Harzkitt oder Siegellack auf ein einfaches Scheibenfutter aufgekittet.

Der Zwirl oder Dreizack, der gleichzeitig als Mitnehmer dient, findet vornehmlich dann Anwendung, wenn längere abzudrehende Gegenstände auch an ihrem zweiten Ende einer Einspannung bedürfen. Diesem letzteren Zwecke dient der auf dem Brett verschiebbare Reitstock, welcher durch Flügelmuttern festgestellt werden kann. Der Reitnagel (Pignole oder Pinole) ist eine stählerne Körnerspitze, welche in der Reitstockspindel mit steilem Flachgewinde laufen soll, damit der Vorschub rasch vonstatten geht. Die Spindelhöhe (Spitzenhöhe) schwankt bei den gewöhnlichen Holzdrehbänken zwischen 170 und 300 mm, die Spitzenweite, d. i. die Einspann- oder Drehlänge, zwischen 500 und 2000 mm.

Die als Stützpunkt der Drehwerkzeuge dienende Auflage ist sowohl in der Bohrung des Schaftes der Vorlage als auch auf dem Bett verschiedenartig verstellbar; sie muß sich ebenso wie der Reitstock mittels Flügelmuttern feststellen lassen.

Wird das Drehwerkzeug in einer Führung fest eingespannt und so dem Material zugeführt, so spricht man von einem Support. Drehbänke mit festem Support finden beim Drehen von gewöhnlichen Arbeiten in Holz keine Anwendung.

Bei Drehbänken für Fußbetrieb kommt besonders die Trittkonstruktion in Betracht, welche durch Drehung des Schwungrades die Umdrehung auf die Spindel überträgt. Der Tritt besteht gewöhnlich aus einem einfachen Holzrahmen, zum Teil mit Eisenschienen besetzt, und kann mit oder ohne Kurbelwelle konstruiert sein. Der Konstruktion ohne Kurbelwelle gebührt unstreitig der Vorzug, da sie einen leichten Gang und die Hubverstellung besitzt. Die Trittkonstruktion mit Kurbelwelle schließt ein Nachgeben selbst bei starkem Treten aus. Das Schwungrad muß für Rundriemen gebaut sein. Dieser Riemen preßt sich in die Rillen ein, weshalb er auch bei geringerer Spannung durchzieht. Der Flachriemen erfordert dagegen größere Spannung und macht dadurch den Gang schwerer. Für Kraftbetrieb ist jedoch der Flachriemen unbedingt nötig, da hier eine wesentlich höhere Leistung verlangt wird und auch die Riemenlänge größer ist.

Durch die Abstufung der Schnurläufe, die am Schwungrad drei- bis sechsfach angebracht sind, kann bei den gleichen Abstufungen am Spindelwirtel dem Arbeitsstück eine verschiedentliche Geschwindigkeit gegeben werden. Das Übersetzungsverhältnis wird für kleinere und leichtere Arbeiten bis zu einem Durchmesser von etwa 50 mm gewöhnlich mit 1:10, für schwerere Arbeiten mit einem Durchmesser von über 400 mm mit 1:5 angenommen. Hieraus erklären sich auch die unterschiedlichen Tourenzahlen einer Drehbankspindel, welche für leichte Arbeiten bis zu 2000 pro Minute, für schwerere Arbeiten aber nur 500—600 pro Minute betragen sollen.

Die Drehbank für Kraftbetrieb unterscheidet sich von jener für Fußbetrieb nur durch den Wegfall des Schwungrades und der Trittvorrichtung. Der Antrieb erfolgt hier von einem Vorgelege, welches mit Voll- und Leerscheibe sowie mit einer Ausrückvorrichtung versehen sein muß und in oder auf dem Fußboden oder auch an der Decke angebracht werden kann.

Zur Herstellung elliptischer Formen dient das Ovalwerk (Abb. 343), eine Vorrichtung, die auf jeder größeren Drehbank auf dem vorstehenden vorderen Ende der Drehbankspindel aufgeschraubt werden kann. Die Ingangsetzung des Ovalwerkes erfolgt meist durch Kraftbetrieb, seltener durch Fußbetrieb. Das Ovalwerk ist so konstruiert, daß sich die Achse des Arbeitsstückes jeweils nach der einen und der anderen Seite derart verschiebt, daß das immer an der gleichen Stelle angehaltene Messer (Werkzeug) auf dem Arbeitsstück eine Ellipse beschreibt. Die Verschiebung des Arbeitsstückes geht bei den neueren Ovalwerkkonstruktionen in der Weise vor sich, daß um einen kreisrunden, eisernen, in horizontaler Richtung verstellbaren Ring zwei Backen laufen; diese sind an der Rückseite eines schmalen Schiebers befestigt, der in einer schwalbenschwanzförmigen Nut läuft. In der Mitte dieses Schiebers befindet sich die Vorrichtung zur Aufnahme des Arbeitsstückes. Wird der Ring konzentrisch zur Spindelachse eingestellt, dann arbeitet das Ovalwerk wie eine gewöhnliche Runddrehbank.

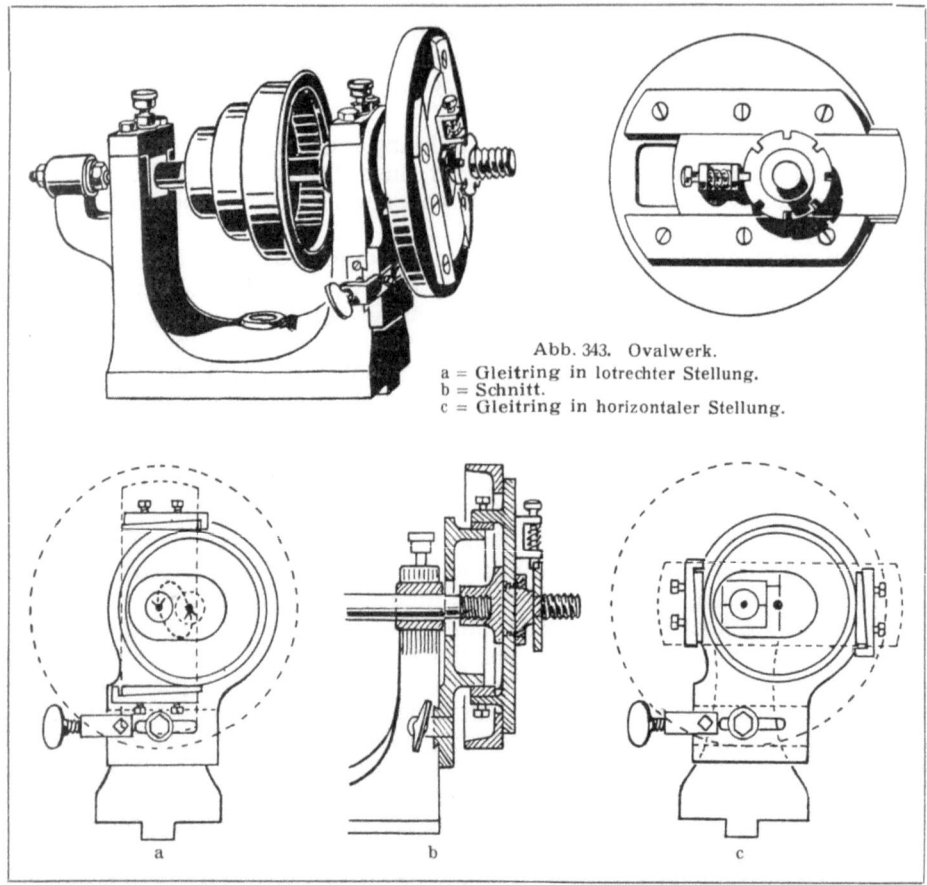

Abb. 343. Ovalwerk.
a = Gleitring in lotrechter Stellung.
b = Schnitt.
c = Gleitring in horizontaler Stellung.

Bei exzentrischer Verstellung des Ringes muß der Schieber mit dem Arbeitsstück Ellipsen beschreiben, deren Achsendifferenz 40—160 mm beträgt. Bei größeren Ovalwerken kann eine Achsendifferenz bis zu 400 mm erzielt werden. Das Ovalwerk muß verhältnismäßig langsam laufen, da bei raschem Gange bei dieser komplizierten Bewegung das Arbeitsstück zu großen Vibrationen ausgesetzt wäre.

Das Passigdrehen (Abb. 344) entstammt der Blütezeit des 17. Jahrhunderts. In neuerer Zeit hat es erst nach Erfindung eines einfachen Apparates wieder einige Bedeutung erlangt. Das Wort „Passig" dürfte entweder eine Umbildung des lateinischen passim, d. h. hin- und hergehend, oder des französischen Wortes passer, d. h. vorübergehen, sein. Bei den neuen Passigapparaten werden der Spindel die seitlichen Verschiebungen durch bloße Drehung eines Handrädchens gegeben, deren Maß durch eine angebrachte Skala bestimmt und eingestellt werden kann. Bei Einstellung des Skalazeigers auf 0 läßt sich der Spindel auch ein einfacher Rundlauf geben.

Auf der sog. Schablonen- oder Kopierdrehbank (Abb. 345) lassen sich, wie bereits auf Seite 179 erwähnt, Arbeitsstücke mit ganz unregelmäßigem Querschnitt (Gewehrschäfte, Schuhleisten, Radspeichen, Hammerstiele usw.), ja selbst Bildhauerarbeiten herstellen. Diese Maschinen be-

C. Die Arbeitsmaschinen

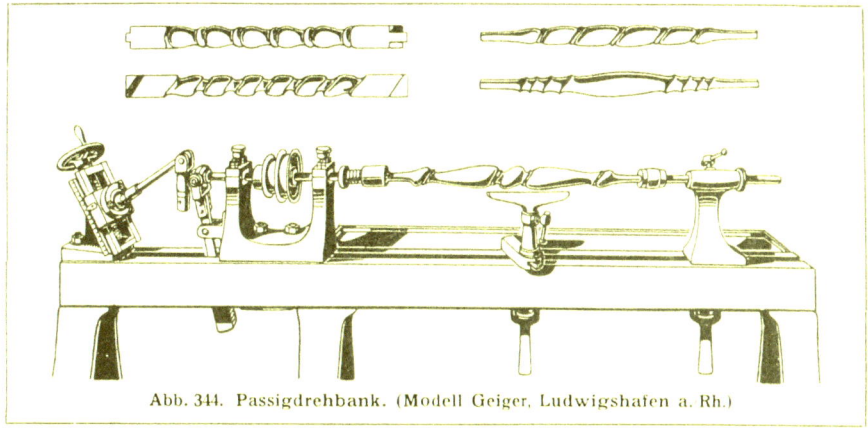

Abb. 344. Passigdrehbank. (Modell Geiger, Ludwigshafen a. Rh.)

stehen fast immer aus einer Vereinigung der Drehbank mit einem Fräser. Hierbei wird das Arbeitsstück mit der Drehspindel verbunden, die Fräse, also das eigentliche Werkzeug, aber in stark rotierende Bewegung versetzt und je nach der Art der nach Schablone oder Modell herzustellenden Arbeit dem Werkstück genähert oder von ihm entfernt. Bei der Bildhauerkopiermaschine (Abb. 336) gleitet auf dem Modell ein Stift, welcher mit dem Werkzeughalter der Fräse derart verbunden ist, daß die Fräserspitze der Bewegung des Stiftes auf dem Modell unausgesetzt folgt. Diese Maschinen sind gewöhnlich so eingerichtet, daß von einem Modell aus gleichzeitig mehrere Kopien gemacht werden können.

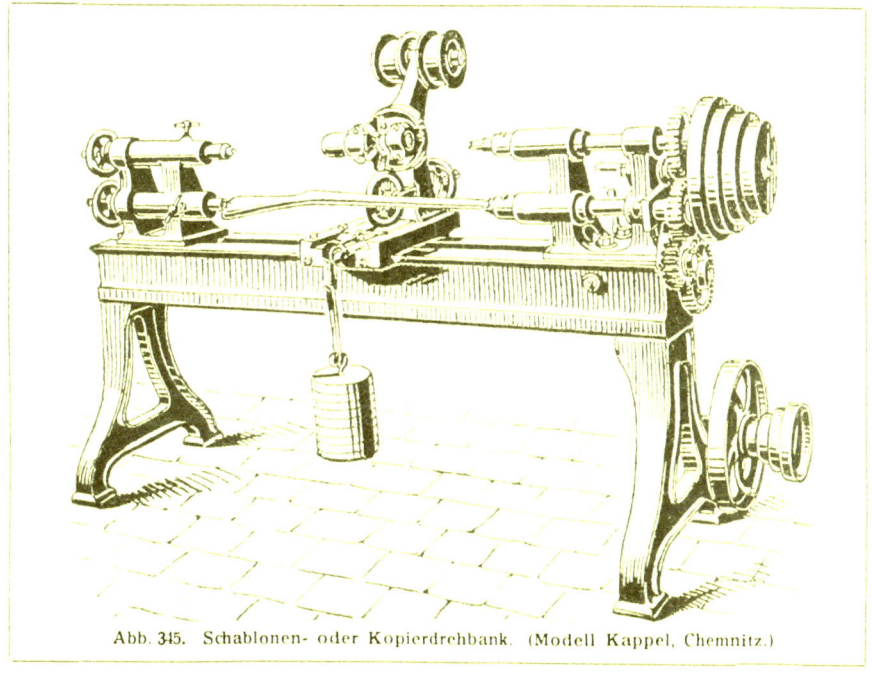

Abb. 345. Schablonen- oder Kopierdrehbank. (Modell Kappel, Chemnitz.)

190. Zweiter Teil. Die Maschinen der Holzbearbeitung

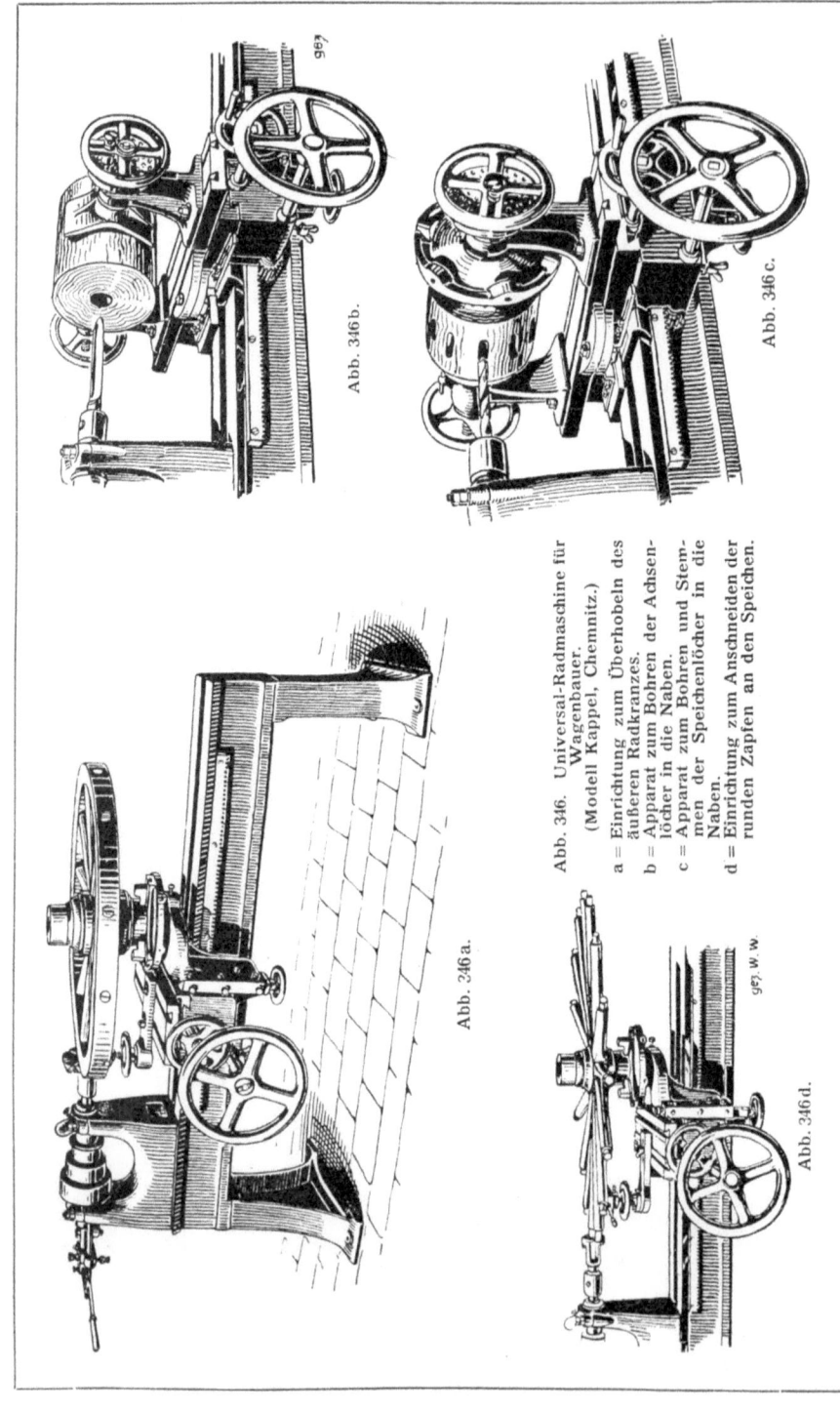

Abb. 346 b.
Abb. 346 c.
Abb. 346 a.
Abb. 346 d.

Abb. 346. Universal-Radmaschine für Wagenbauer. (Modell Kappel, Chemnitz.)
a = Einrichtung zum Überhobeln des äußeren Radkranzes.
b = Apparat zum Bohren der Achsenlöcher in die Naben.
c = Apparat zum Bohren und Stemmen der Speichenlöcher in die Naben.
d = Einrichtung zum Anschneiden der runden Zapfen an den Speichen.

C. Die Arbeitsmaschinen

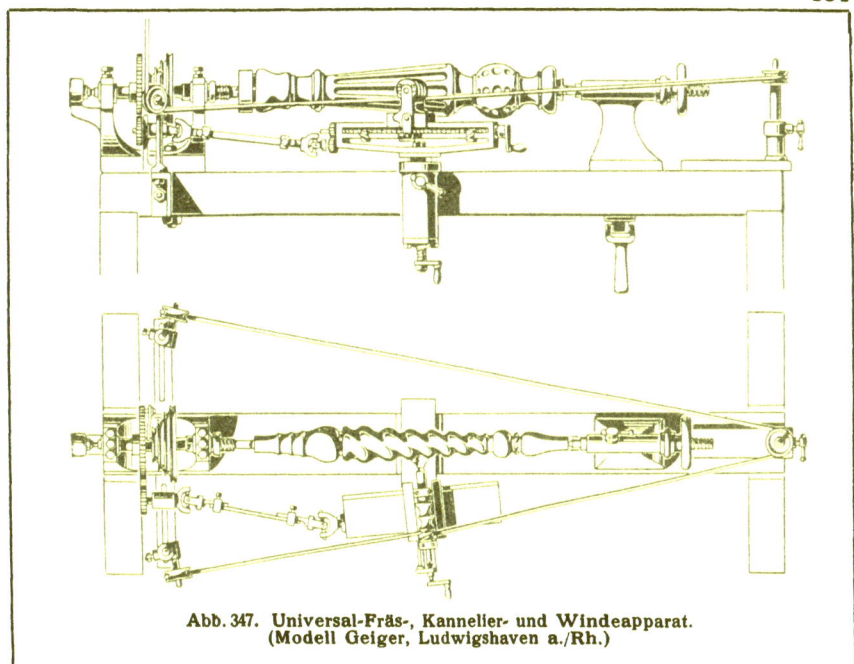

Abb. 347. Universal-Fräs-, Kannelier- und Windeapparat.
(Modell Geiger, Ludwigshaven a./Rh.)

Zur Herstellung von Rotationskörpern, die als Massenartikel im Handel sind, wie Stuhl- und Tischfüße, Vorhangringe und dgl., wird eine **Fassondrehbank** verwendet. Bei derselben wird dem Werkstück durch einen mittelst Leitspindel selbsttätigen Support, in welchem die entsprechenden Drehstähle befestigt sind, nach einer Schablone die gewünschte Form gegeben.

Auch in der Wagnerei und Stellmacherei macht sich das Bedürfnis geltend, verschiedene Arbeiten maschinell auszuführen. Hierzu eignen sich die **Universal-Radmaschinen** (Abb. 346 a, b, c, d) für **Wagenbauer**, welche nach dem Prinzip einer Drehbank gebaut sind. Auf einer solchen Maschine können unter Anwendung verschiedener leicht auswechselbarer Apparate alle bei Herstellung eines Rades auszuführenden Arbeiten, wie Anfertigung der Radspeichen, Nabendrehen, Nabenbohren und Nabenstemmen, Speichenanlassen und Speichenzäpfen, Felgenbohren, Überruckschneiden, also das Rundfräsen der Reiflage, sowie auch verschiedene Bohrungen für Kastenteile gemacht werden. Die Werkzeuge sind bei allen diesen Arbeiten an der verstellbaren Drehbankspindel befestigt, während das Arbeitsstück dem Werkzeug zugeführt wird.

Mit dem sog. **Universal-Fräs-, Kannelier- und Windeapparat** (Abb. 347) lassen sich alle Arten von Windungen nach links und rechts in den verschiedensten Formen, Kannelierungen in erhabener und vertiefter Form, Rosetten, Wulsten, runde und ovale Knöpfe, verschiedenartige Flächen in beliebigen Winkeln, sowie auch das Einfräsen von Hohlkehlen, Perlen usw. in Scheiben, Rahmen, Teller, Tischplatten und dgl. mehr herstellen. Ein besonderer Vorteil dieses Apparates besteht darin, daß er auf jeder stärkeren Drehbank von 225 mm Spitzenhöhe an aufgesetzt und benutzt werden kann. Die eigentlich schneidenden Werkzeuge dieses Apparates sind Fräser.

Die schon erwähnte **Guillochiermaschine** beruht auf dem Prinzip einer Spindel, also einem schneidenden Werkzeug durch Schablonenräder hin- und hergehende Bewegungen zu geben.

Unter Guillochieren versteht man zumeist die Anbringung von Verzierungen in verschlungenen krummen Linien. Die Guillochierapparate lassen die gleichzeitige Verwendung des Ovalwerkes zu und entstehen mit dieser Art Dreherei Objekte von interessanter Wirkung und schnitzereiartigem Charakter.

Das Wort guillochieren dürfte von dem Namen des Erfinders Guillot, einem Franzosen, abgeleitet sein.

VII. Die Schärf- und Schränkmaschinen.

Die Ausführung einer genauen und sauberen Arbeit sowie die Erzielung einer rationellen Leistung ist bei den Holzbearbeitungsmaschinen in weit höherem Maße als bei den Handwerkszeugen von gut und technisch richtig geschärften Werkzeugen abhängig.

Während in allen Werkstätten mit Handbetrieb sowie auch in kleineren Werkstätten mit Maschinenbetrieb das Schärfen der Werkzeuge fast ausschließlich noch mit der Hand erfolgt, stehen für diese Arbeit in größeren Betrieben stets eigene Maschinen in Verwendung.

Diese Maschinen sind aber für jeden, selbst für den kleinsten Maschinenbetrieb, nur zu empfehlen.

So ist das Feilen und Schränken einer Bandsäge oder eines Kreissägeblattes von Hand aus nicht nur eine zeitraubende Arbeit, sondern erfordert auch große Übung und Geschick. Bei der selbsttätigen **Sägefeilmaschine** für Bandsägen und kleinere Kreissägeblätter erfolgt die Zuschärfung mit

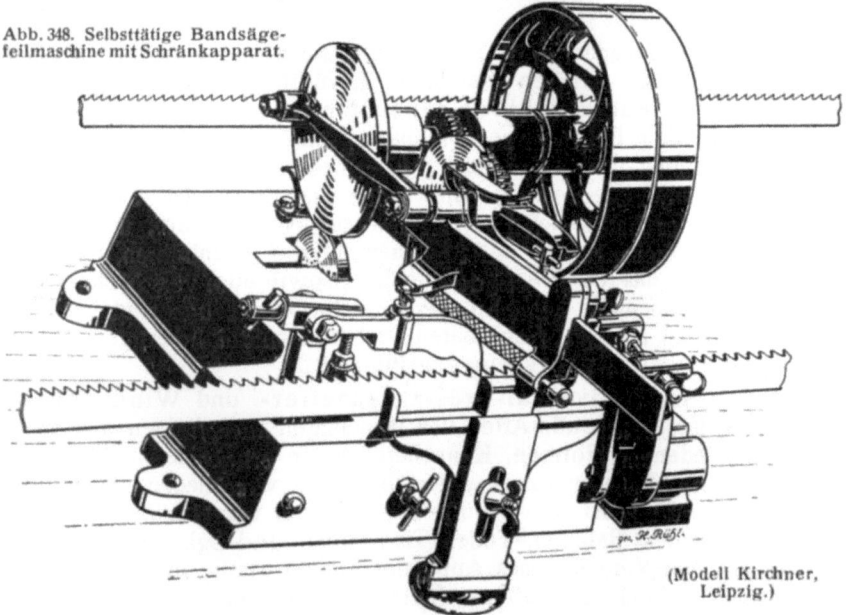

Abb. 348. Selbsttätige Bandsägefeilmaschine mit Schränkapparat.

(Modell Kirchner, Leipzig.)

C. Die Arbeitsmaschinen

Abb. 349. Schmirgelschleifmaschine für Gatter- und Bandsägeblätter. (Modell Kirchner, Leipzig.)

der Feile; diese ist in einem Schieber, welcher sich in Rundstangen oder Prismenführung bewegt, befestigt, und ahmt dadurch die Bewegung und das feine Gefühl der Hand nach. Die bei einigen neueren Maschinen in einer Feder ruhende Feile wird durch sanftes Auflegen in den Sägezahn eingeführt, arbeitet hier in der Mitte am kräftigsten und verläßt ruhig den Zahn, ohne dessen Spitze zu verletzen. Ein denkbar einfach konstruierter und leicht regulierbarer Transportapparat führt der Feile immer einen neuen Zahn zu. Die Maschine, welche sich für jede Zahnung einstellen läßt, kann auch gleichzeitig mit einem **selbsttätigen Schränkapparat** (Abb. 348) verbunden sein. Eine derartige Bandsägefeilmaschine schärft und schränkt bis zu 80 Zähne in der Minute.

Neuerdings werden auch Feilmaschinen gebaut, bei denen durch **zwei auf entgegengesetzten Strich** arbeitende Feilen, die von Zahn zu Zahn wechseln, das Schärfen der Sägezähne erfolgt. Dies geschieht in der Weise, daß ein Zahn beim Vorgang nach der einen Seite, der nächste Zahn beim Rückgang nach der andern Seite bearbeitet wird.

Durch diese vollkommenste Art der Schärfung wird nicht nur ein haarscharfes Feilen erzielt, sondern auch der beim Feilen entstehende Grat, der oft die Ursache des Verlaufens des Bandsägeblattes ist, beiderseits gleichmäßig verteilt.

Größere Kreissägeblätter, Gattersägeblätter, Bandsägeblätter, Hobelmesser, auch einige Fräsen werden nicht mehr mittels Feilen, sondern mit Hilfe von Schmirgelscheiben geschärft.

Die **Schmirgelschleifmaschine** (Abb. 349) besteht in der Hauptsache aus einer Achse, auf welcher die Schmirgelscheibe und die Riemenscheibe sitzen, sowie aus Vorrichtungen für die Aufnahmen der Sägeblätter, Hobelmesser, Fräsen und dgl. Für Arbeiten, welche sich oft wiederholen (Sägeschärfen), werden besondere Führungsvorrichtungen angewandt. Mit diesen Vorrichtungen wird das zu schärfende Werkzeug der Schmirgelscheibe sowohl von Hand aus als auch automatisch zugeführt.

Beim Schärfen der Sägeblätter, Hobelmesser, Fräsen und Bohrer für Maschinenbetrieb müssen die schon bei den Handwerkszeugen besprochenen Zuschärfungswinkel genauestens eingehalten werden, wenn eine genügende Arbeitsleistung erzielt werden soll. Bei Überschreitung der Grenze des Zuschärfungswinkels können aber auch durch Ausspringen der Schneidkante des Werkzeuges nur zu leicht Verletzungen des Arbeiters eintreten.

Bei Kreis- und Gattersägen wird sehr oft ein schräger, abwechselnd nach rechts und links gehender Schliff des Sägezahnes verlangt. Dies erreicht man durch Einrichtungen, bei welchen die Schmirgelscheibe in einem schwingenden Arm befestigt ist, der sich nicht nur regelmäßig hebt und senkt, sondern auch nach rechts und links dreht; hierbei wird das Sägeblatt zumeist automatisch durch einen Vorschubhaken jeweils um einen Zahn vorgeschoben. An einigen Maschinen wird der beim Schleifen entstehende Staub durch einen vom Vorgelege angetriebenen kleinen Exhaustor abgesaugt.

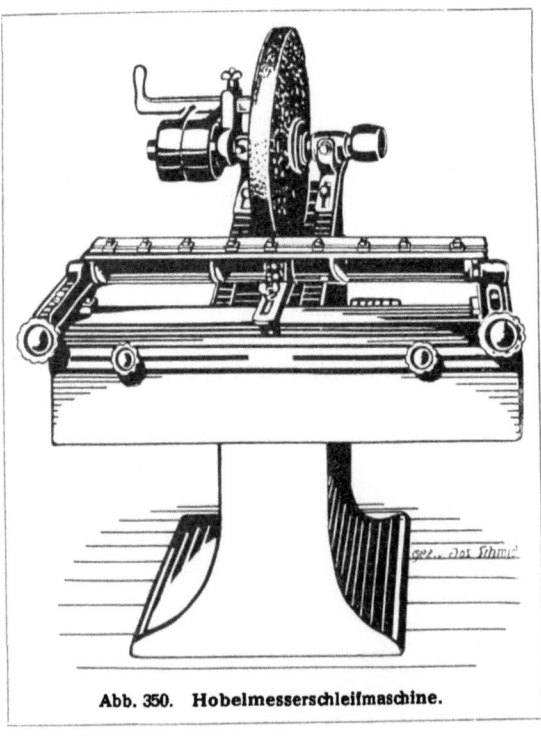

Abb. 350. Hobelmesserschleifmaschine.

Für das Schärfen der Sägeblätter soll immer der Grundsatz gelten: **Einfaches, aber öfteres Schärfen ist besser als seltenes, wenn auch stärkeres Schärfen.**

Zum Schärfen der geraden Hobelmesser dient die **selbsttätige Hobelmesserschleifmaschine** (Abb. 350), die ebenfalls mit Schmirgelscheiben arbeitet. Die zu schleifenden Messer werden in einen Führungsschlitten eingespannt und teils mit der Hand teils in selbsttätiger Schienenführung hin und hergeschoben. Der richtige Zuschärfungswinkel entsteht durch Einstellung des Schlittens mittels zweier Handschrauben.

Sind in Werkstätten unterschiedliche Werkzeuge

mit andersartigen Profilen zu schleifen, so ist es zweckmäßig, auf der Welle eine Reihe verschiedentlich profilierter Schmirgelscheiben zu befestigen.

Die Schmirgelscheiben werden sowohl für Trocken- wie auch für Naßschliff hergestellt. Am meisten in Benutzung ist der Trockenschliff. Hierbei ist besondere Vorsicht nötig, damit die Messer nicht blau anlaufen, also verbrennen, was bei dem unbedingt empfehlenswerteren Naßschliff weniger zu befürchten ist.

Um ein Zerspringen der Schmirgelscheiben zu vermeiden und um überhaupt einen tadellosen Schliff zu erhalten, sind folgende wichtige Punkte wohl zu beachten:

Die Schmirgelscheibe muß vor allem ganz leicht auf die Welle gesteckt sein; niemals darf sie aufgezwängt oder gar aufgekeilt werden. Zwischen Schmirgelscheibe und Flanschen müssen stets elastische Scheiben aus Pappe, Hartgummi, Filz oder Asbest gelegt werden. Das Anziehen der Mutter an den Flanschen darf nie mit Gewalt erfolgen. Ferner darf man die Schmiergelscheibe nicht mit zu großer Tourenzahl laufen lassen. Diese soll gewöhnlich 1000 pro Minute nicht überschreiten. Die Höhe der jeweils zulässigen Tourenzahl sollte, wenn nicht auf der Schmirgelscheibe angegeben, vom Fabrikanten erfragt werden. Das zu schleifende Messer muß mittels eines Handrades und einer Spindel nur leicht gegen die Schmirgelscheibe geführt werden. Bei zu starken Angriffen laufen die Messer blau an und verbrennen. Eine Schmirgelscheibe muß stets genau rund laufen, wie auch ihr Umfang stets rauh sein muß. Ist der Umfang glatt oder verkrustet, so werden die Messer rissig oder sie verbrennen. Die Schmirgelscheibe muß deshalb von Zeit zu Zeit mittels eines Meißels leicht aufgehauen und wieder rauh gemacht werden. Unrund gewordene Schmirgelscheiben werden mit Hilfe des schwarzen Diamanten oder des sog. Abrichters abgedreht. Letzterer besteht aus einer Anzahl glasharter Rädchen. Alle Schmirgelscheiben sind vor Schlag und Stoß möglichst zu schützen, da sie sonst leicht rissig oder zertrümmert werden. Jede Schmirgelscheibe der Hobelmesserschleifmaschine muß mit einer genügend starken eisernen Schutzhaube versehen sein, welche bei einem etwaigen Zerspringen der Scheibe das Herausschleudern von Bruchstücken verhindert. Die Benutzung der Schmirgelscheiben, vornehmlich beim Schärfen von Sägeblättern, soll den Arbeitern nur unter Benutzung der Augenschutzbrille gestattet sein.

Der Kraftverbrauch einer Schmirgelschleifmaschine beträgt 0,1 bis 0,5 P.S.

VIII. Die Schleifmaschinen.

Die auf den einzelnen Holzbearbeitungsmaschinen hergestellten Flächen zeigen oft noch rauhe Stellen, Unebenheiten und dgl., welche durch Abschleifen entfernt werden müssen. Selbst die mit dem besten Putzhobel und der Ziehklinge hergestellten Flächen bedürfen für Mattierungen oder Hochglanzpolituren noch größerer Feinheit, die nur durch Schleifen zu erzielen ist. Da dieses Abschleifen von Hand aus eine höchst mühevolle und auch wegen des Zeitaufwandes ziemlich kostspielige Arbeit ist, hat man hierzu Maschinen konstruiert, welche aber nur in größeren Werkstätten in Verwendung stehen und auch nur hier voll ausgenutzt werden können.

Zweiter Teil. Die Maschinen der Holzbearbeitung

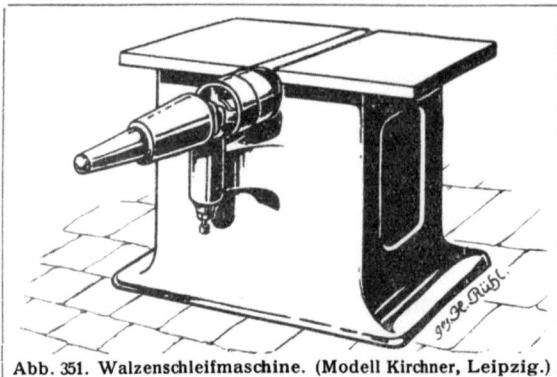

Abb. 351. Walzenschleifmaschine. (Modell Kirchner, Leipzig.)

Das zum Schleifen auf Maschinen verwendete Schleifmittel ist entweder Sand-, Glas-, Flintstein- oder auch Schmirgelpapier. Zum Schleifen von Hand aus werden auch pulverförmige Schleifmittel angewendet.

Je nach der Form der zu schleifenden Gegenstände, ob nämlich unregelmäßige oder gerade Flächen behandelt werden sollen, verwendet man Maschinen mit Putzriemen, Putzwalzen oder Putzscheiben.

Die Riemenschleifmaschinen dienen zum Schleifen unregelmäßig geformter Gegenstände (Radspeichen, Hammer- und Hackenstiele, Schuhleisten usw.). Der Schleifriemen läuft über zwei Scheiben, von denen die eine zum Anspannen des Riemens verstellbar ist, während die andere auf der Welle der Antriebsscheibe sitzt und mit dieser in Rotation versetzt wird. Das Arbeitsstück wird von der Hand sanft gegen den Schleifriemen gedrückt. Die Riemenscheiben machen ca. 500 Touren in der Minute bei einem Kraftbedarf von $1/4 - 3/4$ P.S.

Zum Putzen gerader Flächen dienen die Walzenschleifmaschinen (Abb. 351). Diese sind genau wie die Abrichthobelmaschinen konstruiert; es tritt hier nur an der Stelle der im Tisch gelagerten Messerwelle eine mit Schleifmittel überzogene Holz- oder Gummiwalze, die sog. Schleiftrommel.

Um die Schleiftrommel leicht erreichen zu können, ist der Tisch der Maschine aufklappbar und vertikal verstellbar.

Nicht selten werden diese Maschinen so gebaut, daß an dem einen Ende der Spindel noch eine konische Putzwalze angebracht ist, welche zum Schleifen gekrümmter Flächen dient. Derartige Maschinen werden auch schon für selbsttätige Zuführung des Holzes mittels Gummiwalzen konstruiert. Je größer die Leistungsfähigkeit solcher Maschinen ist, desto mehr bildet sich Schliffstaub. Aus diesem Grunde müssen die Schleifmaschinen mit einem Ventilator versehen sein, der den Staub von unten her wegsaugt.

Die Anbringung eines Ventilators hat zudem noch den Vorteil, daß die Oberfläche des Sandpapieres sich nicht mit Holzstaub verlegt und daher viel länger schliffähig bleibt. Die Maschine, welche gewöhnlich 600—1000 Touren in der Minute macht, benötigt 2—5, große Maschinen selbst bis zu 15 P.S.

Die Konstruktion der Scheibenschleifmaschinen (Abb. 352) ist sehr verschieden. So besteht bei einer Bauart die Maschine aus einem kräftigen Hohlgußständer mit starker Grundplatte, in welchem eine kräftige Welle lagert und rotiert. Auf der Welle sitzen die Antriebsscheiben und an den beiden Wellenden je 1 eiserne Scheibe von 800 mm Durchmesser, oder es trägt nur ein Wellenende eine solche Eisenscheibe. Auf der Eisenscheibe

C. Die Arbeitsmaschinen

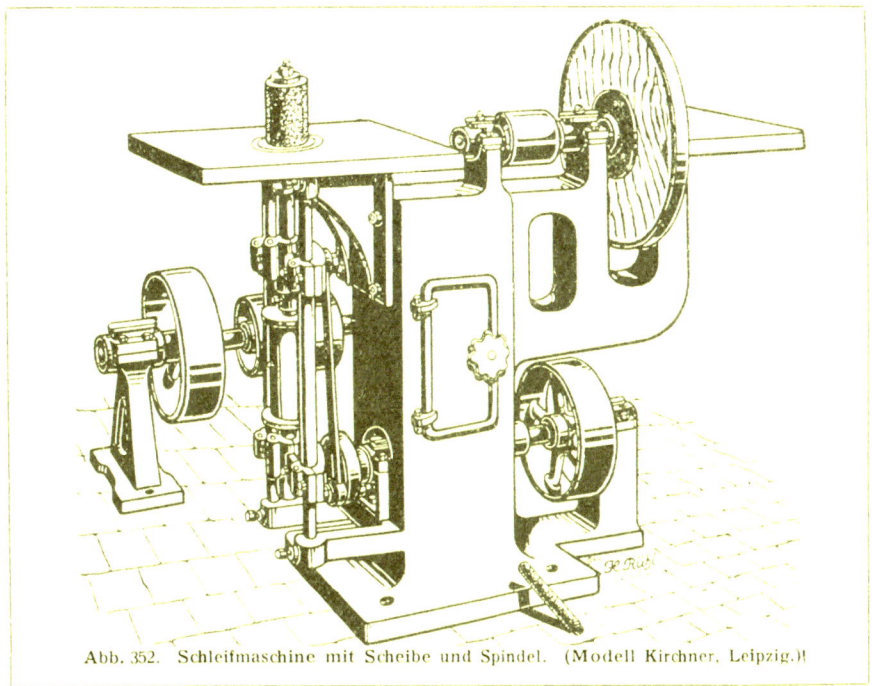

Abb. 352. Schleifmaschine mit Scheibe und Spindel. (Modell Kirchner, Leipzig.)

wird zunächst eine Holzscheibe befestigt und über diese mittels schmiedeeisernen Ringen das Glaspapier angezogen. Derartige Maschinen werden auch mit selbsttätiger Walzenzuführung gebaut.

Bei einer anderen Konstruktion ist das zu schleifende Arbeitsstück auf einem festen Tisch oder auch nur auf der Drehbank gelagert und die Schleifmaschine an der Decke oder an der Wand montiert.

Die an der Decke befestigte Maschine besteht aus einer mit Gelenken versehenen Eisenstange, welche von oben durch eine Riemenscheibe in Rotation versetzt wird. An dem unteren Ende der Eisenstange sitzt die mit Sandpapier bespannte Putzscheibe, welche mittels eines Handgriffes und durch Hebelwirkung über die zu schleifende Fläche geführt wird.

Die an der Wand montierte Maschine (Gelenkschleifmaschine (Abb. 353)) besteht aus einem beweglichen Hebelarm, an dessen freiem Ende die mit Glaspapier überzogene Schleifscheibe sitzt. Ein Handgriff gestattet auch hier die Führung der in schneller Rotation befindlichen Scheibe über das auf dem Tisch gelagerte Arbeitsstück in beliebiger Richtung.

Um bei kleineren Unebenheiten den Andruck der Scheibe an die zu schleifende Fläche regeln zu können, befindet sich in einer oberhalb der Schleifscheibe angebrachten Büchse eine Spiralfeder. Für feinere Schliffe

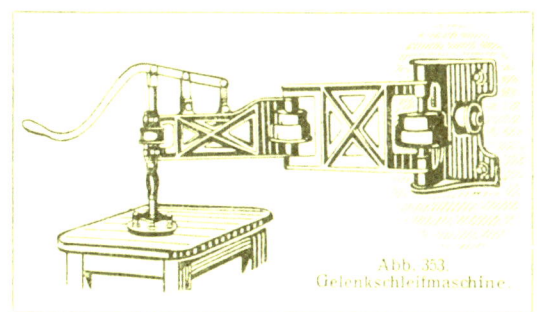

Abb. 353. Gelenkschleifmaschine.

muß auch die Unterlage für das Sandpapier elastisch sein. Zu diesem Zwecke wird auf der Schleifscheibe zuerst eine dicke Filzschichte (oder dgl.) und auf dieser dann das Sand- oder Glaspapier befestigt.

Der Kraftverbrauch einer Scheibenschleifmaschine beträgt bei 400 bis 600 Umdrehungen in der Minute etwa 1 P.S.

Nicht selten wird zum Schleifen von Gegenständen eine Schleifscheibe einfach auf eine Drehbank gespannt. Dies sollte jedoch auf einer guten Drehbank nicht geschehen, weil die harten Schleifkörner die Spindellager zu stark angreifen und abnutzen.

Die Sandpapierschleifmaschinen eignen sich für gröbere Arbeiten, so vor allem für Bauschreinereien, gestrichene Möbel und dgl. ganz vorzüglich. Bei Bedienung durch 2 Arbeiter können mit einer solchen Maschine in einer Stunde bis zu 30 Türen in vollendetster Weise geschliffen werden. Zum Schleifen stark harziger, verkienter Holzarten sind sie jedoch ungeeignet. Beim Schleifen ganz feiner Arbeiten, bei denen der Schliff stets in der Richtung der Holzfasern zu erfolgen hat, muß mit größter Vorsicht vorgegangen werden, auch bei furnierten Arbeiten kann nur zu leicht ein Durchschleifen schwächerer Furniere erfolgen. Für diese Arbeiten können nur besonders konstruierte Maschinen Verwendung finden.

Neuere Schleifmaschinen, welche bis zu Schleifbreiten von 1200 mm gebaut werden, sind mit 2—3 Schleifzylindern versehen, von denen jeder mit Sandpapier von anderer Körnung bespannt wird. Durch einen Hebel können diese Schleifzylinder zur Schleifebene genau eingestellt werden. Die Zylinder besitzen zudem einen elastischen Überzug, auf welchem das Sandpapier spiralförmig aufgespannt wird. Dadurch wird der Umfang der Schleifwalze geschlossen und es entsteht eine äußerst geringe Abnutzung des Papiers. Der Kraftverbrauch dieser Maschinen ist allerdings ein ziemlich hoher und beträgt 10—15, selbst noch mehr P.S.

Auch dieser Maschinentyp wird heute von einigen deutschen Fabriken in so vollkommener Weise hergestellt, daß der Bezug solcher Fabrikate aus dem Ausland nicht mehr notwendig erscheint.

IX. Die kombinierten oder Universal-Maschinen.

Die Anschaffung einer Reihe von Einzelmaschinen kann für einen kleineren Betrieb nur in den seltensten Fällen empfohlen werden, da hier zumeist die Maschinen nicht vollauf beschäftigt und daher nicht genügend ausgenutzt werden können. Aber auch für jene Betriebe, bei denen zur Aufstellung von Einzelmaschinen der nötige Raum fehlt, oder bei denen an Betriebs- und Arbeitskraft gespart werden muß oder endlich bei denen mit möglichst geringen Anschaffungskosten eine maschinelle Einrichtung geschaffen werden soll, empfiehlt sich die Anschaffung einer kombinierten oder Universalmaschine.

Wie schon der Name sagt, versteht man unter einer kombinierten Maschine die Anordnung mehrerer Einzelmaschinen zu einer einzigen Maschine.

Da von verschiedenen Fabrikanten behauptet wird, daß sich auf einer solchen Maschine alle Schreinerarbeiten ausführen lassen, wurde ihr der Name Universalmaschine beigelegt (Abb. 354).

Obwohl solche Maschinen die freie und leichte Benutzung sowie die Bewegung oft beeinträchtigen, können sie dem Kleinbetriebe dennoch

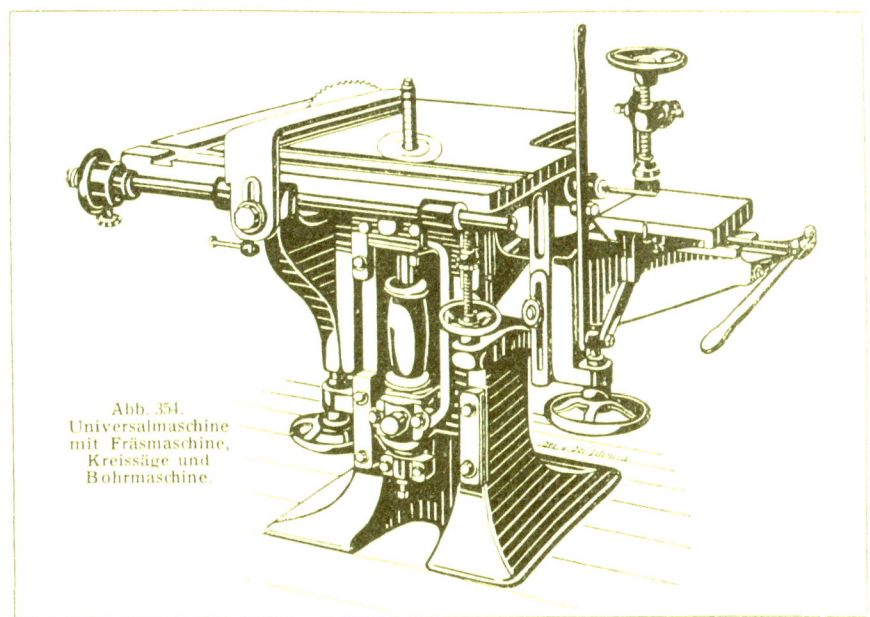

Abb. 354.
Universalmaschine mit Fräsmaschine, Kreissäge und Bohrmaschine.

empfohlen werden, wenn die oben angeführten Momente zutreffen. Allerdings werden sich selbst hier nur solche Maschinen bewähren, bei denen die Kombination (Vereinigung) nicht allzu weitgehend ist und bei welchen die verschiedenen Arbeiten nicht durch ein zeitraubendes und oft schwieriges Umstellen sowie An- und Abmontieren der einzelnen Apparate beeinträchtigt werden. Eine Kombination, bei der alle wichtigsten Maschinen wie Band- und Kreissäge, Fräs-, Bohr-, eventuell sogar Abricht- und Dickenhobelmaschine in eine einzige vereinigt sind, kann sich auf die Dauer niemals bewähren. Auch für diese Maschinen können die Vorteile exakter und rationellster Arbeit nur durch eine motorische Kraft gesichert werden; jeder Hand- und Fußbetrieb muß auch hier heute vollständig ausscheiden.

Als vorteilhafteste Kombination bewährten sich die Abricht- mit Dickenhobelmaschine, ferner die Fräsmaschine in Verbindung mit Kreissäge und Langlochbohrmaschine (Abb. 354).

Bei kombinierten Maschinen, vor allem bei jenen, die auf einer Welle verschiedene Werkzeuge tragen, ist das jeweils nicht benutzte Werkzeug mit einer Schutzvorrichtung zu versehen.

X. Materialanforderungen an gute Sägen und andere Schneidwerkzeuge.[1])

Die Güte eines Werkzeuges hängt nicht allein von der technisch richtigen Beschaffenheit der schneidenden Teile, sondern auch von der Güte des zur Verwendung gekommenen Materiales ab. Leider sieht man es einem Werkzeug nicht an, ob dasselbe aus einem guten oder minder guten Material gefertigt wurde.

---

[1]) Vgl. „Allgemeine Anforderungen an gute Sägen, Maschinenmesser, Werkzeuge und Stahlwaren": von David Dominikus Remscheid. Komiss. Verlag von Wilh. Knapp, Halle a. d. Saale.

Da zur Zeit in Deutschland ein **Markenzwang für Werkzeuge**, und zwar ein **Markenzwang mit Angabe des Namens und Ortes des Fabrikanten** — nicht des Händlers! — eventuell mit **Angabe des Kohlenstoffgehaltes** des verwendeten Stahles, sowie die **Festsetzung allgemeingültiger Qualitätsbezeichnungen** für die Stahlwerkzeuge, im Gegensatz zu einigen anderen Ländern nicht existiert, kann der Lieferung vielfach im Handel erhältlicher minderwertiger Werkzeuge nur durch allgemeine Aufklärungen über die verschiedenen Qualitäten und Leistungen von Werkzeugen vorgebeugt werden. Die vielfach verbreitete Annahme, daß die amerikanischen und englischen Werkzeuge besser als die deutschen sind, ist irrig. Auch in Deutschland werden Stahlwerkzeuge hergestellt, die den besten englischen und amerikanischen würdig an die Seite gestellt werden können.

In bezug auf das Material für Sägeblätter müssen dieselben aus dem besten, zähharten und schmiedefähigsten, dabei aber auch absolut gleichmäßigen **Tiegelgußstahl** mit höherem Kohlenstoffgehalt hergestellt sein; unganze Stellen dürfen bei Sägen ebensowenig vorkommen, wie härtere oder weichere. Da der Preis des Tiegelgußstahles ein höherer ist, findet der im **Bessemer- und Martinverfahren** erzeugte billigere **Flußstahl**, **Bessemerstahl**, **Puddelstahl** mit geringerem Kohlenstoffgehalt und vielerlei schädlichen Beimengungen, nicht nur allein für untergeordnete Zwecke, sondern auch für Schneidewerkzeuge umfangreiche Verwendung. Dieser letztere Stahl wird meist unter der Bezeichnung „**Gußstahl**" in den Handel gebracht und von vielen Konsumenten wohl im guten Glauben als „**Tiegelstahl**" verarbeitet. Besonders schädliche Bestandteile im Werkzeugstahl sind Schwefel und Phosphor. Qualitätswerkzeugfabrikanten verlangen deshalb Einsicht in die Analysenbücher der Stahlwerke, von denen die Sägeblattbleche bezogen werden. Sie garantieren dafür allgemein den Verbrauchern für einen bestimmten Kohlenstoffgehalt, der sich für Holzsägen aus Ia **Tiegelgußstahl** auf $0{,}8-0{,}9\%$ erstreckt, und für eine bestimmte Gebrauchsfähigkeit der Werkzeuge. Sägen, welche gestaucht werden müssen, setzen besonders hochwertige Stahlsorten voraus.

Die Stärke eines Sägeblattes muß an allen Stellen vollkommen übereinstimmende (kongruente) Querschnitte zeigen, und zwar die langgewalzten Sägen von den Zähnen zum Rücken, die Kreissägen von den Zähnen zur Achse. Jedes Blatt muß **gut und gleichmäßig gehärtet und gut gerichtet** (geebnet), außerdem auch **gespannt** (steif) sein. Alle Punkte einer Blattfläche müssen in einer Ebene liegen.

Je glätter ein Sägeblatt ist, um so weniger Reibung und Kraftaufwand verursacht es bei der Arbeit, wie sich außerdem auch der Rost nicht so leicht ansetzt; die Sägeblätter müssen deshalb **gut und gleichmäßig geschliffen und poliert** sein. Die Schleifrichtung hat in der Richtung der Bezahnung (Zahnspitzenlinie) bzw. der Schneidkante zu laufen.

Die **Formen und Größen** der Sägeblätter sind den jeweiligen Arbeitszwecken wie auch den verschiedenen Holzarten entsprechend anzupassen. Vor allem trifft dies auch auf die **Form und Größe der Bezahnung** zu, ob also die Säge für Längs- oder Querschnitt, für hartes oder weiches, trockenes, nasses oder harziges Holz Verwendung findet.

Die Zähne müssen des weiteren in allen ihren Teilen **gleich groß** und **gleich geformt** sein, wie auch auf eine nach beiden Seiten genaue gleichmäßige Schränkung bzw. Stauchung der Zähne, und zwar weniger weit für hartes und weiter für weiches Holz, der größte Wert zu legen ist. In bezug auf die Schärfung sind die Sägezähne stets scharf zu halten und dementsprechend auch öfter zu schärfen. Bei Sägezähnen, welche mit Schmirgelscheiben geschärft wurden, ist zur Erhaltung dauernder Höchstleistungen ein Nachschärfen der Zahnspitzen mit der Sägefeile stets zu empfehlen. Ohne die richtige Erhaltung der Zahnformen wird das beste Sägeblatt in kurzer Zeit minderwertig bzw. ganz unbrauchbar.

Es ist leicht erklärlich, daß der Preis guter Sägen und Werkzeuge ein entsprechend höherer als der minderwertiger Fabrikate sein muß. Vergleicht man jedoch die Arbeitsleistung eines guten mit einem minderwertigerem Fabrikate, so zeigt sich, daß die teuerere Säge stets die billigste ist. Es darf bei der Beschaffung von Sägeblättern deshalb nicht der Preis sondern nur die Arbeitsleistung maßgebend sein.

Die Anforderungen an andere Schneidewerkzeuge wie Maschinenhobelmesser, Hobeleisen, Bohrer, Stemmeisen u. dgl. stimmen im allgemeinen mit den an die Säge zu stellenden überein. Nur die Holzraspeln werden, da diese nicht die hohen Anforderungen, wie sie an die Sägen und Sägefeilen gestellt werden müssen, zu erfüllen haben, aus minder gutem Material erzeugt. Bei denjenigen Werkzeugen, die an der Schneide verstählt sind, hat die Schweißung des Stahles mit dem Eisen so vollkommen zu sein, daß sie mit dem bloßen Auge durch nichts anderes als nur durch die Farbenunterschiede dieser beiden Materialien an den polierten bzw. blanken Stellen erkennbar ist.

Dritter Teil.

Die Arbeitsvorgänge Biegen und Pressen und die dabei notwendigen Hilfsmittel.

A. Das Biegen.

Das Biegen ist ein Arbeitsvorgang, der speziellen Zwecken dient, aber in einigen Industriezweigen vielseitige Anwendung findet. (Gebogene Möbel, Faßdauben, Radfelgen, Schiffbauhölzer, Stockgriffe usw.)

Schon der Name „Biegen" sagt, daß es sich hierbei um keine Größenveränderung im Material, sondern um eine Formänderung desselben handelt, indem gewöhnlich geraden Hölzern gekrümmte Formen aufgezwungen werden. Die Anwendung dieses Verfahrens ist jedoch beschränkt; es eignet sich nur für einige Holzarten und von diesen nur für solche Stücke, welche schönen, geradfaserigen Wuchs besitzen.

Bei der Technik des Biegens sind vor allem zwei getrennte Arbeitsvorgänge und zwar die Herrichtung des Holzes für das Biegen und das Biegen selbst zu unterscheiden. Um möglichst günstige Erfolge zu erzielen, ist es unbedingt notwendig, das zur Verwendung kommende Holz sowohl in zweckentsprechendster Weise vorzubereiten, wie auch beim Biegen selbst alle erforderlichen Vorsichtsmaßnahmen zu berücksichtigen.

Bei allen Holzarten ist die Biegsamkeit im grünen Zustande größer als im halbtrockenen oder völlig trockenen Zustand; ebenso ist jüngeres Holz (Splintholz, Zweigholz) für das Biegen besser geeignet als älteres, trockenes oder Kernholz. Um aber jedes Holz für diesen Arbeitsprozeß geeignet zu machen, wird dasselbe vor der Biegung mit Wasser oder Dampf behandelt, wodurch die Biegsamkeit bedeutend erhöht wird.

Je nach der Art der Arbeit, die verrichtet werden soll, und dem Zweck, für den der betreffende Gegenstand bestimmt ist, hat die Vorbehandlung des Holzes für den Biegeprozeß nach verschiedenen Methoden zu erfolgen.

Während nach der einen Methode das Holz nur in **kochendem Wasser** vorbehandelt, wird nach einer anderen das Holz in Kästen, in welche **Wasserdampf geleitet wird, gedämpft**; endlich erfolgt die Dämpfung auch in Dampfkästen, deren **unteren Hälften mit Wasser gefüllt sind**, während das zu dämpfende Holz an Querstangen oder Gestellen **über dem Wasser aufgehängt** wird.

Wenn auch von vielen Seiten bald diese, von anderen bald jene Behandlung vorgezogen wird, ist doch für die Wahl derselben sowohl die Holzart als auch die Beschaffenheit des zu biegenden Holzes — ob dasselbe grün, lufttrocken oder vollkommen getrocknet — maßgebend. Während es beispielsweise Holzarten gibt, die nur mit trockenem Dampf behandelt werden dürfen, verlangen andere zu ihrer Vorbehandlung direkt eine bestimmte Menge Wasser, wie bei anderen wieder ein gewisser Mittelweg gewählt werden muß. Für den Biegeprozeß ist es deshalb niemals von Vorteil, gleichzeitig Holzstücke unterschiedlicher Holzarten oder solche mit verschiedenen Trockenheitsgraden dämpfen und biegen zu wollen.

Diese Vorbehandlung allein reicht jedoch nicht hin, um bei unseren Hartholzarten bei halbwegs stärkeren Querschnittsdimensionen so starke Biegungen zu erreichen, wie solche für viele Industriezweige nötig sind. Diese Hölzer setzen solchen Krümmungen selbst im gedämpften Zustande großen Widerstand entgegen, welcher stets mit einem Brechen der Hölzer an der äußeren (konvexen) Seite ihrer Biegung endet.

Jede Biegung des Holzes kann nur in der Weise vor sich gehen, daß die an der äußeren Seite des zu biegenden Holzes liegenden Holzfasern entweder **gedehnt (gestreckt)** oder die an der inneren Seite liegenden **ineinandergepreßt (zusammengedrückt, gestaucht)** werden.

Eine Dehnung der Holzfasern ist praktisch undurchführbar. Es kann also nur ein Zusammenpressen der an der Innenseite liegenden in Frage kommen. Je kürzer nun aber die Biegung und je stärker das zu biegende Holz, desto mehr müssen die Holzfasern ineinandergepreßt werden.

Beim Biegen muß deshalb das Hauptaugenmerk darauf gerichtet sein, jede Dehnung der Holzfasern zu vermeiden, ihr Zusammenpressen aber möglichst zu fördern. Dieses Ziel wird nun durch die Anlage einer **Stahlschiene an der äußeren (konvexen) Seite des zu biegenden Holzes** und durch das Anpressen desselben an der **inneren (konkaven) Seite** an eine zumeist gußeiserne **Biegeform**, erreicht. Selbstredend muß die Biegeform die Gestalt der zu biegenden Holzteile besitzen. Gleichzeitig müssen sich jedoch an den beiden Enden der Biegeform **Widerlager** befinden, die eine Streckung oder Dehnung des ganzen Holzstückes während der Biegung vollständig verhindern.

A. Das Biegen

Die gebogenen Holzteile dürfen jedoch nach der Biegung nicht sogleich von der Form abgenommen und sich frei überlassen werden. Diese würden sonst in kurzer Zeit wieder in ihre ursprüngliche, gerade Form zurückkehren und die Biegung wertlos machen. Es müssen vielmehr die Holzstücke so lange in der Biegeform verbleiben, bis durch einen nebenbei bedingten raschen Prozeß bei höherer Temperatur (Trockenkammer) eine vollständige Trocknung des Holzes eingetreten ist.

Wenn auch bei manchen Arbeiten der behandelte Gegenstand sofort nach dem Biegen, unter Belassung der äußeren Stahlschiene aus der Biegform entfernt und frei getrocknet wird, kann diese Trocknung doch nur unter bestimmten Vorschriften und Vorsichtsmaßnahmen erfolgen.

Das zum Biegen geeignetste Holz ist nach vielfachen Versuchen jenes der Rotbuche. Deshalb wird dieses Holz auch in größten Mengen zur Herstellung gebogener Möbel benutzt, während zum Biegen der Wagnerhölzer meistens Esche Verwendung findet.

Der Vorgang bei der Erzeugung gebogener Möbelteile (Vorderfüße, Rücklehnen, Sitzreifen u. dgl.) ist etwa folgender:

Ein geradgewachsener, astfreier Buchenstamm wird auf einem Vollgatter in Pfosten zerlegt. Nach entsprechender Lufttrocknung werden diese auf Kreissägen genauest nach gewünschten Längen geschnitten und hierauf zu quadratischen Stäben zerteilt, welche den größten Durchmesser der jeweils benötigten Stücke besitzen müssen. Hierzu findet jedoch vornehmlich nur das jüngere Holz (Splintholz) Verwendung, während das ältere Kernholz als Pfostenstücke anderen Verwendungszwecken zugeführt wird. Diese quadratischen Stäbe bekommen auf einer Kopierdrehbank die jeweils benötigte Form des Möbelteiles, worauf sie in die Dampfkammer und aus dieser sofort in die Biegeform kommen.

Bei der Vielgestaltigkeit der einzelnen Möbelteile ist die Zahl der benötigten Formen eine sehr große. Diese wird noch dadurch erhöht, daß die gebogenen Holzteile samt ihren Biegeformen behufs vollständiger Austrocknung mehrere Tage in der Trockenkammer verbleiben müssen. Von jeder Biegeform müssen deshalb viele Stücke vorhanden sein.

Das Biegen unregelmäßiger Möbelteile (Vorderfüße, Rücklehnen usw.) sowie alle leichteren Biegungen werden nur mittels freier Hand ausgeführt. Für stärkere Hölzer langt jedoch die menschliche Kraft allein nicht mehr aus, weshalb hier verhältnismäßig einfache Biegevorrichtungen, welche man als Biegemaschinen bezeichnet, in Anwendung kommen. Auch das Biegen regelmäßiger Formen (Fußreifen, Radfelgen, Tisch- und Stuhlzargen usw.) erfolgt mit Hilfe dieser Maschinen.

Die Biegemaschinen sind so eingerichtet, daß sie für kreisförmige, spiralige u. dgl. geschlossene Biegungen das Holzstück unter Anwendung von Andruckwalzen auf drehenden Scheibenformen aufwickeln oder bei nicht geschlossenen Formen das zu biegende Holz mittels Schrauben, besonders aber durch Exzenter bewegte Winkelhebel in die Form einpressen. Eine derartige Konstruktion besitzt die Maschine zum Biegen von Radfelgen usw. (Abb. 355). Diese besteht zumeist aus einem Holzgestell, an welchem zwei in beweglichen Stützpunkten drehbare Hebelarme befestigt sind, die mittels eines Seiles oder einer Kette angehoben und bewegt werden können. Soll ein Holzstück gebogen werden, so werden die beiden Hebelarme durch Abwickeln des Seiles vor die Trommel horizontal gelegt. Auf letztere wird

204 Dritter Teil. Die Arbeitsvorgänge Biegen und Pressen und Hilfsmittel

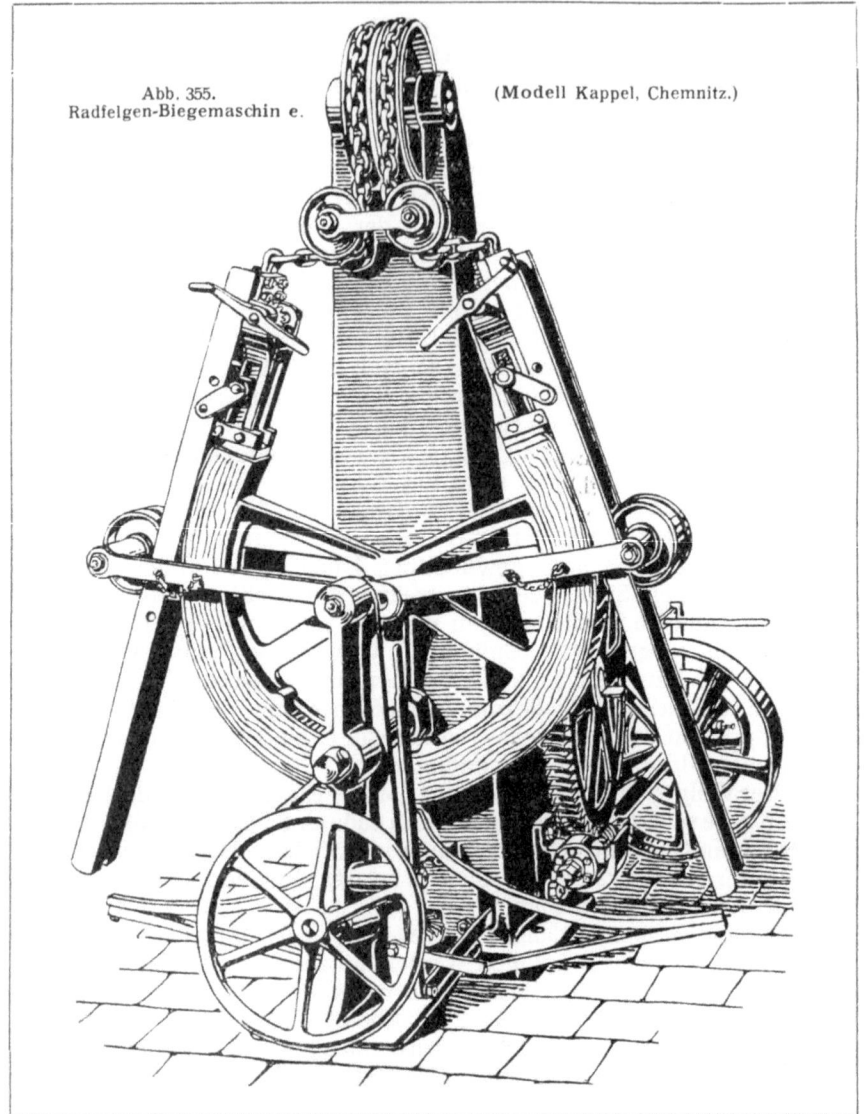

Abb. 355. Radfelgen-Biegemaschine. (Modell Kappel, Chemnitz.)

das mit einer Stahlschiene versehene Holz aufgelegt. An den beiden Enden der Stahlschiene sind kräftige, vorstehende Platten angenietet, um ein Vorschieben des Holzes zu verhindern. Wird die Maschine in Bewegung gesetzt, so ziehen die Seile die beiden Hebelarme exzentrisch in die Höhe und pressen das Holz fest an die Biegeform an.

Ausgedehnte Verwendung findet das Biegen des Holzes im Schiffbau. Mittels besonderer, aber sonst einfacher Maschinen biegt man hier Hölzer bis zu 250 mm Stärke. Auch in der Böttcherei bildet das Biegen des Holzes einen wichtigen Arbeitsprozeß. Während die Handböttcherei, um das Biegen der Dauben leicht und sicher bewerkstelligen zu können, sich zum Dämpfen wie zum Biegen zumeist mit sehr einfachen Vorrichtungen begnügt, zuweilen auch den sog. Kochkessel verwendet, werden in der mechanischen Böttcherei die Fässer meist in einer Hitzkammer gedämpft. Diese besteht aus einer Anzahl von Dampfkästen, welche aus Eisen hergestellt sind und je für ein Faß dienen. Zum Biegen der Dauben kommen hier eigens konstruierte Biegemaschinen zur Anwendung, während sich die Handböttcherei mit dem Faßzug begnügt.

Eigene Biegevorrichtungen bestehen auch zum Biegen der Siebränder, der Stock- und Schirmgriffe sowie auch zum Biegen einzelner Teile von Streichinstrumenten.

Die ersten Versuche, das Holz zu biegen und diese gebogenen Hölzer in der Industrie zu verwerten, wurden im Jahre 1810 von dem Bregenzer Wagner Melchior Fink gemacht, dem es auch gelang, aus einem Stück Holz gebogene Radfelgen herzustellen. Im Jahre 1826 veröffentlichte das Dinglersche polytechnische Journal einen Artikel über das Biegen des Holzes nach der Methode des Engländers Isaak Sargent. Damit brachte dieses Journal auch gleich die ersten Nachrichten über die Erfolge des gebogenen Holzes im englischen Wagenbau. Schon in den dreißiger Jahren des vorigen Jahrhunderts wurde durch den Amerikaner Reynolds auch eine Maschine zum Biegen von Radfelgen konstruiert. Die größte Bedeutung erlangte das Biegen des Holzes durch den im Jahre 1796 in Boppard am Rhein geborenen Begründer der gebogenen Möbelindustrie Michael Thonet. Die ersten Versuche, welche Thonet in den dreißiger Jahren machte, bestanden darin, Möbelbestandteile aus gekrümmten und zusammengeleimten Furnieren herzustellen. Schon im Jahre 1837 folgten Versuche, ganze Stühle auf dem Prinzip des Biegens herzustellen. Die bedeutungsvollste Zeit in der Geschichte der gebogenen Möbel trat ein, als es Thonet gelang, massive Stäbe unter Anwendung von Eisenschienen derart zu biegen, daß sie auch nach Entfernung der Biegeform die ihnen aufgezwungene Gestalt beibehielten. Das Thonetsche Prinzip wurde so weit ausgebaut, daß es heute der Arbeitsprozeß einer bedeutenden und weitverzweigten Industrie geworden, die auf die Verwertung des Rotbuchenholzes von hervorragendem Einfluß ist.

B. Das Pressen.

Das Pressen ist eine Bearbeitungsmethode, die in ihrer Anwendung noch weit mehr beschränkt ist als das Biegen.

Unter Pressen des Holzes versteht man ein Zusammendrücken der einzelnen Holzfasern durch besondere, aus Messing oder Eisen hergestellte Formen (Matern) in starken, eisernen Pressen, in denen die vertieften Formteile das erhabene Ornament am Holze erzeugen müssen.

Infolge der bei den meisten Holzarten bestehenden, oft großen Härteunterschiede im einzelnen Jahresring werden die Pressungen immer unrein ausfallen. Es ist deshalb auch erklärlich, daß die meisten Holzpressungen reiner im Hirnholz als im Längsholz auszuführen sind.

Bei allen Pressungen muß das Holz wie beim Biegen vorher gedämpft oder gekocht werden, oder es müssen die Preßformen stark erhitzt zur Verwendung kommen.

Der größte Nachteil solcher Preßerzeugnisse besteht darin, daß sie nur im Trocknen verwendet werden können, da bei dem geringsten Zutritt von

Feuchtigkeit das Holz sofort das Bestreben zeigt, in seine ursprüngliche Gestalt zurückzukehren.

Eine ähnliche, aber bedeutend bessere Herstellungsart von Pressungen ist das gleichzeitige Pressen und Brennen des Stoffes mit Hilfe von rot- bis weißglühenden Formen in hydraulischen Pressen. Um ein vollständiges Verbrennen des Holzes zu verhindern, dürfen diese Formen nur einen Moment an das vorher gedämpfte Holz angeführt werden. Diese Zuführung muß so oft wiederholt werden, als die Tiefe der Prägung dies erfordert. Derartig hergestellte Arbeiten halten sich sehr gut und hat daher ihre Verwendung für manche Zwecke noch eine Berechtigung.

Die verwerflichste Art der Herstellung von Holzprägungen ist die leider heute noch angewendete Methode, das echte Material durch allerlei Abfallstoffe wie Sägespäne, Papier und Lumpen zu ersetzen, diese mit besonderen Klebemitteln zu vermengen und so in die Formen zu pressen. Solange es sich hier um Imitationen handelt, die selbst der Laie erkennt, läßt sich gegen die Herstellung solcher Arbeiten für besondere Zwecke nichts einwenden. Wenn aber, wie es häufig geschieht, das unechte Material durch aufgelegte, eigens präparierte Furniere verdeckt wird, damit die Prägungen nicht mehr als solche, sondern als Schnitzarbeiten erscheinen, so hat diese Herstellungsart für jede bessere Arbeit ihre Berechtigung verloren. Ein geübtes Auge vermag ja allerdings Pressungen von echten Bildhauerarbeiten sofort zu unterscheiden, da erstere im Ornament stets nach oben schräglaufende Linien zeigen, letztere dagegen stets unterschnitten sind.

Sehr häufig werden mehrere stärkere Furniere zwischen zwei kleinwellige, eiserne Platten, deren Erhöhungen und Vertiefungen genau ineinander passen, gepreßt. Beim Abhobeln solcher Furniere entsteht dann eine Art von künstlichen, kleinwelligen Faserlaufes, wie wir ihn beim Ahorn-, ungarischen Eschen-, Mahagoniholz und dgl. oft so hoch schätzen.

Die Idee der Holzpressungen ist keineswegs neu; man konnte solche Arbeiten schon vor über 100 Jahren bei den Chinesen finden. In Deutschland fanden sie zur Zeit der Hochrenaissance ihre größte Verwendung.

Vierter Teil.

A. Die Spänetransport- und Entstaubungsanlagen.

Die größte Beachtung und Berücksichtigung verdienen die hygienischen Bedürfnisse der Holzbearbeitungsbetriebe. Bei der riesigen Staubentwicklung und den gesundheitsschädlichen Einflüssen, die durch das Holz selbst, durch Leim, Politur, Beizen u. a. verursacht werden, ist es von großer Wichtigkeit, zweckmäßige Ventilationseinrichtungen in den Holzbearbeitungswerkstätten zu schaffen. In den meisten Fällen sucht man diese Übelstände durch Anbringung von Ventilatoren zu beheben.

Wenn einerseits der im Arbeitsraum vorhandene Staub und die schlechte Luft eine stete Gefahr für die Gesundheit der Arbeiter bilden, sind andererseits die in Massen anfallenden Hobel- und Sägespäne eine stete Betriebs- und Feuergefahr. Diese Abfälle sind deshalb an eine Sammel- bzw. Verbrauchsstelle zu schaffen.

In Fabriken und Werkstätten mit Maschinenbetrieb sind daher selbsttätige Spänetransport- und Entstaubungsanlagen allgemein eingeführt. Bei Neuanlagen wird deren Einrichtung behördlich zur Pflicht gemacht.

Eine Späneabsaugungsanlage hat aber nicht nur in hygienischer Hinsicht großen Wert, sondern sie erspart auch Hilfsarbeitskräfte und höhere Versicherungsprämien. Sämtliche Feuerversicherungsgesellschaften bringen nämlich eine derartige Anlage bei Festsetzung der Prämie zugunsten des versicherten Betriebes in Ansatz.

Der schädliche Einfluß des Staubes vermindert aber nicht nur die Arbeitslust und Leistungsfähigkeit der Arbeiter, er macht sich auch auf den präzisen Gang der Arbeitsmaschinen geltend. Eine mit Staub und Spänen bedeckte Maschine muß nicht nur öfter gereinigt und geschmiert, sondern auch vielfach repariert werden.

Die wichtigsten Teile einer derartigen Anlage sind die **Saugrohrleitung mit Saug- und Auffangehauben, der Exhaustor mit Antriebsvorrichtung und der Staub- und Spänesammler (Zentrifugal-Späneabscheider).**

Die **Rohrleitung** besteht aus einem Hauptrohr, in welches die von den einzelnen Arbeitsmaschinen weglaufenden Zweigrohre einmünden. Das Hauptrohr ist entweder an der Decke angebracht oder es läuft in Kanälen im Fußboden des Arbeitsraumes. An jedem Zweigrohr befindet sich ein Schieber zum Einstellen der Saugwirkung, sobald die Maschine außer Betrieb ist. Dadurch kann bedeutend an Kraft gespart werden. Desgleichen sind im Maschinenraum und eventuell auch in den oberen Arbeitsräumen im Fußboden **Kehrlöcher** angebracht. Diese stehen gleichfalls durch eine Rohrleitung mit dem Hauptrohr in Verbindung und müssen daher mit einem Deckel gut verschlossen werden. Die Einleitung der Zweigrohre in das Hauptrohr darf niemals unter einem scharfen Winkel erfolgen, da sonst in denselben schädliche, den Kraftverbrauch stark erhöhende Luftwirbel entstehen. Bei paralleler Zusammenführung der beiden Luftströme ist der Kraftverbrauch bedeutend geringer.

An dem einen Ende des Hauptrohres ist ein kräftiger **Exhaustor (saugender Ventilator, Lufterneuerer)** angebracht, welcher durch den Luftstrom, den er erzeugt, Späne und Staub schon bei Entstehung an den Maschinen soweit als überhaupt möglich absaugt.

Nachdem die Späne den Exhaustor passiert haben, werden sie durch Winddruck in einer Rohrleitung nach dem **Staub- und Spänesammler, dem Separator (Zyklon),** befördert. In diesem nimmt der mit Staub und Spänen gesättigte Luftstrom durch besondere Anordnungen eine rotierende, spiralförmige Bewegung an; dadurch gelangen der Staub und die Späne infolge des Eigengewichtes durch die untere Öffnung des Separators in die Spänekammer, während die Luft spänefrei und möglichst staubfrei durch die obere Öffnung entweicht. Ohne einen solchen tadellos funktionierenden Staub- und Spänesammler ist keine Anlage vollständig. Die Entfernung der Späne und des Staubes mittels Exhaustoren allein ist immer mit großen Unzuträglichkeiten verbunden insofern, als der feine Staub mit dem Luftstrom durch die Öffnung der Spänekammer fortfliegt und die umliegenden Gebäude und Liegenschaften bedeckt. Diese Belästigung der Nachbarschaft wird durch den Separator bzw. Späneausscheider vollständig vermieden.

Um größere Holzstücke, Werkzeuge und dgl., welche durch Unvorsichtigkeit in die Saugleitung gelangen, leicht herausnehmen zu können, sind in der Rohrleitung in regelmäßigen Abständen Handlöcher anzulegen. Damit ein Passieren von solchen Fremdkörpern durch den Exhaustor und dadurch eine Beschädigung des Exhaustorflügels unmöglich ist, sind kurz vor der Einmündung des Saughauptrohres in den Exhaustor **Brockenfänger** eingeschaltet. Diese scheiden die Fremdkörper selbsttätig aus.

Bei einer richtigen Anlage geht die Ausscheidung von Staub und Spänen restlos vor sich. Das anfallende Material kann entweder in einen dafür bestimmten Sammelraum oder auch direkt in die Kesselfeuerung geleitet werden. Eine sachgemäß ausgeführte Anlage muß geräuschlos arbeiten, darf den Maschinenbetrieb nicht behindern, soll keine Bedienung erfordern und keinerlei Reparaturen bedürfen. Die Querschnitte der Rohrleitungen und die Tourenzahl des Exhaustors müssen für jede Anlage besonders berechnet und muß diese den Verhältnissen praktisch angepaßt werden. Hieraus erklärt sich auch der unterschiedliche Bedarf an Betriebskraft.

Die aus verzinktem Eisenblech hergestellten, von den einzelnen Maschinen abzweigenden Saugrohre haben Durchmesser von 100—200 mm, das Hauptrohr einen solchen von 160—800 mm.

Der Exhaustor, dessen Größe der Zahl der angeschlossenen Maschinen entsprechen muß, bedarf bei einem Flügeldurchmesser von 250—1240 mm und bei 200—800 Flügelradsumdrehungen pro Minute einer Kraft von 3—6, ja selbst bis zu 30 P.S.

Der Spänesammler, in dessen Oberteil tangential die Hauptrohrleitung einmündet, hat bei einer Zylinderhöhe von 1050—4500 mm in der Regel einen Durchmesser von 550—2100 mm.

B. Die Anlage der Trocken- und Leimwärmeapparate sowie der Wärmeplatten.

In der Schreinerei spielt die Heizung der Werkstätte, der Trocken- und Leimwärmeapparate und der Wärmeplatten eine Rolle, deren Wichtigkeit nur zu oft verkannt wird.

In Fabriken und in größeren Werkstätten mit Dampfbetrieb liegt die Sache verhältnismäßig einfach, da die Heizung sowohl der Werkstätte als auch der Trockenkammer u. dgl. mit dem **Abdampf (Retourdampf)** des Dampfkessels erfolgt. Eine direkte Heizung kommt für diese Betriebe überhaupt nicht in Betracht, da einerseits bei Nichtausnutzung des Abdampfes nur unnötige Kosten entständen, andererseits die Feuerversicherungsgesellschaften die Heizung der Trockenkammern, Leimkoch- und Wärmeapparate sowie der Wärmeplatten mit Dampf vielfach zur Bedingung machen.

Ganz anders liegen die Verhältnisse in Geschäften ohne Dampfbetrieb. Auch hier besteht das Bedürfnis, warme Werkstätten zu haben, die Hölzer vor der Verarbeitung auszutrocknen und vor dem Verleimen anzuwärmen, Zulagen zu wärmen und die Leimkessel immer warm zu erhalten. In kleineren Betrieben ist deshalb die Konstruktion und die Anlage des Trocken-, Leim- und Wärmeofens von großem Einfluß auf vorteilhaftes Arbeiten. Hier kommen vor allem die **Trockenöfen** (Abb. 356), Trockentische u. dgl. in Betracht, welche mit Holzabfällen, Spänen u. dgl. geheizt werden. Diese sind zumeist mit Leimwärmern versehen, dienen zugleich der

B. Die Anlage der Trocken- und Leimwärmeapparate und Wärmeplatten

Beheizung der Werkstätte und entsprechen den Anforderungen kleinerer Betriebe.

Besonders vorteilhaft bewähren sich einige neuere Konstruktionen solcher Öfen, die mit großen Wasserpfannen versehen sind, in welche die Leimtiegel gestellt werden und ihrer ganzen Anlage nach eine richtige Niederdruckheizung in kleinerem Stil darstellen, trotzdem aber überall aufgestellt werden können.

Bei dieser Heizung erhalten die Holz- und Zinkzulagen eine gleichmäßige Erwärmung, während sie bei einer direkten Feuerung leicht verbrennen. Außerdem kann der warme Dunst im Winter mittels eines Abdunstrohres zur gleichmäßigen Erwärmung der Werkstätte durch diese geführt, im Sommer aber, wenn keine andere Verwendung vorliegt, direkt ins Freie geleitet werden. Bei richtiger Konstruktion und absoluter Regulierbarkeit des zum Leimwärmen usw. dienenden Wassers entsteht auch keine Wrasenbildung (Brodem) in der Werkstätte.

Diese Wärme- und Leimöfen werden auch mit größerem Trockengestell oder Trockenkasten hergestellt; sie sind im Innern sowohl mit feuerfestem Material (Ziegel- oder Backsteine) bekleidet als auch

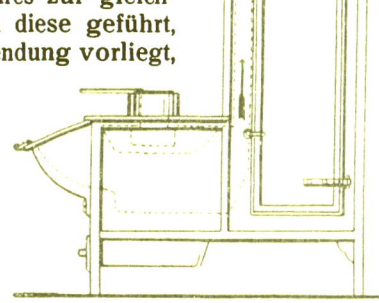

Abb. 356. Leim- und Trockenofen.

mit einer Zirkulationsvorrichtung versehen, welche eine entsprechende Ausnutzung der Heizgase ermöglicht. Auf Wunsch erhalten diese Öfen eine sog. Heizschlange, wodurch sie neben der gewöhnlichen Feuerung auch noch mit Abdampf oder direktem Dampf geheizt werden können. Derartige, oft als Universalschreineröfen bezeichnete Öfen werden in unterschiedlichen Formen und Größen gebaut. Ihre Grundflächengröße bewegt sich zwischen 500×700 mm bei 2000 mm Höhe und 1000×1500 mm bei 3650 mm Höhe. Außerdem werden Öfen von 1000—2000 mm Länge bei 500 bzw. 600 mm Ofenbreite hergestellt. Nach den gemachten Erfahrungen heizt ein Ofen von letzterer Größe eine Werkstätte von 170—200 cbm Inhalt. Voraussetzung ist dabei, daß die Aufstellung eines solchen Ofens in der Weise erfolgt, daß keine zu langen Ofenröhren nötig sind, da sich in diesen leicht Glanzruß ansetzt, der bei Spänefeuerung gefährlich werden kann.

Die Leimwärmeapparate für frischen Dampf wie auch für Abdampf oder gemischten Dampf bestehen zumeist aus einem Kasten, an dessen Boden ein Heizkanal läuft. Der von einer Seite einströmende Dampf erwärmt das in diesem Kasten befindliche Wasser, in welchem wieder 3—6 Leimtöpfe stehen. Eine gleiche Konstruktion, jedoch ohne Wasserkasten, zeigen auch die Wärmeplatten für direkten oder Abdampf. Diese Platten werden aus starkem Eisenblech oder aus Gußeisen in verschiedenen Größen hergestellt. Die mit Abdampf geheizten Wärmeapparate sollen in der Regel auf drei Atmosphären Überdruck geprüft sein, während diejenigen für direkten Dampf einem Dampfprüfedruck von acht Atmosphären unterworfen werden; in letzterem Falle ist ein Überdruckventil (Sicherheitsventil) notwendig.

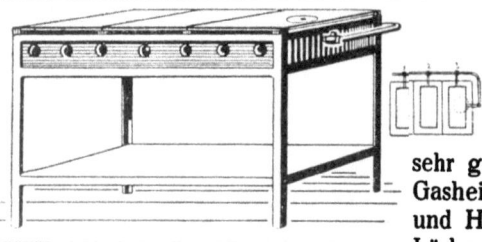

Abb. 357. Leimwärmeapparat mit Wärmeplatten für Gasheizung (4 Gashähne).

In neuerer Zeit hat man Leimwärmeapparate und Wärmeplatten sowohl für Gas- (Abb. 357) als auch für elektrische Heizung konstruiert, die sich sehr gut bewähren. Die Apparate mit Gasheizung führen innen Heizrohre und Heizschlangen mit lauter kleinen Löchern. Durch diese strömt das Gas sehr fein aus, so daß eine ganz gleichmäßige Erwärmung der Platte usw. erreicht wird. Der elektrische Heizapparat ist meistens mit zwei Stromkreisen versehen, von denen der eine zum Heizen, der andere zum Warmhalten dient. Er braucht zum Anheizen etwa 1—1.5 Kilowatt, während zum Warmhalten ca. 0.3—0.6 Kilowatt Stromverbrauch nötig sind.

Das Auftragen des Leimes auf die zu leimende Fläche erfolgt in kleineren Werkstätten mittels der Leimpinsel; in größeren Betrieben sind hierzu eigene Leimauftrageapparate, sog. Leimauftragmaschinen, in Verwendung. Mit diesen Apparaten können die zu furnierenden Holzflächen sehr rasch und äußerst gleichmäßig mit Leim bestrichen werden und sind jedem rationell arbeitenden Betrieb nur bestens zu empfehlen.

Anhang.
Mustergültige Anlage und Einrichtung einer Schreinerwerkstätte mit Maschinenbetrieb.

Eine Schreinerwerkstätte (Abb. 358) erfordert vor allem **Licht, Luft, Wärme** und **Trockenheit**. Ein Raum, dem nur eine dieser vier Bedingungen fehlt, ist für eine Schreinerei, im besonderen für eine Möbelschreinerei ungeeignet.

Licht ist vor allem für ein genaues Arbeiten erforderlich.

Luft ist in Hinblick auf den vielen im Arbeitsraum erzeugten Staub für die Gesundheit der Arbeiter Bedingung.

Wärme ist beim Leimen, Furnieren, Polieren, Beizen usw. durchaus notwendig.

Trockenheit ist bei der unangenehmsten Eigenschaft des Holzes, der Hygroskopizität, eine Hauptforderung; selbst der tüchtigste Arbeiter kann niemals in einer feuchten Werkstätte eine solide Arbeit herstellen.

Zu diesen Forderungen gesellen sich noch zwei weitere Notwendigkeiten, deren Erfüllung in dem Empfinden und Vorgehen des Meisters bzw. Werkführers liegt, nämlich **Ordnung und Reinlichkeit**. Ein Arbeiter, der nicht auf Ordnung und Reinlichkeit sieht, der sein Werkzeug in schlechtem Zustande hält, dasselbe erst suchen muß, wenn es gebraucht wird, wird nie das leisten können, was ein ordnungsliebender Arbeiter, der auch auf Sauberkeit sieht, vermag.

Wenn auch gemietete Räume den Anforderungen in bezug auf Licht, Luft, Wärme und Trockenheit nicht immer voll entsprechen, so läßt sich

Mustergültige Anlage und Einrichtung einer Schreinerwerkstätte 211

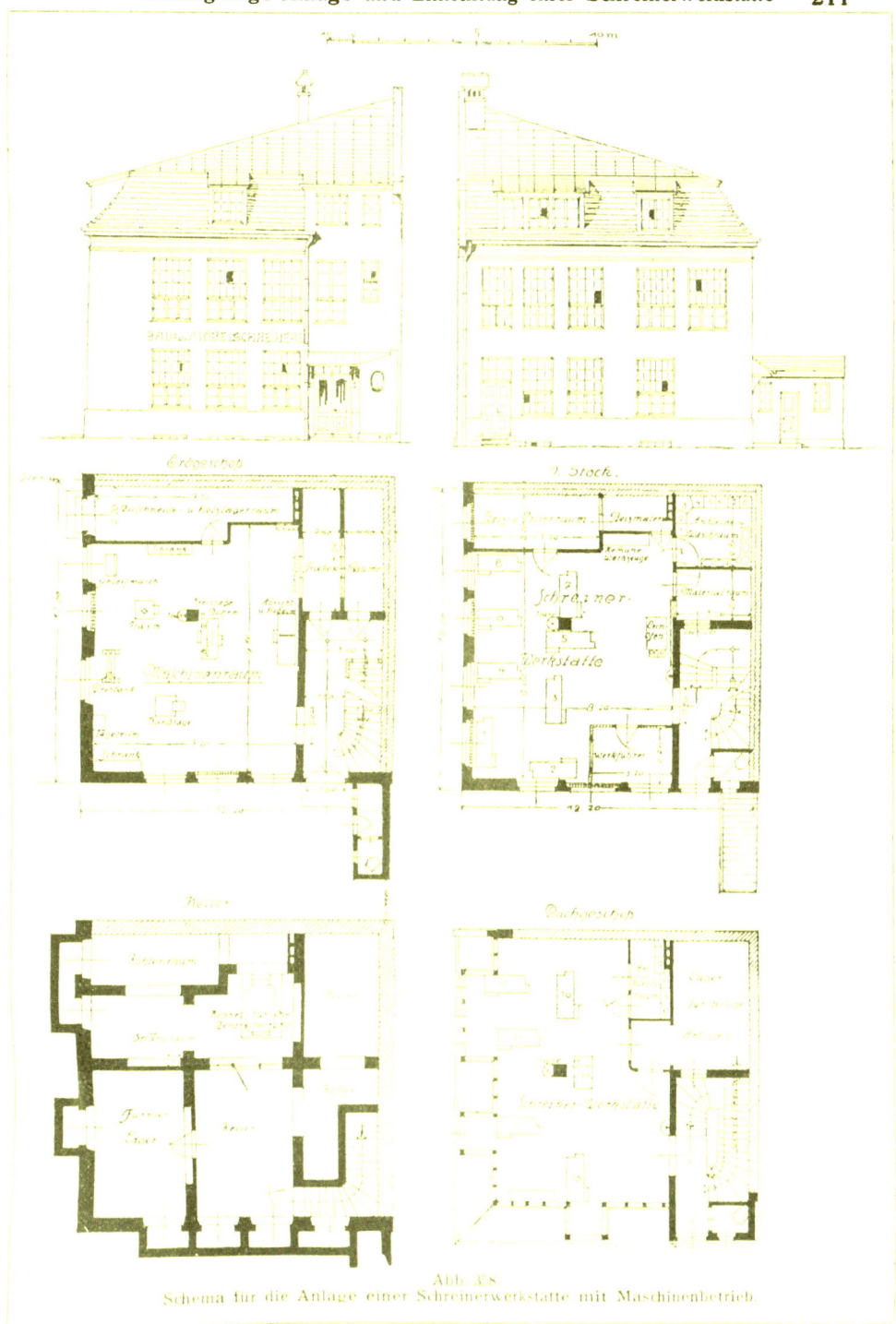

Abb. 88.
Schema für die Anlage einer Schreinerwerkstätte mit Maschinenbetrieb.

14*

doch bei Verständnis und gutem Willen vieles praktisch einrichten. Anders liegen die Verhältnisse im eigenen Haus und bei Neubauten. Hier wird die Anlage vor allem davon abhängen, ob eine kleine Schreinerwerkstätte, eine mechanische Schreinerei mit mehr oder wenigen Maschinen oder ein größerer mechanischer Betrieb mit den verschiedensten Spezialmaschinen einzurichten ist.

In einer kleineren Werkstätte, in der die kombinierte Maschine nur hin und wieder benutzt wird, kann diese in der eigentlichen Werkstätte aufgestellt werden. In einem mittleren Betriebe, in welchem mit den wichtigsten Maschinen, als Bandsäge, kombinierte Abricht- und Dickenhobelmaschine, kombinierte Fräsmaschine mit Kreissäge und Langlochbohrmaschine, Sägeschärf- und Schränkmaschine sowie Hobelmesserschleifmaschine gearbeitet wird, werden diese Maschinen in der eigentlichen Werkstätte Aufstellung finden; doch empfiehlt sich hier, wenn irgendwie möglich, die Anlage eines eigenen Maschinenraumes, der in größeren Betrieben mit Spezialmaschinen unbedingt nötig ist.

Für jeden Betrieb ist zum Beizen, Lackieren und Polieren, also zur Fertigstellung der Möbel, ein eigener, abgegrenzter Raum erforderlich, welcher vor allem hell, trocken und staubfrei sein muß und gut gewärmt werden kann. Zur Fertigstellung von Möbeln durch die in neuerer Zeit beliebten Räucherungen muß auch eine eigene Räucherkammer angelegt werden.

Jeder Betrieb benötigt ferner einen eigenen, mehr oder weniger großen, nicht allzu trockenen Raum zur Aufbewahrung von Furnieren und ausländischen Holzarten in kleineren massiven Stücken sowie einen Raum für Polituren, Beizen, Lacke usw. Diese Räume werden mit Vorteil im Kellergeschoß anzulegen sein. Das gleiche gilt auch von dem Raum für Abfallholz und Späne, der in jeder größeren Anlage mit Dampfbetrieb in die unmittelbare Nähe des Dampfkessels oder bei kleineren Betrieben in die Nähe der Feuerungsanlage zu verlegen ist.

Daß jeder Betrieb einen mehr oder weniger großen Hofraum zur Anlage eines Schuppens für ein entsprechend großes Holzlager braucht, ist selbstverständlich.

In kleineren Betrieben wird man gewisse Hartholzsorten auf dem Dachboden unterbringen und dort austrocknen lassen. Für größere, ja selbst mittlere Betriebe ist aber die Anlage eines Trockenraumes oder einer Trockenkammer unerläßlich. Die Erfahrung hat gelehrt, daß es immer besser und praktischer ist, an Stelle einer großen zwei kleine Trockenkammern anzulegen. Da man in Kleinbetrieben, für welche die Anlage einer Trockenkammer unrentabel ist, auch trockenes Holz benötigt, wird hier für gewöhnlich in der Werkstätte in der Nähe des Leimofens ein entsprechend großes Hängegerüst an der Decke angebracht, auf welchem die frisch zugeschnittenen Hölzer vor der weiteren Verarbeitung noch besser austrocknen können.

Für größere und mittlere Geschäfte ist die Anlage eines eigenen Wasch- und Ankleideraumes von besonderer Bedeutung, wie überhaupt in jeder Werkstätte eine Wasserleitung mit Ausguß vorhanden sein sollte.

In jeder Werkstätte sind ferner alle Mauerkanten mit Winkeleisen zu versehen, da sonst die Putzkanten selbst bei der größten Vorsicht immer abgeschlagen werden.

Weiter ist bei Anlage eines Schreinereibetriebes darauf zu achten, daß die Ausgangstüren möglichst hoch und breit gemacht werden, um auch größere Arbeiten in der Werkstätte zusammenbauen zu können. Um aber auch im Winter eine gleichmäßige und nicht zu niedere Temperatur in der Werkstätte erhalten zu können, sind für alle Räume Doppelfenster oder einsetzbare Winterfenster vorzusehen. Solche Fenster machen sich schon durch Ersparnis an Heizmaterial im Winter bezahlt. Bei einer Neuanlage sind die eigentlichen Werkstatträume wegen der größeren Trockenheit in die oberen Stockwerke zu verlegen, während der Maschinenraum im Hochparterre, aber unterkellert anzulegen ist.

Besondere Würdigung verdient auch die Art des Fußbodens. Für Maschinenfundamente ist eine Betonierung nicht nur zu empfehlen, sondern in den meisten Fällen sogar unbedingt notwendig. Für die eigentlichen Werkstatträume ist dagegen der Betonboden nicht zu empfehlen. Abgesehen von der Kälteentwicklung dieses Bodens, wird die feine Schneide eines Werkzeuges beim Auffallen auf den harten Boden immer verdorben. Aus den gleichen Gründen sind auch die Terrazoböden nicht ganz geeignet. Recht passend wären die Linoleumböden; doch leidet das Linoleum unter den vielen Leimtropfen sowie durch verschiedene, zum Beizen benötigte scharfe Säuren, wie auch herabfallendes Werkzeug das Linoleum beschädigt. Die besten Böden sind und bleiben die Holzfußböden, von denen wieder die gespundeten und aus schmalen, aber langen Riemen gelegten den Vorzug verdienen. Die Pitch-Pine-Böden (aus dem Holze der amerikanischen Terpentinkiefer hergestellt) sind wegen leichten Rutschens des Arbeiters beim Hobeln weniger geeignet. Für Maschinenräume sind Hirnholzböden zu empfehlen, vor allem dann, wenn die Hirnholzstücke (Holzstöckelpflaster) imprägniert sind. Dadurch wird nicht nur ein sicherer Tritt und eine größere Bindung des Staubes, wie auch eine größere Dauerhaftigkeit erreicht.

In größeren und mittleren Betrieben ist ein eigener, kleiner Raum für den Werkmeister sowie ein Lagerraum für Nägel, Schrauben, Bänder und Kommunewerkzeuge, eventuell auch ein eigener Zeichenraum bereitzustellen.

Für größere, ja selbst für mittlere Betriebe der Möbelindustrie ist die Einstellung eines eigenen Drechslers, eines oder mehrerer Bildhauer und eines Intarsienschneiders von größtem Vorteil. Auch für diese Arbeiter sind, wenn irgend möglich, eigene Räume vorzusehen, obwohl unter Umständen alle drei in einem Raum untergebracht werden können. Doch muß bei der Anlage der Werkstätte hierauf Rücksicht genommen werden, da der Drechsler eine Drehbank für Kraftbetrieb mit den verschiedenen Apparaten, der Bildhauer eine größere Dekupiersäge und der Intarsienschneider eine Laubsägemaschine und eine kleine Kreissäge sowie einen eigenen, kleineren Leimofen benötigt. Der Raum des Intarsienschneiders muß außerdem besonders gutes Licht, darf aber keine direkte Sonne haben.

Die Anlage des Leimofens, der Wärmeplatten, der Furnierpressen usw. wird mit Vorteil immer in der Mitte der Werkstätte zu erfolgen haben.

Für den Gesamtgrundriß und für die Anlage einer Werkstätte sind weiter die Stelluug und Anzahl der Hobelbänke von Wichtigkeit. Am praktischsten ist diese Aufstellung, wenn die Hobelbänke in ihrer Längsrichtung rechtwinklig zum Fenster gestellt werden, wenn also die Vorderzange an der Fensterseite steht. Hierbei darf aber nicht außer acht gelassen werden, daß jeder Arbeiter einen genügend großen freien Raum neben seiner Hobelbank haben muß, um auch größere Arbeitsstücke zusammenbauen zu können;

ein Platz von 7—9 qm sollte ihm in der Regel zur Verfügung stehen. Jeder Arbeiter muß ferner seinen Werkzeugkasten in unmittelbarer Nähe seines Arbeitsplatzes haben.

Über die Anlage der Transmissionen für den Maschinenantrieb wurde bereits früher gesprochen.

Bei der Aufstellung der Arbeitsmaschinen sind einige wichtige Punkte zu beachten.

Kreissäge, Abricht- und Dickenhobelmaschine müssen vor und hinter dem eigentlichen Werkzeug genügend freien Raum haben, um auch längere Arbeitsstücke bearbeiten zu können. Ihre Anordnung kann deshalb an einer Wand des Maschinenraumes erfolgen. Bandsäge und Fräsmaschine verlangen dagegen nach allen Seiten freien Raum, weshalb sie in der Mitte des Arbeitsraumes aufzustellen sind. Bei der Kreissäge kann dann eine Ausnahme eintreten, wenn dieselbe auch zum Zuschneiden benutzt wird. In diesem Falle benötigt sie freien Raum nach allen Richtungen.

In größeren Geschäften wird zum Zuschneiden die Pendelsäge benutzt, weshalb diese sowie auch die Kreissäge zumeist bei der Eingangstüre aufgestellt werden. Die Aufstellung der übrigen Maschinen richtet sich nach der Reihe der vorzunehmenden Arbeiten. Es kommen demnach nach der Kreissäge die Abrichtmaschine, hierauf die Dickenhobelmaschine und dieser reihen sich dann die übrigen Maschinen an. Bohr-, Stemm- und Schleifmaschinen können an einer Wand ihre Aufstellung finden.

In letzterer Zeit wurden von verschiedenen zumeist neueren Maschinenfabriken Holzbearbeitungsmaschinen in den Handel gebracht, bei denen die Maschinenständer — des geringeren Preises wegen — aus Holz gefertigt sind. Jeder genauere Kenner von Holzbearbeitungsmaschinen weiß aber, daß es nur wenige Maschinen gibt, bei welchen für die Ständer Holz als Konstruktionsmaterial überhaupt geeignet ist. Wenn auch zugegeben werden muß, daß einige dieser Konstruktionen in wohldurchdachter Weise und unter Beachtung aller Vorteile, die das Holz zu bieten vermag, konstruiert sind, können sie doch nur als Notbehelfsmaschinen für kapitalsärmere Unternehmungen gelten; für einen rationellen Betrieb eignen sie sich auf die Dauer nicht. Ein solcher ist nur bei größerer Werkzeuggeschwindigkeit und dadurch gesteigerter Arbeitsleistung möglich. Dies läßt sich aber bei Holzmaschinenständern wegen der großen Erschütterungen, die durch die größere Elastizität des Holzes verursacht werden, niemals erreichen. Wo irgend möglich, sollte deshalb nur die Aufstellung in solider Eisenkonstruktion gebauter Maschinen in Frage kommen.

Benützte und einschlägige Literatur, Tabellenwerke, Kataloge und Fachzeitschriften.

Barth, Fried., Die zweckmäßigste Betriebskraft. Sammlung Göschen.
Blücher, H., Moderne Technik. Bibliographisches Institut, Leipzig und Wien.
Braune, Georg – Lippmann, Robert, Anlage, Einrichtung und Betrieb der Sägewerke. Hermann Costenoble, Jena.
Claussen, E., Die Kleinmotoren. Georg Siemens, Berlin.
Czap, Ed., Motorenkunde. B. G. Teubner, Leipzig.
Dominikus, D., Die notwendigen Eigenschaften guter Sägen und Werkzeuge. A. Seydel, Polytechnische Buchhandlung, Berlin.
Exner, Dr. W. F., Werkzeuge und Maschinen der Holzbearbeitung. Fried. Voigt, Weimar.
——, Das Biegen des Holzes. Fried. Voigt, Weimar.
Großmann, Jos., Prof., Gewerbekunde der Holzbearbeitung. Band I. Das Holz als Rohstoff. Teubner, Leipzig.
Hoernes, Dr. Moritz, Natur- und Urgeschichte des Menschen. A. Hartleben, Wien und Leipzig.
Hoyer, Egbert v., Die Verarbeitung der Metalle und des Holzes. C. W. Kreidel, Wiesbaden.
Krause, Hugo, Der Maschinenbetrieb im Kleingewerbe. G. Baedeker, Essen.
Ledebur, A., Die Verarbeitung des Holzes auf mechanischem Wege. Frd. Vieweg u. Sohn, Braunschweig.
Neumann, Hans, Die Verbrennungskraftmaschinen in der Praxis. Jänecke, Hannover.
Romstorfer, Paul, Das Binder- oder Böttcherbuch. E. A. Seemann, Leipzig.
Springer, Alfred, Die Unfallverhütung in der Holzindustrie. Österr.-Ungar. Zentralblatt für Walderzeugnisse, Wien.
——, Maschinelle Holzbearbeitung in gewerblichen Betrieben. Frz. Deuticke, Wien und Leipzig.
Steinhilger, Fried., Das Sägewerk und seine Nebenbetriebe. Frz. Bassermann, München.
Schlomann, Alfred, u. Wagner, Wilh., Illustrierte Technische Wörterbücher. Oldenbourg, München.
Walde, Hermann, u. Augst, Emil, Der praktische Tischler. J. Arnd, Leipzig.
—— u. Knoppe, Hugo, Handbuch der Drechslerei. J. J. Weber, Leipzig.

Aldinger, Adolf, Maschinenfabrik, Obertürkheim bei Stuttgart.
Carsten, Ernst, Spezialfabrik für Schutzvorrichtungen, Nürnberg.
Dahners, Max, Spezial-Maschinenfabrik, Hannover, Schillerstraße 30.
Danneberg & Quandt, Berlin.
„Deutz", Gasmotorenfabrik, Cöln-Deutz.
Dominikus, David, u. Söhne, Sägen-, Messer- und Werkzeugfabrik, Remscheid-Vieringhausen (Rheinland).
„Erfordia", Maschinenbaugesellschaft, Ilversgehofen-Erfurt.
Fichtel & Sachs, Präzisions-Kugellager-Werke, Schweinfurt a. M.
Fromm, Ferdinand, Werkzeugfabrik, Cannstatt.
Geiger, Alex., Maschinenfabrik, Ludwigshafen a. Rh.
Hommel, H., Werkzeugfabrik, Isarwerk, Oberstein a. d. Nahe.
„Kappel", Maschinenfabrik A.-G., Chemnitz-Kappel.
Kiefer, Gg., Maschinenfabrik, Feuerbach-Stuttgart.

Kießling, E., & Co., Maschinenfabrik, Leipzig.
Kirchner & Co., Maschinenfabrik, Leipzig.
Knoll & Co., Werkzeugfabrik, Remscheid-Hasten.
Krumrein & Katz, Maschinenfabrik, Feuerbach-Stuttgart.
Laupheimer Werkzeugfabrik, vorm. Steiner & Sohn, Laupheim.
Ott, Georg, Werkzeug- und Maschinenfabrik, Ulm a. D.
Schänzle, Fried., Werkzeugfabrik, Ludwigshafen a. Rh.
Stanley Rule and Level Company, New Britain, Conn., U. S. A.
Straub, Ernst, Werkzeugfabrik, Konstanz.
Tillmann, A., Werkzeugfabrik, Hahnenberg-Elberfeld.
Weiß & Sohn, Werkzeugfabrik, Wien.
Wenzel & Co., Berlin SO.

Der Holzkäufer. Zentralblatt für Holzindustrie und Holzhandel. Leipzig.
Die Holzwelt. Berlin-München.
Deutsche Tischlerzeitung. Günther, Berlin.
Der süddeutsche Möbel- und Bauschreiner. L. Heilborn, Stuttgart.
Das Hobel- und Sägewerk. Heidelberg.
Fachblatt für Holzarbeiter. Berlin.
Zentralblatt für den deutschen Holzhandel. Stuttgart.
Bayrische Schreinerzeitung. Burgau, Bayern.

Alphabetisches Namen- und Sachregister.

A

Abdampf 208
Abdrehen 184
Abdrehvorrichtung 89
Abdunstrohr 209
Abplattkopf 177, 179
Abrichten 195
Abrichthobel 51
Abrichthölzer 11
Abrichtmaschine 159, 161, 165
— kombiniert 165
Abrichtvorrichtung 89
Absäuberhobel 47
Abschrägung 38
Absetzsäge 67
Abstellen 118, 126
Abstreichen der Schneidwerkzeuge 86, 89, 90
Abstreichstein 89
Abziehen der Schneidwerkzeuge 86, 89
Abziehmesser 166
Abziehstein für Wasser 86
— für Öl 86
— künstlicher 86
Abzugswalze 163, 164
Achsenloch 150
Adern Nutsäge 68
Aktionsturbine 96
„Allen Voran"-Schränkapparat 64
Ampère 112
Angel 67
Anlaßventil 109, 110
Anlaßwiderstand 113
Anlauf 53
Anlaufring 179
Ansatzfeile 73
Ansaugeventil 109
Anschlag 12, 161
Anstellwinkel 34, 51
Anstichbohrer 80
Apparate 1
Arbeitsaufwand 92
Arbeitsgewinn 92
Arbeitsleistung 91
Arbeitsmaschine 91, 129
Arkansasabziehstein 87

Arretiervorrichtung 183
Astausreiber 81
Atmosphäre 97
Auflage 185, 187
Auflauf 53
Aufsaugehaube 207
Aufspannzapfen 150
Ausdehnungskupplung 116
Ausdrehen 184
Ausdrehhaken 45
Ausdrehstähle 45
Ausgerbmesser 40
Aushängschweifsäge 67
— verstellbare Plettenbergsche 67, 69
Aushilfsmaschine 129
Auspuffventil 103, 109, 111
Ausreibbohrer 80
Ausreiber 80
Ausrücker 126
Ausrückkupplung 116
Ausschleifen 86
Außengewinde 84
Auszügel 28
Auszugwalze 164
Axialturbine 96
Axt 3, 37
— amerikanische 38

B

Backen 46
Balanciersäge 156
Ballbohrer 75, 76
Balleisen 42, 43
Ballreißer 75
Bandmaß 8
Bandsäge 141
Bandsägeblätter 143
Bandsägeblattführungen 143, 144
Bandsägefeile 74
Bandsäge-Lötapparat 146
— elektrischer 146
Bandsägerollen 141, 146
Bandsägezähne 144
Bankeisen 20
Bankhaken 20, 21

Bankhammer 30
Bankknecht 22
Bastardhieb 71
Baumfällmaschine 128
Baummaß 9
Baumsäge 68
Baumstammquersäge 128
Becherrad 96
Beharrungsgesetz 30
Beil 37
Beilade 18
Beilbohrer 80
Beißzange 28
Beiteleisen 41
Bemessung der Arbeitsleistung 92
Benzinmotor 93, 108
Benzolmotor 108
Bessemerstahl 200
Betham 158
Betonboden 213
Bett der Drehbank 186
Beuteleisen 41
Bewegung, drehende 130
— fortlaufende 132
— hin- und hergehende 132
— kontinuierliche 132
— regulieren 114
— reziproke 132
— übertragen 114
— unterbrochene 132
— verändern 114
Bezahnung, unterbrochene 65, 152
— ununterbrochene 65, 152
Biegemaschine 132, 203
Biegen 31, 201
Bildhauereisen 41, 43
Bildhauerfräsmaschine 178
Bildhauerklüpfel 31
Bildhauerkopiermaschine 178
Bildhauerschlegel 31
Binderhammer 30
Bindermesser 39
— krummes 40

218 Alphabetisches Namen- und Sachregister

Bindermesser, verkehrt krummes 40
Binderschnitzer 39
Binderspanhacke 39
Bindertriebel 31
Bindmesser 39
Bindung, harte 86
— kieselige 86
Bitumen 107
bitumenfrei 107
bituminös 107
Blatt 12, 37
Blattdurchmesser 150
Blattrücken 62
Bleilot 10
Bleistift 17
Blockbandsäge 143, 147
Blockgatter 134
Blöchelhobel 48
Bockfräse 174
Bockfräsmaschine 174
Bodenauszieher 28, 29
Bodenbramschnitt 55, 56
Bodenspatzenhobel 56
Böttcherhandbeil 39
Böttchermesser 39
Bogenzirkel 15
Bohrer 74
— doppelschneidige 75, 78
— einschneidige 75, 78
— gewundene 77
Bohrfutter 181
Bohrgerät 74, 81, 184
Bohrloch 75
Bohrmaschine 180
Bohrratsche 82
— mit Räderübersetzung 82
Bohrspindel 181
Bohrwinde 81
— mit Ratsche 81
Bolzen, deutscher 85
— französischer 85
Bolzengewinde 85
Bramak 158
Brandflecken 155
Breitbahn 30
Breitbeil 5
Bremsvorrichtung 147
Brennstoffventil 109
Brettsägefeile 74
Brocken, gelber belgischer 87
Brockenfänger 208
Brodem 208
Bronzezeit 2, 5, 6
Brunnenbohrer 76
Brust des Sägezahnes 62
Brustleier 81
Bruttogewicht 92
Bügel 45
Bügelsäge 68

Bundaxt 38
Bundgatter 134
Bundsäge 68
Burdin 96
Busen der Gattersäge 136

C
centrum fugere 130
— petere 130
Clarks Patentbohrer 77
Chloromelanit 4
Cooks Patentbohrer 78

D
Dachsbeil 39
Dächsel 39
Dampf, gesättigter 97
— nasser 98
— überhitzter 98
Dampfkasten 98
Dampfkessel 97
Dampfkesselanlage 129
Dampfmaschine, doppeltwirkende 92, 97
— einfachwirkende 97
Dampfsparmotor 100
Dampfüberhitzer 101
Deckelheber 28
Deckenvorgelege 126
Deckplatte 84
Dekupiersäge 140
Deutscher Stab 58
Dexel 39
Diamantsäge 66
Dickenhobelmaschine 158, 163
Dicktenhobelmaschine 158, 163, 164
Diebeleisen 40
Diesel 109
Dieselmotor 93, 109
Diluvialzeit 2
Diorit 4
Doppeleisen 47
Doppelgesimshobel mit verstellbarem Maul 52
Doppelhobel 48
— eiserner 50
— mit schrägen Eisen 48
— Stanley 50, 51
Doppelkreissäge 156
Doppellineal 147
Doppelrauhbank 50
— eiserne amerikanische 50
Doppelsaumsäge 155
Doppelschiffhobel 52
Doppelstirnzapfenlagerung 142
Doppelzwiemandl 47
Douglasbohrer 78
Dowson 106

Dowsongas 106
Drehbank 184
Drehen 184
Dreheisen 41
Drehmeisel 43, 44
Drehröhre 43, 44
Drehschleifstein 87
Drehspindel 186
Drehstrom 113
Drehstrommotor 113
Drehstuhl, orientalischer 185
Drehwerkzeug 43
Dreieckszahn 61
— doppelseitig wirkender 62, 65
— gleichschenkliger 61, 152
— rechtwinkliger 61, 144
— spitzwinkliger 61
— stumpfwinkliger 61
— überhängender 61, 144
— zurückspringender 61, 63, 152
Dreizack 186
Drillbohrer 79
Druck, absoluter 97
— atmosphärischer 97
Druckapparat 179
Druckbalken 163
Druckgasgenerator 107
Drucklager 121
Druckluft 109
Dübel 40
Dübeleisen 40
Dübellocheisen 40
Duodezimalmaß 9
Düppeleisen 40
Dynamomaschine 111
Dynamoöl 114

E
Ebene, schiefe 18, 32
Eckbohrwinde 81, 82
Effekt 91
Egalisierapparat 145
Einlaßeisen 43
— für Schubladenschlösser 43
Einmann-Trummsäge 69
Einsatzspindel 174
Einsaugeventil 111
Einschneidstab 58
Einspritzmaschine 109
Einstellring 121, 123
Einströmventil 103, 104
Einzelantrieb 127
Einzugwalze 163, 164
Eisenzeit 2, 6
Eiszeit 2
Elektrizitätsleiter 111
Elektromotor 92, 111

Alphabetisches Namen- und Sachregister 219

Energie, elektrische 111
— mechanische 111
Entstaubungsanlage 206, 207
Exhaustor 194, 207
Expansionskraft 101
Exzenter 203

F

Facette 38
Falz 53
Falzeisen 44
Falzhobel 53
— verstellbarer 53, 54
Faraday 111
Farbenunterschiede 200
Fase 38
Faßförmige Säge 157
Fassondrehbank 185, 191
Fassondrehen 184
Fassonhobel 57
Faßzug 27, 29
Faustbeil 3
Faustgargel 57
Faustsäge 67
Feder 56
Federgreifzirkel 15, 16
Federhobel 56
Federlochzirkel 16
Federspitzzirkel 14
Feile 71
— einhiebige 71
— flache 72
— flachspitze 73
— gebogene 73
— gekröpfte 73
— halbrunde 72
— runde 73
— vierkantige 73
— zweihiebige 71
Feilenhieb 71
Feilkloben 24
— mit Exzenterhebel 24
Feilkluppe 25
Feilmaschinen 193
Fenstereinschlagstück 59.
Festscheibe 118, 126
Fette, konsistente 122, 125
Feuerstein 4
Fink, Melchior 205
Finne 30
Fischbandeisen 43
Flachdächsel 39
Flacheisen 43
— aufgeworfen 43
— gebogen 43
— gekröpft 43
— überworfen 43
— verkehrt gekröpft 43
Flachriemen 187
Flachstahl 44

Flachtexel 38j
Flachzange 29
Fläche, konkav 51
— konvex verlaufende 38, 51
Flächenhobelmaschine 158
Flammenbogen, doppelter 146
Flanschen 150
Flanschendurchmesser 150
Fliehkraft 130
Flockengraphit 122
Flügelhobel 55, 56
Flüssigkeitsmaschine 101, 108
Flugkreis 176
Flußstahl 200
Forstner-Bohrer, amerik. 79
Fourneyron 96
Fräse 175, 176
Fräskopf 175
Fräsmaschine 174
Frässpindel 124
Franzisturbine 96
Franzose 29
Französischer Stab 58
Freistrahlturbine 96
Friktion 114
Friktionswelle 117, 137
Frommsche Handbohrmaschine 83
— Nabenbohrmaschine 83
Froschbramschnitthobel 58
Froschkarnis 58
Froschspatzenhobel 56
Fuchsschwanzsäge 69, 70, 128
Fügebock 23
Fügen 23
Führung 20, 151
Führungsapparat 147
Führungslineal 147
Führungswalzen 137
Führungszapfen 85
Fülltrichter 107
Fugbank 24, 50, 55
Fuge 23
Fugenleimapparat 23
Fugenleimzwingen 23
Fughobel 51, 56
Furnieraufreibhammer 30
Furnierhobelmaschine 171
Furnierkreissäge 156
Furnierpresse 27
Furniersäge 68, 139, 170
Furnierschälmaschine 172
Furnierschneidmaschine 157, 170

Fußbodenvorgelege 126, 177
Futter 186

G

Gabbro 4
Gabelmaß 9
Galvani 111
Ganghöhe 18
Garbhobel 52
Gargelhobel 57
Gaserzeuger 106
Gasmotor 103
Gasolingas 101
Gassammler 108
Gassammeltopf 107
Gatter 134
Gatterriegel 134
Gattersäge 134, 147
Gatterschenkel 134
Gegendruck 97
Gehäuse geteiltes 122
— ungeteiltes 122
Gehrung 12
— falsche 12
Gehrungkantenzwinge 26
Gehrungsklammer 27
Gehrungsmaß 9
Gehrungsschneidapparat 147
Gehrungsschneidlade 22
Gehrungsstoßlade 26
Gehrungszwinge eiserne 26
Geisfuß aufgeworfen 42
— gebogen 42, 84
— gekröpft 42
— überworfen 42
— verkehrt gekröpft 42
Gelenkmaßstab 8
Gelenkschleifmaschine 197
Generator 106
Gesamtwirkungsgrad 92
Geschirrhobel 58
Gesimshobel 52
— eiserner amerikan. 54
— mit schrägem Eisen 53
Gewerbekunde 1
Gewindbohrer 85
Gewindbolzen 84
Gichtgas 105
Glatthobel 47
Gleichdruckmotor 109
Gleichdruckturbine 96
Gleichstrom 113
Gleichstrommotor 113
Gleitlager 121
Gliederwalze 165
„Gloria" Schränkapparat 64
Grat 89

Alphabetisches Namen- und Sachregister

Grathobel 55
Gratsäge 62, 69
Greifzirkel 15
— mit Maßeinteilung 16
Großhubgatter 136
Grundhieb 71
Grundhobel 55, 56
— eiserner 55
— hölzerner 55
Grundstahl 45
Gruppenantrieb 127
Guillochieren 185
Guillochiermaschine 192
Guillot 192
Gußstahl 200

H

Hacke 37
Hängelager 120
Hakenzähne 144, 145
Halslager 120
Hammer 30
— mit Klaue 30
Handbeil für Schreiner 39
— — Wagner 39
Handbohrer 81
Handdaubenbohrer 79
Handhacke Oberländer 39
Handsäge gespannt 67
— ungespannt 68
Handwerkzeug 1
Hanselbank 28
Harzschaber 165
Haspel 14
Hatton 158
Haube 37
Haupttransmission 104
Hebel 91
— doppelter 28
— einarmiger 77
— ungleicharmiger 20
— zweiarmiger 28
Hebelgewichte 163
Heißdampflokomobile 99
Heizapparat elektrischer 210
Heizschlangen 210
Heizung direkte 208
Henkelbohrer 80
Heureka 186
Hieb, feiner 71
— gewellter 71
— grober 71
— mittlerer 71
— verstopfter 74
Hiessingerhobel 49
Hinterzange 20
Hitzkammer 205
Hirnholz, Richtung normal
— — auf die Faser 36, 163
Hirnholzboden 213

Hirnholzhobel, amerikanischer 36, 50
Hobel 45
— zur Herstellung ebener Flächen 46
— zur Herstellung gekrümmter Flächen 51
— zur Herstellung gerader und gekrümmter jedoch seitlich begrenzter Flächen 52
— zur Herstellung verschiedener Profilierungen 57
— für Spezialzwecke 60
Hobelbank 17
— deutsche in Höhe verstellbar 18, 19
Hobelbankkeil 20
Hobelbankplatte 18
Hobeleisen 45, 46
Hobeleisenklappe 47, 48
Hobelkasten 45
Hobelkreissägeblatt 153
Hobelmaschine 157, 160, 164
Hobel- und Kehlmaschine, vierseitige 167
Hobelmaschine mit zwei und mehr Messerwellen 166, 168
— schwedische 168
Hobelmaul 46
Hobelmesser 45, 164
Hobelmesserschleifmaschine 194
Hobelsohle 46
Hochofengas 105
Hörner 67
Hohlbohrer 75
— amerikanischer 80
Hohlbolzen 85
Hohldächsel 39
Hohleisen 42
— aufgeworfenes 42
— gebogenes 43
— gekröpftes 43
— überworfenes 43
— verkehrt gekröpftes 43
Hohlfutter 186
Hohlkehlhobel 57
Hohlmeißel 44
Hohltexel 39
Hohlzirkel 15
Holzdrehbank 184, 185
Holzfußboden 213
Holzheft 72
Holzkeil 45
Holzklüpfel 31
Holzprägungen 206
Holzraspel, flache 73
— halbrunde 73

Holzschleifereien 93
Holzstöckelpflaster 213
Holzwollefabriken 93
Holzwollemaschinen 172
Horizontalgattersäge 134, 138
horse power 91
Hub 135
Hubhöhe 135
Hugghens 101
Hugon 101

I

Indikator 92
Innengewinde 84
Irwinbohrer 78
Isolation 112

J

Jadeit 4
Jalousiezapfenbohrer 80
James Watt 97
Janningbohrer 78

K

Kalksandstein 86
Kalorie 97
Kalypsolfette 126
Kannelierapparat 179
Kannelieren 185
Kantenbestoßmaschine 173
Kantenhobelmaschine 173
Kantennuthobel 54
Kantenzwinge 27
Kappsäge 156
Karborundum 90
Karmishobel 57
Kehldruckapparat 161
Kehlen 57
Kehlhobel 57
Kehlhobelmaschine 170
Kehlmesser 162
Kehrlöcher 207
Keil 32
— doppelseitig wirkender 32
— einseitig wirkender 33
— gleichschenkeliger 32
— rechtwinkeliger 32
Keile, eiserne 117
Keilloch 46
Keilrücken 32
Keilschneide 32
Keilspitze 32
Keilzwinge 23
Kellerschlegel 31
Kettenfräse 175
Kettenfräsmaschine 174, 179
Kettensäge 67
Kieselsandstein 86

Alphabetisches Namen- und Sachregister

Kilowatt 112
Kilowattstunde 112
Kimmhobel 57
Kittfalzhobel zum Verstellen 58, 59
Klappe des Doppelhobels 47, 48
Klauenhammer 30
Klauenkupplung 116
Klemmfutter 186
Kliebhacke 39
Klinge 72
— stählerne 41
Klingenbefestigung 42
Klobsäge 68
Klotzhobel 49
Kluppe 84
Kochkessel 205
Kohäsion 130
Koksofengas 105
Kolbendampfmaschine 98
Kolbenrückgang 102
Kolbenstange 98
Kombinierte Maschine 165, 198
Kommunewerkzeug 16, 213
Kondensator 106, 108
Konkavsäge 157
Kopfhobel 52
Kopierdrehbank 184, 188, 203
Korn, feines 86
— scharfes 86
Korund 89
Kraftbedarf 129, 146
Krafterzeugung 92
Kraftfeld, magnetisches 111
Kraftgas 105
Kraftlinien 111
Kraftmaschinen 91
Kraftübertragung, elektrische 92, 127
Kraftverwertung 92
Kranzhobel 58
Kratzbürste 74
Kreissäge 149, 155
— schwingende 156
Kreissägeblatt 149, 170
Kreissägeblattdurchmesser 150
Kreissägefeile 74
Kreisschneideapparat 147
Kreissegmentschneidapparat 147
Kreuzhieb 71
Kreuzkopf 98, 110
Kreuzmeißel 43
Krone 41, 42
Kronenfräse 175, 177
Kronensäge 157

Krummhaue 39
Küferlenkbeil 38, 39
Küfersetzhammer 30
Kühlmantel 103, 110
Kühlwasser 103, 110
Kühlung 103, 104
Kugelführungsring 121
Kugellager 121, 123, 159, 175
Kugelschalensäge 157
Kupplung 114
— bewegliche 127
— direkte 127
— feste 116
— lösbare 116
Kurbelgetriebe 98
Kurbelscheibe 141
Kurbelstange 98
Kurvenstreichmaß 13
Kurzschluß 112
Kurzschlußanker 113

L

Längeneinheit 8
Längsholz, Richtung des Faserlaufes 34
— Richtung entgegen dem Faserlauf 35
Längslager 121, 124
Lager 120, 186
Lagerabstand 115
Lagerbank 120
Lagerbock 120
Lagerdeckel 120
Lagergehäuse 120
Lagergestell 120
Lagerherstellung 120
Lagerkörper 120
Lagermetall-Legierung 120
Lagerschalen, auswechselbare 120
Langen 101
Langhobelmaschine 158
Langlochbohrer 180
Langlochbohrmaschine 180
Langlochbolzen 86
Langsamläufer 136
Latthammer 30
Laubisch-Einlaßmaschine 82
Laufzylinder 110
Laubsäge 68, 69
Laubsägemaschine 141
Lebon 101
Lederkupplung 127
Lederriemen 117
Leergang 92, 148
Leerscheibe 118
Legierung 120
Leimauftragmaschine 210

Leimfuge 23
Leimklammern 27
Leimknecht 25, 26
Leimofen 209
Leimwärmeapparat 208, 210
Leimzwinge 25
Leistung, absolute 92
— effektive 92
— indizierte 92
Leitrollen 181
Leitung, elektrische 111
Lenkstange 134
Lenoir 101
„Lesser" Schränkapparat 64
Leuchtgas 104
Leuchtgasmotor 93, 105
Levantinerstein 87
„Lewins" Patentbohrer 78
Libelle 10
Linoleumboden 213
Lochbeitel 41
Lochsäge 70
Lochtaster 15
Lochzirkel 15
— mit Maßeinteilung 15
Löffelbohrer 75
Lokomobile 98
Losscheibe 118, 126
Lötapparat 146
Lötstelle 146
Lötung 146
Lückenkreissägeblatt 152
Lufteinlaßventil 107
Luftentnahmeventil 110
Lufterneuerer 207
Luftfederndrehbank 185
Luftpumpe 110

M

Magnetismus 111
Malcolm Muir 158
Markenzwang 200
Martinverfahren 200
Maschine, einfache 90
— primäre 111
— sekundäre 111
— stromerzeugende 111
— stromverbrauchende 111
— zusammengesetzte 91
Maschinenteile, bewegte 114
— unbewegte 114
Maserholz 32, 35
Massivbolzen 85
Maßstab 8
Materialanforderung 199
Matern 201
Maul 46
Meißel 5

Meßband 8
Messerfeile 74
Messerfurnier 171
Messerkopf 158, 175
Messerwelle 124, 158
— runde 160
— vierkantige 159
Meßkluppe 9
Meterkilogramm 91
Meterstab 8
Mieselhacke 39
Miller 149
Mineralöle 122, 125
Missisippistein 87
Mitnehmerzapfen 151
Mittelgatter 134
Montierung 150, 154
Mühlsägefeile 74
Muffenkupplung 116
Mulaysäge 140
Mutter 85
Mutterbohrer 85
Muttergewinde 45
Mutterstähle 45
M-Zahn 66

N

Nachschleifen 86
Nacken 37
Nagelbürste 74
Nagelzange 28
Nase 46
Naßdampf 98
Naßschliff 90
Naxosschmirgel 90
Nebenleistung der Maschine 92
Nebenschlußmotor 113
Nephrit 4
Nettogewicht 92
Newberry 142
Newcomen 96
Nut 54
Nuthobel 55, 56, 57
Nutsäge, schwankende 151
— verstellbare 151
Nutzleistung der Maschine 92, 94

O

Oberfräse 174
Oberfräsmaschine 179
Oberhieb 71
Oberlager 178
Öhrbohrer 80
Ölabziehstein 86
— Levantiner 87
— Mississippi 87
— Washita 87
Öle, flüssige 122
Örtersäge 67

Ohr 37
Otto 101
Otto-Motor 101
Ovaldrehen 184
Ovolwerk 184
Ovalzirkel 17

P

Parallelhobelmaschine 158
Parallelogrammlineal 147
Parallelschraubstock 24
Partialturbine 96
passer 188
Passigdrehbank 189
Passigdrehen 184, 188
passim 188
Patentbohrer, amerikanischer 77
Peltonrad 96
Pendelsäge 155, 156
Perin Panhard 142
Perlstab 58
Pfahlbauten 6
Pferdekraft 91
— mechanische 92
Pferdekraftstunde 92
Pferdestärke 91, 115
Piepenausreibbohrer 80
Pignole 186
Pinole 186
Pitch-Pine-Boden 213
Plandrehen 184
Planscheibenfutter 186
Plattbankhobel 54
Platte 18, 37, 54
Plattenfeile 72
Plattenkehlapparat 162
Plettenberg-Aushängschweifsäge 68
Pleuelstange 98, 103, 134
Präzisionslineal, verstellbares 147
Pressen 31, 201
— hydraulisches 205
Prinzip, dynamoelektrisches 111
Profilhobel 57
Profilkehlmesser 168, 175
Puddelstahl 200
Putzhobel 48
Putzmesser 166
Putzmesserkasten 168, 170
Putzriemen 196
Putzscheiben 196
Putzwalzen 196

Q

Qualitätsbezeichnungen 200
Queraxt 38

Querhobelmaschine 158, 162
Querlager 121, 123
Querholz, Richtung quer über die Holzfasern 35
Querholzschneiden 152
Quersäge 139

R

Rabenschnabelzähne 152
Radbohrer 75
Radialturbine 96
Radmaschine „Universale" 190, 191
Radstange 137
Rädergetriebe 114
„Rapid" Handbohrmaschine 83
Raspel 70
— gebogene 73
— gekröpfte 73
— halbrunde 73
— runde 73
Raspelhieb 71
Ratsche 82
Ratschenbohrwinde 81
Rattenschwanzfeile 73
Rattenschwanzraspel 72
Rauhbankhobel 51
Rauhhobel 47
Rauhzwiemandl 47
Reaktionsturbine 96
Reibung 114, 130
Reibungswelle 117
Reifmesser 40
— krummes 40
Reifzange 28
Reifzieher 27
Reiniger 106
Reißahle 14
— Wiener 13
Reißnadel 14
Reitnagel 186
Reitstock 185, 186
Reitstockspindel 186
Retourdampf 208
Reynolds 205
Richthölzer 11
Richtscheite 11
Riegellocheisen 42
Riemen 114
Riemenbetrieb 114, 117, 127
— gekreuzter 118
— geschränkter 118
— offener 118
Riemenfett 117
Riemen, geleimt
— genäht 117
Riemengetriebe 98, 117
Riemenscheibe 98, 117
— ballige 118

Alphabetisches Namen- und Sachregister

Riemenscheibe, bombierte 118
— gerade 118
— schwach gewölbte 118
Riemenscheibendurchmesser 119
Riemenschleifmaschine 196
Riemenstufenscheibe 186
Riemenverbinder 117
Riemenzug, einfacher 128
Riffelfeile 73
Riffelraspel 73
Riffelwalze 137, 171
Ringlager 121
Ringschmierung 122
Röhrensäge 157
Rötelfaß 14
Rohrleitung 207
Rohrmeisel 41
Rolle 91
Rollenbohrfutter 181
Rollendurchmesser 142
Rollenlager 126
Rollmaß 8
Rotationsgeschwindigkeit 156, 161
Rotgußlegierung 120
Rücken des Sägeblattes 62
Rückenführung 144
Rückschlagscheibe 157
Rückwärtsbewegung der Säge 62
Rückwandhobel 54
Runddrehen 184
Rundkehlapparat 162
Rundmesserkopf 173
Rundriemen 187
Rundschaber 40
Rundschneideapparat 147
Rundstabhobel 57
Rundstabhobelmaschine 173
Rutscherschleifstein 87

S

Säge 61
Sägearme 67
Sägeblatt 67
— durchlochtes 66
— hinterlochtes 66
— perforiertes 65, 154
— verbranntes 66, 155
Sägefeile 64, 74
— dreikantige 73
Sägefeilmaschine 192
Sägefurnier 171
Sägegeschwindigkeit 135
Sägegestell 66
Sägehörner 67
Sägemaschine mit unterbrochener (reziproker) Bewegung 132
Sägemaschine mit ununterbrochener, fortlaufender (kontinuierlicher) Bewegung 132, 141
Sägemühle 93, 129
Sägerandrisse 192
Sägeschärfapparat 192
Sägesteg 67
Sägezähne 61, 64
Sägezahn-Egalisierapparat 154
Sägezahn-Stauchapparat 154
Säulenbohrmaschine 181
Säulenhobel 60
Sammelkessel 108
Sandpapierschleifmaschine 198
Sandstein 86
— kalkhaltiger 86
— kieselhaltiger 86
— toniger 86
Saphiersäge 66, 89
Sargent Isack 205
Sattdampf 97, 98
Sauggasgenerator 107
Sauggasmotor 93, 105, 111
Saughauben 207
Saughub 102
Saugrohrleitung 207
Saumgatter 134
Saussurit 4
Savery 96
Schaben 34
Schaber 40
Schabhobel 59, 60
— amerikanischer 60
Schablonendrehbank 188
Schablonenräder 188
Schachtelspanhobel 60
Schälfurniere 172
Schärfen 86
Schärfmaschinen 192
Schalenkuppelung 116
Schaltbewegung 137
Schaltwerk 137
Scharniergreifzirkel 14
Scharnierzirkel 14
Schaufel 76
Scheibenfutter 186
Scheibenhobelmaschine 158, 162
Scheibenkuppelung 116
Scheibenlager 121
Scheibenschleifmaschine 196
Schieberkasten 98
Schiffgesimshobel 56
Schiffhobel 52
— amerikanischer 50
Schiffhohlkehlhobel 58
Schiffnuthobel 56
Schiffrundstabhobel 58
Schlagleistenhobel 59
Schlangenhobel 77, 78
Schlegel, hölzerner 30
Schleifapparat, verstellbar 88
Schleifen 37
Schleifmaschinen 195, 197
Schleifmittel 196
Schleifstein 88
— künstlicher 86, 89
Schleifsteinabrichter 89
Schleifringanker 113
Schleifsteinregler 89
Schleiftrommel 196
Schlichthieb 71
Schlichthobel 47
Schlichtmeißel 43
Schlichtschiffhobel 52
Schlichtspan 47
Schlichtstahl 44
Schlichtzwiemandl 47
Schliff, deutscher 41
— englischer 41
Schliffwinkel, rechtwinkeliger 63
— schräger 63
Schlitten 20, 159
Schlittenvorschub 137
Schlitzapparat 179
Schlitzdorn 175
Schlitzhaken 177
Schlitzmaschine 177
Schlitzsäge 67
Schlitzscheibe 177
Schloßeinlaßmaschine 82
Schlüssel 20, 67
— französischer 29
Schlußreiniger 108
Schmalbahn 30
Schmiege 12
Schmierfette 125
Schmiermaterial 126
Schmiernuten 126
Schmiervorrichtungen 114, 120, 122
Schmirgelscheibe 65, 86, 195
Schmirgelschleifmaschine 193
Schneckenbohrer 76
— steyrischer 76
Schneidbank 27
Schneiden 31, 33
Schneidkluppe 84
Schneidmaß 13
— Universal 13
Schneidwerkzeuge 31, 33, 37, 86

Schneidwinkel 34, 48
Schneidzeugkörper 84
Schnelläufer 136
Schnittfläche 61
Schnitzbank 27
Schnitzmesser 40
Schnurhaspel 14
Schnurrillen 187
Schnurschlag 14
Schnurwirtel 185
Schrägmaß 12
— amerikanisches 12
Schrägschneideapparat 147
Schränkapparat 192
— selbsttätiger 193
— „Allen Voran" 64
— „Gloria" 64
— „Lesser" 64
— „Universelle" 64
— Wiener 64
Schränkeisen 64
Schränken 63, 144, 145
Schränkmaschine 192
Schraubensatz 18
Schraubbock 25, 27
Schraube 18, 45
— ohne Ende 19, 117
Schraubenbohrer 77
Schraubenfutter 186
Schraubengang 18
Schraubengewindstähle 45
Schraubenlinie 18
Schraubenmutter 18
Schraubenschlüssel 28
Schraubenschneidkluppe 74, 84
Schraubenschneidzeug 74, 84
Schraubenspindel 18
Schraubenstähle 45
Schraubenzieher 28, 64
— selbsttätiger 29
Schraubknecht 25
Schraubstock 25
Schraubzwinge 25
Schraubzwingenspindel 25
Schreinerhammer 30
Schreinerhandbeil 38
Schreinerklüpfel 31
Schreinerschnitzer 39
Schreinerstockhacke 39
Schrobhobel 47
Schroppen 47
Schropphobel 47
Schroppstahl 44
Schroppzwiemandl 47
Schrotmeißel 44
Schrotwage 10

Schrubhobel 47
Schrupphobel 47
Schublehre 9
Schürfhobel 47
Schultern, gerade 179
— profilierte 179
— unterschnittene 179
Schutzbrille 195
Schutzgitter 157
Schutzhaube 157, 165, 179
Schutzkorb 157, 179
Schutzring 176
Schutzvorrichtungen 131, 156, 161
Schwalbenschwanz 56
Schwanzkimmhobel 57
Schwartengatter 134
Schwefelblüte 122
Schweifgargelkamm 57
Schweifhobel, gerader 55
— krummer 56, 57
Schweifkimmhobel 57
Schweifsäge 67
— verstellbare Plettenberg 68
Schwerkraft 10
Schwindmaß 8
Schwindmaßstab 8
Schwungkraft 130
Schwungrad 98, 104, 110
Segerz 39
Segner 96
Seitenbankhaken 21
Seitengatter 134, 137
Seitenhobel, eiserner 54
Seitenstauchapparat 145
Sekundenleistung 91
Sekundenliter 112
Sellerskupplung 116
Senkblei 9, 10
Senkel 10
Separator 207
Sergeant 27
Serpentin 4
Setzwage 9, 10
Sicherheitsmesserwelle 160, 165
Sicherheitsventil 209
Sicherung 112
Simshobel 50
— amerikanischer 52
Skrubber 107
Sockelhobel 58
Sohle des Hobels 46
Späneabsaugungsanlage 166, 207
Spänekammer 207
Spänesammler 207
Spänetransportanlage 206
Späne-Zerreißapparat 169
Spalierlattensäge 155
Spalten 31

Spaltfuge 32
Spaltgatter 137
Spaltkeil 156, 157
Spaltmaschinen 132
Spaltwerkzeuge 33
Spanbrecher 163, 170
Spanhobelmaschine 171
Spanlenker 163
Spanloch 46
— verstellbares 46
Spannbacken 176
Spannhülsenlager 121, 123
Spannring 27, 176
Spannscheibe 88
Spannschnur 67
Spannung, elektrische 112, 123
Spiegelseite 46, 89
Spindel, durchlaufende 175
— feste 175
Spindelgewinde 18
Spindel-Keil-System 18
Spindelstock 185
Spiralbohrer, amerikanischer 78
Spitzbankhaken 21
— amerikanischer 21
Spitzhobel 14
Spitzstahl 44
Spitzzange 29
Spitzzirkel 15
Spundbohrer 79, 80
— mit Schneckenspitze 80
Spundfutter 186
Spundheber 75, 80
Spundhobel 56
Spundlochbohrer, amerikanischer 79
Spundung 56
Spurlager 120
Stabhobel 58
— mit Messing montiert 58
Stabziehapparat 178
Stabziehhobel 60
Ständer 18
Stahlbandkuppelung 127
Stahldrahtbürste 74
Stahllippen 159
Stahlrädchen, gezahnt 89
Stahlschiene 202
Stahlwaren 199
Stangenzirkel 14
Starrschmiere 122, 125
Staubsammler 207
Stauchen 64, 145
Stechbeitel 41, 43
Stecheisen 42
Stechwerkzeuge 41
Stechzeug 41
Steg 67
Steine, geglättete 4

Alphabetisches Namen- und Sachregister

Stehknecht 22
Stehlager 120, 123
Steifsäge 128, 140
Steigung 18
Steinaxt 4
— gebohrt 4
Steinbeil 3
Steinkeil 4
Steinmesser 4, 5
Steinmetzklüpfel 31
Steinmetzschlegel 31
Steinwerkzeuge 2
Steinzeit, ältere 4
— jüngere 4
Stellmaß 13
Stellmodel 13
Stellringe 82, 114, 117
Stellwinkel 11
Stemmeisen 41
Stemmhobel 52
Stemmaschinen 182
Stemmer 183
Stemmwerkzeuge 41
Stemmzeug 41
Steuerwelle 110
Stichaxt 38, 39
Stichsäge 69
Stichstahl 44
Stielgeschirrhobel 58
Stiftenhammer, kleiner 30
Stirnlager 120
Stirnräder 117
Stirnräderübersetzung 127
Stockzähne 66
Stöckel 40
Stöckelmesser 40
Stopfbüchse 98
Stoß 62
Stoßaxt 38, 39
Stoßbank 51
Stoßkraft 93
Stoßlade 22
— zum Schrauben 22
Streichmaß 12
— für Kurven 13
— Otts Patent- 13
— Patent-, eisernes 13
— Präzisions-, amerikanisches 13
Streichmodel 12
Streifhobel 58
Stromerzeuger 111
Stromstärke 112
Stromverbraucher 111
Stufenscheiben 119
Stutzen 25
Support 185, 187

T
Takthub 109
Tangentialhobelmaschine 158

Tangentialkraft 130
Tangentialrad 95
Tanzmeisterzirkel 16
Tappersägefeile 73
Tara 92
Taster 15
Taubenschwanz-Nut- und Kehlhobel 59, 60
Taumelsäge 151, 177
Taylor 106
Technologie 1
Teerabscheider 108
Teilung 65
Terrazoboden 213
Texel 5, 37, 39
Thonet, Michael 205
Thüringer Wetzschalen 87
Tiegelgußstahl 154, 200
Tischfräsmaschine 174
Tischkreissäge 155
Tonsandstein 86
Totalleistung der Maschine 92
Tourenzahl 143, 151, 165
Trägheitsgesetz 30
Transmission 98, 114
Transmissionsanlage 126
Transmissionswelle 115
Transportwalzen 168
Treibriemen 114
Trennbandsäge 147
Trenngatter 137
Trittvorrichtung 185, 187
Trockenapparat 208
Trockengestell 208
Trockenkammer 203
Trockenkasten 208
Trockenofen 209
Trockenreiniger 107, 108
Trockentisch 208
Trockenschliff 90, 195
Trommelsäge 157
Türenspanner 25
Turbine 94
turbo 96

U
Überdruck 96, 97
Überdruckturbine 96
Überdruckventil 209
Überhang 136
Überhitzer 98
Überschiebhobel 59
Übersetzungsverhältnis 119, 187
Übertragung 114
Umdrehungsgeschwindigkeit 130
Umdrehungszahl 115, 119, 135
Umfangsgeschwindigkeit 120, 151, 162

Unfall-Verhütungs-Vorschriften 131
Unikum - Nabenbohrmaschine 82
Universalbohrfutter 181
Universal-Fräs-Kannelier- und Windeapparat 191
Universalhobel, verstellbar 59, 60
Universalhobelmaschine 166
Universalmaschine 198
Universal Radmaschine 190
Universalschmiege 12
Universalschreinerofen 209
Universalzirkel 16
Unterhieb 71

V
Vaseline 126
Ventilator 106, 108
— saugender 207
Verarbeitung, chemische 1
— mechanische 1
Verbrennen der Sägeblätter 66
Verbrennungskraftmaschinen 101, 129
Verdampfungsschale 107
Verdichtungsraum 102
Versenker 79
Vertikalgattersäge 133, 139
Viereisen 182
Vierkantapparat 162
Vierkantwelle 160, 164
Viertaktsystem 101, 102
Viertelstab 58
Vogelzungenfeile 74
Vollgatter 133, 134
Vollgattersäge 133
Vollscheibe 118
Vollturbine 96
Volt 112
Volta 112
Vorderzange, deutsche 19
— französische 19
Vorgelege 107, 126
Vorschneider 53, 76
Vorschubbewegung 168
Vorschubgeschwindigkeit 148, 168
Vorschubwalze 135, 163
Vorwärtsbewegung der Säge 62, 74

W
Wärmeeinheit 97
Wärmeofen 208
Wärmeplatten 208, 210

Wagnerbankhaken 21
Wagnerhandbeil 39
Wagnerstoßhacke 39
Waldaxt, amerikan. 38
— gewöhnliche 38
Waldhacke 39
Waldsäge 67
Walzenhobelmaschine 163, 166
Walzenschleifmaschine 196
Walzenvorschub 137
Wandbohrmaschine 180
Wandhobel 54
Wangen 32, 185
Wangenhobel 54
Waschen 107
Washitastein 87
Wasserdampf 202
Wasserrad, mittelschlächtiges 94
— oberschlächtiges 93
— rückenschlächtiges 93
— unterschlächtiges 93
Wasserrohrkessel 101
Wasserstein 86
Wasserturbine 92, 93
Wasserwage 9
Watt 112
Wechselräder 172
Wechselstrommotor 113
— dreiphasiger 113
Wellen 114, 115, 149
Wellendurchmesser 115
Wellenkorb 122
Wellenleitungen 122
Wellenstabapparat 179
Wellrad 91
Weißmetall 120
Wendeisen 81
Werkzeuge 1
— aktive 7, 31
— arbeitende 7, 31
— Entstehung derselben 1
— formgebende 7, 31
— messerartige 39
— passive 7
— schabende 39
— tätige 7, 31
— untätige 7
— ursprüngliche 1
— zum Abmessen 8
— — Anfassen 17
— — Anreißen 8
— — Anzeichnen 8
— — Draufschlagen 30
— — Einspannen 17
— — Einteilen 8
— — Festhalten 17
— zusammengesetzte 1
Werkzeugmaschinen 1
Werner von Siemens 111

Wetzschale 87
Windeisen 81
Windungsfräsapparat 185
Winkel erhabener 11
— rechter 11
— spitzer 11
— stumpfer 11
Winkeleisen 12
Winkelhaken 12
Winkelmaße 11
Winkelräder 117
Winkelstoßlade 22
Winkelschneidlade 22
Wippendrehbank 185
Wirkungsgrad der Maschine 92
Wolfszahn 65, 144
— überhängender 65, 135, 152
Wrasenbildung 209

Z

Zähne, auswechselbare 66
— doppelseitig wirkende 62, 153
— eingesetzte 66, 154
— einseitig wirkende 62
— freistehende 144
— gleichschenkelige 61
— M-Form 65
— mit Stahlspitzen 66
— rechtwinkelige 61
— spitzwinkelige 61
— stumpfwinkelige 61
— überhängende 61, 62, 144, 152
— W-Form 65
— zurückspringende 61
Zahngeschwindigkeit 135, 148
Zahngrundlinie 61
Zahngrundwinkel 61, 144
Zahnhobel 50, 51, 60
— amerikanischer 60
Zahnkuppelung 117
Zahnlücke 61
Zahnradgetriebe 128
Zahnräder 114, 117
Zahnspitzenlinie 61
Zahnstange 139
Zahnstangenvorschub 139
Zahnstaucher 64, 154
Zahnzahl 153
Zange 20, 28
Zangenbrett 20
Zapfenabkanter 80
Zapfen, doppelter 172
— einfacher 172
— schwalbenschwanzförmiger 172
Zapfenbohrer 75, 79

Zapfenhobelmaschine 172
Zapfenmesserköpfe 172
Zapfenschneidapparat 179
Zapfenschneidhobel 60
Zapfenschneidmaschine 156, 172
Zapfenstreichmaß 13
Zeitabschnitt, paläolithischer 1
— neolithischer 1
Zentrierbohrfutter 181
Zentrierkonus 150
Zentrifugalkraft 130
Zentrifugal-Späneabscheider 207
Zentripedalkraft 130
Zentrumbohrer 76
— verstellbarer 77
Ziehklinge 40
Ziehklingenstahl 40
Ziehmesser 40
Zimmermannsaxt 38
Zimmermannsbreitbeil 39
Zimmermannshammer 30
Zinkenfräsmaschine 179
Zinkensäge 68, 69, 70
Zinkzulagen 27, 209
Zirkel 15
Zirkularsäge 74, 149
Zirkularsägefeile 74
Zoll, bayrischer 9
— englischer 9
— österreichischer (Wiener) 9
— preußischer 9
— rheinländischer 9
— sächsischer 9
— württembergischer 9
Zündholzdrahthobelmaschine 172
Zündvorrichtung 104
Zuführungswalze 151, 164
Zug 62
Zugmesser 40
Zunge 12
Zuppinger Tangentialrad 95
Zusatzmaschine 129
Zuschärfungswinkel 33, 63, 194
Zwerchaxt 38
Zwergen 36
Zwickzange 28
Zwiemandl 47
Zwirl 186
Zwischenhieb 71
Zwischenmaschinen 91, 114
Zyklon 207
Zylinderkopf 98, 102, 104
Zylindersäge 157

Die als freibleibend anzusehenden Preise sind Goldmarkpreise

Aus Natur und Geisteswelt
Jeder Band gebunden M. 1.60
Lehrbücher für Schule und Selbstunterricht:

Arithmetik und Algebra zum Selbstunterricht. Von Geh. Studienrat *P. Crantz.* Mit zahlr. Fig. 2 Bde. 8. bzw. 6. Aufl. . . . . . (Bd. 120, 205.)

Graphisches Rechnen. Von Prof. *O. Prölß.* Mit 164 Fig. im Text. . . . . (Bd. 708.)

Lehrbuch der Rechenvorteile. Schnellrechnen u. Rechenkunst. Mit zahlr. Übungsbeispielen. Von Ing. Dr. *J. Bojko.* . . . . (Bd. 739.)

Praktische Mathematik. V. Prof. Dr. *R. Neuendorff.* I. Teil: Graphische Darstellungen. Verkürztes Rechnen. Das Rechnen mit Tabellen. Mechan. Rechenhilfsmittel. Kaufmänn. Rechnen im tägl. Leben. Wahrscheinlichkeitsrechnung. 3. Aufl. Mit zahlr. Fig. (Bd. 341.) II. Teil: Geometr. Zeichnen, Projektionslehre, Flächenmessung, Körpermessung. Mit 133 Fig. (Bd. 526.)

Einführung in die Infinitesimalrechnung mit einer histor. Übersicht. V. Prof. Dr. *G. Kowalewski.* 3., verb. Aufl. Mit 18 Fig. . . . (Bd. 197.)

Differentialrechnung unter Berücksichtigung der praktischen Anwendung in der Technik mit zahlreichen Beispielen u. Aufgaben versehen. Von Stud.-Rat Privatdoz. Dr. *M. Lindow.* 4. Aufl. Mit 50 Fig., 161 Aufg. . . . . (Bd. 387.)

Integralrechnung unt. Berücksichtigung der prakt. Anwendung in d. Technik mit zahlreichen Beispielen u. Aufgaben. versehen. Von Studienrat Privatdoz. Dr. *M. Lindow.* 3. Aufl. Mit 43 Fig. und 200 Aufg. . . . . . (Bd. 673.)

Differentialgleichungen. Unter Berücksicht. der praktischen Anwendung in der Technik mit zahlr. Beispielen u. Aufgab. versehen. V. Studienrat Privatdoz. Dr. *M. Lindow.* Mit 38 Fig. im Text und 160 Aufg. . . . . . (Bd. 589.)

Planimetrie zum Selbstunterricht. Von Geh. Stud.-R. *P. Crantz.* 3. Afl. Mit 94 Fig. (Bd. 340.)

Analytische Geometrie der Ebene zum Selbstunterricht. V. Geh. Studienr. *P. Crantz.* 3. Aufl. Mit 55 Fig. . . . . (Bd. 504.)

Ebene Trigonometrie zum Selbstunterricht. Von Geh. Studienr. *P. Crantz.* 3. Aufl. Mit 50 Figuren . . . . (Bd. 431.)

Sphär. Trigonometrie zum Selbstunterricht. V. Geh. Stud.-R. *P. Crantz.* Mit 27 Fig. (Bd. 605.)

Einführung in die darstellende Geometrie. Von Prof. *P. B. Fischer.* Mit 59 Fig. (Bd. 541.)

Projektionslehre. V. akademischem Zeichenl. *A. Schudeisky.* 2. Aufl. Mit 208 Fig. (Bd. 364.)

Grundzüge der Perspektive nebst Anwend. Von Prof. Dr. *K. Doehlemann.* 2., verb. Aufl. Mit 91 Fig. und 11 Abbildungen. . . . (Bd. 510.)

Geometrisches Zeichnen. V. akad. Zeichenl. *A. Schudeisky.* Mit 172 Abb. a. 12 Taf. (Bd. 568.)

Die graphische Darstellung. V. Hofrat Prof. Dr. *F. Auerbach.* 2. Aufl. Mit 139 Fig. (Bd. 437.)

Mechanik. V. Prof. Dr. *G. Hamel.* 3 Bde. I. Grundbegriffe d. Mechanik. Mit 38 Fig. II. Mech. d. festen Körper. III. Mechanik d. flüssigen u. luft. förm. Körper. (Bd. 684/686.) II. u. III. in Vorb. 23.

Aufgaben aus der techn. Mechanik für den Schul- u. Selbstunterricht. V. Prof. *N. Schmitt.* I. Bewegungslehre. Statik u. Festigkeitslehre. 2. Aufl. Mit 240 Aufg. u. Lösungen u. zahlr. Fig. im Text. II. Dynamik u. Hydraulik. (Bd. 558/559.)

Statik. V. Gewerbeschulrat Baugewerkschuldir. Reg.-Baumstr. *A. Schau.* 2. Afl. M 112 Fig.(Bd.828.)

Festigkeitslehre. Von Gewerbeschulrat Baugewerkschuldir. Reg.-Baumstr. *A. Schau.* 2. Afl. Mit 119 Figuren im Text. . . . . . (Bd 829.)

Einführung in die technische Wärmelehre (Thermodynamik). Von Geh. Bergrat Prof. *R. Vater.* 2. Aufl. v. Privatdoz. Dr. *Fr. Schmidt.* Mit 46 Abb. Abb. im Text. . . . . (Bd. 516.)

Praktische Thermodynamik. V. Geh. Bergrat Prof. *R. Vater.* 2. Aufl. Mit zahlr. Abb. (Bd. 596.)

Die Dampfmaschine. Von Geh. Bergrat Prof. *R. Vater.* Neuaufl.von Privatdoz. Dr.*Fr. Schmidt.* I: Wirkungsweise des Dampfes in Kessel und Maschine. 5. Aufl. Mit 38 Abb. II: Ihre Gestaltung u. Verwendung. 3. Aufl. M. 94 Abb.(Bd.393/94.)

Die neueren Wärmekraftmaschinen. V. Geh. Bergrat Prof. *R. Vater.* Neuaufl. von Privatdoz. Dr. *F. Schmidt.* I: Einführung in die Theorie u. den Bau der Gasmaschinen. 6. Aufl. Mit 45 Abb. (Bd. 21.) II: Gaserzeuger, Großgasmaschinen, Gas- u. Dampfturbinen. 5. Aufl. M. 43 Abb.(Bd. 86.)

Wasserkraftausnutzung und Wasserkraftmaschinen. Von Dr.-Ingenieur *F. Lawaczek.* Mit 57 Abb. . . . . (Bd. 732.)

Maschinenelemente. Von Geh. Bergrat Prof. *R. Vater.* 4., erw. Aufl. bearbeitet von Privatdozent Dr. *F. Schmidt.* Mit 183 Abb. (Bd. 301.)

Hebezeuge. Von Geh. Bergrat Prof. *R. Vater.* 2. Aufl. Mit 67 Abb. . . . . (Bd. 196.)

Die Fördermittel. Einrichtungen zum Fördern v. Massengütern u. Einzellasten in industriellen Betrieben. Von Obering. *O. Bechstein.* Mit 74 Abb. im Text. . . . . (Bd. 726.)

Landwirtschaftliche Maschinenkunde. Von Geh. Reg.-R. Prof. Dr. *G. Fischer* 2. Aufl. Mit 64 Abb. . . . . (Bd. 316)

Die Spinnerei. Von Dir. Prof. *M. Lehmann.* Mit 35 Abb. . . . . (Bd. 338.)

Grundlagen der Elektrotechnik. V. Obering. *A. Rotth.* 3. Aufl. Mit 70 Abb. . . . (Bd. 391.)

Die elektrische Kraftübertragung. Von Ing. *P. Köhn.* 2. Aufl. Mit 133 Abb. . . . . (Bd. 424.)

Drähte und Kabel, ihre Anfertig. u. Anwend. i.d.Elektrotechn. V. Telegraphendirekt.*H.Brick.* 2. Aufl. Mit 243 Abb. . . . . (Bd. 285.)

Beleuchtungswesen. Von Ing. Dr. *H. Lux.* Mit 54 Abb. . . . . (Bd. 433.)

Unsere Kohlen. Von Bergassessor *P. Kukuk.* 2., verb. Auflage. Mit 49 Abb. im Text und 1 Tafel . . . . (Bd. 396.)

Das Eisenhüttenwesen. V. Geh. Bergrat Prof. Dr. *H. Wedding.* 6. Auflage von Bergassessor Dipl.-Ing. *F. W. Wedding.* Mit 22 Abb. (Bd. 20.)

Das Holz, seine Bearbeitung und seine Verwendung. Von Oberinspektor Prof. *J. Großmann.* 2.Aufl. Mit Originalabb. i. Text.(Bd.473.) [In Vorb. 1924.]

Der Eisenbetonbau. Von Dipl.-Ing. *E. Haimovici.* 2. Aufl. Mit 82 Abb. und 8 Rechnungsbeispielen . . . . (Bd. 275.)

Einführung in die Technik. Von Geh. Reg.-R. Prof. Dr. *H. Lorenz.* Mit 77 Abb. . . . (Bd. 729.)

Schöpfungen der Ingenieurtechnik der Neuzeit. Von Geh. Reg.-R. *M. Geitel.* 2. Aufl. Mit 32 Abb. . . . . (Bd. 28.)

VERLAG VON B. G. TEUBNER IN LEIPZIG UND BERLIN

Mathematisch-Physikalische Bibliothek
Gemeinverständliche Darstellungen aus der Mathematik und Physik.
Unter Mitwirkung von Fachgenossen hrsg. von Oberstud.-Dir. Dr. *W. Lietzmann* u.
Oberstudienrat Dr. *A. Witting.* Fast alle Bändchen enth. zahlr. Fig. Kart. je M. —.80
Auswahl von Bändchen für gewerbl. Lehranstalten und die gewerbl. Praxis:

Die 7 Rechnungsarten mit allgem. Zahlen. Von Oberstud.-Rat Prof. Dr. *H. Wieleitner.* 2. Aufl. . . . . (Bd. 7.)
Abgekürzte Rechnung. Nebst einer Einführ. i. d. Rechnung m. Logarithm. V. Oberstud.-R. Prof. Dr. *A. Witting.* Mit zahlr. Aufg. (Bd. 47)
Elementarmathematik und Technik. Eine Sammlung elementarmath. Aufgaben mit Bezieh. z. Technik. Von Prof. Dr. *R. Rothe.* (Bd 54.)
Finanzmathematik. (Zinseszinsen-, Anleihe- u. Kursrechnung.) Von Dr. *Karl Herold.* (Bd. 56.)
Wahrscheinlichkeitsrechnung. V. *O. Meißner.* 2. Auflage. I: Grundlehren. II: Anwendungen. . . . . (Bd. 4 u. 33.)
Einführung in die Infinitesimalrechnung. Von Oberstud.-R. Prof. Dr. *A. Witting* 2. Aufl. I: Die Differentialrechnung. II: Die Integralrechnung. . . . . (Bd. 9 u. 41.)
Der pythagoreische Lehrsatz mit einem Ausblick auf das Fermatsche Problem. Von Oberstud.-Dir. Dr. *W. Lietzmann.* 2 Afl. (Bd. 3.)
Methoden zur Lösung geometrischer Aufgaben. Von Stud.-Rat *B. Kerst.* . . . (Bd. 26.)
Einführung in die Trigonometrie. Eine elementare Darstellung ohne Logarithmen. Von Oberstud.-Rat Prof. Dr. *A. Witting.* Mit zahlr. Aufgaben. . . . . (Bd. 43.)
Der Goldene Schnitt. V. Prof. Dr. *H. E. Timerding.* . . . . (Bd. 32.)
Ebene Geometrie. V. Stud.-R. *B. Kerst.* (Bd. 10.)
Darstellende Geometrie des Geländes und verwandte Anwendungen der Methode der kotierten Projektionen. V. Prof. Dr. *R. Rothe.* 2., verb. Aufl. . . . . (Bd. 35/36.)
Konstruktionen in begrenzter Ebene. Von Oberschulrat Dr. *P. Zühlke.* . . . . . (Bd. 11.)

Einführung in die projektive Geometrie. Von Prof. Dr. *M. Zacharias.* 2. Aufl. . (Bd. 6.)
Funktionen, Schaubilder und Funktionstafeln. Eine elementare Einführung in die graphische Darstellung und in d. Interpolation. Von Oberstud.-Rat Prof. Dr. *A. Witting.* Mit zahlreichen Aufgaben. . . . . (Bd. 48.)
Einführung in die Nomographie. Von Stud.-Rat *P. Luckey.* I. Die Funktionsleiter. (Bd. 28.) II. Die Zeichnung als Rechenmasch. (Bd. 37.)
Theorie und Praxis des logarithmischen Rechenschiebers. Von Stud.-R. *A. Rohrberg.* 2. Aufl. . . . . (Bd. 23.)
Wo steckt der Fehler? V. Oberstudiendirektor Dr. *W. Lietzmann* und Mag. scient *V. Trier.* 3. Aufl. . . . . (Bd. 52.)
Trugschlüsse. Gesammelt von Oberstudiendir. Dr. *W. Lietzmann.* 3. Aufl. des 1. Teiles von: Wo steckt der Fehler?. . . . . . . (Bd. 53.)
Atom- und Quantentheorie. Von Prof. Dr. *P. Kirchberger.* I: Atomtheorie. II: Quantentheorie. . . . . (Bd. 44/45.)
Ionentheorie. Von Prof. Dr. *P. Bräuer.* (Bd. 38.)
Das Relativitätsprinzip. Leichtfaßl. entwickelt von Stud.-Rat *A. Angersbach* . . . . (Bd. 36.)

Unter der Presse 1924:

Konforme Abbildungen. V. Stud.-R. *E. Wicke.*
Mathemat. Instrumente. V. Stud.-Rat *W. Zabel.* I. Hilfsmittel und Instrumente zum Rechnen. II. Hilfsmittel und Instrumente zum Zeichnen.
Mengenlehre. Von Dr. *K. Grelling.*
Die physikalischen Grundlagen der Radiotechnik. Von W. Ilberg.

Sprachen

Deutsche Sprach- und Stillehre. Eine Anleitung zum richtigen Verständnis und Gebrauch unserer Muttersprache. Von Geh. Stud.-Rat Prof. Dr. *O. Weise.* 5. Aufl. Geb. . . . . M. 2.60
Richtiges Deutsch. Von Rektor *A. Knospe.* Teil I: Lehrstoffe und Aufgaben zur deutsch. Rechtschreibung. Kart. M. —.80 Teil II: Lehrstoffe und Aufgaben zur deutschen Sprachlehre einschließlich der Zeichensetzung. Kart. . . M. 1.—
English Lessons. Einf. Lehrg. d. engl. Sprach. für späte Anfänger. Von Oberschulrat Dr. *W. Hübner.* Kart. M. 2.60, geb. M. 3.40

Teubners kleine Sprachbücher.
Bisher sind folgende Sprachen erschienen:
Französisch (Lecons de français). Von Stud.-Rat Dr. *E. Madlung.* Kt. M. 2.60, gb. M. 3.20
Englisch (English Lessons). Von Prof. Dr. *O. Thiergen.* 8. Afl. Kt. M. 2.60, gb. M. 3.20

Italienisch (Lezioni Italiane). Von *A. Scanferlato.* Teil I. 8. Afl. Kt. M. 2.60, gb. M. 3.20 Teil II: Ergänz. 4. Afl. Kt. M. 2.60, gb. M. 3.20
Spanisch für Schule, Beruf und Reise. Von Lehrer *C. Dernehl.* 3. Aufl. Kart. M. 2.20, geb. M. 2.80
Lectura española. Von Lehrer *C. Dernehl* u. Dr. *H. Laudan.* I. Familia. 2. Aufl. Kart. M. —.50. II. Patria. Kt. M. —.60. III. Alrededor del mundo. Kt. M. —.50. Kpl. gb. M. 2.20
Portugiesisch (Lições Portuguezas). Von Lehrer *G. Eilers.* Mit 1 Karte von Brasilien. Kart. M. 2.60, geb. M. 3.20
Türkisch. Von Konsul *W. Padel.* Mit 1 Karte. Geb. . . . . M. 3.20
Polnisch. Für Schule, Beruf und Reise. Von Prof. Dr. *A. Brückner.* Kart. M. 2.60 Geb. . . . . M. 3.20
Russisch. V. Stud.-R. Dr. *Tausendfreund.* [U. d. Pr. 1924.]
Schlüssel sind lieferbar zu **Französisch, Englisch, Italienisch, Spanisch und Polnisch.**

VERLAG VON B. G. TEUBNER IN LEIPZIG UND BERLIN

Wirtschafts- und Geschäftskunde

Grundzüge der Volkswirtschaftslehre. Von Prof. Dr. *G. Jahn.* 2. Aufl. (ANuG Bd. 593.) Geb. . . . . M. 1.60

Einleitung in die Volkswirtschaftslehre. Geschichte, Theorie und Politik. Von Prof. Dr. *A. Sartorius Freiherr von Waltershausen.* Geh. M. 3.40, geb. . . M. 4.80

Allgemeine Volkswirtschaftslehre. Von Prof. Dr. *R. Liefmann.* Kart. . . . M. 2.20

Grundzüge der Volkswirtschaftslehre. Von Prof. Dr. *W. Gelesnoff.* Nach einer vom Verfasser für die deutsche Ausgabe vorgenommenen Neubearbeitung des russischen Originals übersetzt von Dr. *E. Altschul.* 2. Aufl. [U. d. Pr. 1924.]

Allgemeine Volkswirtschaftslehre. Von Geh. Oberreg.-Rat Prof. Dr. *W. Lexis.* (Kultur der Gegenwart, hrsg. von Prof. *P. Hinneberg.* II, 10, 1.) 2. Aufl. Geb. M. 11.—, in Halbleder . . . . M. 14.—

Deutsche Handelspolitik. Ihre Geschichte, Ziele und Mittel. Eine Einführung von Prof. Dr. *Th. Plaut.* Geh. ca. M. 4.—, geb. ca. . . . . M. 5.50

Die Grundlagen der Weltwirtschaft. Eine Einführung in das internationale Wirtschaftsleben. Von Prof. Dr. *H. Levy.* Geh. ca. M. 3.—, geb. ca. . . M. 4.50

Die Vereinigten Staaten von Amerika als Wirtschaftsmacht. Von Prof. Dr. *H. Levy.* Kart. . . . . M. 3.—

Die englische Wirtschaft. Von Prof. Dr. *H. Levy.* (Handbuch der englisch-amerikanischen Kultur.) Geh. M. 2.20, geb. M. 3.20

Geschichte des Welthandels. Von Direktor Prof. Dr. *M. G. Schmidt.* 4. Aufl. (ANuG Bd. 118.) Geb. . . . . . . M. 1.60

Europa. Grundzüge der Länderkunde I. Von Prof. Dr. *A. Hettner.* 2., gänzl. umgearb. Aufl. Mit 4 Taf. u. 197 Kärtchen im Text. Geh. M. 9.—, geb. M. 11.—. Bd. II: Die außereuropäischen Erdteile. Geh. M. 11.20, geb. . . . . M. 13.—

Grundriß der Wirtschaftsgeographie. Von Prof. *K. von der Aa.* 5., neubearb. Aufl. Mit 70 Skizzen. Kart. M. 1.60. Anhang für Sachsen. Kart. . . . M. —.40

Kurzgefaßte Wirtschaftsgeographie für Handels- u. kaufmännische Berufsschulen. Von Prof. *K.v.d.Aa.* Mit 69 Skizzen. Kt. M. 1.20

Allgemeine Wirtschaftsgeographie. V. Prof. Dr. *K. Sapper.* [Erscheint Herbst 1924.]

Deutsches Wirtschaftsleben. Auf geogr. Grundlage geschildert von Prof. Dr. *Chr. Gruber.* 4. Aufl. bearb. von Dr. *H. Reinlein.* (ANuG Bd. 42.) Geb. M. 1.60

Die Entwicklung des deutschen Wirtschaftslebens im letzten Jahrhundert. Von Geh. Reg.-Rat Prof. Dr. *L. Pohle.* 5. Aufl. (ANuG Bd. 57.) Geb. . . . . . M. 1.60

Die moderne Mittelstandsbewegung. Von Dr. *L. Müffelmann.* (ANuG. 417.) Geb. M. 1.60

Soziale Bewegungen und Theorien bis zur modernen Arbeiterbewegung. Von *G. Maier.* 8. Aufl. (ANuG Bd. 2.) Geb. M. 1.60

Soziale Organisationen. Von Prof. Dr. *E. Lederer.* 2. Afl. (ANuG Bd. 545.) Gb. M. 1.60

Grundzüge des Versicherungswesens. (Privatversicherung.) Von Prof. Dr. *A. Manes.* (ANuG Bd. 105.) 4. Aufl. Geb. M. 1.60

Geldwesen, Zahlungsverkehr u. Vermögensverwaltung. Von *G. Maier.* 2. Aufl. (ANuG Bd. 398.) Geb. . . . . M. 1.60

Handelswörterbuch. V. Dir. Dr. *V. Sittel* und Justizrat Dr. *M. Strauß.* Zugleich fünfsprachiges Wörterbuch. Zusammengestellt von *V. Armhaus*, verpfl. Dolmetscher. (Teubners kl. Fachwörterbücher Bd. 9.) Geb. . . . . . M. 4.60

Wörterbuch der Warenkunde. Von Dr. *M. Pietsch.* (Teubn. kleine Fachwörterb. Bd. 3.) Geb. . . . . M. 4.60

Die Bilanzen der privaten und öffentlichen Unternehmungen. Von Prof. Dr. phil. et jur. *R. Passow.* Bd. I: Allgemeiner Teil. 4. Aufl. [U. d. Pr. 1924.] Bd. II: Die Besonderheiten in den Bilanzen der Aktiengesellschaften, Gesellschaften mit beschränkter Haftung, Genossenschaften, der bergbaulichen, Bank-, Versicherungs- und Eisenbahnunternehmungen, der Elektrizitäts-, Gas- und Wasserwerke sowie der staatlichen und kommunalen Erwerbsbetriebe. 3. Aufl. Geh. M. 6.80, geb. . . . . . . M. 8.40

Die kaufmännische Buchhaltung und Bilanz. Von Dr. rer. pol. *P. Gerstner.* Bd. I. Allgemeine Buchhaltungs- und Bilanzlehre. 4. Aufl. Bd. II. Buchhalterische Organisation. (Selbstkostenkontrollbuchführung.) (ANuG 506/507.) Geb. je M. 1.60

Kaufmännisches Rechnen zum Selbstunterricht. Von Studienrat *K. Dröll.* (ANuG Bd. 724.) Geb. . . . . M. 1.60

Die Schreibmaschine und das Maschinenschreiben. V. Fortbildungsschuldirigent *H. Scholz.* Mit 39 Textfig. (ANuG Bd. 694.) Geb. . . . . M. 1.60

Die Rechenmaschinen und das Maschinenrechnen. Von Ober-Reg.-Rat Dipl.-Ing. *K. Lenz.* 2. Aufl. Mit 42 Abbildungen. (Erscheint Juni 1924.)

Das Recht des Kaufmanns. V. Justizrat Dr. *M. Strauß.* (ANuG Bd. 409.) Geb. M. 1.60

Das Recht des kaufmännischen Angestellten. Von Justizrat Dr. *M. Strauß.* (ANuG Bd. 361.) Geb. . . . . M. 1.60

Die Rechtsfragen des täglichen Lebens in Familie und Haushalt. Von Justizrat Dr. *M. Strauß.* (ANuG Bd. 219.) Geb. M. 1.60

VERLAG VON B. G. TEUBNER IN LEIPZIG UND BERLIN

Die als freibleibend anzusehenden Preise sind Goldmarkpreise

Handbuch der Staats- und Wirtschaftskunde

Abt. I: Staatskunde. In 3 Bänden. Bd. I (3 Hefte): ca. M. 12.—. Bd. II (4 Hefte): ca. M. 7.20. Bd. III: M. 2.20
Abt. II: Wirtschaftskunde. In 2 Bänden. Bd. I (5 Hefte): ca. M. 10.—. Bd. II (6 Hefte): ca. M. 10.—. [Erscheint im Laufe 1924.]

Das Handbuch will das Bedürfnis befriedigen nach einer dem Laien zugänglichen Einführung in Werden, Wesen und heutige Gestaltung des Staates, wie die Daseinsbedingungen und Organisationsformen unseres Wirtschaftslebens. Der Schwerpunkt der Darstellung ist darum auf die großen inneren Zusammenhänge, die Hauptlinien der geschichtlichen Entwicklung, die Grundzüge der heutigen staatlichen Zustände und Ordnungen, die Grundprinzipien des inneren Betriebes, wie des äußeren Aufbaues der technischen und wirtschaftlichen Gestaltungen gelegt. — Literaturangaben bieten in jedem Abschnitte die Möglichkeit der Weiterverfolgung der aus dem Buche selbst erworbenen Kenntnisse.

Jedes Heft ist einzeln käuflich. — Ausführliches Verzeichnis vom Verlag, Leipzig, Poststraße 3, erhältlich.
Bei Verpflichtung zur Abnahme des ganzen Werkes ermäßigt sich der Preis um 25 %.

Arbeitskunde

Grundlagen, Bedingungen und Ziele der wirtschaftlichen Arbeit. Unter Mitwirkung zahlreicher Fachleute herausgegeben von Dr. Ing. *Joh. Riedel.*
[Erscheint im Laufe des Herbstes 1924.]

Mit dem Werk wird es zum erstenmal unternommen, aus **wissenschaftlicher Erkenntnis und praktischer Erfahrung** zusammenfassend die **Grundlagen, Bedingungen und Ziele** unter dem Gesichtspunkt zur Darstellung zu bringen, Richtlinien für ihre möglichst befriedigende und vorteilhafte **praktische Gestaltung** zu gewinnen. Die vier, über 20 Beiträge namhafter Fachleute umfassenden Hauptteile behandeln die **gegenwärtige Lage** unseres Arbeitslebens in hygienischer, ethischer und wirtschaftlicher Beziehung, sowie ihre Vorgeschichte; die **anatomischen, physiologischen und psychologischen** Grundtatsachen der Arbeit; die **Arbeitsgestaltung** (als Auswahl, Ausbildung, Erziehung, Arbeitsmittel, Arbeitszeit usw.), die **Methoden der Arbeitsuntersuchung** als Grundlage praktischer Maßnahmen.

Einführung in die Bürgerkunde. Von *M. Treuge.* Ausg. A: Ein Leitfaden für den staatsbürgerlichen Unterricht. 5. Aufl. Kart. . . . . M. 2.40

Einführung in die Volkswirtschaftslehre. Von Dr. *A. Salomon.* 6. Aufl. Ausg. A: Ein Leitfaden für den volkswirtschaftlichen Unterricht. Kart. . . . M. 1.60

Abriß der Bürgerkunde u. Volkswirtschaftslehre. Von Direktor Dr. *P. Eckardt.* 6. Aufl. Kart. . . . . M. —.80

Die deutsche Volksgemeinschaft. Wirtschaft, Staat, soziales Leben. Eine Einführung. Allgem. Ausg. A. Von Dr. *A. Salomon.* Kart. . . . . M. 2.20

1789—1919. Eine Einführung in die Geschichte der neuesten Zeit. Von Prof. Dr. *F. Schnabel.* Kart. M. 3.—, geb. . . . . M. 4.—

„Unter souveräner Beherrschung des gesamten Stoffes versteht es der Verfasser ausgezeichnet, in prägnanter Darstellung die großen Linien der geschichtlichen Entwicklung bis zur Gegenwart zu führen. Die geschichtlichen Zusammenhänge in ihrer vielfältigen Verschlingung und ihrer vollendeten Problematik werden allenthalben mit großer Klarheit und Anschaulichkeit aufgezeigt. Alles Nebensächliche und Anekdotische ist völlig ausgeschaltet, die Kriegsgeschichte und dynastische Erzählungen treten vollständig in den Hintergrund, dafür wird der Darstellung der wirtschaftlichen, sozialen und kulturellen Entwicklung der westeuropäischen Staaten, insbesondere Deutschland, ein breiter Raum gewidmet. Das kleine Werk ist in hohem Grade geeignet, den auch den weitesten Schichten unseres Volkes fehlenden historischen und staatsbürgerlichen Kenntnisse zu übermitteln." *(Kieler Zeitung.)*

Die Reichsverfassung vom 11. August 1919. Mit Einleitung, Erläuterungen und Gesamtbeurteilung von Prof. Dr. *O. Bühler.* (ANuG. Bd. 762.) . . . Geb. M. 1.60

VERLAG VON B. G. TEUBNER IN LEIPZIG UND BERLIN

Handfertigkeit und Zeichnen

Das deutsche Handwerk in seiner kulturgeschichtlichen Entwicklung. Von Geh. Schulrat Direktor Dr. *Ed. Otto.* 5. Aufl. Mit 23 Abb. auf 8 Tafeln. (ANuG Bd.14.) Geb. . . . . M. 1.60

Holz- und Hobelbankarbeiten für den Unterricht in Knabenhandfertigkeit, zur Betätigung der gewerbl. arbeitenden Jugend in ihren Erholungsstunden im Elternhaus und Jugendheim. Hrsg. von Reg.-Baurat *K. Gotter* und Fach- und Gewerbelehrer *J. Nicolini.* Mappe I: 35 Blatt Spielzeug und Gebrauchsgegenstände einfacher Art. 2. Aufl. M. 2.40. Mappe II: 35 Blatt Gebrauchsgegenstände für geübtere Hände. 2., abgeänd. Aufl. M. 1.80. (Musterblätter für Handfertigkeit aus den Werkstätten der städt. Handfertigkeitsschule zu Düsseldorf.)

Die Musterblätter wollen die Jugend geschickt zu nutzbringender Arbeit machen, bei ihr Verständnis für Materialechtheit, für reine, zweckmäßige Formen erwecken. Eine Beschreibung über Einrichtung der Werkstatt, über Durchführung des Unterrichts ist eingefügt.

Holzarbeit. Von *J. L. M. Lauweriks.* Steif geh. . . . . M. 1.50

Mein Handwerkszeug. Von Prof. *O. Frey.* Mit 12 Abb. Kart. . . . . M. —.90

Der deutschen Jugend Handwerksbuch. Hrsg. von Geh. Oberreg.-Rat Prof. Dr. *L. Pallat.* Bd. I. 3. Aufl. Mit 117 Abb. u. 1 farb. Tafel. Geb. . . . M. 4.—

Inhalt des I. Bandes: I. Bastelarbeit. II. Allerhand unterhaltende und lehrreiche Arbeiten aus Papier u. Pappe. III. Beschäftigungsspiele. IV. Festschmuck. V. Kleisterpapiere. VI. Spielgerät und Spielzeug aus Naturholz. VII. Spielzeug aus Brettholz.

Bd. II. 3. Aufl. Mit 136 Abb. i. T. und auf 3 farb. Taf. Kart. M. 5.—, geb. M. 6.—

Inhalt des II. Bandes: I. Papparbeiten. II. Drucken mit Linoleum und Papier. III. Anfertigen von Gall- u. Sprengpapieren. IV. Holzarbeiten. V. Metallarbeiten. VI. Arbeiten an Elementen. VII. Flugzeugstudien.

An der Werkbank. Anleitung zur Handfertigkeit mit Berücksichtigung der Herstellung physikalischer Apparate. Von Prof. *E. Gscheidlen.* Mit 120 Fig. u. 44 Tafeln. Geb. . . . . M. 3.—

Metallarbeit. Von Lehrer *F. Zwollo* u. Lehrer *W. Rüsing.* Steif geh. . M. 1.50

Mathematische Experimentiermappe. Von Prof. Dr. *G. Noodt.* 9 Tafeln mit vorgezeichneten Figuren mathematischer Modelle, Werkzeuge und Material zur Herstellung sowie erläuternder Leitfaden. Als Muster wird jeder Mappe ein fertiges Modell beigelegt. In geschmackvollem Karton . . . . M. 6.—

Die Anfertigung mathematischer Modelle. Von Direktor Dr. *K. Giebel.* Mit 41 Fig. u. 3 Tafeln. (Math.-phys. Bibl. Bd. 16.) Kart. . . . . M. —.80

Aus einer Schülerwerkstatt. Von Hofrat Dir. *F. P. Hildebrand.* Steif geh. M. 1.50

Der Weg zur Zeichenkunst. Von Oberstudiendir. Dr. *E. Weber.* Ein Büchlein für theoretische und praktische Selbstbildung. 3. Aufl. Mit 84 Abb. u. 1 Farbtafel. (ANuG Bd. 430.) Geb. . M. 1.60

Leitfaden für den neuzeitlichen Linearzeichenunterricht. Bearbeitet von akad. Zeichenlehrer *A. Schudeisky.* Für die Hand des Schülers. Mit 96 Fig. im Text. Kart. . . . . M. —.70

Die Entwicklungsgeschichte der Stile in der bildenden Kunst. Von Dr. *E. Cohn-Wiener.* 3. Aufl. I: Vom Altertum bis zur Gotik. Mit 69 Abb. II: Von der Renaissance bis zur Gegenwart. Mit 46 Abb. (ANuG Bd. 317/318.) Geb. . . . . je M. 1.60

Deutsche Baukunst. Von Geh. Reg.-Rat Prof. Dr. *A. Matthaei.* 4 Bände. I: Deutsche Baukunst im Mittelalter. Von den Anfängen bis zum Ausgang der romanischen Baukunst. 4. Aufl. Mit 35 Abb. II: Gotik und „Spätgotik". 4. Aufl. Mit 67 Abb. III: Deutsche Baukunst in der Renaissance und der Barockzeit bis zum Ausgang des 18. Jahrhunderts. 2. Aufl. Mit 63 Abb. im Text. IV: Deutsche Baukunst im 19. Jahrhundert und in der Gotik und 2. Aufl. Mit 40 Abb. (ANuG Bd. 8 Baukunst Geb. . . . . je M. 1.60

B. G. Teubners Künstlersteinzeichnunge

Von zahlreichen Behörden empfohlen und angeschat

Die Sammlung enthält jetzt über 200 Bilder in den Größen 100×70 cm (M. 5.—), 75×55 cm (M. 6.—), 103×41 cm (M. 5.—), 60×50 cm (M. 5.—), 93×41 cm (M. 4.—), 55×42 cm (M. 4.—), 41×30 cm (M. 2.50).

Geschmackvolle Rahmung aus eigener Werkstätte

Illustrierter Katalog (enthält gegen 200 Abbildungen) gegen Voreinsendung vom Verlag zuzüglich M. —.10 Porto oder gegen Nachnahme vom Verlag Leipzig, Poststraße 3, fertigen

VERLAG VON B. G. TEUBNER IN LEIPZIG UND BERLIN

MIX
Papier aus verantwortungsvollen Quellen
Paper from responsible sources
FSC® C105338

If you have any concerns about our products,
you can contact us on
ProductSafety@springernature.com

In case Publisher is established outside the EU,
the EU authorized representative is:
**Springer Nature Customer Service Center GmbH
Europaplatz 3, 69115 Heidelberg, Germany**

Printed by Libri Plureos GmbH
in Hamburg, Germany